U0303709

量 子 传

究竟什么才是现实

QUANTUM

EINSTEIN, BOHR AND THE GREAT DEBATE
ABOUT THE NATURE OF REALITY

[英] 曼吉特·库马尔（Manjit Kumar）—— 著

王乔琦 —— 译

中信出版集团 | 北京

图书在版编目（CIP）数据

量子传 /（英）曼吉特·库马尔著；王乔琦译 . —
北京：中信出版社，2022.3（2024.10 重印）
书名原文：Quantum
ISBN 978–7–5217–4058–5

I. ①量… II. ①曼… ②王… III. ①量子论－普及
读物 IV. ① O413–49

中国版本图书馆 CIP 数据核字（2022）第 035187 号

量子传
著者： 　[英] 曼吉特·库马尔
译者： 　王乔琦
出版发行：中信出版集团股份有限公司
　　　　　（北京市朝阳区东三环北路 27 号嘉铭中心　邮编　100020）
承印者： 　嘉业印刷（天津）有限公司

开本：880mm×1230mm 1/32　　印张：16.75
插页：8　　　　　　　　　　　　字数：380 千字
版次：2022 年 3 月第 1 版　　　印次：2024 年 10 月第 6 次印刷
京权图字：01–2020–3467　　　　书号：ISBN 978–7–5217–4058–5
　　　　　　　　　　　　　　　　定价：69.00 元

版权所有·侵权必究
如有印刷、装订问题，本公司负责调换。
服务热线：400–600–8099
投稿邮箱：author@citicpub.com

献

给

拉姆贝·拉姆和戈米特·考尔以及潘多拉、雷文德尔和贾斯文德尔

目 录

引言

思维的碰撞　001

第一部分　量子

第1章
普朗克：不情愿的革命者　011

第2章
爱因斯坦：专利局的苦力　042

第3章
玻尔：金子般的丹麦人　084

第4章
卢瑟福—玻尔—索末菲：量子原子　113

第5章
当爱因斯坦遇上玻尔　139

第6章
德布罗意：二象性贵族　170

第二部分

男孩物理学

第 7 章
泡利与两位自旋博士　185

第 8 章
海森堡：量子魔法师　209

第 9 章
薛定谔：一场始于情欲的迟到爆发　235

第 10 章
海森堡与玻尔：哥本哈根的不确定性　263

第三部分

巨人之战：究竟什么才是现实

第 11 章
索尔维 1927　293

第 12 章
忘记相对论的爱因斯坦　324

第 13 章
量子实在　345

第四部分

上帝掷骰子吗？

第 14 章
贝尔定理敲响了谁的丧钟　379

第 15 章
量子恶魔　402

量子大事记　413

术语表　427

注释　441

参考文献　475

致谢　493

人名表　497

保罗·埃伦费斯特很难受，他刚刚做了一个艰难的决定。很快，他就要参加一个为期一周的会议。会上，许多推动量子革命的物理学家将一起讨论他们创造的这个理论究竟有何意义。到那个时候，埃伦费斯特将不得不告诉他的老朋友阿尔伯特·爱因斯坦，他选择站在尼尔斯·玻尔这边。埃伦费斯特这位在荷兰莱顿大学理论物理学系任教的 34 岁奥地利教授，相信原子世界就像玻尔认为的那样奇异且缥缈。[1]

他俩围坐在会议桌旁时，埃伦费斯特潦草地给爱因斯坦写了一张便条："别笑！地狱里有一个专门为量子理论教授准备的项目，他们会被迫每天听 10 个小时的经典物理学讲座。"[2]"我只是笑他们的天真，"爱因斯坦回道，[3]"谁知道几年后谁能笑到最后呢？"对爱因斯坦来说，这可不是什么开玩笑的事，而是关系到现实本质和物理学灵魂的头等大事。

1927 年 10 月 24—29 日，主题是"电子和光子"的第五次索尔维会议在布鲁塞尔召开。与会者拍摄了一张著名合影，这张照片浓

缩了物理学史上最富戏剧性阶段的故事。受邀参加这次大会的 29
名科学家中最终有 17 人获得了诺贝尔奖，这次大会也是有史以来
思想碰撞最为激烈的会议之一。[4] 17 世纪，伽利略和牛顿开创了一
个无与伦比的科学创新时代，也就是物理学黄金时代，而第五次索
尔维会议则标志着这个时代的终结。

照片中，保罗·埃伦费斯特站在最后一排左起第三位，身体微
微前倾。照片前排端坐着 9 位科学家，其中有一位是女性。这 9 位
科学家中有 6 位获得过诺贝尔物理学奖或化学奖。这位女性两个奖
项都获得过：1903 年获得物理学奖，1911 年获得化学奖。她的名
字是玛丽·居里。在象征荣耀的前排正中位置坐着另一位诺贝尔奖
得主，也是牛顿时代之后最负盛名的科学家：阿尔伯特·爱因斯
坦。照片中的他右手紧紧扶着椅子，直视前方，似乎不太自在。让
他不自在的是他的翼领和领带，还是这一周中听到的种种话语？照
片第二排最右侧则是尼尔斯·玻尔，他看上去一脸轻松，甚至带着
些许古怪的微笑。对他来说，这次大会颇为成功。不过，等到大会
结束，玻尔就只能带着失望回到丹麦了——他没能说服爱因斯坦接
受阐述量子力学描绘现实本质的"哥本哈根诠释"。

索尔维会议上，爱因斯坦不屈不挠，一整周都在努力证明量
子力学并不完备，以及玻尔的哥本哈根诠释存在缺陷。许多年
后，爱因斯坦说："这个理论让我觉得有点儿像是一个极度聪慧
的偏执狂妄想出来的系统，他把许多不相关的思想元素都糅合到了
一起。"[5]

坐在玛丽·居里右手边的是马克斯·普朗克，正是这个一手拿
着帽子、一手捏着雪茄的男人发现了量子。1900 年，他不得不接
受了这样一个事实：物质释放或吸收的光能，以及其他任何形式

的电磁辐射都以小份为基本单位，把不同数量的基本单位捆绑在一起，就形成了各种大小的能量。"量子"（quantum，复数形式为quanta）就是普朗克给这些基本能量单位起的名字。在此之前，人们一直认为能量的释放和吸收都是连续的，就像从水龙头里流出的水。能量的量子概念则完全与我们习以为常的这类观念背道而驰。在牛顿物理学主宰的宏观日常世界中，水龙头里的水可以一滴一滴地流出，但能量并不像各种大小的水滴那样一份一份地交换。然而，原子和亚原子层面上的现实是量子概念大展拳脚的领域。

随着时间推移，我们发现原子内电子的能量就是"量子化"的：它拥有的能量只能是某些特定值，其他值则不行。其他物理性质也同样如此，因为我们发现微观领域就是"块状"的、离散的，而非人类所生活着的宏观世界的微缩版。在我们日常生活中，物理性质会平滑而连续地变化，从状态A到状态C意味着必然经过状态B。然而，量子力学告诉我们，原子中的电子可以上一秒在这个位置，接着只要吸收或释放一个量子的能量就像变魔术一样突然出现在另一个位置，中间不需要经过其他任何位置。这种现象超越了经典非量子物理学的范畴，就像是原本在伦敦的某件东西神秘消失了，然后突然出现在了巴黎、纽约或者莫斯科，实在是非常奇怪。

量子物理学的早期发展大多基于一些零散的事实以及专门为解释这些事实而提出的假设实现，这使得整个理论缺乏坚实基础和逻辑架构，到了20世纪20年代初，这一点已经非常明显。一个大胆的新理论在这种充满困惑和危机的状态下应运而生，那就是我们今天熟知的量子力学。如今，有些学校仍旧在教授这样的原子模型：电子围绕着原子核运动，整个原子就像一个微型太阳系。然而，在量子力学诞生后，物理学界早已摒弃这个"行星模型"，取而代之的观点是：原子结构完全无法具象化。接着 1927 年，沃纳·海森堡做出了一项极其不符合常识的发现。这项发现奇怪到连海森堡这位年少成名的德国量子力学大师一开始也难以掌握其精髓。它就是不确定性原理：如果我们掌握了某个粒子的确切速度，就无法掌握它的确切位置；反之亦然。

没人知道该怎么解释量子力学方程，也没人知道这个理论是怎么在量子层面上介绍现实本质的。自柏拉图和亚里士多德时代以来，有关因果关系的问题和月亮在无人看它时究竟是否存在这样的问题，就一直是哲学家的保留节目，但量子力学问世之后，20 世纪的伟大物理学家们也加入了对这些问题的讨论。

等到第五次索尔维会议召开的时候，量子物理学的所有基本构件都已经就位，这次大会也开启了量子故事的新篇章。爱因斯坦和玻尔的思想火花在这次大会上深度碰撞，由此引出的各种问题直到今天仍令无数杰出物理学家和哲学家痴迷：现实的本质是什么？在我们眼中，什么样的现实描述方法才算是有意义？"再也没有比这更深刻且意义深远的学术辩论了，"科学家、小说家 C. P. 斯诺说，"只可惜，这场辩论因为学术气息实在太浓，无法成为普通大众的共同话题。"[6]

这场辩论的两位主角中，爱因斯坦是 20 世纪偶像级人物。他曾受邀在伦敦帕拉丁剧场上演个人秀，连演三周。妇女们一见到他，就兴奋得几乎要晕厥。在日内瓦，姑娘们一看到爱因斯坦就会把他围得水泄不通。放在今天，这种追捧是只有流行歌手和电影明星才有的待遇。第一次世界大战结束后，也就是 1919 年，爱因斯坦通过广义相对论预言的光线弯折现象得到了证实，他也因此成了第一个诞生于科学界的超级巨星。这股追捧热潮到了 1931 年 1 月爱因斯坦在美国做巡回演讲时几乎也没有消退，他当时还出席了查理·卓别林的电影《城市之光》在洛杉矶的首映式。观众看到卓别林和爱因斯坦时都热烈地欢呼起来。"他们为我欢呼，是因为他们都理解我的作品，"卓别林对爱因斯坦说，"而为你欢呼，则是因为他们都不理解你的理论。"[7]

在爱因斯坦这个名字成为科学天才的代名词时，索尔维会议大辩论的另一位主角尼尔斯·玻尔的知名度则要逊色一些，无论当时还是现在都是如此。不过，在玻尔的同辈人看来，他是一个实打实的科学巨人。1923 年，在量子力学的发展过程中发挥了关键作用的马克斯·玻恩写道，玻尔"对我们这个时代的理论和实验研究产生的影响超过了其他任何一位物理学家"。[8] 40 年后的 1963 年，沃纳·海森堡也认为："玻尔对 20 世纪的物理学以及物理学家产生的影响无人可以企及，即便是爱因斯坦也比不上他。"[9]

1920 年，爱因斯坦和玻尔在柏林第一次见面，他俩都发现自己遇到了智力上的竞争对手，能够不带怨恨和敌意地互相推动并刺激对方提炼、打磨对量子的思考。正是通过他俩以及参与 1927 年索尔维会议的部分科学家，我们才得以窥见量子物理学的早年岁月。"那是一个英雄的时代，"20 世纪 20 年代还是学生的美国物理学家罗伯特·奥本海默后来回忆说，[10] "那个时期的标志是实验室里的耐心工作，是关键实验和大胆行动，是许许多多错误的出发点和许许多多站不住脚的猜想。那个时代属于热诚的通信和行色匆匆的会议，属于辩论，属于批评，属于睿智的即兴数学创作。对那些参与其中的人而言，那是一个创造的时代。"不过，在奥本海默这位原子弹之父看来："那个时代的新洞见，带来的除了欣喜，还有恐惧。"

没有量子，我们生活的这个世界会大为不同。不过，在 20 世纪的大部分时间里，物理学家都认为，量子力学只承认他们在实验中得到的结果，否认实验之外现实的存在。正是这种情况导致诺贝尔物理学奖得主、美国物理学家默里·盖尔曼把量子力学描述为"令人困惑的神秘学科，我们其实都不理解它，但又知道如何使用它"。[11] 况且，我们也确实使用了这门学科。量子力学推动了现代世界的发展，塑造了现代世界的现状。它让一切成为可能。从计算机到洗衣机，从移动电话到核武器，没有量子力学，这一切都将不复存在。

量子的故事开始于 19 世纪末。当时，虽然人们刚刚发现了电子、X 射线、放射现象，有关原子是否存在的争论仍在继续，但许多物理学家自信满满地认为，所有重大问题都已经解决了。"更为重要的基础定律和物理科学事实全都已经浮出水面。现在，这些定律和事实已经无比坚实，被新发现替代的概率已经微乎其微。"1899年，美国物理学家阿尔伯特·迈克耳孙如是说。他认为："未来的发现一定是在小数点后 6 位了。"[12] 当时有很多人秉持着与迈克耳孙相同的观点，认为未来的物理学只是小数点之后的事，而那些尚未解决的问题也算不上什么挑战，早晚会被久经考验的物理学理论和原理解决。

早在 1871 年，19 世纪最伟大的理论物理学家詹姆斯·克拉克·麦克斯韦就已经对这种自鸣得意的心态发出了警告："现代实验的特征——实验主要由测量构成——确实非常突出，取得了丰硕成果，我们也因此产生了这样的想法：所有重要物理学常数都会在未来几年内得到精确预估值，留给未来学者的工作只是把测量精度不断往小数点后面推进。"[13] 麦克斯韦指出，"细致测量的真正劳动成果"并非不断提高的精度，而是"新研究领域的发现"以及"新科学思想的提出"。[14]量子的发现正是这样一种"细致测量的劳动成果"。

19世纪90年代，部分德国顶尖科学家正孜孜不倦地研究一个长期困扰着他们的问题：温度、颜色变化范围与烧红的铁棍发出的光的强度之间有什么关系？相比X射线和放射性现象之谜这些让物理学家纷纷前往实验室做研究、记笔记的重大难题，上面这个问题似乎有些微不足道。然而，对于一个迟至1871年才完成统一的国家来说，"烧红铁棍问题"（也就是我们熟知的"黑体问题"）的答案，与德国照明工业是否能在同英美竞争者的比拼中获取优势联系紧密。然而，这些德国顶尖物理学家尽管竭尽全力，还是没能解决这个问题。1896年，他们一度以为自己成功了，但几年后的新实验数据就狠狠地打了他们的脸。真正解决了黑体问题的是马克斯·普朗克，他也付出了一定代价，那就是量子。

第一部分

量　子

"简要地说，你可以把我所做的简单地描述为一种绝望的行为。"

——马克斯·普朗克——

"量子力学就好像是一块从地底下硬拽出来的地皮，目力所及没有一块可供人们建造大楼的坚实地基。"

——阿尔伯特·爱因斯坦——

"那些第一次见识量子理论却不感到震惊的人，根本不可能对这个理论有所理解。"

——尼尔斯·玻尔——

第 1 章

普朗克：不情愿的革命者

"新科学真理能取得胜利，往往不是因为它说服了对手，让他们看到了真理之光，而是因为对手们最终走向了消亡，且熟悉新真理的新一代成长了起来。"马克斯·普朗克在他漫长一生的最后时刻如此写道。[1]俗套地说，要不是在"绝望行动"中抛弃了他长期珍视的思想，上面这番普朗克时常提及的话语本可以顺理成章地成为他自己的科学讣告。[2]要不是因为"大光头下的那双颇具洞察力的眼睛"[3]，身穿深色西装、内衬笔挺白衬衫、打着黑色领结的普朗克看上去就像典型的19世纪末普鲁士公务员。在对科学问题及其他任何事务公开发表自己的看法之前，普朗克都会以典型官僚作风表现出极度谨慎。"我的座右铭永远都是这样，"他曾对学生说，"事先仔细想好每一步，想好之后，如果你确信可以为自己的结论负责，那就大胆提出，不要因任何事而犹豫。"[4]普朗克可不是一个会轻易改变想法的人。

20世纪20年代，普朗克在学生面前的外表和举止几乎没有任何改变。据他的一名学生回忆，"简直无法相信面前的这个人是开创量子革命的先驱之一"。[5] 实际上，这位心不甘、情不愿的革命者自己也难以相信。普朗克称自己在对量子革命的叙述中"尽量保持中立，只是稍微体现自己的一点儿倾向"，且规避了"任何可能引起争议的大胆话语"。[6] 他坦承，自己缺乏那种"对智力挑战快速做出回应的能力"。[7] 他常常要花数年时间，才能以根深蒂固的保守主义风格完全理顺那些新思想。然而，1900 年 12 月，正是时年 42 岁的普朗克在发现黑体辐射分布方程的同时不经意间开启了量子革命。

*

　　所有温度足够高的物体都会辐射出一种光和热的混合物，且强度和颜色会随着温度的改变而改变。把铁棍放在火里烤，它的尖端会慢慢变成暗红色；随着温度升高，铁棍顶部又会变成樱桃红色，接着是明亮的黄调橙色，最后是青白色。一旦把铁棍从火里拿出来，随着温度降低，铁棍顶部的颜色又会按照与之前相反的顺序变化，直到它的温度低到不足以令其释放可见光为止。不过，即便是在这个时候，它仍会释放看不见的热辐射。再让铁棍冷却一段时间，等到温度低到能够用手触摸的程度，这种不可见热辐射的释放过程就会停止。

　　1666 年，时年 23 岁的艾萨克·牛顿证明了白光其实是由各种颜色的光线编织而成的，并且当白光通过棱镜时，它就会分解成 7 种颜色的光线：红、橙、黄、绿、蓝、靛、紫。[8] 那么，红色和紫色是否代表了光谱的极限，还是只代表人视力范围的极限？这个问题直到 1800 年才有答案。正是在那个时候，天文学家威廉·赫歇尔才借助足够灵敏、足够精准的水银温度计揭晓了谜底。他把水银温度计放在白光经棱镜散射后形成的光谱之前，发现当他推动温度计跨越由紫到红的光带时，温度计的示数升高了。出人意料的是，赫歇尔有一次偶然间把温度计推出了红光区域之外，发现温度计的示数仍在上升，一直持续到超出红光区域 1 英寸①。赫歇尔探测到的热量来源正是后来被称为红外辐射的一种人眼不可见光。[9] 1801 年，约翰·里特尔通过硝酸银暴露在光线之下会变暗这个事实，发现了可见光谱另一端紫光之外的不可见光：紫外辐射。

制陶工人早就清楚地知道，所有受热物体在相同温度下都会发出同种颜色的光。1859 年，时年 34 岁的海德堡大学德国物理学家古斯塔夫·基尔霍夫开始正式从理论层面研究这种相关性的本质。为了简化分析，基尔霍夫提出了一种完美辐射吸收体和发射体的概念，并称为"黑体"。他选的这个名字很恰当。完美辐射吸收体不会反射任何辐射，因而在外观上就是黑的。不过，完美辐射发射体的外观绝不可能是黑的，只要它的温度高到足以以光谱的可见光波段波长发出辐射。

基尔霍夫把他的这个假想黑体设想成一种简单的中空容器，有一面壁上开了一个小孔。这样一来，任何波段的辐射——无论是可见光还是不可见光——都得从这个小孔进入容器，于是，实际上是这个小孔模拟了黑体那种完美吸收体的效果。辐射一旦进入了容器，就会在腔内四壁上来回反射，直到被完全吸收。基尔霍夫假设黑体的外侧表面绝热，于是他知道，如果给这个黑体加热，只有内侧表面才会释放出辐射，充斥腔体。

---

① 1 英寸约合 2.54 厘米。——译者注

　　一开始，容器四壁就像烧红的铁棍一样，显出深樱桃红色，哪怕这个时候四壁的辐射主要还是集中在红外波段。接着，随着温度逐渐升高，四壁发出的辐射就会从光谱的远红外波段逐渐过渡到紫外波段，在外观上则呈现为青白色。这个时候，任何通过小孔逃出容器的辐射都成了该温度下腔体内所有波长辐射的样本，而小孔充当了完美辐射发射体。

　　基尔霍夫用数学手段证明了制陶工人在窑炉内早就观察到的现象。基尔霍夫定律表明，腔内辐射的波长范围和强度与真实黑体的材质、形状、大小均无关，仅取决于黑体的温度。基尔霍夫巧妙地简化了烧红铁棍问题：问题已经从"烧红铁棍在特定温度下发出的光的颜色范围和强度之间究竟有何关系？"变成了"该温度下的黑体会辐射多少能量？"。基尔霍夫给自己和同行们布置的这个课题就是大名鼎鼎的"黑体问题"：测量给定温度下黑体辐射的光谱能量分布，即测定红外波段到紫外波段间每个波长上的能量，并且推导出能够得到任意温度下黑体能量分布的公式。

　　虽然因为没有真实黑体实验作为指导，所以无法在理论层面上更进一步，但基尔霍夫还是给物理学家指出了正确的研究方向。他告诉全体物理学家，既然这种能量分布与黑体的材质无关，那么这个公式应该只包含两个变量：黑体的温度和黑体释放辐射的波长。既然光可以被看作一种波，那么任何色彩和色调都能通过一种关键特征相互区别。这种特征就是波长，即连续两个波峰或波谷之间的距离。波的频率（一秒内通过某一点的波峰数量或波谷数量）则与波长呈反比。波长越长，频率就越低；波长越短，频率就越高。不过，另有一种等效方式也可以测量波的频率：计量波每秒上下摆动（波动）的次数。[10]

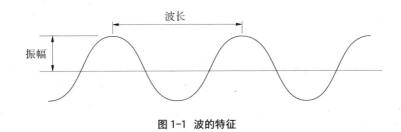

图 1-1　波的特征

　　构建真实黑体的技术障碍以及探测并测量辐射所需的仪器精度无法满足，导致黑体问题在此后的近 40 年间没有任何显著进展。直到 19 世纪 80 年代，德国公司为了研发比英美竞争对手更高效的灯泡及灯具时，测量黑体光谱和寻找基尔霍夫预言的公式才成了大家优先考虑的头等大事。

　　在推动电气产业迅猛扩张的一系列诸多发明（其中包括弧光灯、发电机、电动机和电报）中，白炽灯泡是最晚出现的。每一项创新，都让当时的人们对全球通用电气计量单位和测量标准的需求变得越发迫切。

　　1881 年，来自 22 个国家的 250 位代表齐聚巴黎，参加第一次电气单位国际大会。虽然当时伏特、安培等单位已经有了定义且投入了使用，但光度的单位和标准尚没有形成统一意见，而且这已经开始阻碍最高效人造光生产方式的发展了。黑体在任意给定温度下都是完美的发射体，能以红外辐射的形式释放出最多的热量。黑体光谱可以充当校准及制造灯泡的基准，促使灯泡朝着释放热量尽可能少、释放光能尽可能多的方向发展。

　　"在这场愈演愈烈的国际竞争中，率先踏上新道路且将其发展为成熟产业分支的国家无疑将拥有决定性的优势。"电动发电机发明人、实业家维尔纳·冯·西门子这样写道。[11] 1887 年，决心在这场竞争中拔得头筹的德国政府创办了帝国技术物理研究所（简称PTR）。这个机构坐落于柏林市郊夏洛特堡区由西门子捐赠的一片土地上，人们把它视作德意志帝国挑战英国和美国的决心。整个研究所建筑群的工程持续了10余年，最后呈现在世人面前的帝国技术物理研究所成了当时世界上设备最好、建造成本最高的研究机构。它的使命是通过制定标准和检测新产品，为德国在科学应用方面谋得优势。研究所的重点任务之一就是设计国际公认的光度单位。帝国技术物理研究所在19世纪90年代开启了黑体辐射研究项目，背后的驱动力则是德国人制造性能更好的灯泡的需求。这个项目与普朗克的相遇可谓在对的时间、对的地点遇上了对的人，量子的发现就这样在不经意间诞生了。

1858年4月23日，马克斯·卡尔·恩斯特·路德维希·普朗克出生于基尔市（当时还隶属于丹麦荷尔斯泰因州）一个致力于教会及国家事务的家庭。卓越的学术成就几乎从普朗克诞生的那一刻就已经是他的囊中之物了。他的曾祖父和祖父都是杰出的神学家，父亲后来则成了慕尼黑大学宪法学教授。他们三人都尊崇上帝与人类之法，具备高度责任心且刚正不阿，同时也立场坚定、热爱祖国。在这样的家庭熏陶下成长起来的普朗克，自然也不会例外。

中学时代，普朗克就读于慕尼黑最知名的学校——马克西米利安文理中学。普朗克总是名列前茅（不过从来没有拿过第一），勤奋和自律是他脱颖而出的根源。当然，在那样一个以要求死记硬背海量事实知识为基础的教育体系中，勤奋和自律只是取得好成绩的必要条件。当时的一份学校报告特别指出，虽然年仅10岁的普朗克还"难脱稚气"，但已经拥有了"非常清晰、逻辑性极强的思维"，注定"要有一番作为"。[12] 等到普朗克16岁的时候，他感兴趣的并不是慕尼黑出名的酒馆，而是歌剧院和音乐厅。普朗克弹钢琴很有天赋，但他之前从没有认真想过要成为一名音乐家。犹豫不决的他开始向别人征求意见，然后就被直截了当地告知："如果你一定要问，那我劝你还是学点儿别的东西！"[13]

1874 年 10 月，16 岁的普朗克越发渴望了解大自然的工作机制，便进入慕尼黑大学修习物理学。与中学时代文理学校近乎军事化的管理体制形成鲜明对比的是，德国大学给予了学生几乎百分之百的自由。这个大学体系几乎没有任何学术监管，也没有任何固定要求，学生们可以自由自在地从一所大学转去另一所大学，学习他们感兴趣的课程。这样一来，那些有志于学术生涯的学生早晚都会修习最出名大学中最杰出教授的课程。在慕尼黑学习了三年后，普朗克被告知"物理学领域已经几乎完全不值得进入了"，因为所有重要之事都已被发现。随后，普朗克便转入了德语世界当时最顶尖的大学：柏林大学。[14]

随着普鲁士在 1870—1871 年的普法战争中大获全胜，德国也走向了统一，而柏林则成为这个强大新兴欧洲国家的首都。坐落于哈弗尔河与施普雷河交汇处的柏林，在战后凭借法国的战争赔款迅速重建，开始致力于将自身打造为与伦敦和巴黎并驾齐驱的国际大都市。1900 年，柏林人口已经从 1871 年的 86.5 万激增至近 200 万，成为全欧第三大城市。[15] 新增人口中有不少是为躲避迫害（尤其是俄罗斯帝国的屠杀）而逃离东欧的犹太人。生活成本及住房成本的飙升让许多人无家可归，沦为赤贫。随着城市部分区域棚户区的兴起，当时的纸板箱制造商甚至打出了"便宜又好用，还能住里面"的广告。[16]

虽然许多外来人口甫一抵达柏林就感受到了现实的残酷，但当时的德国确实进入了一个前所未有的工业增长、技术进步、经济繁荣的时期。在统一后国内关税取消以及法国战争赔偿的驱动下，德国在第一次世界大战爆发时已经成了仅次于美国的世界第二大工业产出国和经济强国，当时其钢铁产量占到全欧洲的 2/3，煤炭产量占全欧的 1/2，发电量超过英国、法国与意大利之和。即便是1873 年股市崩盘带来的衰退和焦虑，也只是将德国的发展脚步延缓了寥寥数年。

国家统一之后，人们日益渴望身为新兴德意志帝国缩影的柏林能够拥有一所独占鳌头的大学。当时德国最为知名的物理学家赫尔曼·冯·亥姆霍兹正是在这样的背景下从海德堡慕名来到了柏林。亥姆霍兹是一位训练有素的外科医生，同时也是一名杰出的生理学家，他发明的眼底镜为人们理解人眼的工作原理做出了基础性的贡献。这位时年 50 岁的博学大家很清楚自己的身价。来到柏林后，亥姆霍兹的薪酬高出标准水平数倍；此外，他要求柏林大学建造一个先进的新物理研究所。1877 年，普朗克抵达柏林并开始在柏林大学主建筑（此前是柏林歌剧院对面菩提树大街上的一座宫殿）内聆听授课时，研究所仍在建造之中。

亥姆霍兹的教学水平非常令人失望。"很明显，"普朗克后来说，"亥姆霍兹从不好好准备他的课程。"[17] 相比之下，同样从海德堡转来柏林担任理论物理学教授的古斯塔夫·基尔霍夫的课备得太好了，导致他的讲座"就像是背诵课文一样，干燥且单调"。[18] 希望在大学里得到启发的普朗克坦承："他俩的课程没有给我带来什么明确的收获。"[19] 为了满足自己"对前沿科学知识的渴望"，普朗克遍阅群书，并在偶然间读到了时年 56 岁、在波恩大学任教的德国物理学家鲁道夫·克劳修斯的著作。[20]

　　普朗克一见到克劳修斯的作品，就立刻被后者"明晰的风格、颇具启发性的清晰逻辑推理"深深吸引，它与那两位受人尊敬的教授死气沉沉的教学风格形成鲜明对比。[21] 普朗克对物理学的热情在阅读克劳修斯有关热力学的论文时回归了。热力学处理的是热量问题以及热量与各种形式的能量之间的关系。在普朗克的大学时代，热力学的基本原理被浓缩成了区区两个定律。[22] 第一个定律是一条严格的事实阐述，表明任何形式的能量都具有守恒的特殊性质。能量既不会凭空产生，也不会凭空消失，只会从一种形式转换成另一种形式。挂在树上的苹果因其在地球引力场中的位置以及距地面的高度而拥有重力势能。掉落的过程中，苹果的重力势能就转化成了运动的能量，也就是动能。

　　普朗克第一次接触能量守恒定律的时候还只是个学生。他后来回忆时说，这个定律"就像一个启示一样"震撼了他，因为它拥有"绝对、普适的有效性，独立于所有人类活动之外"。[23] 那一刻，普朗克窥见了永恒，也正是从那时起，他开始把对大自然绝对定律/基础定律的追寻视作"人生中最崇高的科学追求"。[24] 而现在，普朗克正在全神贯注地阅读克劳修斯提出的热力学第二定律："热量不会自发地从温度较低的物体转移到温度较高的物体。"[25] 后来发明的冰箱就很好地说明了克劳修斯口中的"自发"是什么意思。要想让冰箱制冷，也就是让热量从温度较低的物体转移到温度较高的物体，就必须给冰箱插上电，即接入外部能量源。

　　普朗克明白，克劳修斯陈述的不只是显而易见的生活现象，而是一些具有深刻意义的科学规律。热量，也就是一种由于温度差异会从物体 A 转移到物体 B 的能量，解释了很多日常现象，比如热咖啡变凉、水中的冰块融化。然而，如果不引入外力或外部能量，任其自然发展，上述过程的逆过程永远不会出现。为什么会这样？能量守恒定律并没有禁止咖啡变热而周围空气变凉、水变热而水中冰块变凉的现象发生，没有禁止热量自发地从温度较低的物体流向温度较高的物体。然而，这些现象的确没有发生，一定有什么东西遏止了此类现象。克劳修斯发现了这个"幕后黑手"，并且将它命名为"熵"。熵正是大自然中某些过程可以发生，而另一些不可以发生的核心原因。

热咖啡冷却时，周围空气变得"暖和"了，这是因为热咖啡的能量耗散且不可避免地流失了，也保证了相反的过程不会发生。如果在任何可能发生的物理"交易"中，能量守恒都是大自然平衡账册的方式，那么大自然必然也会给每一场实际发生的"交易"标上相应的价格。按照克劳修斯的说法，熵就是决定某事是否会发生的价格。在所有孤立系统中，只有那些"交易"中熵不变或增加的过程才有可能发生，任何会导致熵减少的过程都被严格禁止。

克劳修斯这样定义熵：流入或流出某物体或某系统的热量除以该过程发生时的温度。如果一个温度为 500 摄氏度的较热物体向一个温度为 250 摄氏度的较冷物体输送了 1 000 单位的能量，较热物体的熵就减少了 2（−1 000/500 = −2）；而温度为 250 摄氏度的较冷物体则得到了 1 000 单位的能量，熵就增加了 4（+1 000/250 = +4）。把两个物体的熵变化结合起来看，整个系统的熵就增加 2 个能量单位/摄氏度。所有真实且实际发生了的过程都不可逆，是因为它们都会导致熵增加。这就是大自然阻止热量自发，或者说自然而然地从温度较低物体流向温度较高物体的方式。只有熵保持不变的理想过程才可逆。然而，这些理想过程从没有实际发生过，只停留在物理学家的脑海之中。全宇宙的熵总是在朝着最大化的方向发展。

普朗克认为，熵是除能量之外"物理系统中最重要的性质"。[26]他在柏林逗留一年之后，又回到了慕尼黑大学，并把博士论文的课题定为对不可逆性概念的探索。这个课题后来也成了他的名片。令普朗克失望的是，他"发现没有人对这篇论文感兴趣，更不要说得到赞许了，即便是那些研究领域与这个课题紧密相关的物理学家也不例外"。[27]亥姆霍兹根本就没看这篇论文；基尔霍夫倒是看了，但并不赞同其中的观点。对普朗克影响深远的克劳修斯甚至都没有回信。"我的论文对那个时代的物理学家没有产生任何影响，"普朗克在 70 年后回想起此事时仍带着些许苦涩。不过，在"一种内在动力"的驱使下，他并没有退缩。[28]热力学，尤其是热力学第二定律，成了普朗克开启学术生涯时的研究重点。[29]

德国的大学是隶属于国家的机构。特招（助理）教授和正职（全职）教授都是教育部任命且聘用的公务员。1880 年，普朗克成了慕尼黑大学的一名编外讲师（privatdozent），没有薪酬。也就是说，普朗克既没有被国家雇用，也没有被大学雇用，他只是拿到了通过教学获取听课学生支付的费用的权利。5 年过去了，普朗克徒劳地等待着特招教授的任命。作为一名对实验没什么兴趣的理论物理学家，普朗克晋升的机会很渺茫，因为理论物理学当时还不是一个根基坚实的独立学科。即便到了 1900 年，全德国总共也只有 16 位理论物理学教授。

普朗克明白，如果要在学术生涯上有所突破，就必须"通过某种方式在科学领域赢得自己的名声"。[30]当哥廷根大学宣布其著名的论文竞赛主题是"能量的性质"的时候，普朗克的机会来了。就在他撰写相关论文的时候，1885 年 5 月，"令人解脱的消息"传来。[31]基尔大学给当时 27 岁的普朗克提供了一个特招教授的职位。

普朗克怀疑，这份邀请的背后是他父亲同基尔大学物理系负责人之间的交情。普朗克知道，当时还有其他比他资历老的人也期盼着升迁。不过，他还是在回到自己出生的这座城市后不久，就接受了哥廷根大学的竞赛邀请并完成了论文。

虽然当时只有三篇论文参与了这个奖项的角逐，但令人震惊的是，两年之后举办者才宣布获奖者空缺。普朗克得了第二名。评委拒绝将这个奖项授予他的原因是，在亥姆霍兹同一位哥廷根大学教员的科学争论中，普朗克选择支持前者。评委的这种行为勾起了亥姆霍兹对普朗克及其工作的注意。1888 年 11 月，在基尔大学任教刚三年的普朗克收到了一份意想不到的荣誉。虽然普朗克不是第一候选人，甚至连第二候选人都不是，但在亥姆霍兹的支持下，他收到了接替古斯塔夫·基尔霍夫成为柏林大学理论物理学教授的邀请。

1889 年春天，德国首都柏林已经不是普朗克 11 年前离开时的样子了。全新的下水道系统代替了老式的露天污水道，令所有旅客感到震惊的冲天恶臭随之消失。入夜，柏林的主要街道都被现代化的电灯照亮。亥姆霍兹也不再是柏林大学物理研究所的负责人了，此时他掌管的是 3 英里①外宏伟的全新研究机构——帝国技术物理研究所。接替亥姆霍兹柏林大学职位的奥古斯特·孔特在对普朗克的任命中没有发挥任何作用，但他对后者的到来表示欢迎，并且称赞后者是"优秀的人才"和"了不起的人"。32

1894 年，73 岁的亥姆霍兹和年仅 55 岁的孔特在同一个月内相继离世。历经千辛万苦终于晋升为正职教授的普朗克发现自己虽然

---

① 1 英里约合 1.6 千米。——译者注

才 36 岁，但已经是德国最重要大学的资深物理学家了。他别无选择，只得扛起这突如其来的重担，其中包括担任《物理年鉴》理论物理学部分的顾问。这个位置的影响力很大，因为任职者有权否决提交给重要德国物理学期刊的所有理论物理学论文。新职位带来的压力以及两位同事离世带来的深深的失落感，让普朗克只能在工作中寻求慰藉。

柏林的物理学家圈子联系紧密，作为其中的重要成员，普朗克很清楚帝国技术物理研究所正在开展的、由产业界推动的黑体研究项目。虽然热力学是对黑体辐射的光和热展开理论分析的核心，但可靠实验数据的匮乏导致普朗克没法得到基尔霍夫预言的方程的准确形式。后来，帝国技术物理研究所一位老朋友取得的一项突破性发现，让普朗克再也没法回避黑体问题。

*

1893 年 2 月，29 岁的威廉·维恩发现了一种能够描述温度变化对黑体辐射分布影响的简单数学关系。[33]维恩发现，随着温度升高，黑体辐射强度峰值处的波长越来越短。[34]此前，人们已经知道，温度的升高会导致黑体辐射总能量的增加，但维恩的"位移定律"揭示了一些非常精确的东西：黑体辐射峰值处的波长与温度的乘积总是一个常数。也就是说，如果温度翻倍，那么峰值波长会是温度翻倍前的 1/2。

维恩的发现意味着，一旦通过测量峰值波长（某个温度下，黑体辐射最强处的波长）得到了这个常数，此后我们就可以利用这个公式计算出所有温度下的黑体辐射峰值波长。[35]此外，维恩位

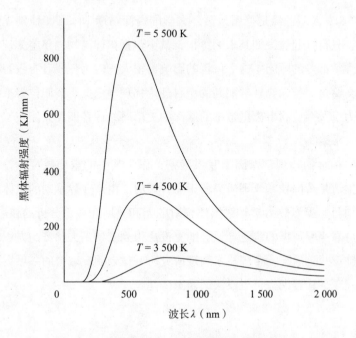

图 1-2　黑体辐射分布，体现了维恩位移定律

移定律还解释了烧红铁棍的颜色变化现象。开始时，铁棍的温度较低，发出的主要是光谱红外部分的长波辐射。随着温度升高，辐射出的能量会向光谱各个区域延伸（且总量增多），峰值波长则相应缩短，也就是朝峰值波长更短的方向"位移"。这个过程的结果就是，黑体发出的光的颜色从红变为橙，再变为黄，最后又会在光谱末端紫外波段辐射大幅增加时变为青白色。

很快，维恩就成了那种濒临灭绝的物理学家——不但在理论研究方面颇有建树，而且精通实验操作。他利用业余时间发现了位移定律，并且因为没有得到帝国技术物理研究所的许可而只能以"私人通信"的名义发表这项成果。当时，他在奥托·卢默领导的研究所光学实验室担任助手，日常工作就是黑体辐射研究实验的一些准备事务。

他们的第一项任务就是制作更好的光度计。顾名思义，光度计就是一种能比较各种光源（比如煤气灯和电灯泡）光强度的仪器。光强度用于衡量给定波长范围内能量的多少。卢默和维恩直到 1895 年秋天才设计出了一种全新的改进版中空黑体，能够被加热到均一温度。

白天，维恩和卢默不断改进着他们的新黑体；晚上，维恩则继续搜寻基尔霍夫预言的黑体辐射分布方程。1896 年，维恩发现了一个公式，而且汉诺威大学的弗里德里希·帕邢很快就确认了这个公式与他收集到的黑体辐射短波能量分布数据相符。

那年 6 月，也就是"分布定律"正式发表的那个月，维恩离开了帝国技术物理研究所，前往亚琛，担任亚琛工业大学的特招教授。他会因黑体辐射方面的工作而获得 1911 年诺贝尔物理学奖，而留在实验室的卢默对他的分布定律展开了严格的检验。这种检验要求的测量操作涉及比以往更广的波长范围和更高的温度。卢默先是同费迪南德·库尔鲍姆合作，然后又和恩斯特·普林斯海姆合作，前前后后花了两年时间改进并修正检验过程，终于在 1898 年得到了当时世界上性能最优秀的电加热黑体。这种黑体能被加热到 1 500 摄氏度的高温，是帝国技术物理研究所 10 余年艰苦工作的终极产品。

卢默和普林斯海姆把实验结果绘制成图，纵轴代表辐射强度，横轴代表辐射波长。他们发现，一开始辐射强度会随着辐射波长增加而上升，但在到达顶峰后又会开始下降。黑体辐射的光谱能量分布几乎就是一条钟形曲线，看上去类似鲨鱼的背鳍。黑体温度越高，辐射强度也越大，这种形状就越明显。将加热到不同温度的黑体的实验数据绘制成曲线并放在一起比较，结果表明，随着温度升高，辐射强度最大处的峰值波长会朝着光谱末端的紫外波段位移。

1899年2月3日，卢默和普林斯海姆在柏林召开的德国物理学会大会上报告了这个结果。[36] 卢默在云集的物理学家（普朗克就在其中）面前宣称，他们的发现证明了维恩位移定律。不过，同分布定律有关的情况仍不明确。虽然实验数据总体上与维恩的理论预测一致，但在光谱的红外区域出现了一些差异。[37] 卢默和普林斯海姆认为，这种差异极有可能是实验误差造成的，但这仍是一个问题，只有通过"其他一些涉及更广波长范围和更大温度间隔的实验"才能解决。[38]

会后不到3个月，弗里德里希·帕邢就公布了他的测量结果。虽然他的实验温度要比卢默和普林斯海姆的低，但结果和维恩分布定律预言的完全一致。普朗克松了一口气，并且在普鲁士科学院的一次大会上宣读了帕邢的相关论文。这样一种定律深深吸引着普朗克，因为在他看来，对黑体辐射光谱能量分布的理论探索完全不亚于对绝对真理的追寻，况且，他说："我始终把对绝对真理的追寻视作所有科学活动的最崇高目标，因此，我已经迫不及待地想要开始这方面的工作了。"[39]

1896年，维恩正式发表分布定律后不久，普朗克就开始着手从热力学第一定律出发推导这个结果，如果成功，分布定律的基础就牢不可破了。三年后的1899年5月，他认为自己已经凭借热力学第二定律的威力和权威性取得了成功。其他理论物理学家也站在他这一边，并在无视实验学家意见（无论赞成还是反对）的情况下，开始改称维恩分布定律为维恩-普朗克分布定律。普朗克仍旧自信地断言，"如果这个定律的适用范围有局限性，那么这种局限性也会与热力学第二定律的局限性一致"。[40] 他认为，当务之急是进一步检验分布定律，因为在他看来，检验分布定律其实就是检验热力学第二定律。普朗克如愿以偿了。

1899 年 11 月初，在花费 9 个月时间扩展测量范围，确保消除了实验误差的所有可能来源后，卢默和普林斯海姆报告称，他们发现"理论与实验之间存在系统性差异"。[41] 虽然在波长较短时理论与实验完全一致，但在长波波段，维恩定律始终高估了辐射强度。然而，结果发布之后几周内，帕邢就得到了与卢默及普林斯海姆相反的结果。他提交了另一组全新的数据，并且宣称，分布定律似乎"是严格有效的自然定律"。[42]

由于当时大部分顶尖专家都在柏林生活和工作，在此地举办的德国物理学会会议就成了讨论黑体辐射问题和维恩定律地位的主会场。1900 年 2 月 2 日，在卢默和普林斯海姆在学会每两周举行一次的例会上提交最新测量结果后，这个主题又占据了会议的全部进程。这一次，他俩又发现了测量结果与维恩定律在光谱红外区域的系统性差异，而且这个结果不可能是实验误差造成的。

维恩定律失效后，无数人争相寻找替代品。然而，事实证明，这些临时拼凑出来的替代理论并不令人满意，这就要求物理学家在更长波段上做进一步实验，以明确维恩定律的失效范围究竟有多广。毕竟，它与短波波段的实验数据是吻合的，况且除了卢默–普林斯海姆实验之外的所有其他实验都支持这个理论。

普朗克比任何人都清楚，所有理论都必须符合无情的实验事实，但他坚信"只有在多位观测者各自得到的观测结果彼此一致的情况下，才能确定无疑地证明观测结果与理论之间的矛盾的确存在"。[43] 然而，实验学家内部之间的分歧迫使他重新思考自己的想法是否绝对正确。1900 年 9 月下旬，在普朗克继续回顾自己的推导过程时，实验学家确认了维恩定律在远红外波段的失效。

最终解决这个问题的是普朗克的好友海因里希·鲁本斯和费迪南德·库尔鲍姆。鲁本斯当时 35 岁，在柏林工业大学任教，且刚升迁为学校的正职教授。不过，大多数时候鲁本斯都是以客座研究员的身份在附近的帝国技术物理研究所工作。正是在那儿，他和库尔鲍姆一起制造了一个能够测量光谱远红外区域这个未知领域的黑体。夏天，他们用这个黑体检验了维恩定律在波长范围 0.03~0.06 毫米、温度范围 200~1 500 摄氏度这个区间内的表现。他们发现，波长较长的时候，观测结果与理论预测之间的差异实在太过显著，这只能证明一件事：维恩定律失效了。

鲁本斯和库尔鲍姆想要在提交给德国物理学会的论文中公布这个结果，而物理学会的下一次会议是 10 月 5 日，一个周五。由于时间很少，不足以完成论文，他俩便决定把公布时间延后两周，推到下下次例会上。与此同时，鲁本斯得知普朗克非常迫切地想要知道最新实验结果。

*

普朗克的居所是一栋位于西柏林富庶郊区格吕内瓦尔德高雅别墅群中的大房子，有一座大花园。别墅群的住户有银行家、律师以及其他教授。他在这儿一住就是 50 年。10 月 7 日是个周日，鲁本斯和他的夫人到访，并与普朗克共进午餐。很快，这两位好友之间的对话就不可避免地转向了物理学和黑体问题。鲁本斯解释说，他最新的测量结果没有任何质疑的空间：维恩定律在高温、长波区间内就是失效了。普朗克得知，这些测量结果表明，在那样的波长下，黑体辐射强度与温度呈正比关系。

那天晚上，普朗克决定尝试构建一个能够体现黑体辐射能量分布谱的公式。当时，他手头拥有三条有用的关键信息。第一，维恩定律能够解释短波范围内的黑体辐射强度。第二，维恩定律在红外波段失效了，鲁本斯和库尔鲍姆发现，在这个波段黑体辐射的强度正比于温度。第三，维恩位移定律正确。普朗克必须找到一种方法，把有关黑体的这三块拼图拼合成他想要的公式。在开始肆意摆弄各种数学方程的符号之后，普朗克多年来积累的来之不易的经验很快就有了用武之地。

在几次失败的尝试之后，普朗克通过直觉和以灵感为基础的科学猜测得到了一个公式。这个公式看起来大有前途。不过，这会不会就是基尔霍夫一直在寻找的那个方程？是不是在任何温度下的所有光谱波段都有效？普朗克火急火燎地写了一张给鲁本斯的字条，大半夜的就出门把它寄了出去。几天后，鲁本斯带着答案来到了普朗克的家：他把普朗克的公式同实验数据做了比对，发现几乎完全吻合。

10 月 19 日，周五，在这天召开的德国物理学会例会上，鲁本斯和普朗克坐在听众席上，是费迪南德·库尔鲍姆正式宣布了维恩定律只在短波范围内有效，在红外区域内的更长波段上失效。库尔鲍姆讲完入座后，普朗克起身做了一个简短的"评论"，公开了"维恩辐射分布方程的改进版本"。他在发言之初承认，自己之前始终认为"维恩定律一定是正确的"，并且在之前的一次会议上表达过这个观点。[44] 随着普朗克的发言变得深入，听众很快就明白了，他要讲的可不仅是一种对维恩定律稍做修改的"改进版本",而是他自己的一种全新定律。

发言不到 10 分钟,普朗克就在黑板上写下了他的黑体辐射分布方程。然后,他转身面向观众,看着同事们熟悉的脸庞,告诉他们,这个方程"是我目前看到的与实验数据最为吻合的一个"。[45] 讲完入座后,普朗克只是收到了礼貌性的点头致意。听众以沉默作为回应,这完全可以理解。毕竟,普朗克刚刚提出的无非就是又一个专为解释实验结果而设计的公式。此前早已有人提出了类似的方程,为的就是在实验证实了维恩定律于长波波段失效后填补空缺。

第二天,鲁本斯来到普朗克家中安慰他。"他过来告诉我,那天会议结束后,他当天晚上就把我的公式同他的测量结果进行了比对,"普朗克后来回忆说,"结果非常令人满意,两者完全吻合。"[46] 不到一周后,鲁本斯和库尔鲍姆宣布,他们把测量结果同 5 种各不相同的公式预言进行了比较,结果发现普朗克的公式要比其他所有公式都精确得多。帕邢也证实了普朗克的方程与他的实验数据相符。然而,尽管实验学家迅速证实了这个公式的优越性,普朗克还是陷入了困惑之中。

他现在有了一个看上去不错的公式,但它有什么含义?背后的物理学又是怎么样的?普朗克知道,要是回答不了这些问题,这个公式最多只能算是对维恩定律的一种"改善",并且"无非就是直觉下的幸运产物",除了有一些"形式上的重要性"之外别无其他。[47] "出于这个原因,我得出这个定律的第一天,就开始努力赋予它真正的物理意义。"普朗克后来说。[48] 要想做到这点,就只有运用物理学原理一步一步地推导他的这个方程。普朗克清楚自己的目的地在哪儿，但他必须找到一条通往那里的路。好消息是他现在已经拥有了一位珍贵的向导，也就是方程本身。不过，他准备为这样一段旅程付出何种代价呢？

普朗克回忆说，接下去的 6 周，是"我人生中工作强度最大的一段时间"，在这番努力过后，"阴云一扫而空，意想不到的景象开始浮现"。[49] 11 月 13 日，他写信给维恩："我的新公式很令人满意，而且我现在已经得到了公式背后的理论，4 周之后在此地（柏林）的物理学会例会上，我就会正式公布结果。"[50] 信中，普朗克既没有向维恩诉说他为此付出的巨大智力劳动，也没有提及这个理论本身。在那几个星期里，他为了使自己的方程与 19 世纪的两大物理学理论（热力学和电磁学）相谐而付出了漫长且艰辛的努力，但没有成功。

"因此，必须不惜一切代价找到公式背后的理论解释，无论代价有多大。"普朗克接受了这个现实。[51] 他表示自己已经"做好准备，牺牲自己之前对物理学定律的所有信念"。[52] 普朗克不再关心他究竟要付出什么代价，只要他能"得到积极的结果"。[53] 对于这样一个惯于控制自身情绪、只有在钢琴前才会毫无顾忌地表达自己真实想法的人来说，这已经算是高度激进的言论了。普朗克在努力理解新公式的过程中把自己推向了极限，并最终无奈地采取了"一种绝望的行动"，正是这个行动导致了量子的发现。[54]

*

黑体四壁受热时会向腔体中心释放看不见的红外辐射和紫外辐射。普朗克在寻找与他的公式理论上相谐的推导过程时，想出了一个能够体现黑体辐射光谱能量分布的物理模型。其实在此之前，他就已经有了这个想法，只是一直没有细想。即便这个模型没能解释真实的现象，那也没什么关系。普朗克要的只是一种腔体内辐射频率与波长的正确组合方式。他以"黑体辐射能量分布仅取决于黑体温度，与材质无关"这个事实为基础，构建了他能想到的最简单的模型。

"虽然原子理论目前已经取得了巨大成功，"普朗克在 1882 年写道，"但我们最终还是会为了连续物质的假设而抛弃这个理论。" 55 18 年后，由于缺乏原子存在的确凿证据，他仍旧不信任原子理论。普朗克从电磁理论中了解到，以某一频率振动的电荷只会释放和吸收这一频率的辐射。于是，他选择用一个巨大的振荡器阵列来代表黑体四壁。虽然每个振荡器都只会发出单一频率的辐射，但把所有振荡器发射的辐射汇总到一起，就得到了黑体内所有频率的辐射。

钟摆就是一个振荡器，其频率就是它每秒摆动的次数；一次振荡就是钟摆完整地来回摆动一次，即从起点开始运动后又回到这个点。另一种振荡器就是挂在弹簧上的重物，它的频率是从静止状态按压弹簧并释放后，重物每秒上下弹跳的次数。这类振荡器涉及的物理学很早之前就已经为人们所知了，并且到普朗克在他的理论模型中运用振荡器这个概念时还得到了"简谐运动"的名称，因为普朗克就是这么称呼这类物理现象的。

普朗克把他的这些振荡器想象成各种劲度的无质量弹簧，这样就能产生各种频率；另外，每个弹簧上都附有一个电荷。加热黑体四壁就提供了驱动振荡器所需的能量。振荡器是否处于工作状态，只取决于黑体的温度。如果处于工作状态，那么振荡器会向腔体内释放辐射，同时也会从腔体吸收辐射。随着时间推移，等到温度保持不变时，这种各个振荡器间释放并吸收辐射能量的动态机制就会达到平衡，整个系统此时就处于热平衡状态。

由于黑体辐射的光谱能量分布代表总能量在各个频率的分布方式，普朗克假设，决定这种分配结果的正是每个频率的振荡器数量。建立假设模型后，他必须设计出一种能够分配振荡器间可用能量的方式。在公布公式之后的几周中，普朗克发现了一个难题：他没法用自己一直以来视为金科玉律的物理学推导出这个公式。绝望之下，他只能转而使用奥地利物理学家、原子理论的重要支持者路德维希·玻尔兹曼的思想。在通往黑体辐射公式的道路上，普朗克改变了信仰：在多年公开"反对原子理论"[56] 后，他开始承认原子并不只是一种为了方便使用而杜撰出来的虚构之物。

路德维希·玻尔兹曼的个子不高，身材敦实，蓄着一副 19 世纪末常见的胡子，令人印象深刻，他的父亲是一位收税员。玻尔兹曼 1844 年 2 月 20 日出生于维也纳，曾在作曲家安东·布鲁克纳的指导下学过一段时间钢琴。比起弹钢琴来，玻尔兹曼还是更擅长物理学，他在 1866 年拿到了维也纳大学的博士学位。很快，他就凭借对分子运动论（又称气体动理论）的基础性贡献而声名大噪。这个理论的得名是因为它的支持者认为，气体由持续运动的原子或分子构成。随后，1884 年玻尔兹曼为他之前的导师约瑟夫·斯特藩的发现提供了理论证明。斯特藩发现，黑体辐射的总能量正比于温度的 4 次方，也就是 T^4，或者说 $T \times T \times T \times T$。这就意味着，黑体温度翻倍，它辐射出来的能量就变为原来的 16 倍。

玻尔兹曼是一位知名教师，此外，虽然他是一名理论物理学家且严重近视，但他也是一位出色的实验学家。每当当时欧洲的顶尖大学出现教职空缺时，他的名字通常都会出现在潜在候选人名单上。古斯塔夫·基尔霍夫逝世后，柏林大学的正职教授职位出现了空缺，正是在玻尔兹曼拒绝了这份邀约后，这个职位才被降格给了普朗克。到了1900年，四处任教的玻尔兹曼此时身在莱比锡大学，并且已被公认为伟大的理论物理学家。不过，也还是有许多人像普朗克一样，认为玻尔兹曼的热力学方法完全不可接受。

玻尔兹曼认为，气体的性质（比如压强）是由力学定律及概率学规律约束的微观现象的宏观表现。在那些原子理论的支持者看来，牛顿的经典物理学约束了每个气体分子的运动，但无论从何种实际应用来看，运用牛顿运动定律推导气体所有分子的运动状态都是不可能的，因为气体由无数分子构成。1860年，正是当时28岁的苏格兰物理学家詹姆斯·克拉克·麦克斯韦在不测量单个气体分子运动速度的前提下描述了气体分子的整体运动。麦克斯韦运用统计学与概率学，得到了气体分子不断互相撞击以及撞击容器壁时的最概然速度分布。统计学与概率学的引入十分大胆，也十分创新。有了它们，麦克斯韦才解释了我们观察到的许多气体性质。比麦克斯韦小13岁的玻尔兹曼追随前者的脚步，为分子运动论做出了卓越贡献。19世纪70年代，他更进一步，通过联系熵与无序性提出了对热力学第二定律的统计学诠释。

按照我们现在熟知的玻尔兹曼原理（玻尔兹曼定律）的说法，熵是对发现系统处于特定状态的概率的量度。举个例子，一副经充分洗牌的扑克牌就是熵较高的无序系统。然而，一副按照花色、从A到K顺序排列的全新扑克牌就是一个熵较低的高度有序系统。在玻尔兹曼看来，热力学第二定律与低概率系统（因而也是低熵系统）到较高概率（较高熵）的演化有关。第二定律并不是一个绝对定律。系统有可能从无序态演化为有序度较高的状态，就像一副洗过的牌如果再洗一次有可能会变得有序一样。然而，这件事发生的概率实在是太小了，小到需要数倍于现今宇宙年龄的时间才有可能看到它发生一次。

普朗克认为，热力学第二定律是绝对的——熵只会永远增加。而在玻尔兹曼的统计学诠释中，熵只是近似永远增加。在普朗克看来，这两种观点之间存在巨大差异。对他来说，求助于玻尔兹曼的理论等同于放弃他作为物理学家珍视的一切，但他别无选择，为了推导出黑体辐射公式，他只能这么做。"在那之前，我根本没注意过熵与概率之间的关系，我对这方面的内容提不起兴致，因为任何与概率有关的定律都允许例外情况的存在，而我当时认为热力学第二定律在任何情况下都绝对有效，没有例外。"[57]

系统最有可能达到的状态就是熵最大，即最无序的状态。对于黑体来说，那种状态就是热平衡状态——普朗克在尝试找到振荡器最概然能量分布的过程中面对的那种情形。如果总共有 1 000 个振荡器且其中 10 个的频率是 v，决定黑体以这个频率释放的辐射强度的就是这 10 个振荡器。虽然普朗克设想的每一个电子振荡器的频率都固定，但它们释放和吸收的能量仅取决于它们的振幅，也就是振荡的幅度。5 秒内完成 5 次摆动的钟摆，其频率是每秒 1 次振荡。不过，钟摆摆出一道大弧线时能量要高于摆出小弧线的时候。无论摆出的弧线是大是小，频率总是保持不变，因为一旦钟摆的长度确定下来，频率也就随之固定，额外增加的能量只是让钟摆摆出更大的弧线。因此，无论摆过的弧线大小，同一个钟摆在同一段时间内完成的振荡次数总是一样的。

普朗克在应用玻尔兹曼的理论之后发现，只有当振荡器吸收并发射正比于其振荡频率的离散小份能量时，才能推导出他的黑体辐射能量分布公式。"整个计算过程中最关键的一点，"普朗克说，就是认为每个频率的能量由若干相等的、不可分割的"能量元素"构成。后来，他把这些能量元素称作量子。[58]

在他的公式引导下，普朗克迫不得已地把能量（E）分割成了大小为 $h\nu$ 的组块，其中 ν 是振荡器的频率，而 h 则是一个常数。$E = h\nu$ 后来成了整个科学史上最著名的方程之一。举个例了，如果振荡器的频率是 20，而 h 是 2，每个能量量子拥有的能量就是 $20 \times 2 = 40$。如果这个频率可用的总能量为 3 600，那么有 3 600/40 = 90 个量子分布在频率为 20 的这 10 个振荡器中。普朗克从玻尔兹曼的理论中掌握了求出这些量子在振荡器间最概然分布的方法。

他发现，振荡器拥有的能量只能是这样的：0，$h\nu$，$2h\nu$，$3h\nu$，$4h\nu$，……一直到 $nh\nu$，其中的 n 是整数。这对应着振荡器吸收或释放了整数倍的"能量元素"或者说"量子"（能量为 $h\nu$），就像是银行只能收入和支出面额为 1 英镑、2 英镑、5 英镑、10 英镑、20 英镑和 50 英镑的钱。由于普朗克的振荡器不可能拥有除了 $nh\nu$ 之外的能量，它们的振幅也相应地受到了限制。把这个模型按比例放大到日常生活中常见的连有重物的弹簧，就能清楚地看到模型背后的奇怪含义了。

如果弹簧上的这个重物以 1 厘米（cm）的振幅振荡，那么它的能量为 1（省略单位）。如果把重物按压到下陷 2 cm 的位置，然后松手任其振荡，它的频率并不会改变。然而，由于能量正比于振幅的平方，这个时候重物的能量就变成了 4。如果把普朗克振荡器受到的限制应用到这个重物上，那么在 1~2 cm 之间，它只能以 1.42 cm 和 1.73 cm 的振幅振荡，因为在这个区间，重物能够拥有的能量只有 2 和 3。[①][59] 举个例子，重物的振幅不能是 1.5 cm，因为对应的能量是 1.5 的平方，即 2.25。能量量子是不可分割的，所以振荡器不能接收能量量子的一部分，要么接收整个量子，要么干脆就不接收。这与当时的物理学完全背道而驰，后者对振荡的振幅完全没有限制，因而也对振荡器在单次振动中释放或吸收的能量没有任何限制——它可以是任何数量。

普朗克在绝望中发现了一个如此不同寻常也如此出人意料的概念，连他自己都不能准确把握这个概念的重要意义。他的振荡器不能像水龙头里流出的水一样连续不断地吸收或释放能量。相反，它们只能以不可分割且相当微小的 $E = h\nu$ 为单位，离散地吸收或释放能量，式中的 ν 是振荡器振动的频率，与它吸收或发射的辐射的频率完全一致。

然而，实际上，宏观振荡器的表现与普朗克的原子尺度振荡器完全不同，这是因为 h 等于 0.000 000 000 000 000 000 000 000 006 626 尔格[②]·秒，说得更准确点，这个数字等于 6.626 除以 1 000 亿亿亿。按照普朗克的公式，能量增加或减小的最小单位就是 h，但 h 实在是太小，所以量子效应在日常世界中（比如钟摆、儿童秋千、摇摆的重物等情况下）完全看不到。

普朗克的振荡器迫使他将辐射能量切分成小块形式，这样才能给它们安上正确大小的 $h\nu$ 组块，但他并不认为辐射能量真的会被切割成量子。他觉得这只是他构想的振荡器接收及释放能量的方式。普朗克面对的问题是，按照玻尔兹曼的能量切割方法，能量切

---

① 频率一定时，能量与振幅的平方成正比。——译者注
② 尔格为厘米–克–秒制中功和能量的单位，1 尔格 = 10^{-7} 焦耳。——编者注

片会越来越薄，到最后会薄到数学层面上的厚度为零，它们就此消失，同时在整体上还存在。将被完全切割的量以这种形式重新组合起来，涉及微积分的核心数学技巧。遗憾的是，如果普朗克这么做了，那么他的公式也随之消失了。他被量子困住了，但他并不忧虑，至少他的公式还在，剩下的问题就留待以后解决吧。

＊

"先生们！"在端坐于柏林大学物理研究所房间内的德国物理学会成员面前，普朗克开始了这场主题为"标准光谱能量分布规律理论"的讲座。他在听众中看到了鲁本斯、卢默和普林斯海姆，那会儿是1900年12月14日，周五，下午5点刚过。"几个星期前，我有幸向大家介绍了一个在我看来适合表达辐射能量在全标准光谱内分布规律的新方程。"[60] 现在，普朗克就要介绍他推导出来的这个新方程背后的物理学原理了。

这次会议结束后，同行们纷纷向普朗克表示祝贺。普朗克认为，量子（即能量的小份形式）概念的引入"纯粹只是形式上的假设"，而且他"其实并没有过多思考这个概念背后的意义"，那天除普朗克之外的所有人也秉持同样的观点。对他们来说，重要的是普朗克成功地为他在10月提出的新公式提供了物理学证明。可以肯定的是，他提出的这种把振荡器能量切割成量子的想法确实非常奇怪，但这个问题早晚会得到解决。所有人都认为，这无非就是理论物理学家惯用的花招儿，也就是为了得到正确答案而采用的一种简洁数学技巧，没有什么真正的物理意义。令同行们始终印象深刻的是普朗克这个新辐射定律的精确性，所有人都没有过多关注能量量子背后的意义，包括普朗克本人在内。

一天清晨，普朗克带着他 7 岁的儿子埃尔温出了门，父子俩的目的地是附近的格吕内瓦尔德森林。散步去那儿是普朗克最喜欢的消遣方式，他也很喜欢带着儿子一起去散步。埃尔温后来回忆说，他俩边走边聊，父亲告诉他："今天，我有了一项发现，重要性和牛顿的发现相当。"[61] 时隔多年再讲述这件事时，埃尔温已经记不得这场散步究竟发生在什么时候了，很有可能是在普朗克 12 月讲座之前的某段时间。有没有可能普朗克终究还是理解了量子的全部内涵？或者，他只是想试着让自己年幼的儿子知晓这个新辐射定律的某种重要性？两者都不是。普朗克只是在表达自己发现了两个（不止一个）全新基本常数之后的喜悦之情：第一个是 k，他称之为玻尔兹曼常数；第二个是 h，他称之为量子作用常数，但物理学家都称其为普朗克常数。k 和 h 都是固定且永恒的，也就是说，它们是大自然的两个绝对量。[62]

普朗克知道他的这项发现多少有玻尔兹曼的功劳。用这位奥地利科学家的名字命名了 k 这个普朗克在最终得出了黑体辐射公式的研究中发现的常数之后，普朗克还在 1905 年和 1906 年两届诺贝尔奖的评选中提名了玻尔兹曼。不过，为时已晚。长期以来，玻尔兹曼一直经受着各种疾病（哮喘、偏头痛、近视眼和心绞痛）的困扰。然而，上述这些病症带来的痛苦没有一个比得上重度躁狂抑郁症发病时玻尔兹曼承受的折磨。1906 年 9 月，他在的里雅斯特附近的杜伊诺度假时自缢身亡。虽然他的一些朋友一直在担心最坏的情况，但 62 岁玻尔兹曼离世的消息还是令人极为震惊。玻尔兹曼在生命的最后一段时光越发感到孤独和不受重视，但事实并非如此。他是那个时代最受尊敬和钦佩的物理学家。然而，围绕原子是否存在展开的持续争论，让他觉得自己毕生的工作正在遭受破坏，他也因此在绝望中变得异常脆弱。1902 年，玻尔兹曼第三次，也是最后一次回到了维也纳大学。普朗克还接到了接替他的邀请。普朗克将玻尔兹曼的工作描述为"理论研究最优美的胜利之一"，他对来自维也纳的邀约很感兴趣，但最终还是选择了拒绝。[62]

h 是一柄将能量砍削成量子的斧子，而普朗克是第一个挥舞它的人。不过，他量子化的只是他构想的振荡器接收和释放能量的方式。普朗克并没有把能量本身量子化，也就是没有把能量砍削成 hv 大小的组块。做出发现与完全理解发现之间还是存在差别的，在理论过渡时期就尤其如此。普朗克所做的许多工作的真正内涵只是隐含在他的推导过程中，连他自己都不是很清楚。他从来就没有明确地量子化单个振荡器，只是以组为单位将它们量子化了，但他本该那么做的。

这背后的部分问题在于，普朗克总觉得自己可以摆脱量子这个概念。很久之后，他才意识到他的工作具有深远的影响。普朗克根深蒂固的保守天性迫使他把 10 年中的大部分时间都花在了将量子概念整合进已有物理学框架这件事上。他知道一部分同行认为他的这番行为离悲剧收场已经不远了。"但我并不关心这种言论，"普朗克写道，[64] "我现在知道了一个事实：量子作用常数（h）对物理学的意义要比我最初认为的重要得多。"

1947 年，享年 89 岁的普朗克离世。多年之后，他以前的学生兼同事詹姆斯·弗兰克回忆起了当初的场景：他看着普朗克绝望地挣扎着"规避量子理论，甚至只是想要看看自己是否至少能尽可能地弱化量子理论的影响"。[65]弗兰克很明白，普朗克"是一个不情愿的革命者"，而且最后普朗克自己"得出了结论：'没有用。我们必须要和量子理论长期共处了。相信我，这个理论的影响还会不断扩张'"。[66] 这算得上是这位不情愿的革命者恰如其分的墓志铭了。

物理学家确实必须要学会与量子"长期共处"了。第一个这么做的并不是与普朗克同时代的佼佼者，而是一个生活在瑞士伯尔尼的年轻人。他独立地意识到了量子的根本性质。他当时并不是职业物理学家，只是一个初级公务员，但普朗克认为，正是他发现了能量本身就是量子化的。他的名字叫阿尔伯特·爱因斯坦。

_____

第 2 章

爱因斯坦：专利局的苦力

    1905 年 3 月 17 日，周五，瑞士伯尔尼。快到早上 8 点钟的时候，一位穿着已经过时的格子花呢西装的年轻人，手里攥着一个信封，急匆匆地去上班了。在路人看来，阿尔伯特·爱因斯坦似乎忘了自己穿着一双绣着花的破旧绿拖鞋。[1] 一周里有 6 天，他都要在这个时候离开妻子和尚在襁褓中的儿子汉斯·阿尔伯特，把他们留在位于伯尔尼风景如画的老城区中心的逼仄两居室里，自己则步行约 10 分钟前往那栋颇为宏伟的砂岩建筑。克拉姆街道是瑞士首都伯尔尼最美丽的街道之一，街道上耸立着著名的天文钟楼，鹅卵石铺就的地面两侧蜿蜒着拱形游廊。不过，沉浸在思索之中的爱因斯坦在前往瑞士联邦邮电局行政总部的路上压根儿没怎么留意路上的风景。一到行政大楼，他就径直走上了楼梯，直奔位于三楼的联邦知识专利局——这个机构更为人熟知的名字是瑞士专利局。在这里，爱因斯坦和其他 10 余位技术专家（他们穿的是更正经的深色西装）每天花 8 个小时的时间坐在办公桌前，筛选出那些因具有致命缺陷而几乎不可能成功的产品。

　　三天前，爱因斯坦刚过了他的 26 岁生日。用他自己的话说，他当"专利局的苦力"已经快三年了。[2]对他来说，这份工作结束了"令人恼怒的忍饥挨饿的日子"。[3]就工作本身而言，爱因斯坦喜欢它的多样性，喜欢它所鼓励的"多角度思考"以及办公室融洽的氛围。他后来把这个环境称为自己的"世俗修道院"。虽然三等技术专家的职位不高，但薪酬不错，而且给爱因斯坦自己的研究留下了充足的时间。虽然他的老板、令人生畏的赫尔·哈勒尔总是密切关注着员工的工作，但爱因斯坦还是在审查专利期间花了很多时间偷偷地做自己的计算，他的办公桌甚至成了他的"理论物理学办公室"。[4]

　　普朗克解决黑体问题的方法正式发表之后不久，爱因斯坦就仔细阅读了，他后来回忆起当时的感受时说："量子力学就好像是一块从地底下硬拽出来的地皮，目力所及没有一块可供人们建造大楼的坚实地基。"[5]爱因斯坦在 1905 年 3 月 17 日寄给世界顶级物理学期刊《物理年鉴》编辑的信中，阐述了比普朗克最初对量子的介绍还要激进的内容。爱因斯坦知道，他提出的这个光量子理论简直就是异端邪说。

　　两个月后的 5 月中旬，爱因斯坦在写给朋友康拉德·哈比希特的信中承诺会向后者寄送 4 篇他希望在年底前正式发表的论文。第一篇论文的主题就是量子。第二篇则是他的博士论文，他在其中提出了一种确定原子大小的新方法。第三篇论文解释了布朗运动，即像花粉这样的微小颗粒悬浮在液体中时出现的无规则运动。"第四篇论文，"爱因斯坦承认，"现在还只是一个粗略的草稿，主题是修正时空理论下运动物体的电动力学。"[6]这张论文清单意义非凡。在整个人类科学史上，只有另一位科学家的另一年可以与爱因斯坦在

1905 年取得的成就相媲美。那就是 1666 年的艾萨克·牛顿，这位当时 23 岁的英国小伙在那一年中奠定了微积分和引力理论的基础，还勾勒出了他的光理论的概貌。

后来，爱因斯坦成了他在第 4 篇论文中第一次提出的理论（相对论）的同义词。虽然相对论后来彻底改变了人类对时间和空间性质的认识，但被爱因斯坦描述为"具有极大革命意义"的并不是这个理论，而是普朗克的量子概念在光和辐射领域的延伸。[7] 爱因斯坦认为，相对论只不过是对已有概念（牛顿等人建立的经典力学）的"修正"，而他的光量子概念才是完全属于他个人的全新理论，并且标志着与以往物理学的分道扬镳。即便爱因斯坦当时只是一个业余物理学家，他提出的这个理论也算得上亵渎神明了。

当时，在之前的半个多世纪里，人们普遍接受了光是一种波动现象的观点。在《关于光的产生与转变的一个探索性观点》这篇论文中，爱因斯坦提出，构成光的并不是波，而是类似粒子的量子。普朗克在解决黑体问题的过程中，不情愿地引入了"能量以量子这种离散组块形式被吸收或释放"这一思想。然而，与其他所有人一样，他认为，无论电磁辐射与物质发生相互作用时交换能量的机制究竟是什么，电磁辐射本身肯定是一种连续的波动现象。而爱因斯坦革命性的"探索性观点"认为，光——实际上应该是所有电磁辐射——根本就不是波，而是可以被切分成小块，这种小块就是光量子。在爱因斯坦提出这个理论之后的 20 年里，除了他本人之外，基本上没有人支持这个光量子概念。

爱因斯坦从一开始就知道，让大家接受光量子理论必然是一段艰苦卓绝的过程。他在论文标题中使用了"一个探索性（heuristic）观点"这样的词，就很能体现他当时的忧虑。在《简明牛津英语词典》中，"heuristic"的含义是"尝试着找出"。在光量子理论提出之前，光的有些现象无法解释，爱因斯坦给物理学家提供的正是一种解释这些现象的方法，而不是从最基本原理中推导出来的完整理论。他的论文只是通往这种理论的一块路标，但事实证明，因为这块路标指向的目的地与大家早已习以为常的光波动理论背道而驰，所以对那些根本没想过要去那儿的人来说，即便只是路标，也已经过分到不能接受了。

　　爱因斯坦的这 4 篇论文在 3 月 18 日至 6 月 30 日间陆续被《物理年鉴》接受，它们会在随后的日子里彻底改变物理学。值得一提的是，爱因斯坦在这一年中还有时间和精力为《物理年鉴》撰写了21 篇书评。他后来又撰写了这一年里的第 5 篇论文。这个念头应该是他后来才有的，毕竟他当初没有跟哈比希特提及此事。这篇论文里出现了一个随后变得几乎尽人皆知的方程：$E = mc^2$。"一场风暴在我的脑海中爆发，"爱因斯坦这样描述自己在光辉的 1905 年伯尔尼春夏时节写出一系列惊人论文时朝他涌来的无边创造力。8

　　《物理年鉴》理论物理学部分的顾问马克斯·普朗克正是第一批阅读《关于运动物体的电动力学》这篇论文的人之一。普朗克立刻就被他自己（不是爱因斯坦）后来称为相对论的这个理论征服了。至于光量子的论文，虽然普朗克本人强烈反对这个概念，但还是允许它发表了。普朗克在给出许可结论的同时，一定很好奇这位既有能力又十分荒唐的物理学家究竟是谁。

*

　　坐落于德国西南角多瑙河两岸的乌尔姆市，在中世纪时期有一句不同寻常的城市格言:"乌尔姆的人都是数学家。"爱因斯坦就诞生在这座城市里。对于这个出生于 1879 年 3 月 14 日,后来成为科学天才代名词的人来说,乌尔姆的确是一个合适的出生地。爱因斯坦出生的时候后脑又大又歪,他的母亲甚至担心自己这个刚出生的儿子是畸形儿。后来,他又过了很久才开口说话,父母一度觉得他不会说话了。在 1881 年妹妹马娅(也是爱因斯坦唯一的兄弟姐妹)出生后不久,爱因斯坦就养成了一种非常奇怪的习惯:他会轻声重复自己想说的每一个句子,直到确信用词完美之后才会满意地大声说出。爱因斯坦 7 岁的时候终于开始正常说话了,这令他的父母赫尔曼和保利娜宽慰不已。那个时候,他们一家已经在慕尼黑住了 6 年,赫尔曼当初决定搬过来是为了和自己的弟弟雅各布合伙做点儿电气生意。

1885 年 10 月,由于慕尼黑最后一所私立犹太学校已经关停 10 多年了,6 岁的爱因斯坦只能前往最近的学校上学。这所学校地处德国天主教核心地带,所以宗教教育成为学校课程的重要组成部分也就不足为奇了,但爱因斯坦多年后回忆说,学校老师"奉行自由主义,并不会根据宗教对学生做区分"。[9] 然而,无论他的老师再怎么随和,再怎么奉行自由主义,弥漫在整个德国社会之中的反犹主义从来就没有隐藏得太深,即便是在教室里也不例外。爱因斯坦永远也不会忘记,宗教课老师课上在全班同学面前描述犹太人是如何把耶稣钉在十字架上的。"在孩子们当中,"爱因斯坦多年后回忆说,"反犹主义也十分活跃,小学里情况尤为严重。"[10] 不出意外,他在学校里几乎没有任何朋友,甚至可以拿掉"几乎"二字。"我真的是一个孤独的旅行者,从来没有真挚地感受过对国家、家园、朋友,甚至是直系家庭的归属感。"他在 1930 年写道。他称自己为

"Einspänner"，一种只有一匹马拉的马车。

爱因斯坦在孩童时期喜欢独处，最喜欢的活动就是用纸牌搭建尽可能高的房子。他有耐心，也有毅力，10 岁的时候就能搭出 14 层高的纸牌屋。正是这些已经成了他性格的基本要素的特质，让他后来不懈追寻着自己的那些别人或许早已放弃的科学思想。"上帝赋予了我骡子一般的倔强，"他后来说，"以及相当敏锐的嗅觉。"[11] 爱因斯坦坚称自己没有什么特殊才能，有的只是强烈的好奇心。当然，别人可不这么看。很多人都有好奇心，但爱因斯坦的好奇心与执着产生了强烈反应，驱使他在同龄人被告知不要再问那些近乎孩子气的问题之后许久，仍旧持续追寻着这些问题的答案。坐上光束，与光一道旅行，会是怎样的场景？正是为了回答这个问题，爱因斯坦才踏上了长达 10 余年的相对论研究之路。

1888 年，9 岁的爱因斯坦开始在卢伊特波尔德文理中学求学，后来他回忆起在那所学校的日子时颇为痛苦。年轻的马克斯·普朗克很享受那种以死记硬背为基础的军事化严格课程，并且从中获益良多，而爱因斯坦恰恰与他相反。不过，虽然爱因斯坦憎恨他的老师以及他们专横的教学方法，但他的学习成绩依然出类拔萃，哪怕课程本身以人文学科为导向也是如此。爱因斯坦的拉丁语成绩是满分，希腊语也学得很好，即便是在老师对他说"你将来会一事无成"后也仍旧如此。[12]

学校里对机械式学习的强调令人窒息，家里教授音乐课的私人教师同样如此，这一切都与一名身无分文的波兰医学生的教学方式形成了鲜明对比。这名波兰医学生叫作马克斯·塔尔穆德，当时 21 岁，每周四他都会和爱因斯坦一起吃饭（这是一种古老犹太传统的变体：犹太人会在安息日邀请一位贫穷的信教学者共进午餐）。

塔尔穆德很快就发现这个好问的小男孩与自己志趣相投。没过多久，他俩就开始在聚餐时花上数小时讨论塔尔穆德给（或者是推荐）爱因斯坦阅读的书了。他们一开始讨论的都是一些科普图书，正是这些书终结了爱因斯坦所称的他的"青春宗教天堂"。[13]

在天主教学校接受多年教育的经历，以及在家中接受的一位亲戚的犹太教教导，都在爱因斯坦身上留下了印记。他的父母都不信教，但爱因斯坦培养出了"深厚的宗教信仰"（爱因斯坦本人语），这令他的父母很吃惊。信教之后，爱因斯坦不再吃猪肉，上学路上唱起了宗教歌曲，并且接受《圣经》中的创世故事为既定事实。再之后，随着爱因斯坦如饥似渴地阅读了一部又一部科学作品，他逐渐意识到《圣经》中的许多故事不可能是真的。爱因斯坦说，这释放了"一种狂热的自由思想，营造了一个国家通过谎言故意欺骗年轻人的印象；这个印象产生了毁灭性的效果"。[14] 它在爱因斯坦心中撒下了怀疑各种权威这个终身习惯的种子。他也就此开始把失去"宗教天堂"看作第一次挣脱"'个人枷锁'，逃离由愿望、希望和各种原始感受支配的生活"的尝试。[15]

在爱因斯坦对一本宗教书的布道失去信心的同时，他开始体验到自己那本有关几何学的小书的神奇之处。爱因斯坦还在上小学的时候，叔叔雅各布就开始向他介绍几何学原理，并给他出相关题目。等到塔尔穆德给他看一本有关欧几里得几何学的作品的时候，爱因斯坦已经相当精通数学了，数学水平远超一般的 12 岁男孩。爱因斯坦钻研那本书（证明定理，完成练习）的速度快到令塔尔穆德吃惊。正是这样的学习热情让爱因斯坦在暑假期间就掌握了学校里第二年要教授的数学内容。

由于父亲和叔叔在电气行业工作，爱因斯坦就有了除阅读书籍之外的第二种学习科学的方式：他的身边到处都是应用科学得到的技术产品。正是他的父亲在不经意间带领爱因斯坦领略了科学的神奇与神秘。一天，爱因斯坦发着烧躺在床上，父亲赫尔曼给他看了一个指南针。指针的运动看上去如此神奇，当时 5 岁的爱因斯坦想着"事情的背后一定隐藏着某种更为深刻的道理"，身体激动得震颤，烧似乎都退了几分。[16]

爱因斯坦父亲和叔叔的电气生意一开始颇为兴旺，他们的经营活动逐步从制造电力设备转向了铺设电力网络和照明网络。兄弟俩取得了一次又一次的成功，甚至还与慕尼黑著名的啤酒节签订了优先提供电力照明的合同，前途看上去一片光明。[17]然而，最终他们俩还是被提供同类服务的西门子和 AEG（德意志联邦通用电力公司）甩在了身后。其实有很多小型电气公司在这些巨头的阴影下生存了下来，甚至还发展得相当不错，但雅各布的野心实在太大，而赫尔曼又太过优柔寡断，所以他俩的公司最后没能成功。虽然生意失败了，但兄弟俩并没有放弃，他们认为，刚刚开始电气化的意大利应该是一个重新起步的好地方。于是，1894 年 6 月，他们拖家带口地搬去了米兰，只留下了 15 岁的阿尔伯特，为的是让他完成剩下的三年学业，从这所他讨厌的学校毕业，负责照顾他的是一些远房亲戚。

为了不让父母担心，爱因斯坦装作慕尼黑的一切都没问题的样子。然而，他其实很担心即将到来的义务兵役。按照德国法律，如果他在 17 岁生日前仍在这个国家，就必须准时报到服兵役，否则会被视为逃兵。孤独又压抑的爱因斯坦必须想个办法脱身，就在此时，一个完美的机会突然出现了。

爱因斯坦的希腊语老师、曾认为他永远不会有什么成就的德根哈特博士现在也是他的班主任。在一场激烈的争论中，德根哈特对爱因斯坦说，他应该离开学校。无须进一步的刺激，爱因斯坦在拿到一张写着他因过度疲劳而需要彻底休息才能康复的医学证明之后，就照德根哈特的要求离开学校了。与此同时，爱因斯坦还从数学老师那儿得到了一张证明，说明他现在的数学水平已经达到了毕业要求。只过了6个月，他就追随家人的脚步跨越了阿尔卑斯山，来到了意大利。

父母竭力想要说服爱因斯坦回到慕尼黑，但爱因斯坦拒绝了，他另有计划。爱因斯坦准备待在米兰准备次年10月举行的苏黎世联邦理工学院入学考试。这所学校建立于1854年，并且在1911年更名为现在的名字"Eidgenossische Technische Hochschule"（ETH）。它不像德国顶尖大学那样有名，不过，这所学校的入学条件并不包括要求考生必须从文理学校毕业。爱因斯坦向父母解释说，只要通过了入学考试，他就能进入这所学校学习。

很快，爱因斯坦的父母就发现了儿子的第二部分计划：他想要放弃自己的德国国籍，从而杜绝被帝国征召服兵役的可能。爱因斯坦当时的年龄太小，没办法在这件事上自作主张，必须征得父亲的同意。赫尔曼很快就准许了儿子的请求，并且正式向政府提出申请，放弃儿子的德国国籍。1896年1月，爱因斯坦一家收到了政府通知，花了3马克，爱因斯坦从此时起就不再是德国公民了。他在之后的日子里一直是法律层面上的无国籍人士，直到5年后成为瑞士公民。1901年3月13日，也就是爱因斯坦22岁生日的前一天，这位后来著名的和平主义者刚取得新国籍，就出现在了瑞士军队的体检现场。幸运的是，体检结果表明爱因斯坦不适合服兵役，因为他有易出汗的扁平足和静脉曲张。[18] 当初令身处慕尼黑的青年爱因斯坦烦恼的不是他要服兵役，而是因为他不想穿上他憎恨的代表德意志帝国军国主义的灰色制服。

"在意大利逗留的数月快乐时光是我最美好的回忆。"50 年后，爱因斯坦回忆起那段无忧无虑的全新生活时这样评价。[19] 这段时间里，他除了帮着照顾父亲和叔叔的电气生意，还到处旅行，造访亲朋好友。1895 年春天，他们一家搬去了就在米兰南边的帕维亚。赫尔曼和雅各布在那儿开了一座新工厂，这座工厂后来开了一年出头就关了。虽然爱因斯坦在这个重大变化之下仍努力地准备苏黎世联邦理工学院的入学考试，但他最后未能通过。不过，他的数学和物理考试成绩令人印象深刻，所以学校的物理学教授邀请他旁听课程。这个提议很吸引人，但这一次，爱因斯坦听取了一些周全的建议。他的语言、文学和历史成绩实在太过糟糕，所以苏黎世联邦理工学院的校长督促他回学校再学一年，并推荐了一所瑞士学校。

那年 10 月末的时候，爱因斯坦已经身处位于苏黎世西面 30 英里处的小镇阿劳了。坐落于此地的阿尔高州立中学自由主义氛围浓厚，为爱因斯坦提供了一个能激励他茁壮成长的良好环境。他寄宿在一位古典文学老师家里，这段经历给他留下了难以忘怀的记忆。这位老师名叫约斯特·温特勒，他和妻子保利娜鼓励他们的 3 个女儿和 4 个儿子自由思考，于是，每天晚上的晚餐总是会变成一项活泼生动且吵吵闹闹的活动。不久之后，温特勒夫妇俩就成了爱因斯坦的代理父母，后者甚至叫他们"温特勒爸爸"和"温特勒妈妈"。无论后来年迈的爱因斯坦如何诉说自己作为孤独旅行者的故事，青年时期的他仍旧需要别人的关怀和照料，而他自己也会关心和帮助别人。很快就到了 1896 年 9 月的入学考试时间。这一次，爱因斯坦轻松过关，接着就前往苏黎世联邦理工学院了。[20]

*

"快乐的人往往对眼下的处境过于满意，因而无法过多地考虑未来，"时长 2 个小时的法语考试中有一篇题为《我的未来规划》的短文，爱因斯坦在开头如此写道。不过，他对自己的未来有清晰的规划，由于偏好抽象思维且实操技能薄弱，爱因斯坦当时觉得自己将来要当一名数学和物理学教师。[21] 就这样，1896 年 10 月，他成了当期进入联邦理工学院数学和科学专业教师培养计划的 11 名新生中最年轻的一位，也是 5 名志在得到数学和物理学教学资格的学生之一——这 5 人中唯一的女性后来成了爱因斯坦的妻子。

阿尔伯特的朋友们全都不明白为什么他会爱上米列娃·马里奇。这个出生于匈牙利的塞尔维亚女孩比爱因斯坦大 4 岁，孩童时期得过一场肺结核，因而有点儿轻微跛足。在进入苏黎世联邦理工学院的第一年里，他们完成了 5 门必修的数学课和力学课——这是学院教授的最简单的物理学课程。虽然爱因斯坦在慕尼黑时如饥似渴地阅读着他那本神奇的几何学小书，但此时的他已不再对数学感兴趣。苏黎世联邦理工学院的数学教授赫尔曼·闵可夫斯基回忆起爱因斯坦时，称他是个"懒汉"。爱因斯坦后来坦承，他并不是故意对数学漠不关心，只是没有领会"更深刻认识物理学基本原理的途径是与最为复杂的数学方法联系在一起的"。[22] 这是他在后来的研究岁月中总结出的惨痛教训，他后悔当初没有更努力地"系统学习数学知识"。[23]

幸运的是，和爱因斯坦及米列娃同修这一课程的另三名学生之一马塞尔·格罗斯曼是个数学能手，并且比爱因斯坦和米列娃更加努力。爱因斯坦后来因构建广义相对论所需的数学技巧苦恼不已的时候，正是向格罗斯曼寻求帮助的。这两人在入学之后很快就成了朋友，他们谈论"一切能令眼界开阔的年轻人感兴趣的事"。[24] 虽然格罗斯曼只比爱因斯坦大一岁，但他对人类性格的判断一定很敏锐，他对这位同学印象深刻，直接把后者带到家里介绍给了自己的父母。格罗斯曼对父母说："这位爱因斯坦先生将来会成为一个非常了不起的大人物。"[25]

爱因斯坦靠着格罗斯曼那套出色的笔记才通过了 1898 年 10 月的中期考试。晚年的爱因斯坦回忆起这段往事时，表示自己几乎无法想象，如果没有格罗斯曼的帮助，当时已经开始逃课的自己究竟会发生什么。不过，在海因里希·韦伯的物理课开始之后，情况变得大为不同，往往是这节课还没上完，爱因斯坦就"期待着他的下一堂课了"。[26] 当时 50 多岁的韦伯把物理学讲得无比生动，爱因斯坦也承认，韦伯的热力学课程讲述得"非常精妙"。不过，他的热情后来就逐渐消散了，因为韦伯并不教麦克斯韦的电磁理论以及其他任何最新的物理学进展。很快，爱因斯坦的独立性格和轻蔑态度就让他和教授们疏远了。"你是个聪明的孩子，"韦伯对他说，"但你有一个很大的缺点：听不进别人的任何劝诫。"[27]

等到 1900 年 7 月期末考试成绩出来时，爱因斯坦在修这个方向的 5 人中排名第四。他觉得自己受到了这类考试的束缚，考试对他产生了巨大的消极影响，以致他"在后来的一整年中想起任何科学问题都会感到厌恶"。[28] 米列娃在这 5 人中排名垫底，也是唯一一个不及格的。这对已经以"Johonzel"（约翰尼）和"Doxerl"（多莉）这样的亲昵名字互相称呼的这对小情人来说，无疑是一个沉重的打击。很快，另一个沉重打击也来了。

这个时候，成为学校老师的未来前景对爱因斯坦已不再有吸引力了，在苏黎世的 4 年生活让他有了一个新志向：成为物理学家。然而，要想在大学里谋得一份全职工作，难度实在是很大，即便是最优秀的学生也同样如此。第一步是要成为苏黎世联邦理工学院里一名教授的助手。然而，这所学校里的教授都不想要爱因斯坦，他就只能在更远的地方找机会了。"很快，我就要让从北海地区到意大利最南面的所有物理学家都得到我的垂青！"1901 年 4 月，爱因斯坦在探望父母时写信给米列娃，信中这样写道。[29]

有幸得到爱因斯坦垂青的其中一位教授就是莱比锡大学的化学家威廉·奥斯特瓦尔德。爱因斯坦两次写信给他，都没有得到回音。父亲看着爱因斯坦一点点儿地变得绝望，内心也很痛苦。于是，赫尔曼在儿子完全不知情的情况下，亲自出面干预了。"尊敬的教授先生，请原谅一位为了儿子而大胆寻求您帮助的父亲，"他写信给奥斯特瓦尔德说，[30] "所有评价过我儿子的人，都对他的才能赞誉有加。总之，我可以向你保证，他非常刻苦，非常勤奋，非常热爱科学。"[31] 这份情真意切的恳求仍旧没有得到答复。后来，奥斯特瓦尔德成了第一个在诺贝尔奖评选中提名爱因斯坦的人。

虽然反犹主义思潮可能在其中产生了一定影响，但爱因斯坦确信是韦伯的糟糕评语让他没能得到教授助理的职位。就在他一天比一天沮丧的时候，格罗斯曼的一封来信为他提供了一份潜在的高薪、体面工作。格罗斯曼的父亲听说了爱因斯坦的绝望处境之后，便想帮帮这个自己的儿子甚是推崇的年轻人。他向好友、瑞士专利局（位于伯尔尼）局长哈勒尔郑重推荐了爱因斯坦，希望下一次有职位空缺的时候能优先考虑这个年轻人。"昨天我收到你的来信了，"爱因斯坦给格罗斯曼回信时写道，"这个时候你还能想起我这个倒霉的老朋友，无私又富有同情心，我很感动。"[32] 在过了 5 年无国籍人士的生活后，此时的爱因斯坦刚刚取得了瑞士公民身份，并且确信这个身份有助于他申请专利局的工作。

或许，爱因斯坦最终还是时来运转了。温特图尔（距苏黎世不到 20 英里的一座小镇）的一所学校给爱因斯坦提供了一个临时教职工作，他接受了。爱因斯坦每天早上要上五六堂课，下午就有时间自由探索物理学了。"这份工作我干得很开心，开心到没法用语言向你表达，"他给温特勒爸爸的信中如此写道，之后不久他就离开了温特图尔，"我已经彻底放弃了拿到大学教职的愿望，因为我觉得即使是现在这个样子，也有足够的精力和欲望去探索科学事业。"[33] 很快，爱因斯坦的精力就遭受了考验，米列娃怀孕了。

米列娃在第二次没能通过苏黎世联邦理工学院的结业考试之后，回到了位于匈牙利的父母家中，等待着孩子的降临。听到自己即将当父亲的消息后，爱因斯坦泰然自若。他之前就已经有了当保险业务员的想法，现在更是愿意接受任何工作。只要能和米列娃结婚，再卑微的工作他都愿意干。他俩的女儿丽瑟尔出生时，爱因斯坦人在伯尔尼，他自始至终都没有见上女儿一面。丽瑟尔身上究竟发生了什么，她是被人收养了，还是刚出生不久就夭折了？至今无人知道答案。

1901 年 12 月，哈勒尔写信给爱因斯坦，让他申请一个马上要公开招聘的专利局职位。[34] 爱因斯坦在圣诞节前就递交了自己的申请书，应聘非临时性岗位的漫长之旅似乎终于要告一段落。"不久以后，我们就要过上好日子了，每每想到这，我就欢欣不已，"他在写给米列娃的信中说，"我有没有跟你说过，我们在伯尔尼的日子会有多么富裕？"[35] 爱因斯坦确信一切问题很快都会得到解决，便辞去了原本为期一年的沙夫豪森市一所私立寄宿制学校的教学工作——当时他才干了几个月。

*

　　1902年2月的第一周，爱因斯坦抵达伯尔尼，当时这座城市的人口大概是6万。自500年前那场摧毁了半座城市的大火以来，重建后的伯尔尼老城区一直保持着中世纪的优雅风格，几乎没有任何改变。正是在老城区的正义街上离城市著名景点熊坑不远的地方，爱因斯坦找到了一处居所。[36]这个房间每月租金23法郎，绝不是他在信中向米列娃描述的"又大又漂亮的房间"。[37]放下行李后不久，爱因斯坦就到楼下的本地报纸上刊登了一条广告，兜售自己的数学和物理学私教服务。2月5日，周三，第一个主顾出现了，爱因斯坦先给他上了一堂免费的试听课，效果不错，几天后就开始了正式授课。有一位学生这样描述他的这位新私人教师："大约5英尺10英寸（约1.78米）高，肩比较宽，轻微驼背，浅棕色皮肤，唇型好看，黑色胡子，微微有点儿鹰钩鼻，棕色的眼睛炯炯有神，嗓音悦耳，法语说得不错但有点儿口音。"[38]

　　年轻的罗马尼亚犹太小伙莫里斯·索洛文走在街上看报纸时，也注意到了这则广告。索洛文是伯尔尼大学哲学系的学生，但对物理学颇感兴趣。不过，由于数学功底欠佳，他没办法更深入地认识物理学，因而颇感沮丧。看到广告后，索洛文立刻就朝着报纸上的这个地址走去。他摁响门铃的那一刻，爱因斯坦找到了一个志趣相投的人。这对师生讨论了两个小时，发现两人有很多共同话题，出门后又在街上聊了半个小时，并且约好第二天再见面。等到第二天真的再见面的时候，两人都热烈地分享了自己的新想法，所有有关系统性授课的事情都被抛到了脑后。"实际上，你根本不需要别人给你辅导物理学。"第三天，爱因斯坦对索洛文这样说。[39] 这两人很快就成了朋友，而索洛文最欣赏爱因斯坦的一点，是后者总会尽可能清晰地描述问题或话题的概貌。

两人结交之后不久，索洛文就提议各自读同一部作品，读完后再一起讨论。学童时期的爱因斯坦在慕尼黑就和马克斯·塔尔穆德做过同样的事情，他当然觉得这个主意棒极了。很快，康拉德·哈比希特也加入了他们的行列。哈比希特是爱因斯坦在沙夫豪森寄宿制学校教学工作时结识的朋友，他此时来到伯尔尼是为了完成一篇大学数学论文。这三人的学习热情都很高，也都乐于钻研物理学和哲学问题。志趣相投的三人就这样聚在了一起，并开始自称"学术界的奥林匹亚"。

虽然自己的好友强烈推荐了爱因斯坦，但哈勒尔还是得亲自确定他是否有能力胜任这份工作。各类电气设备的专利申请与日俱增，哈勒尔必须雇用一位专业素养深厚的物理学家与工程师合作，而不是单纯地为了帮老朋友一个忙就把这个关键岗位给出去。考察过程中，爱因斯坦的表现令哈勒尔印象深刻，他被暂时任命为"三级技术专家"，月薪 3 500 瑞士法郎。1902 年 6 月 23 日早上 8 点，爱因斯坦第一次以"受人尊敬、负责签字的联邦大男孩"的身份到岗上班。[40]

"作为一名物理学家，"哈勒尔对爱因斯坦说，"你现在当然对工程图纸一无所知。"[41] 如果爱因斯坦学不会如何阅读并评估技术图纸，他就永远没办法得到一份永久合约。哈勒尔亲自把爱因斯坦需要掌握的知识教授给了他，其中包括清晰、简洁且正确表达自己想法的技巧。虽然爱因斯坦在学童时期以及后来的中学时期从来不喜欢认真接受老师的教导，但他知道自己必须尽可能地向哈勒尔学习，学习后者"极好的性格和聪明的头脑"。[42] "很快就能习惯他粗野的行为举止，"爱因斯坦写道，"我对他非常尊敬。"[43] 随着爱因斯坦逐渐证明了自己的价值，哈勒尔也慢慢地开始尊重他的这个年轻门生，并把他视为能为专利局做出诸多贡献的员工。

1902 年 10 月，爱因斯坦的父亲病重，他当时年仅 55 岁。爱因斯坦回到意大利，见了他最后一面。老赫尔曼在弥留之际终于答应了阿尔伯特迎娶米列娃的请求——在此之前，他和保利娜一直反对这桩婚事。次年 1 月，爱因斯坦和米列娃在伯尔尼登记局登记结婚，见证人只有索洛文和哈比希特。爱因斯坦后来说："婚姻是一种延续某个事件的失败尝试。"[44] 不过，1903 年的时候，他还是很享受这种有妻子给他做饭、洗衣服和照顾他生活的日子。[45] 然而，米列娃并不甘于做一个家庭主妇。

爱因斯坦在专利局一周工作48个小时，周一到周六每天早上8点开始上班，一直工作到中午。之后，他要么在家里吃午饭，要么和朋友在专利局附近的咖啡厅解决。用过餐后，爱因斯坦又会回到岗位上，从14点工作到18点。每天"都要浪费8个小时"，"然后就到了周日"，他这么告诉哈比希特。[46] 1904 年 9 月，爱因斯坦的这份"临时"工作正式转成了永久工作，月薪也上涨了 400 瑞士法郎。1906 年春天，哈勒尔对爱因斯坦"处理技术上非常困难的专利申请"的能力赞誉有加，便把他评为"专利局最有价值的专家之一"。[47] 于是，爱因斯坦晋升为二等技术专家。

"我这辈子都会感激哈勒尔。"爱因斯坦在搬到伯尔尼后不久、对专利局的工作志在必得时，写信对米列娃如是说。[48] 他当时是这么说，后来也的确是这么做的，但很久之后，他才意识到哈勒尔和专利局的工作给他带来的巨大影响："如果没有这份工作，我或许也不至于饿死，但大脑肯定会变得迟钝。"[49]哈勒尔要求，每一项专利申请必须经过严格评估，要经得起任何司法上的挑战。"拿到专利申请之后，不要相信发明人所说的一切，把它们都看成错误的，"他建议爱因斯坦，"否则，你就只会被发明人的思路牵着鼻子走，就没法客观地评价这项专利。你必须时刻保持高度警惕。"[50]就这样，爱因斯坦在机缘巧合下找到一份契合自己性格的工作，同时也在工作中磨炼了自己的能力。面对那些往往并不可靠的技术图纸和并不充分的技术数据，爱因斯坦的确做到了在评估发明人的希望和梦想时保持高度警惕，还把这种态度带到了自己全情投入的物理学研究之中。他把这份工作要求的"多角度思考"描述为"真正的恩赐"。[51]

　　"他有一种天赋，能看到所有人都习以为常因而不加怀疑的事实背后的含义，"爱因斯坦的好友兼同行、理论物理学家马克斯·玻恩后来回忆说，"让他变得与众不同的，正是这种不可思议的对大自然运作机制的非凡洞察力，而不是他的数学技巧。"[52]爱因斯坦知道自己的数学直觉并不十分敏锐，不足以把真正基础的理论从"或多或少地有些可有可无的诸多知识"中区分出来。[53]不过，就物理学来说，他的嗅觉无人能及。爱因斯坦说，他"学会了如何识别那些能够通向基础原理的知识，也学会了如何抛却其他一切，抛却那些会扰乱思绪使其无法触及本质的诸多无关之事"。[54]

　　他在专利局工作的那些年月更是强化了这种嗅觉。面对发明者提交的专利申请，爱因斯坦要寻找其中微小但致命的缺陷，以及与物理学家提出的大自然工作蓝图相矛盾的部分。等到他找到了这样一种理论矛盾之后，就会不断探索，直到得出一种能够消除矛盾的全新见解，或是一种此前从未出现过的替代理论。他的探索性原理——光在某些情况下表现得像是由某种粒子（光量子）流构成，就是对物理学核心矛盾的解决方案。

*

爱因斯坦很早之前就接受了"万物皆由原子构成，而且这些不连续的离散物质拥有能量"的观点。例如，气体的能量就是构成气体的所有原子携带的能量之和。然而，光的情况完全不是这样。按照麦克斯韦的电磁理论或者任何波动理论，光线的能量会持续不断地往外扩散，就像石头撞击池水表面后产生的波会从落点开始不停往外荡漾。爱因斯坦称光线的这种能量现象为"意义深远的形式差异"，这种差异在刺激他的"多角度思维"的同时也令他相当不安。[55] 他意识到，如果光也由量子构成且不连续，物质不连续性与电磁波连续性之间的矛盾就迎刃而解了。[56]

光量子概念肇始于爱因斯坦对普朗克黑体辐射定律推导过程的回顾。爱因斯坦认为普朗克的公式正确，但后者的分析恰恰证明了爱因斯坦此前一直怀疑的事情。他觉得，普朗克本该推导出一个完全不同的公式。然而，普朗克在推导之前就已经确定了自己要找的公式，他不断完善推导过程只是为了得到这个既定结果而已。爱因斯坦精准地找到了普朗克开始出错的地方。普朗克不顾一切地想要证明这个他早就知道会与实验完美契合的方程，却忘了按照研究惯例再把他使用（或可以使用）的思想和技巧投入应用。爱因斯坦意识到，如果普朗克这么做了，那么他会得到一个与实验数据不符的方程。

1900 年 6 月，瑞利勋爵最早提出了这个与普朗克公式不一样的方程，但普朗克几乎没有注意，甚至可以说完全没有注意到它。当时，他并不相信原子存在，因此也不赞同瑞利在这里使用能量均分定理。原子只能以三种方式自由运动：上下、前后、左右。这三种方式互相独立，一种方式对应"一个自由度"，原子按其中任意一种方式运动都可以接收并储存能量。由两个或两个以上原子构成的分子除了可以做这种"平移"运动外，还可以绕着连接各原子的假想轴做三种"转动"运动，因而总共具有 6 个自由度。按照能量均分定理，气体的能量应该平均地分布在构成该气体的每一个分子中，而每个分子的能量又平均地分布在该分子的各种运动方式中。

瑞利运用能量均分定理，将黑体辐射能量划分给了腔体内各个波长的辐射。这是对牛顿、麦克斯韦和玻尔兹曼物理学的完美应用。除了随后被詹姆斯·金斯修正的一个数字错误之外，这个后来逐渐被称为瑞利-金斯定律的公式还面临着一个大问题。瑞利-金斯定律预言，光谱的紫外区域会积累无限能量。这个推论严重违背了经典物理学，因而在多年之后的 1911 年得到了"紫外灾难"的名字。所幸这个现象并没有真的发生，毕竟，沐浴在紫外辐射海洋中的宇宙是不容许人类生命存在的。

爱因斯坦也独立推导出了瑞利-金斯定律，他知道这个定律预言的黑体辐射分布与实验数据矛盾，而且会推导出光谱紫外区域积累无限能量的荒谬结论。鉴于瑞利-金斯定律只与黑体辐射在长波（频率极低）波段的表现相符，爱因斯坦决定从更早的威廉·维恩黑体辐射定律开始研究。虽然维恩定律只能体现黑体辐射在短波（高频）波段的表现，在波长更长（频率更低）的红外波段上则完全失效，但它是唯一一种安全的选择，因为它拥有某些吸引爱因斯坦的优点：首先，爱因斯坦确定维恩定律的推导过程完全没有问题；其次，这个定律至少完美地描述了一部分黑体辐射谱，这样他就能把讨论局限在这个部分了。

爱因斯坦设计了一个简单但独特的精致计划。他认为，气体不过是粒子的集合，而且在热力学平衡状态下，正是这些粒子的性质决定了气体在给定温度下展现的各种性质（比如压强）。如果黑体辐射的性质与气体的性质相似，爱因斯坦就能得到结论：电磁辐射本身就类似粒子。他的分析从一个起初为空的假想黑体开始。不过，与普朗克不同，爱因斯坦想象这个黑体内充满了气体粒子和电子，而黑体四壁的原子则包含其他电子。黑体受热后，电子就会振动且频率跨度很广，于是就造成了辐射的发射和吸收。很快，黑体内部就充斥着高速运动的气体粒子和电子，以及电子振动释放的辐射。再过一会儿，等到腔体和腔内的一切都处于相同温度 T 时，整个系统就达到了热平衡状态。

有关能量守恒的热力学第一定律在经过一定变换后，可以将系统的熵同它的能量、温度和体积联系起来。爱因斯坦正是在推导到这一步时，运用热力学第一定律、维恩定律和玻尔兹曼的思想分析了黑体辐射的熵与黑体辐射所占据的体积之间的关系，而且"没有为辐射的产生或传播建立任何模型"。[57] 然后，他发现了一个公式，看上去就很像是那种描述气体（由原子构成）熵与其体积之间关系的公式。根据这个公式，黑体辐射的表现，就好像它是由一个一个的能量单位（类似粒子）构成的那样。

爱因斯坦既没有使用普朗克的黑体辐射定律，也没有使用后者的研究方法，就发现了光量子的概念。他对普朗克敬而远之，写下的公式与普朗克公式 $E = h\nu$ 稍有不同，但含义及包含的信息相同，都表明能量是量子化的，其基本单位是 $h\nu$。他们两人的区别是，普朗克只是量子化了电磁辐射的发射和吸收，以保证他假想的振荡器能够产生正确的黑体辐射能谱分布，而爱因斯坦直接量子化了电磁辐射，也因此量子化了光本身。按照爱因斯坦的观点，一个黄光量子的能量就是普朗克常数乘上黄光的频率。

在证明电磁辐射的表现有时像是气体粒子之后，爱因斯坦知道他通过类比的方式让光量子的概念从后门偷偷溜了进来。为了说服他人，使之相信他的这个有关光性质的全新"观点"具有探索性价值，爱因斯坦运用光量子概念解释了一个几乎没有人理解的现象。[58]

1887 年，德国物理学家海因里希·赫兹在开展一系列证明电磁波确实存在的实验时第一次观察到了光电效应。他在偶然间注意到两个金属球体之间的火花会在其中一个被紫外光照亮时变得明亮。在研究这个"非常令人疑惑的全新现象"几个月之后，赫兹仍然没能给出任何解释，却错误地认为这种现象只会在使用紫外光时出现。[59]

"如果这个现象不那么令人困惑，那当然很好，"赫兹承认，"不过，等到这个难题解决的时候，我们有望收获更多的全新科学事实——比使它变得容易解决所需的更多。"[60] 这是一段很有先见之明的预言，但赫兹本人没能活着见到预言完全成真的那天。1894 年，年仅 36 岁的赫兹不幸英年早逝。

1902 年，赫兹生前的助手菲利普·莱纳德更是深化了光电效应之谜。他发现，把两块金属板放在玻璃试管中，然后抽掉空气形成真空后，也会产生光电效应。莱纳德又把每块金属板上的导线连到一块电池上，他发现，当其中一块金属板受到紫外光照射时，电池和导线内会有电流流动。当时对光电效应的解释是，被照射的金属表面发射出电子，从而产生了光电效应。紫外光照射到金属板上后，板上的部分电子就获得了足够的能量，可以从金属板上逃逸出来并跨越两块金属板之间的间隙，从而完成整个回路，形成一种"光电电流"。然而，莱纳德还发现了一些与这番物理学解释相抵触的现象。于是，爱因斯坦和他的光量子就要登场了。

　　按照当时的理论，光束强度上升，也就是变得更亮后，从金属表面逃逸出来的电子数量不会增加（仍保持不变），但每个电子携带的能量会相应增加。然而，莱纳德发现，实验结果恰恰相反：光束强度上升后，金属表面发射的电子数量增加了，每个电子携带的能量却没有任何变化。爱因斯坦提供的量子解释简洁且精妙：如果光由量子构成，那么提升光束强度意味着光束内的量子数量更多了。当这种强度更高的光束冲击金属板时，光量子数量的增加会导致金属板发射出来的电子数量也相应增加。

　　莱纳德的第二项奇怪发现是，金属板发射出来的电子携带的能量与光束的强度无关，仅取决于其频率。爱因斯坦提供了一个现成的答案。由于光量子的能量正比于光的频率，红光（频率较低）量子的能量就要小于蓝光（频率较高）量子。改变光的颜色（频率）并不会改变相同强度光束内的量子数量。因此，无论使用何种颜色的光，金属板发射的电子数量都一样，因为轰击金属板的量子数量并没有改变。不过，由于不同频率的光由携带不同能量的量子构成，金属板发射的电子拥有多少能量就取决于我们使用何种颜色的光照射金属板。用紫外光照射金属板产生的电子的最大动能，要比用红光照射产生的电子更高。

光电效应还有一个有趣的特征。对任何特定金属来说，都存在最小频率，或者说"阈值频率"。无论照射金属板的光有多亮、照射时间有多长，只要光的频率低于这个阈值频率，那么金属板连一个电子都不会发射出来。不过，一旦照射光的频率跨过了这个阈值，那么无论它有多暗，金属板都会发射电子。在爱因斯坦引入功函数这个新概念的时候，他的光量子理论再一次提供了合理的答案。

爱因斯坦认为，光电效应的成因是：电子需要从光量子那儿获取足够多的能量，才能克服将它束缚在金属表面的力，从而逃逸出来。按照他的定义，功函数就是电子从金属表面逃逸所需的最小能量，且各种金属的功函数都不相同。如果照射到金属上的光频率太低，那么光量子的能量不足以让电子挣脱束缚，从金属表面逃逸。

爱因斯坦将所有这些信息都汇总到了一个简单的方程中：从金属表面逃逸出来的电子的最大动能等于该电子吸收的光量子能量减去功函数。爱因斯坦通过这个方程预言，如果以电子最大动能为纵坐标，以照射金属板的光的频率为横坐标，画出的图像应该是一条直线，而且起点应该是该金属的阈值频率处。这条直线的梯度与金属板的材质无关，总是精确等于普朗克常数 h。

"我花了 10 年时间检验爱因斯坦在 1905 年提出的这个方程，而结果与我的期待完全相反，"美国实验物理学家罗伯特·密立根抱怨说，"虽然他的这个方程很不合理，因为它看上去违背了我们所知的有关光的干涉现象的一切，但实验结果让我不得不旗帜鲜明地站在支持这个方程的一边。"[61] 虽然密立根在获得 1923 年诺贝尔物理学奖时的部分得奖原因就是验证了爱因斯坦的这个方程，即便

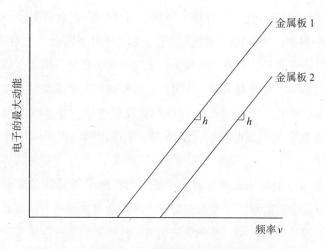

图 2-1　光电效应：金属板发射的电子的最大动能与
轰击金属表面的光的频率之间的关系

是自己的实验数据摆在眼前，密立根还是对数据背后的量子假说望
而却步："这个方程的物理理论基础完全站不住脚。"[62] 从爱因斯坦
正式提出光量子概念的那一刻开始，物理学家普遍都以与密立根类
似的那种不信任及冷嘲热讽态度看待他的这个理论。一小部分物理
学家甚至怀疑光量子是否真的存在，怀疑这个概念是否只是在计算
过程中拥有实际价值的便利性虚构发明。对这个概念最友好的物理
学家也只是认为：光，以及所有电磁辐射，并非由光量子构成，只
是在与物质交换能量的时候才会表现得像光量子那样。[63] 持这种观
点的物理学家中，最重要的就是普朗克。

　　1913 年，普朗克及其他三位科学家提名爱因斯坦成为普鲁士
科学院院士时，在推荐信的结尾甚至试图为爱因斯坦的光量子理论
开脱："总之，我们可以这么说，在现代物理学浩如烟海的重要问
题中，几乎没有哪个领域的研究是爱因斯坦没有凭借卓越贡献而占

据一席之地的。他有时的确会在做出理论猜测时夸大目标，比如他的光量子假说就是这样，但我们不应该仅凭这一点就过多责备他。毕竟，如果不去不时地冒一下险，那么即便是在最精确的自然科学中，我们也不可能取得真正的创新。"[64]

两年后，令密立根痛苦不已的实验正式公布结果，人们很难继续无视爱因斯坦光电方程的有效性了。到了 1922 年，这种不以为然更变得几乎不可能了，因为爱因斯坦在这一年获得了 1921 年诺贝尔物理学奖（延后颁奖），获奖原因被明确地指定为他的这个方程所描述的光电效应定律，而非他运用光量子概念对光电效应根源的解释。那个时候，爱因斯坦早已不是默默无闻的伯尔尼专利局职员了，他因为相对论而闻名世界，并且被公认为牛顿之后最伟大的科学家。然而，物理学界还是认为他的光量子理论太过激进，无法接受。

*

爱因斯坦的光量子假说遭遇了根深蒂固的反对，因为有无可置疑的铁证支持着光的波动说。然而，光究竟是粒子还是波，这个问题之前就曾引发过热烈争论。从 18 世纪到 19 世纪初，当时取得胜利的是艾萨克·牛顿的粒子说。"我写这本书的目的，不是为了通过假说解释光的性质，"在 1704 年出版的《光学》一书的开头，牛顿这样写道，"而是为了通过推理和实验提出光的性质并加以证明。"[65] 第一批实验的时间是 1666 年，当时，牛顿用一面棱镜将光分解成了七色彩虹，然后又用另一面棱镜将这 7 种颜色重新编织成了白光。牛顿认为，构成光的是粒子——他本人的用词是"光颗粒"（corpuscles），也就是"发光物质发射出的非常小的物体"。[66]
按照牛顿的观点，既然光由粒子构成，而粒子又沿直线运动，这种
粒子说就能解释我们每天都能遇到的现象：虽然我们可以听到身处
转角另一侧的人的声音，但没法看到他们，因为光不能顺着转角
弯折。

牛顿还对大量光学现象给出了细致的数学解释，其中包括光
的反射和折射（所谓折射，就是光在从密度较低的介质传播到密度
较高的介质中时发生的弯折现象）。然而，仍然有一些光的性质是
牛顿无法解释的。例如，当一束光照到玻璃表面时，部分光会穿过
这个表面，另一部分光则会被反射出去。牛顿必须要解决这样一个
问题：既然光由粒子构成，那么为什么这些粒子中的一部分被反射
出去，而另一部分没有呢？为了回答这个问题，牛顿只能修改他的
理论。他提出，光粒子会导致以太发生波状扰动，"这些扰动有些
易于反射，有些易于传输"，于是，光束在照射到玻璃表面时，部
分会穿透过去，其余则会反射出去。[67]他还将这些扰动的"大小"
同颜色联系在了一起。最大的扰动（用后来出现的术语来说，就是
波长最长的扰动）会产生红色，而最小的扰动（波长最短的扰动）
则会产生紫色。

荷兰物理学家克里斯蒂安·惠更斯则反驳称，牛顿所说的光粒
子根本不存在。惠更斯比牛顿年长 13 岁，在 1678 年时提出了"光
的波动说"，能够解释光的反射和折射。不过，他阐述这个问题的
著作《光论》（*Traité de la Lumière*），直到 1690 年才正式出版。惠
更斯认为，光是一种在以太中穿行的波，类似于石头掉在池塘平静
水面上时泛起的涟漪。他诘问，如果光真是由粒子构成的，两束光
交汇时就应该发生碰撞，可这种碰撞事件的证据在哪里？惠更斯还

自问自答说，根本就没有这方面的证据。声波不会碰撞，因此，光也一定是波状的。

虽然牛顿和惠更斯的理论都能解释光的反射和折射，但在处理其他某些光学现象时，它们预言的结果就出现差异了。在此后的几十年里，没有任何有一定精确度的实验可以检验这两种理论的预言。不过，人们确实可以观测其中一个预言。如果光是由牛顿所说的那种粒子（沿直线运动）构成的，那么光束照射到物体上时会投下清晰的影子；另外，如果光是惠更斯所说的那种波，那么光束在遇到物体时，会像水波那样绕着物体的边缘弯折，这样一来，投下的影子边缘就会稍微模糊。意大利耶稣会士、数学家弗朗西斯科·格里马尔迪神父把这种光沿着物体或是狭缝边缘弯折的现象命名为"衍射"。1665 年，也就是格里马尔迪逝世两年后，他的一部著作出版了。他在这本书中描述了这样一个现象：通过某种方式让一小束阳光透过百叶窗上一个很小的孔，进入一个昏暗的房间，然后将一个不透明物体放在光束里，由此形成的影子要比牛顿粒子说（光由沿直线运动的粒子构成）预言的大。此外，格里马尔迪发现，影子四周出现了模糊的彩色条纹，而这个地方原本应该是明与暗的明确分界线。

牛顿详细了解了格里马尔迪的发现，随后就自行开展实验研究衍射现象。这个现象看上去用惠更斯的波动理论更容易解释，牛顿辩称，衍射是施加在光粒子上的作用力产生的结果，因而体现了光本身的性质。由于牛顿成就卓著，虽然他的光粒子说本质上是一种粒子说和波动说的怪异杂交体，但当时的人们还是普遍将其视为光的正统理论。此外，惠更斯在 1695 年就去世了，32 年后牛顿才撒手人寰，这也在一定程度上帮助牛顿的光粒子说占据了正统地位。"自然和自然定律隐藏在黑夜里/上帝说,让牛顿来吧!于是,一切都有了光明。"亚历山大·蒲柏为牛顿撰写的这篇墓志铭充分体现了当时人们对牛顿的敬畏。在 1727 年牛顿逝世后,他的权威丝毫未减,因而也鲜有人质疑他对光本质的看法。19 世纪初,英国的博学之士托马斯·杨才真正挑战了光粒子说,他的研究适时地导致了光波动说的复兴。

出生于 1773 年的托马斯·杨是家里 10 个孩子中年纪最大的。他在 2 岁时就能流利阅读,6 岁的时候就已经完整地读过两遍《圣经》了。杨在熟练掌握了 10 多种语言后,还对古埃及象形文字的破译做出了重要贡献。作为一位训练有素的医生,他在继承了叔叔的遗产之后,经济上毫无压力,因而可以沉溺在他的种种智力追求中。杨出于对光本质的兴趣,仔细比较了光和声之间的相似和差异之处,并且最终触及了"牛顿系统中的一两个难点"。[68]杨确信光是一种波,并设计了一个相关实验。后来的发展证明,正是这个实验宣告牛顿的光粒子说开始走向末路。

杨将一束单色光打到一块带有一条狭缝的屏幕上。一束光从这条狭缝中扩散开来,并照到第二块屏幕上,这个屏幕上有两条相距很近且都很窄的平行狭缝。这两条狭缝就像车前灯一样,形成了新的光源,或者用杨本人的文字来阐释,这两条狭缝"成了发散中心,光从它们这里开始向各个方向衍射"。[69]杨又在这两条狭缝后面的一定距离处放置了第三块屏幕。他在这块屏幕上发现了一条中央亮带,亮带两侧均有一种明暗相间的条纹图样。

为了解释这些明暗"条纹"的出现,杨用了一个类比。将两块石头同时扔到平静的湖水中,而且保证两者落点紧挨着。每块石头都会产生沿湖面荡漾出去的波,这两道涟漪会在某些地方交汇。

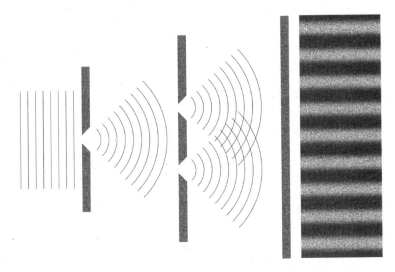

图 2-2　杨氏双缝干涉实验，最右侧的就是第三块屏幕上显示的干涉图样

在两道波的波谷或波峰交汇的每个点上，都会合并形成新的波谷或波峰。这就是相长干涉。不过，如果是一道波的波谷遇到了另一道波的波峰，或者反过来，它们就会互相抵消，该处的水面就没有任何扰动。这就是相消干涉。

在杨的实验中，从两条狭缝发出的光波在抵达第三块屏幕之前，也产生了类似的相互干涉。明亮条纹就是相长干涉的结果，而昏暗条纹则是相消干涉的产物。杨意识到，要想解释这些实验结果，只能认为光是一种波动现象。按照牛顿的粒子理论，第三块屏幕上只会产生两条狭缝的明亮图像，而图像之间只能是一片昏暗，绝不可能出现明暗相间的干涉条纹。

杨在 1801 年第一次正式提出了有关干涉的想法，并且报告了自己的初期实验成果，却因挑战牛顿而在各类出版物上饱受恶毒攻击。杨为了自我辩护写了一本小册子，试图让所有人都了解他对牛顿的看法："然而，虽然我无比尊崇牛顿之名，但我不必因此而认为他永远正确。通过这个实验，我意识到牛顿也会犯错，而且他的权威有时甚至会阻碍科学的进步，此时我的心情并非狂喜，而是遗憾。"[70] 结果，他的这本小册子只卖出去一本。

跟随杨的脚步走出牛顿阴影的第二人是法国土木工程师奥古斯丁·菲涅耳。菲涅耳比杨小15岁，但他在不知道杨的实验的情况下独立发现了光的干涉现象以及后者的许多实验结果。不过，与杨这个英国人相比，菲涅耳将实验设计得更加巧妙，也更有说服力。他的实验结果和相应的数学分析清晰透彻、无可挑剔，因此，到了19世纪20年代，波动理论的地位开始有了显著转变。菲涅耳让人们确信，波动理论可以比牛顿的粒子理论更好地解释一系列光学现象。此外，他回答了反对波动理论者长期存在的一个疑问：既然光是波，那么为什么光不能绕过转角？菲涅耳的答案是，光的确会绕过转角，不过，由于光波波长大小只有声波的数百万分之一，光束在直线上的弯折程度非常非常小，因而极其难以觉察、探测。波只会在比自己长不了多少的物体周围弯折，而声波波长很长，在遇到大部分障碍物时都可以轻松绕开。

要想让持异议者以及怀疑论者在这两大对立理论中做出最终抉择，一种方法是开展观测它们的不同预言结果的实验，用实验结果验证理论。1850年在法国开展的一系列实验表明，光在诸如玻璃或水这样的高密度介质中传播得要比在空气中慢。这正是光的波动理论所预言的，而且实验测得的光传播速度并没有达到牛顿光粒子说所预言的那么快。不过，仍有一个问题没有解决：如果光确实是一种波，那么它的属性究竟是什么？于是，詹姆斯·克拉克·麦克斯韦和他的电磁理论登场了。

　　麦克斯韦 1831 年出生于爱丁堡，父亲是苏格兰的一个地主。麦克斯韦一出生就注定要成为 19 世纪最伟大的理论物理学家。15 岁时，他就写下了第一篇正式发表的论文，主题是一种绘制椭圆的几何学方法。1855 年，麦克斯韦荣获剑桥大学亚当斯奖，因为他证明了土星环不可能是坚实的固体，只能由一些较小的破碎物质构成。1860 年，他推动了分子运动论发展的最后阶段，这个理论坚持以气体由运动粒子构成为基础解释各种气体性质。不过，麦克斯韦最伟大的成就还是他的电磁理论。

　　1819 年，丹麦物理学家汉斯·克里斯蒂安·奥斯特发现，导线内有电流流过时会使放在导线附近的小磁针偏转。一年后，法国人弗朗索瓦·阿拉戈发现，通有电流的导线能起到磁铁的作用——吸附铁屑。不久后，他的法国同胞安德烈-马里·安培就证明了，如果两根平行导线中通有朝同一方向流动的电流，它们就会互相吸引；如果其中电流的流动方向相反，它们就会互相排斥。伟大的英国实验学家迈克尔·法拉第对这种电流能产生磁效应的现象很好奇，便决定通过实验看看运用磁效应能否产生电流。他把一块条形磁铁放在螺旋导线线圈中推进推出，发现这个过程中有电流产生。此外，只要磁铁在线圈中停止不动，电流就会中断。

　　麦克斯韦在 1864 年证明，就如同冰、水和水蒸气是 H_2O 的不同形式一样，电和磁也是同种深层现象（电磁现象）的不同表现形式。他成功地运用 4 个优雅的数学方程，概述了电和磁的不同性质。路德维希·玻尔兹曼一看到这套方程组就立刻意识到了麦克斯韦的卓著功勋，只能引用歌德的话来表达自己的敬佩："写下这些符号的就是上帝吧？"[71] 麦克斯韦运用这些方程做出了惊人预言：电磁波的传播速度与光在以太中的传播速度相同。如果他的预言没错，光就是某种形式的电磁辐射。不过，电磁波真的存在吗？如果存在，它们是否真的以光速传播？麦克斯韦本人没能活到见到实验证实他预言的那天。1879 年 11 月，也就是爱因斯坦出生的那一年，年仅 48 岁的麦克斯韦因癌症与世长辞。他死后不到 10 年，1887 年海因里希·赫兹就用实验证明了麦克斯韦的电、磁、光统一理论是19 世纪物理学的最高成就。

赫兹在概述了相关实验的论文中宣称："在我看来，这里描述的实验无论如何都非常适合用于消除任何有关光、辐射热和电磁波运动特性的疑问。我认为，从这一刻开始，我们可以更有信心地在光学和电学研究中利用这类特性带来的便利了。"[72] 讽刺的是，正是在这些实验中，赫兹发现了光电效应，而光电效应后来成了爱因斯坦证明其中某种特性错误的证据。后者的光量子假说挑战了赫兹及其他所有人认为已经完善的光波动理论。后来的无数事实证明，光是某种形式的电磁辐射，这个理论非常成功，任何哪怕只是想想抛弃这个理论转而支持爱因斯坦光量子假说的物理学家都会被认为不可理喻。有很多人都觉得光量子是很荒唐的概念。毕竟，决定某个光量子能量的是发出它的光束的频率，而频率又肯定是某种与波有关的性质，而非在空间中穿行的粒子状能量单位。

爱因斯坦很乐意接受这些观点：光的波动理论已经在解释衍射、干涉、反射和折射现象方面"非常成功地证明了自己"，并且"很可能永远也不会有其他理论替代它"。[73] 然而，爱因斯坦也同时指出，这些成功有一个非常重要的前提，那就是：上述所有这些光学现象涉及的都是光在一段时间内的表现，而任何与粒子类似的特性都无法在这么长的时间周期中显现。这些情形与几乎是"瞬时"发生的光发射和光吸收现象，有着显著区别。爱因斯坦认为，这就是波动理论在解释光电效应时遇到了"极大困难"的原因。[74]

后来的诺贝尔奖得主（但在 1906 年还是柏林大学编外讲师）马克斯·劳厄写信给爱因斯坦说，他乐意接受光的发射和吸收过程有量子参与的观点。然而，他对爱因斯坦的支持也就仅此而已。劳厄告诫爱因斯坦说，光本身并非由量子构成，只是"光在与物质交换能量时，表现得像是由量子构成一样"。[75] 当时，能像劳厄这般让步的人寥寥无几。造成这个局面的部分原因是爱因斯坦自己。他在论文最早版本中的用词确实是光"表现"得像是由量子构成。这种表述很难让人觉得是对光量子概念的绝对支持。而爱因斯坦之所以如此陈述则是因为，他想要的不只是一种"探索性观点"：他渴望得到一种成熟理论。

事实证明，光电效应已经成了推断中的光波连续性和物质、原子离散性正面冲突的战场。然而，在 1905 年，仍有一些人怀疑原子的真实性。这一年 5 月 11 日，在爱因斯坦完成那篇以量子为主题的论文之后不到 2 个月，《物理年鉴》就收到了他在那一年撰写的第二篇论文，内容是爱因斯坦对布朗运动的解释，这也成了支持原子存在的一件关键证据。[76]

1827 年，苏格兰植物学家罗伯特·布朗在显微镜下瞥见一些花粉颗粒悬浮在水中，他看到它们始终处于一种随意运动的状态，就好像某些看不到的力在不停猛烈撞击它们一样。在布朗之前就已经有人注意到，这种奇怪的摆动现象会随着水温上升而加剧。当时，人们认为这种现象的背后应该是某种生物学因素。然而，布朗发现，即便他使用的花粉颗粒是 20 年前收集的，它们也仍会以与新鲜花粉颗粒一模一样的方式运动。出于好奇，布朗制作了各种无机物质（从玻璃到狮身人面像的碎片）的精细粉末，分别使其悬浮在水中。结果他发现，无论是何种物质制成的粉末，都会产生同样的随机运动。布朗因而意识到，驱动这类运动的不可能是某种与生命有关的力。他在一本名为《1827 年 6 月、7 月和 8 月显微镜观测概要，主要内容为植物花粉中的粒子，以及有机体与无机体中普遍存在的活性分子》的小册子中公布了自己的研究。有不少人对这种"布朗运动"提出了貌似合理的解释，但全都或早或晚地暴露出了缺陷。到 19 世纪末的时候，那些相信原子和分子存在的人普遍认为，布朗运动是颗粒与水分子碰撞的结果。

　　爱因斯坦意识到，花粉颗粒的布朗运动并不是由颗粒与水分子的单次碰撞引起的，而是大量此类碰撞的产物。每一时刻，这些碰撞的总体效应就是花粉颗粒或其他悬浮粒子的随机运动。爱因斯坦怀疑，理解这类不可预测运动的关键在于实际情况与预期中水分子"平均"行为的偏差，或者说统计涨落。考虑到水分子与花粉颗粒的相对大小，平均来说，总会有许多水分子从各个方向同时撞击单个花粉颗粒。即便是在这个尺度上，每次碰撞也都会产生某个方向上的一股无限小推力，但所有这些碰撞的总效应会让花粉颗粒保持不动，因为各个方向上的力会相互抵消。这应该是水分子中花粉颗粒理论上的"正常"行为，而爱因斯坦意识到，由于部分水分子会聚在一起从一个方向撞击花粉颗粒，后者会沿特定方向运动，正是水分子的这种频繁"异常"行为导致了布朗运动。

　　爱因斯坦凭借这番洞见，成功地计算出了给定时间内颗粒在随机运动时走过的平均水平距离。他预言，在 17 摄氏度的水中，直径为 1/1 000 毫米的悬浮粒子一分钟内平均只会运动 6/1 000 毫米。爱因斯坦还提出了一个公式，以此为基础，只需要一个温度计、一台显微镜和一块秒表就可能计算出原子大小。三年后的 1908 年，索邦大学的让·皮兰用一系列精细的实验证明了爱因斯坦的预言，皮兰也因此荣获 1926 年诺贝尔奖。

*

爱因斯坦的相对论得到了普朗克的大力支持，他对布朗运动的分析又被公认为支持原子存在的决定性突破，因此，虽然大家普遍反对他的光量子理论，但爱因斯坦的名声还是与日俱增。他经常收到寄到伯尔尼大学的来信，毕竟甚少有人知道他当时其实是在专利局工作。"我一定得非常诚恳地告诉您，当我得知您必须一天 8 小时坐在办公室里时，我感到非常惊讶，"维尔茨堡的雅各布·劳布在信中说道。"历史总是充斥着各种糟糕玩笑。"[77] 爱因斯坦在 1908 年 3 月时附和道，差不多 6 年前，他就不想再当专利局的苦力了。

爱因斯坦向苏黎世的一所学校申请了数学老师的工作，并且声明，他愿意并且也做好了教授物理学的准备。随申请书附上的还有一份论文副本，正是这篇论文令爱因斯坦于 1905 年第三次申请苏黎世大学博士学位时收获了成功。同时，这篇论文也为有关布朗运动的论文打下了基础。爱因斯坦在申请教师职位时还附上了他所有已发表的论文，希望这能提高被学校录取的概率。然而，虽然他的科学成就在 21 名申请者中鹤立鸡群，但他甚至都没能进入最后的 3 人候选名单。

在苏黎世大学实验物理学教授阿尔弗雷德·克莱纳的要求下，爱因斯坦才第三次尝试申请伯尔尼大学的编外讲师职位，也就是不从学校领薪水的讲师。他第一次申请失败是因为当时还没有获得博士学位。1907 年 6 月第二次申请失败，是因为他没有提交"资格论文"（ *habilitationsschrift* ），也就是一项尚未发表的研究。克莱纳知道，苏黎世大学马上就要增设理论物理学杰出教授一职，他希望爱因斯坦能接下这个职位，而成为编外讲师则是实现这个目标的必要条件。于是，爱因斯坦按照要求写了一篇资格论文，并且在 1908 年春天适时地成了伯尔尼大学的编外讲师。

爱因斯坦的第一堂课主题是热理论，只有三个学生过来听讲，而且他们都是朋友。也只有朋友才会结伴来听爱因斯坦的课，因为他的课被安排在了周四和周六早上的 7~8 点。大学生有权自行决定是否听编外讲师教授的课程，而没有人愿意起那么早上课。从评判讲师的角度看——无论是当时还是之后，爱因斯坦都常常准备不足，在讲课过程中不断犯错误。他还会在讲错之后转而面向学生询问："谁能告诉我，我哪儿犯了错？"或者"我从哪里开始错了？"如果有学生指出了他犯的一个数学错误，爱因斯坦就会说："我跟你们说过很多次了，我的数学从来就不怎么样。"[78]

就交付给爱因斯坦的这份工作而言，教学能力是一项至关重要的考量内容。为了确保爱因斯坦能胜任这项任务，克莱纳组织学生听了他的课。结果，因为"必须接受调查"而恼怒不已的爱因斯坦表现糟糕。[79] 不过，克莱纳还是给了他第二次好好表现的机会，而这一次爱因斯坦做到了。"我还是走运的，"爱因斯坦在写给朋友雅各布·劳布的信中说道，"虽然与我的习惯相反，但我在那个场合下讲得不错——于是，我通过了他们的考察。"[80] 1909 年 5 月，爱因斯坦得到了苏黎世大学的教职，他终于可以吹嘘自己是"那个'妓女'协会的正式成员"了。[81] 在和米列娃及 5 岁的儿子汉斯·阿尔伯特搬去瑞士之前，爱因斯坦于 9 月先去了萨尔茨堡，目的是在德国自然科学联合会的一次会议上给德国物理学的精英们做一次主题报告，对此他准备得相当充分。

　　能受邀做这样一次报告，本身就是一种荣誉。这种项目通常是留给那些年纪较大、功成名就的资深物理学家的，可不是为了刚过 30 岁且刚要就任自己第一个杰出教授职位的人准备的。因此，做报告那天，所有人的目光都集中在了爱因斯坦身上，但当爱因斯坦在讲台上踱着步做这场题为《我们对辐射性质及构成的观点发展历程》的著名报告时，他似乎对这些目光毫不在意。他告诉听众："理论物理学下一阶段的发展会给我们带来一种全新的光理论，这种理论将会以某种形式融合光的发射理论和波动理论。"[82] 这并不是爱因斯坦凭直觉做出的猜测，而是以一个很有想法的思想实验的结果为基础得出的结论。这个实验涉及一面悬挂在黑体内部的镜子。爱因斯坦成功地推导出了这个情境下的辐射能量和动量涨落方程，它包含两个颇为不同的部分，一个对应着光的波动理论，而另一个则具备辐射由量子构成这个理论的所有特征。这两个部分似乎都不可或缺，有关光的这两种理论也同样如此。这种性质就是后来人们所称的"波粒二象性"——光既是一种粒子也是一种波，而爱因斯坦自然就成了第一个预言这种性质的人。

　　当时，主持这场大会的是普朗克，他在爱因斯坦做完报告后第一个发言。普朗克先是对爱因斯坦能来做报告表示感谢，然后对在场所有人说，他反对爱因斯坦的说法。普朗克重申了自己的坚定信念，即量子这个概念只在处理物质和辐射的能量交换问题时才有必要出现。普朗克说，"尚没有必要"像爱因斯坦那样认为光由量子构成。现场只有约翰尼斯·斯塔克起身支持爱因斯坦。可悲的是，他和莱纳德一样，后来成了纳粹分子，他们二人之后还攻击爱因斯坦及其理论为"犹太物理学"。

*

　　为了把大部分时间都投入科学研究，爱因斯坦离开了专利局，但他抵达苏黎世后如梦初醒。在这里，爱因斯坦每周要上 7 个小时的课，备课所需的时间长到令他抱怨"实际可自由支配的时间还不如在伯尔尼的时候"。[83] 这位新教授邋里邋遢的样子令学生们震惊，不过，爱因斯坦鼓励学生在有任何不明白的时候都可以打断他的授课，这种轻松自在的教学风格很快就让他赢得了学生的尊重和爱戴。除了正式教学课程之外，爱因斯坦每周至少一次带学生到咖啡馆闲聊，直到关门。不久之后，他就习惯了这种工作负荷，并且开始把注意力转向运用量子概念解决一个由来已久的问题。

　　1819 年，两位法国科学家皮埃尔·杜隆和亚历克西·珀蒂测量了各种金属的比热容（从铜到金）。所谓比热容，就是 1 克物质的温度提升 1 摄氏度所需的能量。这两位科学家总结测量结果后得出结论："所有简单物体的原子比热容完全一致。"[84] 在随后的 50 年里，这个结论没有受到任何原子理论支持者的质疑。于是，等到 19 世纪 70 年代例外出现的时候，所有人都大吃一惊。

　　为了处理这个比热容反常问题，爱因斯坦应用了普朗克的方法，即想象构成物质的原子在受热时发生振动。原子的振动频率并不是任意的，而是"量子化"的——只能以某个"基本"频率的整数倍振动。爱因斯坦提出了一个有关固体吸收热量方式的新理论。他提出，原子只能以离散数量的形式（量子形式）吸收能量。然而，随着温度下降，物质拥有的能量也会相应减少，到最后，剩下的能量就不足以让每个原子都拥有正常水平的量子化能量了。这就解释了为什么固体吸收的能量有时少于理论预测，也是导致比热容下降的根本原因。

　　虽然爱因斯坦证明了将能量量子化（在原子层面上，能量以离散的小份形式出现）可以解决一个全新物理学领域中的一大难题，但在此后的三年中，他的这番成就几乎没有引起其他物理学家一丁点儿的兴趣。真正让这些人安坐下来耐心记笔记的，是来自柏林的著名物理学家瓦尔特·能斯特，他在苏黎世同爱因斯坦交流后，认识到了这个理论的重要性。很快，所有人都会意识到爱因斯坦这番成就的重要意义。能斯特成功地准确测量了固体在低温下的比热容，并且发现测量结果完全符合爱因斯坦以量子概念为基础得到的预言。

　　每一次成功都让爱因斯坦的名声更上一层楼，他还得到了布拉格德国大学正职教授席位的邀约。这是一个爱因斯坦无法拒绝的机会，即便这意味着他要离开生活了 15 年的瑞士。1911 年 4 月，爱因斯坦和米列娃带着他们的两个儿子汉斯·阿尔伯特和当时尚未满周岁的爱德华一道搬去了布拉格。

　　"我不会再去想量子是否真正存在，"爱因斯坦接手新职位后不久在给朋友米歇尔·贝索的信中写道，"也不会再去构建它们，因为我知道我的大脑不能按照这种方式工作。"爱因斯坦对贝索说，作为替代他会专注于研究量子概念产生的影响。[85] 有这个想法的不止他一人。1911 年 6 月 9 日，爱因斯坦写完这封信还不到一个月，就收到了一封意想不到的来信和一份意料之外的邀约。比利时实业家欧内斯特·索尔维革命性地改变了碳酸钠的生产方式，从而赚了一大笔钱。他邀请爱因斯坦参加这年稍晚些时候（10 月 29 日—11 月 4 日）在布鲁塞尔举办的为期一周的"科学会议"。如果爱因斯坦愿意出席，索尔维愿意支付 1 000 法郎作为差旅费。[86] 如果成行，爱因斯坦将成为由 22 位知名欧洲物理学家组成的精英小组的一员。他们会在这次大会上讨论"当前有关分子和动力学理论的问题"。普朗克、鲁本斯、维恩和能斯特都会出席。这次大会算得上是当时的量子问题峰会了。

在这 22 位物理学家中，有 8 位受邀做主题报告，普朗克和爱因斯坦就是其中的两位。这 8 位物理学家的报告文本用法语、德语或英语写成，在会议开始前就分发给与会者，并在会议期间充当讨论的引子。普朗克的报告主题是黑体辐射理论，而爱因斯坦的报告主题则被指定为他有关比热容的量子理论。虽然爱因斯坦的报告有幸被安排在最后一个，但按照会议日程，这 22 位物理学家将不会讨论他的光量子理论。

"我觉得整个会议的安排非常吸引人，"爱因斯坦在给瓦尔特·能斯特的回信中写道，"并且，我认为您无疑是这次会议的核心和灵魂人物。"[87] 1910 年，能斯特认为深入探讨量子概念的时机已经成熟，而他本人认为量子不过是"一种特性很奇怪，甚至可以说怪诞的规则"。[88] 能斯特说服了索尔维为本次大会提供资金支持，而索尔维这个比利时人则不惜重金预订了奢华的大都会酒店作为会场。在这种豪华的会议环境中，爱因斯坦和他的同行们所有的需要都能得到满足，他们舒舒服服地花了 5 天时间讨论有关量子的问题。爱因斯坦常称这种国际会议为"女巫的安息日"，也不认为这种会议能取得什么实质性的进展。不过，无论爱因斯坦对这次会议原本怀揣的希望有多渺茫，有一点都是可以肯定的：他回到布拉格时心情低落，并且抱怨没有在会上学到任何之前不知道的东西。[89]

不过，爱因斯坦很高兴能在会上认识其他一些"女巫"。比如玛丽·居里这位他觉得很谦逊的女士，就很欣赏爱因斯坦"清晰的头脑，整理事实时的精干以及渊博的知识"。[90] 就在索尔维会议期间，诺贝尔奖评奖委员会宣布玛丽·居里获得了当年的诺贝尔化学奖。这样一来，早在 1903 年就获得过诺贝尔物理学奖的她，成了第一位两次获得诺贝尔奖的科学家。这是一项前所未有的巨大成就，却因会议期间爆出的有关她本人的绯闻而黯然失色。法国媒体得知，玛丽·居里与一位已婚法国物理学家有染。他就是保罗·朗之万，一位蓄着精致胡须、身材修长的男士。朗之万也是索尔维会议的代表之一，于是，报纸上有关他俩私奔的故事就满天飞了。爱因斯坦丝毫没看出这两人之间有什么非同寻常的关系，因而把相关报道贬斥为垃圾。他认为，虽然玛丽·居里"智慧过人"，但还"没有魅力四射到成为危险人物的地步"。[91]

虽然爱因斯坦在压力之下有时也有些动摇，但他还是第一个学会与量子概念相处的人。况且，他在这个过程中还发现了光真正本质的一个隐藏元素。还有一位年轻的理论物理学家在运用量子概念重建了一个有缺陷且被忽视的原子模型后，也学会了与这个概念共处。

第 3 章

玻尔：金子般的丹麦人

1912 年 6 月 19 日，周三，英格兰，曼彻斯特。"亲爱的哈拉尔，我可能发现了一点有关原子结构的奥秘。"尼尔斯·玻尔在给他弟弟的信中写道。[1] "不要把这个消息告诉任何人，"他警告说，"否则，我就不会这么频繁地给你写信了。"沉默是玻尔的必需品，因为他希望做到所有科学家都梦想的事：揭示"一点点儿现实的奥秘"。仍有工作没有完成，而玻尔"迫切希望赶紧把它做完，为此向实验室请了几天假（这也是秘密）"。实际上，这个当时 26 岁的丹麦人花了比预想的长得多的时间，才把他那些尚不完全成熟的想法转变成了三篇论文。这一系列论文有一个共同的名字，那就是《论原子和分子的组成》。其中的第一篇发表于 1913 年 7 月，是真正意义上的革命之作，因为玻尔把量子概念直接引入了原子。

*

1885 年 10 月 7 日，尼尔斯·亨里克·戴维·玻尔出生于哥本哈根，那天正好是他母亲埃伦的 25 岁生日。为了迎接她第二个孩子（也就是玻尔）的到来，埃伦此前就回到了舒适的父母家中，安心待产。从丹麦议会所在地克里斯蒂安堡穿过宽阔的鹅卵石大街，就来到了哥本哈根市内最豪华的住所之一：海滩街 14 号。埃伦的父亲是银行家兼政治家，也是当时丹麦最富有的人之一。虽然玻尔一家并没有在那儿住太久，但那一定是他们一生中住过的最典雅、奢华的房子。

玻尔的父亲克里斯蒂安·玻尔是哥本哈根大学生理学特聘教授。他发现了二氧化碳在血红蛋白释放氧的过程中所起的作用，并凭借这项发现以及对呼吸作用的研究获得了诺贝尔生理学或医学奖的提名。从 1886 年起，直到老玻尔 1911 年去世（年仅 56 岁），他们一家一直住在哥本哈根大学外科学院一所宽敞的公寓里。[2] 这所公寓坐落于哥本哈根最前卫的大街上，距当地学校步行只需 10 分钟，对克里斯蒂安·玻尔的三个孩子（除了排行老二的尼尔斯之外，还有比他大两岁的燕妮和比他小 18 个月的哈拉尔）来说很方便。[3] 在三个女佣和一个保姆的照料下，姐弟三人度过了一个安心舒适且条件优越的童年，与哥本哈根大多数居民（且数量仍在不断增长）肮脏又拥挤的生活环境有天壤之别。

尼尔斯·玻尔父亲的学术地位和母亲的社会地位，意味着丹麦许多顶尖科学家、学者、作家和艺术家都是玻尔家的常客。其中有三位和老玻尔一样都是丹麦皇家科学院院士，他们是：物理学家克里斯蒂安·克里斯蒂安森、哲学家哈拉尔·赫夫丁和语言学家威廉·汤姆森。皇家科学院每周例会结束之后，他们四人就会在其中一位的家里继续讨论。每当老玻尔做东招待院士同僚时，青少年时期的尼尔斯和哈拉尔就能悄悄听着发生在自己家的激烈辩论。在当时为颓废思潮所笼罩的欧洲，能聆听这样一群人的思想碰撞是一种极为难得的机会。正如尼尔斯后来所说，这些对话成了这两个男孩"最早且最深刻的一些记忆"。[4]

学童时期的尼尔斯·玻尔在数学和科学上表现优异，但对语言几乎没有什么天赋。"那个时候，"他的一位朋友后来回忆说，"课间休息打架时，尼尔斯根本不惧怕动用自己的武力。"[5] 1903 年，当玻尔进入哥本哈根大学（也是当时丹麦唯一一所大学）钻研物理学时，爱因斯坦已经在伯尔尼专利局工作一年多了。[6] 等到玻尔在1909 年获得硕士学位时，爱因斯坦已经是苏黎世大学理论物理学杰出教授且已经收获第一次诺贝尔奖提名了。玻尔此时也已脱颖而出，只是舞台要比爱因斯坦小得多。1907 年，21 岁的玻尔凭借一篇有关水表面张力的论文斩获丹麦皇家科学院金质奖章。他的父亲曾在 1885 年获得银质奖章，因此，老玻尔总是骄傲地宣称："我是银子，但尼尔斯是金子。"[7]

在尼尔斯获得金质奖章之前，父亲成功说服他暂时远离位于乡间某处的实验室，专心写完那篇最终使他获奖的论文。虽然玻尔只是在截稿时间前几小时才提交论文，但提交之后他发现还有一些内容需要补充，便在两天后又交了一份附言。玻尔会反复修改论文，直到他觉得这些文字能够准确表达自己的想法为止。他对文字的这种精雕细琢，已经快到了痴迷的程度。玻尔在完成博士论文之前一年，坦承自己已经写了"大概 14 份各不相同的草稿"。[8] 在他手上，就算是写信这样一件简单的事情也会变得旷日持久。有一天，哈拉尔看到尼尔斯桌上有一封写完的信，主动表示愿意帮忙寄出，没想到尼尔斯却说："还不行，那只是信件草稿的其中一份初稿而已。"[9]

尼尔斯和哈拉尔两兄弟一生都是最为紧密的挚友。除了数学和物理学之外，他俩还对体育运动情有独钟，尤其是足球。哈拉尔的足球水平更高一些，甚至在 1908 年奥运会上作为丹麦国家队的一员获得银牌（决赛输给了英格兰）。很多人都觉得哈拉尔在学术上更有天赋，他获得数学博士学位的时间的确比尼尔斯获得物理学博士学位（1911 年 5 月）早一年。不过，他俩的父亲始终认为大儿子才是"家里特别的存在"。[10]

按照惯例，玻尔系着白领带，穿着燕尾服，为自己的博士论文答辩。整场答辩只花了 90 分钟，创造了用时最短的纪录。两位评审官之一是玻尔父亲的朋友克里斯蒂安·克里斯蒂安森。他很遗憾丹麦没有物理学家"对金属理论有足够的认识，因而不能准确判断玻尔这篇论文的价值"。[11] 不过，玻尔还是顺利拿到了博士学位，并且在答辩之后将论文副本寄给了像马克斯·普朗克和亨德里克·洛伦兹这样的物理学家。论文副本寄出后，玻尔没有收到任何回信，他这时才意识到自己犯了一个错误：没有把论文翻译出来就寄出了。玻尔最终决定将论文翻译成英语，而非当时许多顶尖物理学家都能流利使用的德语或法语，他还成功说服了一位朋友为他做这件事。

对当时想要出国深造的丹麦人来说，德国大学是非常常见的选择，玻尔的父亲就选择去莱比锡大学深造，哈拉尔则选择前往哥廷根大学，但玻尔选择了英国剑桥大学。在他看来，牛顿和麦克斯韦的学术故乡才算得上"物理学中心"。[12] 这篇翻译成英语的论文就是他的"敲门砖"。玻尔希望借此同约瑟夫·约翰·汤姆孙爵士展开对话——玻尔后来称汤姆孙爵士是"为所有人指明了方向的天才"。[13]

*

在度过一个由出海和远足构成的慵懒夏季之后，玻尔于 1911
年 9 月末抵达英格兰，他获得了由丹麦著名的嘉士伯啤酒资助的一
年奖学金。"今天早上，我站在一家商店外面，碰巧看见门牌上写
的'剑桥'两字，心里高兴极了。"他在给未婚妻玛格丽特·诺兰
的信中如此写道。[14] 剑桥大学的生理学家看到了玻尔的名字以及他
的介绍信之后，热烈地欢迎他的到来——他们都还记得玻尔已经过
世了的父亲。在他们的帮助下，玻尔在镇子边上找到了一所不大的
两居室公寓，之后就一直"忙于各种安排、访问和晚宴"。[15] 不过，
对玻尔来说，与"J. J."（其好友与学生都这么称呼汤姆孙）的会
面才是令他苦恼又紧张的事。

汤姆孙是曼彻斯特一名书商的儿子，1884 年距他 28 岁生日尚
有一周时就当选了继詹姆斯·克拉克·麦克斯韦和瑞利勋爵之后的
卡文迪许实验室第三任主任。在汤姆孙正式当选之前，很多人都不
看好他成为这个享有盛名的实验研究机构的负责人，这不光是因为
汤姆孙当时太过年轻。"J. J. 手很笨，"汤姆孙的一位助手后来坦承，
"我发现有必要劝阻他亲自操作实验仪器。"[16] 然而，如果这个因发
现电子而获得诺贝尔物理学奖的男人缺乏精细的实验操作技巧，别
人也会更加肯定汤姆孙的"直觉能力，无须怎么摆弄复杂实验仪器
就能清楚知道其内在工作原理"。[17]

汤姆孙与玻尔第一次见面时戴着圆框眼镜，穿着花呢夹克衫
和翼领，头发则有些散乱，说明这位教授多少有些心不在焉，但他
礼貌的举止安抚了玻尔紧张的神经。玻尔迫切地想要给汤姆孙留下
深刻印象，在走进教授办公室的时候拿着他的论文和一本汤姆孙写

的书。玻尔打开书后，指着一个方程说道："这个方程有问题。"[18]
虽然汤姆孙并不习惯自己过去的错误以这样直接的方式呈现在自己
面前，但他还是答应好好读一读玻尔的论文。汤姆孙的办公桌上到
处都是东西，他把论文放在一沓文件之上，接着便邀请眼前这个年
轻的丹麦人下周日一起共进晚餐。

玻尔起初颇为高兴，但一周又一周过去，汤姆孙还是没读他的论
文，玻尔便日益焦躁起来。他在给哈拉尔的信中写道："汤姆孙到目
前为止，表现得并没有我原来想的那样好打交道。"[19] 不过，他对这
位 55 岁科学家的敬仰并没有改变："他很优秀，非常聪明，天马行空
（你应该来听一堂他的基础讲座），并且相当友善。不过，他实在是太
忙了，忙于各种事务。此外，他做研究时又是那样投入，所以很难有
机会同他谈话。"[20] 玻尔知道自己英语说得不好，这点更是雪上加霜。
于是，他开始借助字典阅读《匹克威克外传》，努力克服语言障碍。

11 月初，玻尔前去探望父亲以前的一个学生，后者现在是曼
彻斯特大学的生理学教授。这次出访期间，洛兰·史密斯把玻尔介
绍给了欧内斯特·卢瑟福，后者刚刚从布鲁塞尔开物理学会议回
来。[21] 玻尔后来回忆说，卢瑟福这个魅力四射的新西兰人"以极高
的热情谈论了物理学领域的诸多新发展方向"。[22] 卢瑟福"生动地
介绍并解释了那次索尔维会议上的讨论"，玻尔听后欢欢喜喜地离
开了曼彻斯特，而卢瑟福也给他留下了深刻印象——无论从个人魅
力的角度，还是从物理学家的角度，都是如此。[23]

*

1907 年 5 月，卢瑟福这位曼彻斯特大学物理学系新主任第一天

上岗，就在找自己的新办公室时引发了一阵轰动。"卢瑟福上楼时一步迈三级台阶。看到教授以这样的方式上楼，这可吓坏了我们。"一名实验室助理后来回忆说。[24] 不过，几周后36岁的卢瑟福就用冲天干劲和务实且明确的研究方法深深地吸引了他的新同事们。他此时正在创建一个杰出的研究团队，这个团队在之后约10年时间内取得的成功无人可望其项背，而塑造其精神的除了卢瑟福的性格之外，还有他卓越的科学判断和独创性。卢瑟福不只是这个团队的领导，也是它的灵魂人物。

1871年8月30日，卢瑟福出生在新西兰南岛斯普林格罗夫的一座单层小木屋内，在家里12个孩子中排行第四。他的母亲是一位老师，而父亲最后在一家亚麻工厂工作。考虑到农村生活的艰辛，父亲詹姆斯·卢瑟福和母亲玛莎·卢瑟福为了保证孩子们有机会在天赋和运气的指引下尽可能地收获成功，做了他们能做到的一切。就欧内斯特而言，他靠着一系列奖学金来到了地球的另一半，进入了剑桥大学。

1895年10月，卢瑟福进入卡文迪许实验室，在汤姆孙手下学习，当时的他远不如几年后那么精力充沛且充满自信。转变的起点在于，他重拾了在新西兰就已经开始的对"无线"波（也就是人们后来说的无线电波）的探测工作。卢瑟福只花了几个月就开发了一种性能大为改善的探测器，并且萌生了靠这个机器赚钱的想法。不过，他及时意识到，在专利寥寥无几的科研圈子里，利用研究来获取经济利益只会削减尚未建立名声的年轻人未来更上一层楼的机遇。后来，意大利人古列尔莫·马可尼靠着无线电积累了大量财富，卢瑟福知道这些财富原本有可能属于自己，也知道利用自己的这个探测器可以做出足以上全世界新闻头条的惊人发现，但他从来没有因放弃这条道路而后悔过。

1895 年 11 月 8 日，威廉·伦琴发现，每当他在真空玻璃管内通入高压电流时，某种未知辐射就会导致涂有铂酸钡的小纸屏闪闪发光。后来，有人问伦琴这位当时 50 岁的维尔茨堡大学物理学教授在发现那些神秘新射线时，脑海里在想些什么。伦琴回答说："我没想什么，我只是做研究。"[25] 在接下去的将近 6 周时间内，他"为了百分之百地肯定这种射线确实存在，把这个实验做了一遍又一遍"。[26] 通过实验，伦琴确定导致纸屏产生荧光的奇怪射线确实来自真空管。[27]

伦琴请他夫人贝尔塔把手放在照相底片上，然后，他就用"X射线"（这是伦琴给那种未知辐射起的名字）照射贝尔塔的手。15 分钟后，伦琴冲出了底片。贝尔塔惊恐地在上面看到了自己手部骨骼的轮廓，还有手上戴的两枚戒指以及手上肉的阴影。1896 年 1 月 1 日，伦琴把题为《一种新射线》的论文副本，连同盒内重物以及贝尔塔手部骨骼的感光照片，一道寄给了德国国内及国外的顶尖物理学家。几天内，伦琴的新发现以及他那些令人惊奇的照片，就像山间野火一样迅速扩散开来。全世界的媒体都把目光投向了那张显示出伦琴夫人手部骨骼的"幽灵"照片。在随后的一年中，全世界共出版、发表了以X射线为主题的49部图书，以及 1 000 多篇科研文章和半科普文章。[28]

早在伦琴论文的英译版于 1896 年 1 月 23 日发表在科学周刊《自然》上之前，汤姆孙就已经开始研究这听起来阴森可怕的X射线了。当时，汤姆孙正忙于研究电在气体中的传导性，他在看到X射线可以把气体变成导体之后，便把注意力转向了这种射线。汤姆孙很快就确认了"X射线可以把气体变成导体"这种论断，之后便让卢瑟福帮忙测量X射线在穿过气体时产生的效应。对卢瑟福来说，这项研究工作在接下去的两年内让他写出了4篇正式发表的论文，并由此闻名全球。汤姆孙为其中的第一篇论文写了一个简短的摘要，主要观点是：X射线和光一样，是电磁辐射的一种形式。后来，这个观点被证明完全正确。

卢瑟福忙着做实验的时候，法国人亨利·贝可勒尔正在巴黎努力确定能够在黑暗中发出磷光的物质是否能释放X射线。结果，他发现，铀化合物无论是否发出磷光，都会释放辐射。贝可勒尔公布了他发现的"铀射线"以后，科学界对此几乎提不起任何兴趣，也没有任何报纸报道他的这项发现。只有一小部分物理学家对贝可勒尔发现的这种射线感兴趣，因为大多数人和贝可勒尔一样，觉得只是铀化合物释放出了这种射线。然而，卢瑟福决定研究"铀射线"穿过气体时的电导性。他后来称这是他人生中最重要的一个决定。

卢瑟福用极薄的"荷兰合金"（一种铜锌合金）层测试铀辐射的穿透性，结果发现探测到的辐射量与用了多少层金属有关。在某个特定的点上，增加金属层几乎不会削弱辐射强度，但之后增加更多金属层，辐射强度就会神奇地再度减弱。卢瑟福用各种材料重复了这个实验，得到的辐射强度变化曲线却完全相同，因此他只能给出一种解释：铀化合物释放的辐射有两种。卢瑟福分别称它们是α射线和β射线。

后来，德国物理学家格哈德·施密特宣布，钍及其化合物也会释放辐射。卢瑟福知晓后，便对比了钍释放的辐射同α射线和β射线。他发现，钍辐射强度更高，并且总结称"存在一种穿透性更强的辐射"。[29]后来，这种辐射被命名为γ射线。[30]引入术语"放射现象"描述辐射释放过程，并把那些释放"贝可勒尔射线"的物质称为具有"放射性"的正是玛丽·居里。她认为，既然具有放射性的并不只是铀元素，那么放射现象必然是一种原子现象。这让她同丈夫皮埃尔一道走上了发现放射性元素镭和钋的道路。

1898 年 4 月，居里的第一篇论文在巴黎发表后，卢瑟福得知加拿大蒙特利尔的麦吉尔大学有一个空缺的教授席位。虽然此时的卢瑟福已经被公认为放射性现象这个全新领域的先驱了，汤姆孙还为他写了一封不吝溢美之词的推荐信，但他在报名参选的时候仍旧没抱什么期望。"我从来没教过像卢瑟福先生这样对原创研究有热情而且有能力的学生，"汤姆孙在推荐信中写道，"我可以肯定，如果他能成为贵校教授，他会在蒙特利尔建立一个成就卓著的物理学系。"[31] 他还总结说："我认为，任何能够聘用卢瑟福先生做物理学教授的机构都很幸运。"当年 9 月末，刚满 27 岁的卢瑟福在一段饱经风暴的海上旅途之后抵达蒙特利尔，并且将要在此地待上 9 年。

卢瑟福在离开英格兰之前就知道："人们期待他做很多原创工作，并且希望他能创立一个足以抢美国人风头的研究机构！"[32] 卢瑟福也确实做到了这些，起点则是发现了钍元素的放射性会在一分钟内减半，在下一分钟内又会再次减半。三分钟后，钍元素放射性的强度就只有初始值的 1/8 了。[33] 卢瑟福将这种放射性指数式衰减的现象称为"半衰期"，也就是元素释放的辐射强度减半所需的时间。每种放射性元素都有自己的特征半衰期。卢瑟福的下一项发现为他赢得了曼彻斯特大学的教授席位以及诺贝尔奖。

1901 年 10 月，卢瑟福和当时身处蒙特利尔的 25 岁英国化学家弗雷德里克·索迪开始合作研究钍元素及其放射性。他们很快就面临了一项挑战：钍元素可能会变成另一种元素。索迪后来回忆说，他当时被一个想法震惊了，直挺挺地站在那里，无意识地说道：

"这是嬗变。""为了大家着想,索迪,别叫它嬗变,"卢瑟福警告说,"他们会把我们当成炼金术师,把我们的头砍下来的。"[34]

他们两人很快就确认了,放射性其实是某种元素通过释放辐射变成另一种元素的过程。他们的这个"异端"理论遭遇了很多质疑,但实验证据很快就给出了决定性的裁决。批评卢瑟福和索迪的人不得不放弃根深蒂固的物质不变性思想。这再也不是炼金术师的美梦了,它切切实实地成了科学事实:所有放射性元素都会自发转变成其他元素,而半衰期就表征了某种元素的一半原子完成这种转变所需的时间。

"年轻,精力充沛,做事风风火火,他体现了一切成功人士的特质,唯独不像个科学家,"后来成为以色列第一任总统,再之后又去曼彻斯特大学当了化学家的哈伊姆·魏茨曼回忆起卢瑟福时如此评价,"天底下的任何事情,他都能滔滔不绝地谈个兴高采烈,而且很多时候他其实对所谈的话题一无所知。去餐厅吃午饭的路上,我总能听到他响亮且和善的声音在走廊里回荡。"[35]魏茨曼发现卢瑟福"没有任何政治知识和立场,完全专注于他那具有划时代意义的科研工作"。[36]而那项工作的核心则是卢瑟福运用α粒子探测原子。

不过,α粒子究竟是什么?在卢瑟福发现α射线其实是带有正电荷且会因强磁场而偏转的粒子后,这个问题就一直困扰着他。他觉得,α粒子应该是氦离子,也就是失去了两个电子的氦原子,但他从没有公开发表过这个观点,因为缺乏直接证据。现在,距首次发现α射线已经近10年了,卢瑟福希望找到能证明它们真实性质的决定性证据。这个时候,β射线已经被认证为快速移动的电子。在另一位年轻助手,也就是时年25岁的德国人汉斯·盖格尔的帮助下，卢瑟福在 1908 年夏天确认了他一直以来的猜想：α 粒子的确就是失去了两个电子的氦原子。

"散射现象就是恶魔，"卢瑟福在和盖格尔努力揭开 α 粒子神秘面纱的时候抱怨说。[37] 他第一次注意到散射效应是两年前在蒙特利尔的时候。当时，一些 α 粒子在穿过云母片时稍稍偏离了原本的直线运动轨迹，导致照相底片上出现了一片模糊。卢瑟福在心里记下了这个奇怪的现象。抵达曼彻斯特后不久，他就写下了一份潜在研究课题的清单。然后，他请盖格尔帮忙研究的就是其中的一项：α 粒子的散射。

他俩一道设计了一个需要统计闪光次数的实验：α 粒子在穿过一薄层金箔后，会撞到一个涂有硫化锌的纸屏上，然后就会产生微小的闪光。统计这种闪光的总次数是一项艰巨的任务，需要在伸手不见五指的黑暗中一连待上几个小时。幸运的是，按照卢瑟福的说法，盖格尔"工作起来就像个妖怪，可以一整晚都在那儿计数，而且保持心情平静"。[38] 他发现，α 粒子要么就笔直地穿过金箔，要么就产生一两度的微小偏转。这个结果符合预期。不过，令人意外的是，盖格尔还报告说，发现有一些 α 粒子"偏转的角度相当大"。[39]

卢瑟福还没有完全理解（甚至是一点儿都未理解）盖格尔实验发现的意义，就因为发现放射性现象是一种元素转变成另一种元素的过程而获得了诺贝尔化学奖。他始终认为"科学要么是物理学，要么只是集邮"，如今，他却因获得诺贝尔化学奖而从物理学家一下子"嬗变"成了化学家，这种身份的瞬间转变也让他颇感有趣。[40] 带着诺贝尔奖章从斯德哥尔摩归来后，卢瑟福学会了估算 α 粒子发生各种角度散射的概率。他的计算表明，α 粒子在穿过金箔时只有相当微小（几乎是零）的概率会经多次散射而偏转较大的角度。

正是在卢瑟福忙于做这些计算的时候，盖格尔跟他说起，要不要让一个前途无量的本科生欧内斯特·马斯登参与某个项目。"为什么不呢，"卢瑟福说，"让他做实验看看有没有α粒子能以较大角度散射。"[41] 他惊喜地发现，马斯登做到了。随着他们寻找的α粒子散射角度越来越大，马斯登此前看到的那种标志性的闪光（表明α粒子撞到了涂有硫化锌的屏上）就不应该再出现了。

卢瑟福竭力想要究明"能够令α粒子束偏转或散射的那种巨大电力或磁力究竟有何性质"，于是，他让马斯登检查一下实验过程中有没有被反弹回来的α粒子。[42] 卢瑟福本来并不觉得马斯登能发现什么，因此，当后者发现真的有α粒子从金箔上反弹回来时，卢瑟福彻底惊呆了。卢瑟福说："这就像是你向一张纸巾发射一枚 15 英寸炮弹，结果炮弹反弹回来，打中了你自己。简直是不可思议。"[43]

接着，盖格尔和马斯登就开始用不同金属做对照实验。他们发现，金反弹回来的α粒子数量接近银的 2 倍，超过铝的 20 倍。另外，每 8 000 个α粒子中只有 1 个会被铂薄片反弹回来。盖格尔和马斯登在 1909 年 6 月公布包括上述这些实验结果在内的相关内容时，只是简单地讲述了实验过程并且陈述了客观事实，没有做任何更进一步的评论。此后，卢瑟福为了想出对这些实验现象的解释，困惑地深思了整整 18 个月。

原子究竟是否存在？这是整个 19 世纪诸多科学和哲学争议的核心议题，但时至 1909 年，原子的地位已经牢固，其真实性无可辩驳。当初原子理论的反对者们在诸多铁证面前哑口无言，其中最关键的两件证据就是爱因斯坦对布朗运动的解释及其证明，以及卢瑟福发现的元素放射性衰变。在几十年的争论之后——许多杰出物理学家和化学家在这场争论中都站在反对原子理论的一边，得到最多人支持的描述原子结构的理论就是 J. J. 汤姆孙提出的所谓葡萄干模型。

1903 年，汤姆孙提出，原子就是带正电荷的无质量球体，而他 6 年前发现的电子（带负电）则像布丁上的葡萄干一样嵌在这个球体中。正电荷会中和电子之间的斥力，否则这种斥力就会将原子撕得粉碎。[44] 按照汤姆孙的设想，对任一给定元素来说，原子中的电子都会以独特的方式排布成一系列同心圆。他认为，举例来说，正是因为金原子内部电子数量及排布方式与其他金属原子不同，它才能区别于其他金属。按照汤姆孙的理论，原子的所有质量都集中在它所含有的电子上，这意味着，即便是最轻的原子也应该包含几千个电子。

正好就在 100 年前的 1803 年，英国化学家约翰·道尔顿第一个提出了每种元素的原子质量都各不相同的想法。道尔顿没有直接测量原子质量的方法，他只能通过计算不同元素形成不同化合物时各元素原子的质量分数求得它们的相对质量。首先，他需要定下一个基准。由于氢是已知最轻的元素，道尔顿就把它的原子质量定为 1。于是，其他所有元素的原子质量都能以氢元素原子质量为基准确定下来了，这就是元素的相对原子质量。

汤姆孙在研究了涉及原子散射 X 射线与 β 粒子的实验结果后，就知道自己的模型并不正确。他高估了原子内电子的数量。按照他的新计算结果，原子内的电子数量不可能超过它的相对原子质量。当时，人们还不知道不同元素原子内究竟有多少电子，但很快就意识到电子数量的这个上限，这是朝着正确方向迈出的第一步。相对原子质量为 1 的氢原子只可能有 1 个电子。不过，相对原子质量为

4 的氦原子就可能有 2 个、3 个或 4 个电子，其他元素原子的情况可以依此类推。

电子数量的大幅下降意味着，原子的大部分质量应该分布在带有正电的球状区域中。于是，这个汤姆孙原本只是为了使原子保持稳定及电中性而设想的构造突然就具有了现实意义。然而，即便是这个改良后的新模型也无法解释 α 粒子的散射现象，更无法推导出特定原子内的精确电子数量。

卢瑟福认为，使 α 粒子散射的是原子内的一种极强电场。然而，按照汤姆孙的模型，原子内的正电荷应该内外均匀地分布，不可能存在这么强烈的电场，而且原子根本不可能将 α 粒子反弹回来。1910 年 12 月，卢瑟福最后终于成功地"设计出了一个比汤姆孙模型完善得多的原子模型"。[45] 他对盖格尔说："现在我知道原子长什么样了！"[46] 卢瑟福的原子模型与汤姆孙的完全不同。

按照卢瑟福的理论，原子应该有一个带正电的微小中心核，也就是原子核。原子核几乎占据了原子的全部质量，而它的体积微不足道，只有整个原子的 1/100 000，"就像一座教堂里的一只苍蝇一样"。[47] 卢瑟福明白，原子内的电子不可能是导致 α 粒子大角度偏转的主要原因，因此没有必要研究电子在原子核周围的精确位置。按照卢瑟福的这个新理论，原子不再是那种"好看的硬东西，颜色可以是红，也可以是灰，随你喜欢"——卢瑟福曾半开玩笑地说，这才是他从小相信的理论，现在却被自己推翻了。[48]

根据卢瑟福的理论，在所有"碰撞"事件中，大多数 α 粒子都会笔直地穿过原子，因为它们距原子中心的微小原子核实在太过遥远，不会因后者的影响而发生偏转。只有一小部分 α 粒子会因为遇到原子核产生的电场而稍微偏离原来的运动轨迹，从而产生小角度偏折。α粒子穿过原子时，离原子核越近，受到后者电场的影响就越强，偏折程度也就越大。然而，如果α粒子直接迎头撞上了原子核，那么它们之间的斥力会直接把α粒子反弹回去，就像球撞上砖墙后反弹回去一样。就像盖格尔和马斯登在实验中发现的那样，这类迎面撞击事件极为罕见。卢瑟福说，那就像"夜里想要打中皇家阿尔伯特音乐厅里的小飞虫一样"。[49]

有了这个原子模型，卢瑟福就能通过一个他之前就已经推导出的简单公式明确预测实验中以各种角度发生偏折的α粒子的占比。他不想仓促公布这个原子模型，而是希望先通过细致的实验得到散射α粒子在各个偏折角度下的分布情况，用实验结果验证理论模型，确认该模型准确无误后再向大家公布。盖格尔接过了这个任务，他发现散射α粒子在各偏折角度下的分布与卢瑟福模型的理论预测完全一致。

1911 年 3 月 7 日，卢瑟福在曼彻斯特文学与哲学学会一次会议上发表的一篇论文中宣布了这个原子模型。4 天后，他收到了一封来自利兹大学物理学教授威廉·亨利·布拉格的信件，信中告诉他，"大概在五六年前"，日本物理学家长冈半太郎就提出了一种"中心区域很大且带有正电荷"的原子模型。[50] 布拉格不知道的是，前一年夏天长冈半太郎就曾拜访过卢瑟福，那是前者造访欧洲顶尖物理学实验室之旅的一站。收到布拉格来信后不到两周，卢瑟福收到了一封来自东京的信件。信中，长冈半太郎对卢瑟福"在曼彻斯特展露的极大善意"表达了感谢，并且指出，早在 1904 年他就提出过一个原子的"土星"模型。[51] 在这个模型中，原子的中心区域体积很大、质量也很大，周围则是环绕着核运动的电子环。[52]

"你会发现，我的原子模型结构在某种程度上与你在几年前的一篇论文中提出的相关模型有些相似。"卢瑟福在回信中承认。虽然他们两人的原子模型在某些方面的确相似，但它们其实也有显著差异。在长冈半太郎的模型中，原子就像一张扁平的煎饼，中心带正电荷、质量很大且占据了原子的大部分区域；而在卢瑟福的模型中，原子呈球状，中心虽然也带正电荷且贡献了原子的大部分质量，但体积极其微小，因而整个原子其实是空空荡荡的。不过，这两种原子模型其实都有致命缺陷，甚少有物理学家认真研究它们。

电子静止不动地处在带有正电荷的原子核周围，这样一种原子结构并不稳定，因为带负电荷的电子会不可抗拒地被拽向原子核。就算电子围绕着原子核运动，就像行星绕着太阳运动那样，原子仍旧会崩塌。牛顿在很早之前就证明了，任何做圆周运动的物体都会不断加速。按照麦克斯韦的电磁理论，如果做圆周运动的是带电粒子，比如电子，那么它在加速过程中会以电磁辐射的形式不断损失能量。环绕原子核运动的电子会在万亿分之一秒内陷入原子核中。这样一来，原子就不应该存在，世界也不会是现在这个样子。而现实就是，物质世界确确实实存在，这本身就有力地证明了卢瑟福的原子模型并不正确。

卢瑟福本人也一直清楚这个棘手的问题。"加速运动的电子会不可避免地不断损失能量，"他在 1906 年的著作《放射性转变》（*Radioactive Transformations*）中如此写道，"这是我们在努力推导稳定原子结构的过程中遇到的一大困难。"[53] 然而，卢瑟福在 1911 年选择了忽略这个困难："目前这个阶段不需要考虑原子稳定性问题，因为这显然与原子的微观结构以及其组成中带电部分的运动有关。"[54]

盖格尔对卢瑟福散射公式的检验起初颇为匆忙，范围也有限。

马斯登加入之后，他俩在第二年的大多数日子里都在更彻底地用实验验证这个公式。1912 年 7 月，他们的实验结果最终证实了散射公式以及卢瑟福理论的主要结论。[55] 马斯登多年之后回忆说："完整的检验过程是一项颇为艰辛但又很令人兴奋的任务。"[56] 他们在检验过程中还发现，原子核携带的电荷数大约就是相对原子质量的一半（已经考虑了实验误差）。这样一来，除了相对原子质量为 1 的氢原子之外，其他所有原子中的电子数就必然也近似等于相对原子质量的一半。现在就可以明确其他元素原子中的电子数了，比如，氦原子中的电子数应该是 2，而不是如之前人们所想的可以多至 4。然而，原子内电子数目的减少意味着在卢瑟福的模型中，原子要比之前猜测的更加猛烈地辐射能量。

卢瑟福在向玻尔讲述第一次索尔维会议上的故事时没有提及的是，当时他本人以及其他所有人都没有讨论他的这个原子模型。

*

回到剑桥大学的故事中来，玻尔渴望与汤姆孙展开亲密的智力对话，却一直没有实现。多年以后，玻尔为这次失败找到了一条可能的解释："我英文水平不够，因此也就不知道如何准确地表达自己的想法。当时我只能指着方程说，它有问题，但单是这句指控的言语完全勾不起汤姆孙的兴趣。"[57] 实际上，汤姆孙因无视学生与同事的论文和信件而声名狼藉，也就不再主动参与电子物理学的研究了。

随着时间推移，玻尔对汤姆孙越发不抱希望。他在卡文迪许实验室研修生的年度晚宴上再次遇到了卢瑟福。这个晚宴在 12 月初举办，是一场喧闹的非正式活动。晚宴上，与会者会在用过 10 道菜后祝酒、唱歌、作打油诗。这次会面时，玻尔再一次为卢瑟福的人格魅力所征服，他也开始认真思考是否要离开剑桥大学和汤姆孙，去到曼彻斯特，投入卢瑟福的门下。当月稍晚些时候，玻尔亲身前往曼彻斯特，和卢瑟福当面讨论了这种可能。作为一个和未婚妻分居两地的年轻人，玻尔迫切地希望能取得一些看得见的成就，以证明两人分别的这一年是有价值的。玻尔对汤姆孙说他想"了解一些有关放射性的内容"，随后便获准在新学期结束时离开。[58] "剑桥的一切都很有趣，"玻尔多年后坦承，"但绝对没什么用。"[59]

　　玻尔在 1912 年 3 月中旬抵达曼彻斯特，他要开始学习一门为期 7 周的放射性研究实验技巧课程。这个时候，玻尔的英格兰之旅只剩 4 个月了。由于没有任何时间可以浪费，玻尔利用晚上的时间钻研电子物理学应用，以便更好地理解金属的物理性质。在导师们（盖格尔和马斯登就是其中的两位）的指导下，玻尔顺利地完成了这门课程，卢瑟福指派给他一个小研究项目。

　　"卢瑟福是一个不会被误解的人，"玻尔在写给哈拉尔的信中说，"他会定期过来询问我们研究项目的进展情况，和我们交流每一个细节问题。"[60] 在玻尔看来，汤姆孙似乎并不关心学生的进展。卢瑟福则和汤姆孙形成了鲜明对比，他"真的很关心周围所有人的工作情况"。卢瑟福在判断科学前景方面能力非凡。他有 11 位学生和数位亲密合作者日后获得诺贝尔奖。玻尔甫一抵达曼彻斯特，卢瑟福就在写给一位朋友的信中说道："丹麦人玻尔已经放弃了剑桥大学的学业，现在来到我这里，希望能获得一些放射性工作方面的经验。"[61] 不过，就当时来说，玻尔此前的工作中没有任何内容能够表明他与实验室里其他同样对物理事业满怀热情的年轻人有任何不同——除了一个事实：玻尔是一个理论物理学家。

卢瑟福对理论物理学家的评价普遍不高，并且从不会错过任何可以表达自己这种不屑观点的机会。"他们是在用自己的符号玩游戏，"卢瑟福曾对一位同事说，"而我们证明了大自然坚实的真正事实。"[62] 还有一次，卢瑟福受邀做一个讲座，举办方想请他谈谈现代物理学的发展趋势，他回答说："这方面的内容，我连一篇论文都没法写，只要 2 分钟就讲完了。我能说的一切就是，理论物理学家现在已经把尾巴翘得老高了，是时候由我们实验物理学家再次把它们拉下来了！"[63] 不过，卢瑟福一见到当时 26 岁的丹麦人玻尔就很喜欢。"玻尔不一样，"他会这么说，"他是个足球运动员！"[64]

每天下午晚些时候，实验室里的工作就停了下来，做研究的学生和员工会聚在一起，一边喝茶、吃蛋糕和黄油面包片，一边闲聊。卢瑟福也会在那个场合出现，坐在一个凳子上，不管什么话题他都能聊半天。不过，大多数时间，闲聊的主题都只是物理学，尤其是有关原子和放射性的问题。卢瑟福成功地创造了一种文化：他让周围的人感到新发现几乎触手可及，让他们带着合作精神开放地交流并讨论各自的想法，没有人会害怕发言——哪怕是新来者。这种文化的核心就是卢瑟福。在玻尔眼里，卢瑟福时刻准备着"倾听每个年轻人的想法，只要年轻人觉得自己脑海中出现了某个念头，无论这个念头有多么卑微，卢瑟福都会耐心倾听"。[65] 卢瑟福唯一不能忍受的就是"夸夸其谈"。而玻尔热爱与他人交谈。

和读写流利的爱因斯坦不同，玻尔说话时经常会停顿，无论他用丹麦语、英语还是德语，都是如此，因为他总是在努力地寻找正确的词来表达自己的想法。玻尔说话时，常常只是为了让自己想得更清楚而自言自语。正是在茶歇期间，玻尔认识了匈牙利人格奥

尔格·冯·海韦西。后者后来因发明了放射性示踪技术而获得 1943
年诺贝尔化学奖。这项技术随后成了医学领域的一项强力诊断工
具，在化学和生物学研究中也有广泛应用。

玻尔和海韦西"同在异乡为异客"，同样操着一门尚未完全掌
握的语言，因此，他俩很快就建立了持续终生的友谊。"他知道怎
么帮助外国人，"玻尔回忆起只比自己年长数个月的海韦西帮自己
融入实验室生活时这样说道。[66] 正是在同海韦西的对话中，玻尔第
一次把目光转到原子上来。当时，海韦西解释说，现在已经发现了
那么多放射性元素，元素周期表上都排不下了。在原子放射性衰变
的过程中，人们发现了许多"放射性元素"，因而也涌现了大量新
元素名称。这些名字很好地体现了对应元素在原子世界中的真实位
置有多么不确定且令人困惑，比如：铀-X，锕-B，钍-C。不过，
海韦西告诉玻尔，卢瑟福在蒙特利尔的合作者弗雷德里克·索迪提
出了一种可能的解决方法。

1907 年，人们发现，虽然在放射性衰变过程中产生的两种元
素钍和放射性钍物理性质不同，但化学性质完全一致。这两种元素
接受的所有化学测试都无法区分它们。在接下去的几年中，人们又
发现了其他几对化学性质无法区分的元素。当时已经转到格拉斯哥
大学的索迪提出，这些新放射性元素与同它们享有"同一个化学身
份"的对应元素之间，唯一的区别就是原子质量。[67] 它们就像一对
完全相同的双胞胎，唯一可以区分它们的特征就是质量上的些许
差异。

索迪在 1910 年提出，这些从化学性质角度无法区分的放射性
元素（后来他称其为"同位素"）只是同种元素的不同形式，因而
应该共享在元素周期表中的位置。[68] 这个想法与当时各种元素在元

注：原书中元素周期表为旧版，为方便读者替换成了中国化学会 2019 年译制版。——编者

此元素周期表出自中国化学会制版，版权归中国化学会与应用化学联合会（IUPAC）所有。
英文版及元素周期表及更新请见www.iupac.org；中文译制及元素周期表及更新请见www.chemsoc.org.cn。

素周期表内的排布方式相抵触。那个时候，元素周期表中的元素从氢开始，一直到铀结束，按照相对原子质量升序排列。然而，事实摆在眼前：放射性钍、放射性锕、锾和铀–X的化学性质都与钍完全一样。这强有力地证明了索迪的同位素理论。[69]

在同海韦西对话之前，玻尔对卢瑟福的原子模型没有任何兴趣，但在对话之后，他有了一个想法：只是区分原子的物理性质和化学性质还不够，还必须在核现象和原子现象上加以区分。玻尔在努力调和同位素理论与现有元素周期表排布方式（按相对原子质量升序排列）的过程中，认真思考了卢瑟福的原子模型，并暂时忽略了该模型不可避免的崩溃问题。"这样一来，"玻尔随后说道，"一切都能按行排列。"[70]

玻尔意识到，在卢瑟福的原子模型中，确定原子内电子数量的正是原子核的电荷数。由于原子整体呈电中性，不带电荷，原子核的正电荷就必须与原子内所有电子的总负电荷抵消。因此，按照卢瑟福的原子模型，氢原子必须由电荷数为+1的原子核与一枚电子（电荷数为–1）组成。而原子核电荷数（核电荷数）为+2的氦原子就必须拥有两枚电子。这种核电荷数与电子数对应的规律一直到当时已知最重的元素——核电荷数为92的铀，也仍旧成立。

在玻尔看来，这个结论绝对错不了：确定元素在元素周期表中位置的关键因素是核电荷数，而非相对原子质量。玻尔凭借这个结论朝同位素的概念迈进了一小步。正是玻尔，而非索迪，意识到核电荷数才是将化学性质相同但物理性质不同的各种放射性元素联系在一起的基础性质。这样一来，元素周期表就能容纳所有放射性元素了：只要按核电荷数安排它们的位置就可以了。

玻尔一下子就解释了为什么海韦西没法区分铅和镭–D。如果电子决定了元素的化学性质，那么任意两种电子数量以及排布方式都相同的元素都是化学性质一模一样、不可区分的"双胞胎"。铅和镭–D的核电荷数相同，都是 82，因此它们拥有的电子数量也相同，也都是 82，这就让它们拥有了"同一种化学身份"。从物理性质的角度说，铅和镭–D并不一样，因为它们的相对原子质量不同：铅差不多是 207，而镭–D是 210。玻尔准确地指出，镭–D是铅的一种同位素，因而无法用任何化学手段区分它们。此后，所有同位素都用对应元素名称加上自身相对原子质量的形式标明，例如镭–D就是铅–210。

　　玻尔抓住了事情的本质：放射性现象本质上是核现象，而非原子现象。这样一来，他就能把放射性衰变过程（放射性元素衰变成另一种元素，同时释放出 α、β 或 γ 辐射）解释为一种核事件。玻尔意识到，如果放射性现象的根源在于原子核，那么核电荷数为 +92 的铀原子核在嬗变成铀–X（在此期间释放一个 α 粒子）的过程中会失去两个单位的正电荷，留下一个核电荷数为 +90 的原子核。这个新原子核没法保留原来原子的全部 92 枚电子，很快就会失去其中 2 枚，形成一个新的电中性原子。作为放射性衰变产物的新原子核会马上获得电子，或者失去电子，以便重新达到电中性。核电荷数为 +90 的铀–X就是钍的一种同位素。玻尔解释说，它们"核电荷数相同，只是在原子核的质量及内在结构上有所不同"。[71] 这就是那些尝试区分相对原子质量为 232 的钍与铀–X（即钍–234）的人无法如愿的原因。

　　玻尔后来表示，他的这个阐述放射性衰变在核层面上变化的理论意味着："经过放射性衰变——这个过程很大程度上不受相对原子质量变化的影响，元素在元素周期表中的位置会发生改变。如果元素原子在放射性衰变过程中核电荷数减少，同时释放出α射线，那么它的位置会回退两格；如果核电荷数增加，同时释放出β射线，那么它的位置会前进一格。"[72] 例如，铀在衰变时会释放出一个α粒子，变成钍-234，在元素周期表中的位置回退两格。

β粒子其实就是快速运动的电子，每个β粒子都带负电，电荷数为-1。如果某个原子核释放出一个β粒子，那么它的正电荷数上升了1。这就好比有两个粒子，一个带负电，一个带正电，它们本来和谐地结合在一块，整体呈电中性，如果强行将它们分开，并且在分开时释放出电子，留下的就只有带正电的那个粒子了。释放出β粒子的衰变过程叫作β衰变。β衰变产生的新原子核电荷数要比衰变前的原子大1，它在元素周期表中位置也会相应地往右移动1格。

玻尔把他的这个想法告诉卢瑟福时，后者提醒他，"支持这个推断的实验证据相对匮乏"。[73] 玻尔对卢瑟福不温不火的回应感到惊讶，他试图说服后者相信"这会是卢瑟福原子模型的最终证据"。[74] 然而，玻尔没有如愿。问题部分出在玻尔没能清楚地表达自己的想法，而当时正忙于写书的卢瑟福也没有抽出时间充分理解玻尔工作背后的重要意义。在卢瑟福看来，虽然所有元素的原子核都能释放α粒子，但只有放射性元素的原子才能以某种方式将内部的电子以β粒子的形式释放出来。虽然玻尔曾在5个独立的场合努力说服卢瑟福，但后者在是否要顺着玻尔的逻辑直至得出最后结论一事上犹豫不决。[75] 由于感受到卢瑟福此时对他和他的想法已经"有点儿不耐烦"了，玻尔决定先把这件事放一放。[76] 不过，其他人可不会停下探索的脚步。

很快，索迪就发现了和玻尔一样的"位移定律"，但和那个年轻的丹麦人不同，索迪无须在正式发表自己的研究成果之前先征求导师的意见。成果发表后，也没人会对索迪能站在做出这些突破性发现的物理学前沿感到惊讶。不过，没有人会想到，一位当时 42 岁、性格古怪的荷兰律师会提出一个具有根本性重要意义的想法。1911 年 7 月，在写给《自然》期刊的一封短信中，安东尼厄斯·约翰内斯·范登布鲁克提出，决定元素核电荷数的是它在元素周期表中的位置，即它的原子序数，而非相对原子质量。范登布鲁克的这个想法受到了卢瑟福原子模型的启发，而且以很多后来被证伪的假设为基础，比如核电荷数等于元素相对原子质量的一半。一名律师竟然可以公开发表"这么多只是为了好玩而提出的猜测，完全没有坚实的基础"，卢瑟福听闻后大为恼火也完全可以理解。[77]

由于没有得到任何支持，范登布鲁克在 1913 年 11 月 27 日投给《自然》的另一封信中放弃了核电荷数等于相对原子质量一半的假设。在此之前，盖格尔和马斯登有关 α 粒子散射的深入研究成果刚刚发表。一周之后，索迪写信给《自然》解释说，范登布鲁克的观点明确了元素"位移定律"的含义。接着，卢瑟福也站出来表达了对范登布鲁克的支持："范登布鲁克首创的观点，即核电荷数等于原子序数而非相对原子质量一半的想法，在我看来很有前途。"在建议玻尔不要把时间浪费在研究类似想法之上后过了 18 个月略多一点的时间，卢瑟福开始转而赞扬范登布鲁克的理论。

因为卢瑟福当时对玻尔的想法缺乏热情，所以玻尔没能成为第一个公开发表原子序数概念的人，也没能发表那些为索迪赢得 1921 年诺贝尔化学奖的观点，但他从来没有抱怨过。[78]"我们相信他的判断，"玻尔真诚地回忆说，"也为他强大的个人魅力所折服。这两个因素是实验室中所有人都能备受激励的根本原因。也正是这份信任和钦佩让我们每个人都竭尽所能地努力研究，以回报他对所有人工作的热切关怀和不懈指导。"[79] 实际上，即便在错失那么多荣誉之后，玻尔也仍旧把卢瑟福的赞许之语看作"我们所有人都希望得到的最大鼓励"。[80] 要是其他人遇到同样的事，感受恐怕只能是失落与苦涩，而玻尔却有资格如此大度，原因在于接下去发生的事。

*

在卢瑟福劝阻他发表有关元素"位移定律"的创新思想之后，玻尔偶然间看到了一篇刚刚发表的论文。[81] 这篇吸引了玻尔注意的论文，作者是卢瑟福手下唯一一名理论物理学家、伟大博物学家查尔斯·达尔文的孙子查尔斯·加尔顿·达尔文，主要内容是α粒子在穿过物质时（而非被原子核散射时）的能量损失情况。J. J. 汤姆孙最初用他自己的原子模型研究过这个问题，而查尔斯·加尔顿·达尔文所做的是以卢瑟福的原子模型为基础，重新审视这个问题。

卢瑟福建立他的原子模型时，运用的是盖格尔和马斯登做实验得到的大角度α粒子散射数据。他知道，原子中的电子不可能是造成这种α粒子大角度散射的主要原因，所以就忽略了它们。在推导能够预测以各种角度散射的α粒子所占比例的散射定律时，卢瑟福其实是把原子当作剥离了电子的原子核对待的。然后，他把原子核放到原子的中心，周围布上电子，至于电子的可能排布方式则只字不提。达尔文在论文中也采用了类似的方法：忽略了原子核对经过的α粒子可能产生的任何影响，集中讨论原子中电子的情况。他指出，α粒子在穿过物质时会损失能量几乎完全是因为它与原子中的电子发生了碰撞。

　　达尔文并不确定卢瑟福原子模型中的电子是怎么排布的。在他的猜测中，最理想的是电子在整个原子空间中或原子表面上均匀分布。他的推演结果仅取决于原子核电荷数的多少以及原子半径的大小。达尔文发现，按照他的理论计算得到的各种原子的半径都与已有估算不符。玻尔在阅读这篇论文时很快就发现了达尔文哪里犯了错：后者错误地将带负电的电子看作可以自由运动的粒子，但实际上，电子是与带正电的原子核束缚在一起的。

　　玻尔最大的优点就是他识别已有理论的错误并加以利用的能力。这项卓越的能力在他的整个职业生涯中都发挥了重要作用：玻尔的许多工作的开端都是看到了他人研究中的错误及矛盾之处。就这个例子来说，达尔文的错误成了玻尔的出发点。卢瑟福和达尔文在研究问题时都把原子核和电子割裂开来看待，他们都只研究了其中的一个部分，而忽略了另一部分。玻尔则意识到，如果某个理论能成功地解释α粒子与原子中的电子发生相互作用的方式，就有可能揭示原子的真正结构。[82]即便玻尔真的因卢瑟福之前对自己那些想法的态度而感到失望，他在着手修正达尔文犯下的错误之时，也早已将那些残留的失望情绪抛诸脑后了。

　　为了能尽快解决问题，玻尔甚至放弃了自己写信也要打草稿的习惯（即便是写给弟弟的信也不例外）。"放心，我没什么问题，"玻尔给哈拉尔吃下定心丸，"几天前，我对研究α射线的吸收问题有了些想法。[事情是这样的：这里的一位年轻数学家查尔斯·加尔顿·达尔文（你熟知的那个达尔文的孙子）最近发表了一个有关这个问题的理论，而我觉得他的这个理论不仅在数学上不太正确（不过，错得也不多），而且在基本概念上很值得商榷。我在这个问题上已经有了一些结论，哪怕还不能算是卓有成效，或许也能为与原子结构有关的研究提供一些启示。]我正计划马上发表一篇有关这个问题的小论文。"[83]不用非得去实验室做实验"为我得到这个微不足道的理论提供了非常大的便利"，玻尔还在信中如此坦承。[84]

　　在玻尔着手完善这个刚出现的想法之前，他在曼彻斯特唯一愿意吐露实情的人就是卢瑟福。虽然对这名丹麦人的研究方向感到惊讶，但卢瑟福耐心地聆听了后者的想法，并且这一次鼓励他继续。有了卢瑟福的批准，玻尔就不再去实验室了。他的压力很大，因为他在曼彻斯特的日子已经快结束了。"我相信自己已经发现了一些东西，但要想彻底把问题弄清楚，需要的时间肯定比我原来（愚蠢地）以为的更久，"7月17日，也就是在玻尔第一次同弟弟分享这个秘密一个月之后，他在给后者的信中这样写道，"我希望能在离开前把阐述这个问题的成熟小论文提交给卢瑟福，所以我现在很忙很忙，但曼彻斯特这个地方令人难以置信的高温显然没法为我的努力提供帮助。我多想面对面和你说话啊！"[85]玻尔想要亲口对他弟弟说的话是，他希望修正卢瑟福原子模型的缺陷，方法则是把这个模型中的核型原子替换成量子原子。

第 4 章

卢瑟福—玻尔—索末菲：量子原子

1912 年 8 月 1 日，周四，丹麦，斯劳厄尔瑟。这个风景如画的小镇位于哥本哈根西南大约 50 英里处，在周四的这天，小镇的鹅卵石街道上旌旗招展。尼尔斯·玻尔和玛格丽特·诺兰在警察局长主持的 2 分钟婚礼仪式上正式步入了婚姻的殿堂。仪式的举办地并非美丽的中世纪教堂，而是小镇的市民大厅；之所以由警察局局长主持，是因为镇长外出度假去了。哈拉尔担任伴郎，而且只有双方关系比较近的亲属出席了仪式。同父母一样，玻尔不喜欢宗教婚礼。他在青年时期就不再信仰上帝了，当时，玻尔对父亲坦言："我不明白自己之前为什么会对这一切笃信不疑，那在我看来完全没有意义。"[1] 就在婚礼前的几个月，玻尔正式宣布放弃信仰路德宗，要是当时他父亲克里斯蒂安·玻尔还在世的话，也一定会同意儿子的这个决定。

新婚的玻尔夫妇原本打算去挪威度蜜月，但由于玻尔没能及时完成有关 α 粒子的论文，他俩不得不改变计划。这对新婚夫妇转而决定在为期一个月的蜜月期间抽出两周前往剑桥。[2] 在这两周的时间里，玻尔造访了很多老朋友，还带着玛格丽特逛了逛剑桥，在此期间抽空完成了论文。这篇论文是两人共同努力的成果。玻尔口述论文内容——他总是在努力寻找正确的词汇以表达清楚自己的想法，而玛格丽特则负责纠正、润色玻尔的文字。他俩的合作收效甚佳，于是玛格丽特在接下去的几年里成了玻尔的秘书。

玻尔不喜欢写作，只要有机会不写，他就一定不会写。他能完成博士论文，全靠对母亲口述内容，由后者执笔。"你不能这么帮尼尔斯，一定得让他学会自己写作。"玻尔的父亲曾这么劝说他的母亲，但没有起到任何效果。[3] 玻尔拿笔触到纸张时，不仅写得慢，而且字迹潦草，几乎完全不能辨认。玻尔的一名同事后来回忆说："首要的是，他发现很难使思考和写作同时进行。"[4] 他需要说话，推敲想法时需要自言自语。玻尔在移动时思维最佳，通常是绕着桌子打转。后来，玻尔踱着步用某种语言口述内容时，就会有一位助手或者其他任何他能找来完成这项工作的人，拿着笔坐在那儿记录他的话语。玻尔的论文和演讲稿很少一蹴而就，他总是不满意，因而时常会"重写"上十几次。这种对语言清晰和准确度的过度追求，常常会让读者陷入"只见树木，不见森林"的境地。

论文手稿终于完成并妥善打包后，尼尔斯和玛格丽特登上了前往曼彻斯特的火车。一见到玻尔的新娘，欧内斯特·卢瑟福和夫人玛丽就知道，这个年轻的丹麦人很幸运，找到了合适的另一半。后来的事实也证明，这桩婚姻的确长久且幸福。也正是两人深厚的感情，才让他们熬过了两个儿子（他俩总共育有 6 个儿子）离世的悲伤。卢瑟福对玛格丽特很是欣赏，甚至有一次，两人还小谈了一些物理学方面的内容。卢瑟福抽出时间阅读了玻尔的论文，答应寄给《哲学杂志》（*Philosophical Magazine*）并附上自己的推荐语。[5] 几天后，松了一口气的玻尔夫妇就开开心心地前往苏格兰，享受剩下的蜜月时间了。

9 月初回到哥本哈根后，玻尔夫妇搬到了海勒鲁普繁华海岸市郊的一栋小房子里。在这个当时只有一所大学的国家，很少会有物理学教职空缺出来。[6] 就在结婚日之前，玻尔接受了一份担任专科学校教学助理的工作。玻尔每天早上都会骑车去他的新办公室。"他会推着车到院子里，速度比谁都快，"后来他的一名同事回忆说，[7] "他工作起来不知疲倦，看上去总是很忙碌。"那位叼着烟斗、怡然自得的物理学元老未来才会出现呢。

除了专科学校的工作之外，玻尔还开始以编外讲师的身份在大学里教热力学。和爱因斯坦一样，他发现备课实在是很花精力。不过，至少有一位学生赞赏玻尔的备课努力且感谢他"安排各种材料"时的"简洁与清晰"以及"优秀的授课风格"。[8] 不过，从事这两份工作以后，玻尔就很少有时间处理卢瑟福原子模型的问题了。对于这位做什么事都匆匆忙忙的年轻人来说，这个问题的研究进展缓慢得令他痛苦。玻尔还在曼彻斯特时就把自己对原子结构的初步想法写下来形成报告，提交给了卢瑟福。他原本希望以这份后来被叫作"卢瑟福备忘录"的报告为基础，度完蜜月之后不久就能发表正式论文。[9] 然而，事情的后续发展并非如此。

"你看到了，"50 年后，玻尔在接受采访（那也是他一生中接受的最后几次采访之一）时说道，"我很遗憾，因为那份报告里面的大部分内容都是错的。"[10] 然而，玻尔其实找到了问题的关键：卢瑟福模型中原子的稳定性。麦克斯韦的电磁理论预言，环绕着原子核运动的电子会持续不断地释放辐射。这种不间断的能量泄漏会导致电子轨道迅速衰减，于是，电子会呈螺旋式坠入原子核中。卢瑟福原子模型存在的这种辐射不稳定性是一个众所周知的问题，玻尔甚至都没有在备忘录中提及。他真正关心的，是这个模型的机械不稳定性问题。

卢瑟福只是假设电子绕着原子核运动，就像行星绕着太阳运动，除此之外，他完全没有考虑任何有关电子排布的问题。我们知道，环绕原子核运动的电子环（带负电）并不稳定，由于电子都带负电，它们之间会产生斥力（同种电荷相斥）。电子也不能静止不动，因为异种电荷相吸，带负电的电子会被拖拽到带正电的原子核上。玻尔写在备忘录上的第一句话就表明他已经充分认识到这个事实："在这样的原子中，如果电子不运动，就不存在平衡构型。"[11]这个年轻的丹麦人需要解决的问题越来越多了。电子既不能结成环状，也不能静止不动，更不能环绕原子核做轨道运动。最后，在卢瑟福的原子模型中，由于原子中心是一个极其微小的点状原子核，原子的半径也无法确定。

别人都把这些不稳定性问题看作驳斥卢瑟福核原子模型的有力证据，但在玻尔看来，这些问题表明了预言该模型失败的基础物理学仍有局限性。玻尔确定了放射性现象是一种"核"现象，而非"原子"现象；在放射性元素（也就是索迪后来所称的同位素）领域以及核变化领域，他都做出了开创性贡献。这些工作都让他确信，卢瑟福模型中的原子其实是稳定的。虽然这种原子并不完全符合当时的物理学体系，但它并没有像理论预言的那样坍缩。玻尔必须回答的问题是：为什么卢瑟福的原子没有坍缩？

鉴于牛顿和麦克斯韦物理学体系在应用方面的表现无懈可击，而这个体系预言卢瑟福模型中的原子必然会坠入原子核中，玻尔也只好承认，"因此，必须从另一种角度看待稳定性问题"。[12]他意识到，要想拯救卢瑟福的原子模型，就必须寻求"根本性的改变"。于是，玻尔转而向量子（这个由不情愿的普朗克发现，后来又得到了爱因斯坦支持的概念）寻求帮助。[13] 在辐射与物质的相互作用中，能量以各种大小的小份形式离散地（而非连续）吸收和发射，这个事实超越了久经考验的"经典"物理学范畴。虽然玻尔和几乎其他所有人一样，并不相信爱因斯坦的光量子理论，但他很清楚，原子"的确在某种程度上受到了量子的约束"。[14] 不过在 1912 年 9 月，他还不知道具体方式是什么。

玻尔一生都很喜欢读侦探小说，他也和优秀的私家侦探一样，擅长在"犯罪现场"搜寻蛛丝马迹。玻尔找到的第一条线索就是不稳定性的预言。他十分肯定卢瑟福模型中的原子是稳定的，于是产生了一个后来被证明对后续研究至关重要的想法：定态的概念。当初，普朗克构建黑体辐射公式的初衷是为了解释实验数据。之后，他才开始尝试推导这个方程，并且在这个过程中偶然发现了量子概念。玻尔采用了相似的策略。他决定先重建卢瑟福的原子模型，以保证电子在围绕原子核运动时不会辐射能量。之后，他才开始着手证明这个模型。

经典物理学没有对原子内电子的轨道施加任何限制，但玻尔这样做了。就像严格按照客户要求设计建筑的设计师一样，玻尔把电子限定到一些特定的"特殊"轨道之上，以保证它们不会连续释放辐射并因此朝原子核螺旋下坠。这真是神来之笔。玻尔认为，某些物理学定律在原子世界中不再有效，并因此将电子轨道"量子化"了。普朗克为了推导出他的黑体辐射方程，运用假想的振荡器将能量的吸收和发射量子化了；和他一样，玻尔放弃了电子可以在任意距离上绕原子核运动的既定概念。他提出，电子只能占据经典物理学允许的某些特定轨道，而非所有轨道，这就叫作"定态"。

　　作为一个正在努力拼凑可靠原子模型的理论物理学家，玻尔完全有资格施加这个限制条件。这是一个激进的方案，而且就目前来说，他所拥有的一切就是一个与已有物理学体系相抵触且毫无说服力的循环论断——电子只能占据那些它们不会辐射能量的特定轨道；而电子不会辐射能量，是因为它们占据了这些特定轨道。除非玻尔能为他的定态（电子可以占据的轨道）概念提供一个真实的物理学解释，否则人们只能把它视作单纯为了支撑不可信原子结构而搭建起来的理论脚手架，并无情地将这个概念抛弃。

　　"我希望能在几周内完成这篇论文。"玻尔在 11 月初给卢瑟福的信中这样写道。[15] 卢瑟福读完信后，感受到玻尔的不安情绪与日俱增，便回信说，完全没有必要"为了匆忙发表论文而感到压力"，因为不太可能还有人在同一个方向上开展研究。[16] 数周研究徒劳无功后，玻尔还是不相信卢瑟福的这个说法。如果别人的确没有积极地参与解决原子之谜的行动，那么玻尔摘得这项荣誉只是时间问题。由于研究举步维艰，玻尔在 12 月向马丁·克努森申请休假数月，并得到了批准。玻尔和玛格丽特一起在乡下找了间僻静的村屋，然后就开始寻找更多有关原子结构的线索了。就在圣诞节前，他在约翰·尼科尔森的工作中找到了这样一条线索。起初，玻尔担心可能会发生最糟糕的情况，但他很快就意识到，这个英国人并不是他担心的竞争者。

　　玻尔在剑桥无所斩获的逗留期间就曾见到过尼科尔森，但没有留下深刻印象。他俩见面之后，只比玻尔年长几岁——当时 31 岁的尼科尔森就接受任命，成了伦敦大学国王学院数学系教授。他也在忙着构建自己的原子模型。他认为，各种元素实际上是由 4

种"基本原子"的不同组合构成的。每一种"基本原子"都由原子核及环绕着原子核的一些电子（4 种"基本原子"电子数量各不相同）构成，这些电子形成了一个转动着的环。虽然，如卢瑟福所说，尼科尔森的这个原子模型"一团糟"，但玻尔从他的工作中找到了有关原子结构的第二条线索。这条线索就是定态的物理学解释，也就是为什么电子只能占据原子核外的某些特定轨道。

沿直线运动的物体具有动量，无非就是物体的质量乘它的速度。进行圆周运动的物体也有类似的特性，叫作"角动量"。沿圆形轨道运动的电子也有角动量，用 L 来表示。电子的角动量其实就是它的质量乘它的运动速度，再乘它所在轨道的半径，用公式表示就是：$L = mvr$。经典物理学没有给这样一个电子（或者其他任何进行圆周运动的物体）施加任何限制。

玻尔读到尼科尔森的论文后发现，他的这位剑桥前同事提出，电子环的角动量只能以 $h/2\pi$ 的倍数形式变化，其中的 h 就是普朗克常数，而 π 就是人们熟知的数学常数 3.14…。[17]尼科尔森证明了，转动的电子环的角动量只能是 $h/2\pi$ 或 $2(h/2\pi)$ 或 $3(h/2\pi)$ 或 $4(h/2\pi)$…一直到 $n(h/2\pi)$，其中 n 是整数。在玻尔看来，这正是能支撑定态概念的那条缺失的线索。只有那些电子角动量是正整数 n 乘上 h，然后除以 2π 的轨道才是电子可以占据的。让 $n = 1$，2，3，…就得到了原子的定态，也就是电子占据这些轨道时不会辐射能量，因而可以无止境地绕原子核运动。其他所有轨道就是非定态，禁止电子占据。在原子内部，角动量是量子化的，取值只能是 $L = nh/2\pi$。

爬梯子时，我们只能把脚放在梯级上，不能放在梯级以外的其他任何地方。类似地，由于电子的轨道是量子化的，原子内的电子可以拥有的能量也必然是量子化的。就氢原子的情况来说，玻尔运用经典物理学计算出了它的单个电子在每条轨道上的能量。这一系列电子可以占据的轨道以及对应的电子能量，就是原子的量子态，即它的能级 E_n。这个原子能量阶梯的最低一级，就是原子处于第一条轨道（能量最低的量子态）时的情况，也就是 $n = 1$ 时的情况。玻尔的模型预言，氢原子的最低能级 E_1（也叫作"基态"）能量是 –13.6 eV，其中，电子伏特（eV）是原子尺度的能量测量单位，而负号则表明电子为原子核所束缚。[18] 如果电子占据的是除了 $n = 1$ 以外的其他任何轨道，就称原子处于"激发态"。n（后来叫作主量子数）永远都是一个整数，指定了电子可以占据的定态序列以及对应的原子能级序列 E_n。

玻尔计算了各个能级的值，并且发现每一能级的能量都等于基态能量除以 n^2，也就是（E_1/n^2）eV。因此，当 $n = 2$ 时，也就是原子处于第一激发态时，能量值为 –13.6/4 = –3.40 eV。第一条电子轨道（$n = 1$ 时）的半径决定了氢原子处于基态时的大小。根据模型，玻尔计算得到氢原子此时的半径应该是 5.3 纳米（1 纳米就是十亿分之一米——与我们如今得到的最好实验估算结果十分接近了）。玻尔还发现，电子可以占据的其他轨道，半径都是基态轨道的 n^2 倍：当 $n = 1$ 时，半径为 r；当 $n = 2$ 时，半径就是 $4r$；当 $n = 3$ 时，半径就是 $9r$，依此类推。

"我希望很快就能把这篇有关原子的论文寄送给你，"1913 年 1 月 31 日，玻尔在给卢瑟福的信中这样写道，"这篇论文花费的时间比我原先预想的要多得多。不过，我觉得自己在最后这段时间里总算是取得了一些进展。"[19] 他以量子化轨道电子角动量的方式使得核原子模型稳定下来，也据此解释了为什么电子只能占据特定的一些轨道，即定态概念。在写信给卢瑟福后的几天内，玻尔又无意中

发现了第三条（也是最后一条）线索，从而完成了量子原子模型的
构建。

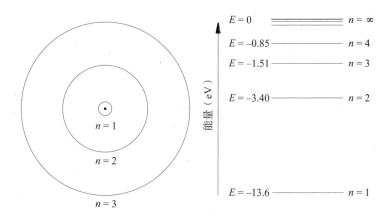

图 4-1 氢原子的部分定态以及对应的能级（未按比例画出）

汉斯·汉森比玻尔小一岁，他俩在哥本哈根上学时就成朋友
了。这个时候，完成哥廷根大学学业的汉森刚刚回到丹麦首都。他
俩见面后，玻尔就把自己有关原子结构的最新想法告诉了汉森。汉
森之前在德国开展过光谱学方面的研究——这门科学研究的是原子
和分子辐射的发射与吸收，便询问玻尔，他的工作是否可以为谱线
产生机制的研究提供一些启示。人们很早之前就已经知道，不同金
属燃烧时产生的火焰颜色不同：钠是亮黄色，锂是深红色，钾是紫
色。19 世纪，人们又发现，每种元素都会产生一种专属于自己的
独特谱线；所谓谱线，就是光谱上的一些尖峰。各种元素原子产生
的谱线数量、间隔以及波长都独一无二，可以看成元素的光谱指
纹，用以鉴别元素。

由于不同元素产生的谱线图样差异极大，对那些认真思考过

元素谱线可能是揭开原子内部结构之谜关键的人来说，光谱似乎太过复杂。蝴蝶翅膀上的漂亮彩色花纹也都很有趣，玻尔后来这么说，"但没人会觉得我们可以根据蝴蝶翅膀上的色彩推导出生物学基础理论"。[20] 原子与其谱线之间显然存在联系，但在 1913 年 2 月初，玻尔还完全不知道这种联系究竟是什么。汉森建议他考察一下氢原子谱线的巴耳末公式。在玻尔的记忆中，他从未听说过这个公式，更有可能他听说过只是忘记了。汉森为玻尔简要描述了一下这个公式，并且指出，还没有人知晓这个公式为什么能奏效。

瑞士人约翰·巴耳末是巴塞尔一所女子学校的数学老师，也是当地大学的兼职讲师。一位同事知道他对数字命理学颇感兴趣，便在他抱怨最近没什么有趣的事后，向他介绍了氢原子的 4 种谱线。出于好奇，巴耳末开始着手从这些看似没有任何联系的谱线中寻找数学关系。瑞典物理学家安德斯·昂斯特伦于 19 世纪 50 年代以惊人的准确性测量了氢原子可见光谱内 4 条谱线（分布在红、绿、蓝和紫 4 个区域）的波长。昂斯特伦分别称这 4 种谱线为 α、β、γ 和 δ，并且发现其波长分别为 656.210 纳米、486.074 纳米、434.01 纳米和 410.12 纳米。[21] 1884 年 6 月，年近 60 的巴耳末总结出了一个能得到氢原子 4 种谱线波长（λ）的公式：$\lambda = b[m^2/(m^2-n^2)]$。式中，$m$ 和 n 都是整数，而 b 则是一个常数，实验测得其值为 364.56 纳米。

巴耳末发现，如果把 n 固定为 2，令 m 分别为 3、4、5、6，那么这个公式的计算结果几乎与 4 种谱线的波长完全一致。例如，令 $n = 2$，$m = 3$，就得到了红色 α 线的波长。为了表彰巴耳末的贡献，人们后来就把氢原子的这 4 条谱线称为"巴耳末系"。不过，巴耳末的贡献不只是提出这样一个可以推得氢原子 4 条已知谱线的公式。他还预言了第五条谱线的存在（$n = 2$，$m = 7$ 时）。巴耳末不知道的是，在他之前，昂斯特伦已经发现了这条谱线并且测得其波长，相关结果已经在瑞典正式发表了。对于第五条谱线，巴耳末公式给出的理论预测值又和昂斯特伦测量得到的实验值几乎完全一致。

要是昂斯特伦还活着（他于 1874 年逝世，享年 59 岁），他一定会对巴耳末及其公式感到震惊。巴耳末通过他的公式预言了氢原子光谱的红外区和紫外区还有其他系列谱线的存在，具体方法则是将 n 分别设定为 1、3、4 和 5，同时再令 m 遍历各种数值，就像他将 n 设定为 2 推导出那 4 条巴耳末系谱线一样。例如，将 n 设定为 3，令 m = 4，5，6，7，…，巴耳末就预言了氢原子光谱在红外区的一系列谱线，并且弗里德里希·帕邢后来在 1908 年的确发现了它们。实际上，巴耳末预言的所有系列谱线后来都被发现了，但没有人能够揭示巴耳末公式成功的奥秘。这个通过反复试错总结得到的经验公式到底象征着什么物理机制？

玻尔后来说："我一看到巴耳末公式，就立刻明白了一切。"[22] 原子之所以会释放这种谱线，完全是因为电子在各种可能占据的轨道之间跃迁。如果一个处于基态的氢原子（n = 1）吸收了足够的能量，电子就会跃迁到能量更高的轨道上，比如 n = 2 的轨道。这样一来，原子就处于一种不稳定的激发态了，并且很快就会回到稳定的基态——在电子从 n = 2 的轨道跃迁回 n = 1 的轨道之后。要想做到这点，电子只能发射一个能量量子，其能量等于两个能级之间的能量差，也就是 10.2 eV。由此产生的谱线波长就可以用普朗克–爱因斯坦公式 $E = h\nu$ 来计算，其中 ν 是电子发射的电磁辐射的频率。

电子从一系列能级中能量较高的跃迁回能量较低的时，就会产生巴耳末系的 4 条谱线。这个过程中释放的量子大小仅取决于电子所在的初始能级和最终能级。这就解释了为什么把 n 设定为 2，令 m 依次取值 3、4、5、6 时，巴耳末公式能够计算出正确的谱线波长。玻尔将电子能够跃迁到的最低能级固定下来，进而推导出了巴耳末预言的其他系列谱线。例如，若跃迁结束时，电子处于 $n = 3$ 的轨道上，就得到了光谱红外区的帕邢系谱线；若跃迁结束时，电子处于 $n = 1$ 的轨道上，就得到了紫外区的莱曼系谱线。[23]

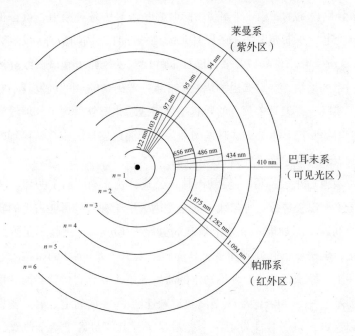

图 4-2   能级、谱线与量子跃迁（未按比例画出）

　　玻尔发现，电子的量子跃迁有一个很奇怪的特征：完全无法确定电子在跃迁过程中处于什么位置。它在轨道（能级）之间的跃迁必须是瞬时发生的。否则，如果电子是从某条轨道慢慢跳到另一条，那么它在这个过程中一定会连续释放辐射。在玻尔的原子模型中，电子不能占据轨道之间的空间。它必须像变魔术一样，在某条轨道上消失的同时在另一条轨道上出现。

"我完全肯定原子谱线的问题与量子本质的问题联系紧密。"值得一提的是，普朗克于 1908 年 2 月在笔记本上写下了这句话。[24] 不过，由于他坚持要最小化量子概念的影响，再加上当时卢瑟福原子模型还未出现，这就是普朗克在这个问题上能做的一切了。玻尔向原子以量子形式吸收并发射电磁辐射这个观点敞开了怀抱，但在 1913 年，他还不认为电磁辐射本身也是量子化的。即便是在 6 年后的 1919 年，当普朗克在他的诺贝尔奖获奖致辞中称玻尔的量子原子是"人们一直以来寻找的、通往光谱学奇境大门的钥匙"的时候，还是鲜有人支持爱因斯坦的光量子理论。[25]

*

1913 年 3 月 6 日，玻尔把这篇由三个部分组成的论文中的第一部分寄给了卢瑟福，并请他阅后寄给《哲学杂志》。当时，以及在后来的很多年里，像玻尔这样的每一位初出茅庐的科学家，都需要像卢瑟福那样的"老资格"将论文转寄给英国期刊，以保证能迅速发表。"我非常迫切地想要知道您对论文内容的一切看法。"玻尔在给卢瑟福的信中这样写道。[26] 玻尔尤其关心，卢瑟福在看到他综合运用了经典物理学与量子概念之后会是什么反应。玻尔没等多久就得到了答案："你的那些有关氢原子谱线起源机制的想法非常独特，并且似乎很是成功。但是，普朗克量子概念与传统力学的结合，很难形成全新的物理学基础概念。"[27]

同其他人一样，卢瑟福没法想象氢原子中的电子是怎么在各个能级间跃迁的。之所以会出现这种困难，是因为玻尔违背了一条经典物理学基本规则。在经典物理学中，进行圆周运动的电子其实是振荡系统，电子完整地沿轨道运动一圈就是振动一次，而电子每秒沿轨道运动的圈数就是振动频率。振荡系统会以振动频率辐射能量，但在玻尔的模型中，既然电子的"量子跃迁"涉及两个能级，就有两个振动频率。卢瑟福质疑的就是这两个频率之间没有任何联系："传统"力学与电子在能级间跃迁时发射的辐射频率之间没有任何联系。

卢瑟福还发现了另一个更加严重的问题："在我看来，你的假说里还有一个地方很难理解，而且你自己肯定也充分认识到了，那就是电子在从基态跃迁到其他状态时，它是怎么决定接下来要以何种频率振动的？我觉得，按照你的假说，必须得假设电子在跃迁之前就知道自己要在哪儿停下来。"[28] 处于 $n = 3$ 能级的电子既可以向下跃迁到 $n = 2$ 能级，也可以跃迁到 $n = 1$ 能级。如果跃迁要切实发生，那么电子似乎得提前"知道"自己要去哪个能级，这样才能以正确的频率释放辐射。这些就是量子原子模型存在的问题，玻尔自己也没有答案。

另外，卢瑟福提出了一条批评意见。虽然这条意见指出的问题并不算很严重，但玻尔对此反而忧虑得多。卢瑟福认为，这篇论文"真的应该缩短篇幅"，因为"冗长的论文会吓到读者，让他们觉得没有时间仔细研究"。[29] 在答应必要时会帮玻尔纠正论文中的英语语言问题后，卢瑟福还附上了一句话："我凭自己的判断删去这篇论文中所有我认为不必要的部分，你应该不会反对吧？请回复。"[30]

玻尔收到卢瑟福的回信后很惊恐。论文中每个词的选择都让玻尔痛苦纠结了一番，整篇论文更是经过了无数次草稿和修改。对他来说，这个由别人（即便那个人是卢瑟福）随意修改内容的提议实在是太过惊悚。寄出原来那篇论文的两周后，玻尔又给卢瑟福寄了一篇更长的修订稿，他在其中做了不少增改。卢瑟福赞同这些改动，认为改得"很棒，并且看起来相当合理"，但他再一次督促玻尔削减论文篇幅。这一次，不等收到卢瑟福的回信，玻尔就写信告诉后者，他马上就会在假期时前往曼彻斯特。[31]

当玻尔敲响卢瑟福家的前门时，后者正忙着和朋友阿瑟·伊夫说笑。伊夫后来回忆说，卢瑟福立刻就带着那个"看上去高高瘦瘦的男孩"进了书房，留下卢瑟福夫人向我解释说，来客是一个年轻的丹麦人，而且卢瑟福"对他的工作评价确实很高"。[32] 在接下来的几天里，他俩一起度过了数个漫长的夜晚，经过一个又一个小时的讨论，玻尔承认，在他努力捍卫论文中的每一个词时，卢瑟福"展现出了几乎是天使般的耐心"。[33]

精疲力尽的卢瑟福终于做出让步，此后，他和朋友及同事谈起这件事时是这么说的："我可以看到，玻尔权衡了论文中的每一个词；他对每一个句子、每一种表达、每一处引用都无比坚持，这也让我印象深刻。他向我展示了，他在论文中的每一处选择都有明确的理由。虽然我起初觉得很多句子都可以省略，但在他向我解释了这些句子与论文整体间的联系有多么紧密后，我也清楚地认识到，完全无法改变论文中的任何内容。"[34] 讽刺的是，玻尔多年后也承认，卢瑟福"反对那种相对复杂的表述方式"的建议并没有错。[35]

于是，玻尔这篇由三个部分组成的论文真的几乎未进行任何改动，就以《论原子与分子的结构》为题发表在了《哲学杂志》上。论文的第一部分（玻尔在上面标注的写作时间为 1913 年 4 月 5 日）发表于 1913 年 7 月，分别发表于当年 9 月和 11 月的第二、第三部分则阐述了一些与原子内电子可能的排布方式相关的想法。在接下去的 10 年中，当玻尔运用量子原子模型解释元素周期表以及元素化学性质的时候，这些想法完全占据了他的大脑。

*

玻尔通过结合经典物理学与量子物理学构建了他的原子模型。在这个过程中，他提出：电子在原子内只能占据特定的一些轨道，即定态；电子在这些轨道上不会辐射能量；原子只能处于一系列离散能量状态中的一种，其中能量最低的那种状态叫作"基态"；电子可以通过"某种方式"从能量较高的定态跃迁到能量较低的定态，两者之间的能量差以能量量子的形式发射出来。这些都违反了公认的物理学体系原理。然而，他的模型正确预言了氢原子的各种特性（比如半径），同时也为原子谱线的产生提供了物理学解释。卢瑟福后来说，量子原子模型是"思想对物质的巨大胜利"，并且在玻尔揭晓谜底之前，他原本以为原子谱线之谜的解决"需要几个世纪"。[36]

真正能体现玻尔成就的，是大家对量子原子模型的最初反应。1913 年 9 月 12 日，那年在伯明翰召开的第 83 届英国科学促进会（BAAS）年会上，这个模型得到了第一次公开讨论。当时，玻尔坐在听众席上，众科学家对量子原子模型的反应各不相同，有些则保持沉默。J. J. 汤姆孙、卢瑟福、瑞利勋爵和金斯都出席了这次年会，而杰出外国代表则包括洛伦兹和居里夫人。"年逾 70 的人不应该草率地对新理论发表意见。"瑞利勋爵在被问及对玻尔量子原子模型的看法时，给出了这样外交辞令式的回答。不过，瑞利勋爵私底下认为"大自然并非以那种方式运作"，并且承认他"很难接受这就是原子的真实情况"。[37] 汤姆孙则公开反对玻尔对原子的量子化，认为这完全没有必要。詹姆斯·金斯发出了不同声音。他在座无虚席的大厅内做报告时指出，玻尔的模型只需要"一次很有分量的成功"就能为自己正名。[38]

在欧洲大陆，人们普遍不相信量子原子模型。"这完全没有意义！麦克斯韦方程组在任何情况下都有效，"马克斯·冯·劳厄在一次热烈的讨论中说道，"作圆周运动的电子一定会发出辐射。"[39] 而保罗·埃伦费斯特则向洛伦兹坦承，玻尔的原子模型"已经让我感到绝望"。[40] "如果这就是完成目标的方式，"他继续说道，"那我必须放弃物理学了。"[41] 玻尔的弟弟哈拉尔报告说，哥廷根大学的科学家对他的工作很有兴趣，但也认为他的假设确实太"大胆"且"异想天开"了。[42]

玻尔理论在建立之初取得的一项胜利为它赢得了部分人的支持，其中包括爱因斯坦。人们原先把太阳光谱中某个系列的谱线（也就是所谓的皮克林–福勒线）归因于氢原子，而玻尔预言，这些谱线实际上属于氦离子，也就是失去了一个电子的氦原子。玻尔对皮克林–福勒线的解释与谱线发现者相矛盾。究竟孰是孰非？在玻尔的恳求、煽动下，卢瑟福在曼彻斯特的一个团队详细研究了这些谱线，并最终解决了这个问题。就在英国科学促进会年会在伯明翰召开之际，研究结果发现，玻尔把皮克林–福勒线归因于氦的观点才是正确的。9 月末，爱因斯坦在维也纳参加一次会议时从玻尔的朋友格奥尔格·冯·海韦西那儿得知了这个消息。海韦西在给卢瑟福的一封信中这样汇报当时的场景："听到这个消息后，爱因斯坦的那双大眼睛看上去更大了，他还对我说：'那么，这算得上是最伟大的发现之一了。'"[43]

1913 年 11 月，玻尔论文的第三部分发表之际，卢瑟福研究小组的另一位成员，亨利·莫塞莱证实了原子的核电荷数——它的原子序数（整数）是各种元素独有的，也是决定元素在元素周期表中位置的关键参数。当年 7 月，玻尔造访曼彻斯特并且同莫塞莱讨论了有关原子的问题后，莫塞莱这位年轻的英国人才开始在实验中将电子束打到各种元素的原子上，并且检验由此产生的 X 射线光谱。

当时，人们已经知道，X 射线是电磁辐射的一种，并且其波长只有可见光的数万分之一。人们还知道，带有足够能量的电子轰击给定金属时就能产生 X 射线。玻尔认为，X 射线的产生机制是这样的：原子最内侧的某个电子被"踢"了出去，于是，更高能级上的一个电子跃迁下来填补了它的空缺。两个能级之间的能量差就是电子跃迁过程中发射的能量量子，也就是 X 射线。玻尔意识到，运用他的原子模型，就可能通过原子发射的 X 射线的频率计算出它的核电荷数。当时他和莫塞莱讨论的正是这个有意思的事实。

莫塞莱的工作能力极强，他的体力也同样令人叹为观止。当别人进入梦乡时，莫塞莱还留在实验室里彻夜工作。他只用了几个月的时间就测量了钙与锌之间所有元素原子发射的 X 射线的频率。总结实验数据后，莫塞莱发现，随着他轰击的元素原子变重，发射的 X 射线的频率也会相应增加。每种元素都会产生自己独有的 X 射线谱线，并且元素周期表中相邻元素的 X 射线谱线十分相似。莫塞莱以这两个事实为基础，预言了元素周期表中缺失的、原子序数分别为 42、43、72 和 75 的元素的存在。[44] 这 4 种元素后来都被发现了，但那个时候，莫塞莱已经离世。第一次世界大战爆发后，他应征加入皇家工兵部队担任信号官。1915 年 8 月 10 日，在加里波利，子弹射穿了莫塞莱的头部，他因此不幸牺牲，年仅 27 岁。莫塞莱本来可以获得诺贝尔奖，但不幸过早离世使他没能获得这份殊荣。卢瑟福个人给了莫塞莱最高规格的荣誉：他称莫塞莱为"天生的实验学家"。

　　玻尔对皮克林–福勒线的正确溯源以及莫塞莱在核电荷数方面的突破性研究，开始为量子原子模型赢得支持。更加重要的转折点出现在 1914 年 4 月，当时年轻的德国物理学家詹姆斯·弗兰克和古斯塔夫·赫兹用电子轰击了汞原子，并且发现电子在撞击过程中丢失了 4.9 eV 的能量。弗兰克和赫兹认为，他们成功地测得了将一枚电子剥离汞原子所需的能量。由于德国物理学界对玻尔的论文最初普遍持怀疑态度，弗兰克和赫兹也就没有去阅读它。于是，正确解释他俩获得的实验数据的机会就留给了玻尔。

　　当轰击汞原子的电子携带的能量小于 4.9 eV 时，什么事都不会发生。不过，当电子携带的能量超过 4.9 eV 且直接击中汞原子时，它就会失去 4.9 eV 能量，而汞原子则发射出一道紫外光。玻尔指出，4.9 eV 正是汞原子基态与第一激发态之间的能量差。这意味着电子在汞原子的前两个能级上发生了跃迁，并且这两个能级之间的能量差完全符合玻尔量子原子模型的预言。当电子跃迁回第一能级后，汞原子也就回到了基态并释放出一个能量量子，这个能量量子会在汞原子光谱上产生一条波长为 253.7 纳米的紫外光线。弗兰克和赫兹的实验结果为玻尔的量子原子模型及原子能级的存在提供了直接证据。虽然弗兰克和赫兹起初对实验数据的解释并不正确，但他俩还是获得了 1925 年诺贝尔物理学奖。

*

就在论文第一部分于 1913 年 7 月发表之际，玻尔终于得到了哥本哈根大学讲师职位的任命。不过，他很快就高兴不起来了，因为他的主要职责是给医学生讲授基础物理学。1914 年年初，声名鹊起的玻尔开始着手为自己开设一个全新的理论物理学教授职位。要实现这个目标的难度很大，因为当时在德国以外，还没有哪个国家的科学界把理论物理学视作独立学科。"在我看来，玻尔博士是当今欧洲最有前途且最有能力的数学物理学家之一。"卢瑟福为了支持玻尔及其计划，在给宗教和教育事务部的推荐信中如此写道。[45]由于玻尔的工作已经勾起了全世界科学家的巨大兴趣，他顺利地获得了这个机构的支持，但哥本哈根大学的决策层再次选择推迟做出决断的日期。就在那时，沮丧的玻尔收到了一封卢瑟福的来信，信中为他指出了一条逃跑路线。

"想必你已经知道达尔文的准教授任期结束了，我们现在正打广告招聘继任者，薪酬是 200 英镑，"卢瑟福在信中写道，[46]"初步调查结果显示，没有多少有前途的人可供我们选择。我想找一个具有几分独创性的小伙子做同事。"卢瑟福此前就夸赞过玻尔，称他的工作"很有独创性，也很有价值"，显然，卢瑟福想要招募的就是玻尔，只是没有明说。[47]

之后，玻尔获批了一年假期，由于这段时间内学校决策层不太可能做出任何有关开设玻尔想要的教授职位一事的决定，他便和玛格丽特出发前往曼彻斯特。他们在苏格兰附近海域遇到了暴风雨，但于 1914 年 9 月安全抵达曼彻斯特，并且受到了热烈欢迎。当时第一次世界大战已经开始，很多事情都出现了变化。席卷全英国的爱国主义浪潮几乎清空了实验室，因为那些有条件报名参战的研究人员都已经应征入伍。英国人民原本希望自己的国家会迅速且犀利地结束这场战争，但随着德国人击败比利时并入侵法国，这个愿望逐渐破灭。那些刚刚才成为同事的研究人员，现在正为各自的阵营而战。马斯登很快就出现在了西部战场前线，盖格尔和海韦西则加入了同盟国的军队。

玻尔抵达曼彻斯特时，卢瑟福并不在那里。他当年 6 月就离开了曼彻斯特，前往澳大利亚墨尔本参加在那里举办的英国科学促进会年会。刚刚获得骑士册封的卢瑟福探望了身在新西兰的家人，然后又照计划前往美国和加拿大。回到曼彻斯特之后，卢瑟福立刻就把大量时间投入了英国的反潜战。因为当时丹麦属于中立国，所以玻尔不能参加任何与战争相关的活动。他的精力主要都放在教学上，那些可以参与的研究也因为缺少尚在运作的期刊以及政府对往来欧洲大陆的信件进行严格审查而陷入停滞。

玻尔原本只打算在曼彻斯特待一年，但等到 1916 年 5 月，他被哥本哈根大学正式任命为刚设立的理论物理学教授时仍没有离开。玻尔的工作得到了越来越多的认可，这是他能得到那个职位的最重要原因。不过，虽然量子原子模型取得了巨大成功，但仍有一些问题没有解决。对那些拥有不止一个电子的原子，这个模型给出的预言与实验结果不符。更糟糕的是，实验学家没有找到玻尔模型预言的某些谱线。到 1914 年年末的时候，除了为了解释为什么有些谱线能被观测到、有些则不能而专门引入的"选择规则"以外，玻尔原子模型的所有核心要素都得到了认可。这些核心要素是：离散能级的存在，轨道电子角动量的量子化，以及原子谱线的产生机制。然而，只要还有一条谱线的存在无法解释——即便引入了新的规则也无法解释，量子原子模型仍旧无法摆脱困境。

1892 年，刚出现的升级版实验设备告诉人们，氢原子光谱中的红色α巴耳末线和蓝色γ巴耳末线都不是一条线，它们都由两条线组成。在接下去的 20 多年里，关于这些谱线究竟是不是"真正的双线"的问题一直没有得到解决。玻尔原本认为它们并不是真正的双线，直到 1915 年年初，新实验设备表明红、蓝、紫巴耳末线都是双线后，他才开始改变想法。玻尔无法通过自己的原子模型解释这种"精细结构"，这是当时学界对这种谱线分裂现象的称呼。玻尔进入哥本哈根大学教授这个新角色后，发现有一系列来自一名德国人的论文等待自己研究。这名德国人通过修正玻尔的原子模型解决了上述精细结构问题，他就是阿诺尔德·索末菲。

当时 48 岁的索末菲是慕尼黑大学理论物理学杰出教授。在随后的几年中，他将慕尼黑变成了欣欣向荣的世界理论物理学中心，当时全球最聪慧的一些年轻物理学家和学生来到此地，在他的关注之下做研究。和玻尔一样，索末菲热爱滑雪，他会邀请同事和学生来到他位于巴伐利亚阿尔卑斯山脉的家中一起滑雪并讨论物理学。"不过，我向你保证，如果我正好到访慕尼黑且有时间，就一定会好好听你的课程，以完善我的数学物理学知识。"1908 年，爱因斯坦还在瑞士专利局工作时，在一封给索末菲的信中如此写道。[48] 这可是来自一个在苏黎世被数学教授描述为"懒汉"的人的褒奖。

为了简化模型，玻尔将电子约束在了原子核周围的圆形轨道上。索末菲决定解除这个限制，允许电子沿椭圆轨道运动，就像行星绕太阳运动的轨道那样。他知道，从数学角度看，圆只是一种特殊的椭圆，所以电子的圆形轨道只是所有可能的量子化椭圆轨道的一个子集。玻尔模型中的主量子数 n 确定了一种定态，一个允许的圆形电子轨道以及对应的能级。n 的值还决定了给定圆形轨道的半径。然而，确定椭圆的形状需要两个数字。索末菲因此引入了"轨道量子数" k，以量子化椭圆轨道的形状。在所有可能的椭圆轨道形状中，k 对那些给定 n 值允许的形状做出选择。

在索末菲的修正模型中，主量子数 n 决定了 k 的取值范围。[49] 如果 $n = 1$，那么 $k = 1$；如果 $n = 2$，那么 $k = 1$ 或 $k = 2$；如果 $n = 3$，那么 $k = 1$ 或 $k = 2$ 或 $k = 3$。对于给定的 n 值，k 可以取 $1\sim n$ 的所有整数。当 $n = k$ 时，轨道永远都是圆形。不过，如果 k 小于 n，那么轨道呈椭圆形。例如，当 $n = 1$ 且 $k = 1$ 时，轨道就是半径为 r 的圆形，其中 r 叫作玻尔半径。当 $n = 2$ 且 $k = 1$ 时，轨道就呈椭圆形。但是，当 $n = 2$ 且 $k = 2$ 时，轨道就是半径为 $4r$ 的圆形。因此，当氢原子处于 $n = 2$ 的量子态时，它唯一的那枚电子既可能处在 $k = 1$ 轨道上，

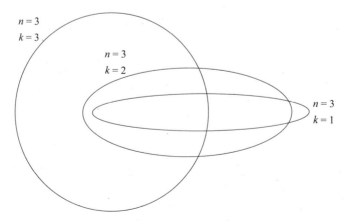

图 4-3　在玻尔–索末菲模型中，氢原子处于 $n = 3$ 且 $k = 1$，2，3 时的电子轨道

又可能处在 $k=2$ 轨道上。当氢原子处于 $n=3$ 的量子态时，电子可以占据以下三种轨道中的任意一种：$n=3$ 且 $k=1$，轨道呈椭圆形；$n=3$ 且 $k=2$，轨道呈椭圆形；$n=3$ 且 $k=3$，轨道呈圆形。在玻尔的模型中，$n=3$ 只对应一种圆形轨道，而在索末菲的修正量子原子模型中，$n=3$ 对应三种可能的轨道。增加的这些定态就能解释巴耳末系谱线的分裂现象。

为了解释谱线分裂现象，索末菲转而使用了爱因斯坦的相对论。与彗星的绕日运动类似，椭圆轨道上的电子离原子核越近，速度就会越快。与彗星不同的是，电子的速度快到可以让自身质量增加，就像相对论预言的那样。这种相对论性质量增加又会导致一种非常小的能量变化。当原子处于 $n=2$ 量子态时，$k=1$ 和 $k=2$ 的这两个轨道能量不同，因为 $k=1$ 是椭圆轨道，而 $k=2$ 是圆形轨道。这种微小的能量差异就形成了两个能级，从而产生了两条谱线，而非玻尔模型预言的一条。然而，玻尔-索末菲量子原子模型仍旧不能解释其他两个现象。

1897 年，荷兰物理学家彼得·塞曼发现，在磁场中，单条谱线会分裂成数条谱线或组分。这就是塞曼效应。一旦关掉磁场，这种分裂现象也随之消失。之后，德国物理学家约翰尼斯·斯塔克发现，当原子处于电场中时，单条谱线也会分裂成数条。[50] 斯塔克发表他的发现后，卢瑟福联系玻尔说："我想，如果可以用你的理论解释这些现象，现在你应该就塞曼效应以及谱线在电场中的表现写点儿东西。"[51]

卢瑟福不是第一个提出这种要求的人。玻尔在论文第一部分正式发表后不久就收到了一封来自索末菲的祝贺信。"您会把这个原子模型应用于塞曼效应吗？"后者在信中这样问，"我很想解决这个问题。"[52] 结果，玻尔没能解释这个效应，但索末菲做到了。索末菲的方法很有独创性。之前，他就已经改用了椭圆轨道，从而增加了原子处于给定能量态（比如 $n = 2$）时电子可以占据的量子化轨道数量。玻尔和索末菲都在平面上想象轨道（无论是圆形还是椭圆形）。在努力解释塞曼效应的过程中，索末菲意识到轨道的方向是一个很重要的缺失部分。在磁场中，电子有了更多可能的选择：它可以占据那些在磁场中指向各个方向的轨道。索末菲引入他称之为"磁量子数" m 的概念，以量子化那些轨道的方向。对于任一给定的主量子数 n，m 只能在 $-n$ 到 n 之间取值。[53] 如果 $n = 2$，那么 m 可取的值为 -2，-1，0，1，2。

"我想我从没有读到过比您的这些杰出工作更令人开心的论文。"1916 年 3 月，玻尔在给索末菲的信中这样写道。5 年后的 1921 年，实验证实了电子轨道的方向性——或者说"空间量子化"。这样一来，在存在外部磁场的条件下，电子可以占据的轨道又增加了（现在由三个量子数 n，k 和 m 标明），于是产生了塞曼效应。

需求是发明之母，为了解释实验事实，索末菲不得不引入两个新量子数 k 和 m。后来，其他科学家又解释了斯塔克效应：由于存在电场，能级间的空间发生了变化，因此产生了斯塔克效应。这个解释很大程度上也有赖于索末菲的工作。虽然玻尔–索末菲原子模型仍旧存在缺陷，比如无法解释谱线的相对强度，但这个模型已经相当成功，并且进一步提升了玻尔的声望，也为他在哥本哈根赢得了一所属于他个人的研究机构。正如索末菲后来说的，玻尔通过他的工作以及他给别人带去的灵感，正走在成为"原子物理学导师"的道路上。[54]

这是一句很令玻尔高兴的赞美之词。玻尔一直希望能复制卢瑟福管理实验室的模式，以及后者在所有实验室研究员中成功营造的那股学术精神。玻尔从他导师那里学到的可不只是物理学。他亲眼见证了卢瑟福是怎么激励青年物理学家，使他们做到最好的。1917 年，玻尔开始着手复制他有幸在曼彻斯特经历的一切。他向哥本哈根政府提议，在大学里成立理论物理学研究所。这个建议得到了批准，建造研究所需要的资金和土地则由玻尔的朋友们筹措。第二年，也就是第一次世界大战结束之后不久，研究所就开始在离哥本哈根市中心不远的一处美丽公园边上动工建造了。

　　研究所的工作刚刚开始，玻尔就收到了一封让他犹豫不决的来信。这封信是卢瑟福写的，他邀请玻尔回到曼彻斯特担任理论物理学终身教授。"我觉得，我们两人可以试试联手让物理学步入新的巅峰。"卢瑟福在信中写道。[55] 这个提议很具诱惑性，但玻尔不可能在即将得到想要的一切时离开丹麦。或许，如果他答应了卢瑟福，后者就不会在 1919 年离开曼彻斯特，接替 J. J. 汤姆孙成为剑桥大学卡文迪许实验室的新主任。

　　1921 年 3 月 3 日，哥本哈根大学理论物理学研究所（人们一直称其为玻尔研究所）正式投入使用。[56] 玻尔和他正在扩大的家庭，之前就已经搬到研究所一楼的一套 7 居室里去了。在经历了战争的动荡以及随之而来的艰难岁月后，这个研究所很快就像玻尔希望的那样成了科学创造的天堂，它就像磁铁一样吸引着全世界许多极有才华的物理学家，但这些人中最有天赋的那些始终没有成为玻尔研究所的成员。

第 5 章

当爱因斯坦遇上玻尔

"那些是不专心研究量子理论的疯子。"布拉格德国大学理论物理学研究所内，爱因斯坦和同事看向办公室窗外时对后者说。[1] 1911年4月从苏黎世来到此地后，爱因斯坦就一直很困惑为什么妇女只能在上午使用广场，而男人只能在下午使用广场。他在和自己的恶魔做斗争时，发现隔壁那座漂亮的花园属于一家疯人院。爱因斯坦发现量子概念以及光的二象性让他寝食难安。"我想提前向你保证，我不是你想象的那种传统光量子化器。"他这么对亨德里克·洛伦兹说。[2] 爱因斯坦还声称，这是一个因为"我没能在论文中以准确方式表达自己想法"而产生的错误印象。[3] 他很快就放弃质疑"量子究竟是否存在"。[4] 等到爱因斯坦从1911年11月召开、主题为"辐射和量子理论"的第一次索尔维会议上归来之时，他已经下定决心不再研究量子，要把这个疯狂的概念推到一边。在接下去的4年里，玻尔和他的原子模型占据了物理学舞台中央，而爱因斯坦没有展开任何实质上的量子研究，转而集中精力拓展相对论，以使其囊括引力。

*

　　布拉格大学创办于 14 世纪中叶，1882 年时按照国籍和语言分裂为两所独立的大学，一所位于捷克，另一所位于德国。这场分裂反映了捷克人和德国人互相之间根深蒂固的怀疑与不信任。在经历过瑞士和谐、宽容的社会氛围，以及苏黎世海纳百川的学术气氛后，虽然爱因斯坦在布拉格德国大学拥有全职教授职位，薪水也能让他生活得颇为舒适，但他还是感到局促不安。那些只是给日益蔓延的孤独感提供了少许慰藉。

　　1911 年年底，也就是玻尔计划离开剑桥奔赴曼彻斯特的时候，爱因斯坦迫切地想要返回瑞士，也正是在那时，一位老朋友过来拯救了他。刚刚成为瑞士联邦理工学院（ETH，即此前的苏黎世联邦理工学院，只是改了名字）数学与物理系主任的马塞尔·格罗斯曼给爱因斯坦提供了教授职位。虽然格罗斯曼有权做出这个决定，但他也得遵守规定，走一些必要的流程，其中最重要的就是征询杰出物理学家对爱因斯坦担任这一职位有什么看法。征询的对象之一就是法国首屈一指的理论家亨利·庞加莱，他称爱因斯坦是他所知的"最具独创性的人之一"。[5] 这位法国科学家很欣赏爱因斯坦学习新概念时的举重若轻，以及不拘泥于经典法则的态度，也称赞后者"在处理物理学问题时，能迅速地想到所有可能"。[6] 1912 年 7 月，爱因斯坦终于回到了瑞士联邦理工学院。此前，他甚至没能当上这所学校教授的助手，而现在他已经是物理学大师了。

　　很明显，爱因斯坦迟早会成为柏林方面的首要招揽目标。1913 年 7 月，马克斯·普朗克和瓦尔特·能斯特登上了前往苏黎世的火车。他们知道，要想说服爱因斯坦回到那个已经离开了差不多 20

年的国家不是一件容易的事，但他们准备向爱因斯坦开出一个他无法拒绝的条件。

爱因斯坦与下了火车的普朗克和能斯特碰面后，就知道了他们两人此行的目的，但还不清楚他俩计划的具体细节。刚刚当选为著名的普鲁士科学院成员的爱因斯坦，此番得到了一份从这个组织的两个带薪职位中挑选一个的邀约。这本身就是一项巨大的荣耀，但来自德国科学界的两位使者还为他带来了一个没有教学义务的特别研究教授席位，以及一个威廉皇帝理论物理学研究所的管理层职位（当时这个研究所还在筹办之中，建成后，爱因斯坦可以立即上任）。

这三个职位同时许给爱因斯坦一人，是前所未有的荣耀，他也不得不花时间深思熟虑一番。在爱因斯坦犹豫到底是否要接受这份大礼的时候，普朗克和能斯特乘火车做了一次短途观光旅行。出发前，爱因斯坦对普朗克和能斯特说，回来的时候，他会带着玫瑰迎接他们，玫瑰的颜色代表了他的最终答复。如果是红色，就意味着爱因斯坦决定去柏林；如果是白色，就意味着他还是想留在苏黎世。于是，普朗克和能斯特下火车的时候就知道他们迎回了爱因斯坦，因为后者拿着一枝红玫瑰。

柏林对爱因斯坦的一大吸引力在于没有任何教学义务，能够给予他"让自己完全陷入沉思"的自由。[7] 不过，随着这种自由而来的便是压力：他必须拿出与那些令他成为科学界炙手可热人物的物理学成就相当的成果。"柏林人看我，就像看着一只获奖的金牌老母鸡，"爱因斯坦在告别晚宴上这么告诉一位同事，"但我不知道自己是否还能再下蛋。"[8] 在苏黎世过完 35 岁生日后，爱因斯坦于1914 年 3 月末搬去了柏林。无论他之前对返回德国抱有什么保留意见，很快他就变得热情洋溢："这里的一切都刺激着智力，这类刺激实在是太多了。"[9]爱因斯坦之所以会觉得他曾认为"可憎"的柏林如此令人兴奋，普朗克、能斯特和鲁本斯等人当然是很容易想到的因素，但除此之外还有一个原因，那就是他的表姐埃尔莎·洛温塔尔。[10]

两年前，也就是1912年3月，爱因斯坦就开始与埃尔莎发展某种关系了。后者当时36岁，离了婚，带着两个女儿——13岁的伊尔莎和11岁的玛戈。"我老婆就是一个没法解雇的员工。"爱因斯坦对埃尔莎说。[11]一到柏林，爱因斯坦就经常一连消失几天，回来后没有任何解释。很快，他就彻底搬出了家里，并且列了一张长长的清单，上面写着要他回家必须满足的条件。如果米列娃接受了这些条件，她就真成了员工了，而且是丈夫有权开除的员工。

爱因斯坦提出的条件包括："1.我的衣物和需要清洗的衣服必须叠放整齐，并且要及时缝补；2.三餐必须定时送到我的房间里来；3.我的卧室和办公室必须始终保持整洁，尤其是办公桌只能归我使用。"此外，他要求米列娃"放弃（他们之间的）一切个人关系"，"在孩子面前不准用任何语言或行动"批评他。最后，爱因斯坦还要米列娃坚守"以下几点：1.永远不要指望和我发生亲密接触，也不要因此用任何方式责备我；2.如果我要求，你必须立刻停止与我的谈话；3.同样地，如果我要求，你必须立刻离开我的卧室或办公室，而且不能有任何怨言"。[12]

米列娃答应了这些要求，于是，爱因斯坦回家了，但并没有持续多久。当年7月底，也就是来到柏林仅仅三个月后，米列娃就带着儿子们回到了苏黎世。站在站台上挥手告别时，爱因斯坦哭了，或许是为了米列娃以及他俩共同的回忆，或许是为了两个即将分别的儿子。然而，只过了短短几周，他就开心地享受起了独自居住在"我的大公寓内，没有任何人打扰的宁静"生活。[13] 随着欧洲陷入战争的泥沼，这种宁静甚少有人能够享受。

*

"总有一天，巴尔干地区会发生一些愚蠢至极的事，从而引发波及整个欧洲的庞大战争。"据说，俾斯麦曾这么说过。[14] 事实证明，那天是 1914 年 6 月 28 日，周日，而那件愚蠢至极的事则是奥匈帝国王位继承人弗朗茨·斐迪南大公在萨拉热窝遇刺。为此，奥地利方面在德国的支持下向塞尔维亚宣战。同年 8 月 1 日，德国向塞尔维亚的盟友沙俄宣战，两天后又向法国宣战。8 月 4 日，英国因德国侵犯了中立国比利时而向德国宣战。[15] "疯狂的欧洲现在已经开始做一些极为荒谬的事了。"爱因斯坦在 8 月 14 日给朋友保罗·埃伦费斯特的信中如此写道。[16]

面对战争，爱因斯坦只是感到"既遗憾又厌恶"，而时年 50 岁的能斯特则自愿当起了救护车司机。[17] 抑制不住爱国之心的普朗克则公开宣称："能称自己为德国人，感觉极好。"[18] 当时已是柏林大学校长的普朗克认为这是德国人一生中最荣耀的时刻，并且借着"正义战争"的名号将学生们送去了前线的战壕。包括普朗克、能斯特、伦琴和维恩在内的 93 位知名人物还联合签名发表了宣言《告文明世界宣言》(*Appeal to the Cultured World*)。爱因斯坦知晓此事后，几乎无法相信这个事实。

1914 年 10 月 4 日，这篇宣言正式发表在主流德国报纸及其他海外报纸上。宣言中称："德国人被迫展开艰苦卓绝的生死斗争，而我们的敌人正试图用流言和诽谤玷污这一纯粹的事业。"[19] 联合发表这篇宣言的作者们认为，德国对这场战争没有任何责任，没有侵犯比利时的中立地位，也没有犯下任何暴行。在他们看来，德国是"一个文明的国家，在这里，歌德、贝多芬和康德的精神遗产与整个国家的精神和每一寸土地同样神圣"。[20]

很快，普朗克就后悔在这份宣言上签名了，并且开始在私底下向外国科学家朋友们道歉。这份宣言后来以《93 人宣言》（*Manifesto of the Ninety-Three*）的名字为人们所熟知。在所有把名号借给这份半真半假的错误宣言的名人中，普朗克最令爱因斯坦感到惋惜。毕竟，连德国总理都公开承认，比利时的中立地位受到了侵犯："一旦完成了军事目标，我们有勇气立即改正犯下的错误。"[21]

由于爱因斯坦当时已是瑞士公民，也就没有人要求他在这份宣言上署名。然而，这份文件所体现的浓厚民族沙文主义思想可能带来的长期影响还是令他深感不安。此外，爱因斯坦参与起草了题为《对欧洲人民的呼吁》（*Appeal to Europeans*）这份针对性宣言。这份文件号召"所有国家有学识的人民"都要确保"和平的条件不会成为未来战争的源头"。[22] 它还质疑了《93 人宣言》表达的态度，认为后者"完全配不上整个世界对文明这个词迄今为止的理解，如果这种思想成了有学识人民的共同财产，那必将是一场灾难"。[23]《对欧洲人民的呼吁》还谴责了德国知识分子，认为他们的行为"几乎就像是完全放弃了维护国际关系的进一步愿望"。[24] 然而，包括爱因斯坦在内，只有 4 个人在这份宣言上署了名。

到了 1915 年春天，国内外同行的态度让爱因斯坦感到很沮丧："即便是各国学者也表现得像是 8 个月前脑袋被砍掉了一样。"[25]

不久，所有有关战争很快就会结束的希望都烟消云散了，这也让
1917 年时的爱因斯坦"总是因我们必须面对的无尽悲剧而感到十
分压抑"。[26] "即便是像往常一样投入物理学研究，也并不总能缓
解这种情绪。"爱因斯坦向洛伦兹坦承。[27] 不过，事实证明，这 4 年
的战争时期是爱因斯坦人生中最高产、最具创造力的阶段之一。在
这期间，他出版了一本著作，发表了大约 50 篇论文，还在 1915 年
完成了他的旷世杰作——广义相对论。

　　早在牛顿之前，人们就认为时间和空间固定不变，有别于其
他物理属性。人们把时空看作舞台，上面上演着永不停息的宇宙戏
剧。在这样一个舞台上，质量、长度和时间都是绝对不变的，事件
与事件之间的空间距离和时间间隔对所有观测者来说都一模一样。
然而，爱因斯坦发现，质量、长度和时间并非绝对不变，空间距离
和时间间隔也与观测者的相对运动有关。对一名以近光速运动的宇
航员来说，相比较他那留在地球上的双胞胎兄弟，时间变慢了（表
上的指针走得慢了），空间收缩了（运动物体的长度缩短了），运动
物体的质量增加了。这些都是狭义相对论预言的结果，并且每一条
后来都为 20 世纪的实验所证实了。不过，狭义相对论并没有将加
速度囊括进来，而广义相对论做到了这点。爱因斯坦在奋力构建广
义相对论的过程中曾表示，这个理论让狭义相对论看起来就像是
"小孩子的把戏"。[28] 就像量子概念挑战了原子领域人们对"现实"
的既定看法，爱因斯坦让人类朝着理解时间和空间的真正性质迈进
了一步。广义相对论就是爱因斯坦的引力理论，它能引导他人研究
宇宙的大爆炸起源。

　　在牛顿的引力理论中，两个物体（比如太阳和地球）之间的
吸引力正比于两者质量的乘积，反比于两者质心之间距离的平方。

在牛顿物理学中，两个质量体之间没有任何接触，因而引力是一种神秘的"超距作用力"。然而，在广义相对论中，引力是大质量物体的存在引起的时空扭曲。按照这个理论，地球之所以会绕着太阳运动，并不是因为有一些看不见的神秘力量在拖拽它，而是因为太阳巨大的质量造成的空间扭曲。简单来说就是，物质扭曲了空间，而扭曲的空间又决定了物质的运动方式。

1915 年 11 月，爱因斯坦运用广义相对论研究了水星轨道的一个特征——这个特征正是运用牛顿引力理论无法解释的。爱因斯坦也因此检验了广义相对论的成色。水星在环绕太阳运动的过程中，每一圈的路径并不完全相同。天文学家通过精确的测量证明，这颗行星的轨道会发生轻微的摆动。爱因斯坦运用广义相对论计算了这种轨道偏移。当他看到计算得到的数字与实验数据相符（在误差范围内）时，他心跳加速，感觉好像心里的一块石头终于落了地。"这个理论美得无与伦比。"他写道。[29]爱因斯坦终于实现了这个最为大胆的梦想，他心满意足，但为之付出的巨大努力也让他精疲力竭。等到恢复过来以后，他又把注意力转向了量子。

1914 年 5 月，即便那时的爱因斯坦仍在主攻广义相对论，他也是第一批充分意识到这点的人之一：弗兰克-赫兹实验证实了原子内能级的存在，并且"极为震撼地证明了量子假说"。[30]1916 年夏天，爱因斯坦对于光的发射和吸收问题有了自己的"一个睿智想法"。[31]借着这个想法，他得到了一个"简单到令人吃惊的推导过程，应该明确指出，就是普朗克公式的那个推导过程"。[32]很快，爱因斯坦就确信"光量子假说和成熟理论一样优秀"。[33]不过，这种优秀是要付出代价的。为了接纳这个假说，爱因斯坦不得不放弃经典物理学的严格因果关系，并且将概率引入原子领域。

　　爱因斯坦之前也提出过其他方案，但这一次，他从玻尔的量子原子模型中推导出了普朗克定律。他以只有两个能级的简化玻尔原子模型为出发点，确定了电子从一个能级跃迁到另一个能级的三种方式。电子从能量较高的能级跃迁到能量较低的能级时会释放光量子，爱因斯坦把这个过程叫作"自发辐射"。这个现象只有在原子处于激发态时才会出现。如果电子吸收了一枚光量子，那么它会从能量较低的能级跃迁到能量较高的能级，整个原子就被激发了，这就是第二种量子跃迁。玻尔之前就已经通过这两类量子跃迁解释了原子光谱发射谱线和吸收谱线的来源，但爱因斯坦现在提出了第三种量子跃迁："受激发射"。当已经处于激发态的原子中的电子受到光量子撞击时，就会出现这种量子跃迁。在受激发射过程中，电子并不会吸收这个外来光量子，反而会受到后者的"刺激"，向能量更低的状态跃迁并释放出一个光量子。40 年后，受激发射成了激光的基础，而激光一词的英语"laser"就是"受激辐射光放大"（light amplification by stimulated emission of radiation）的首字母缩略词。

　　爱因斯坦还发现，光量子具有动量；而且和能量不同的是，这种动量是一种矢量。也就是说，光量子的动量既有大小，也有方向。然而，爱因斯坦的方程组清楚地表明，能级间自发跃迁的精确时间和原子释放光量子的方向都是完全随机的。自发辐射就好像是放射性物质样品的半衰期一样。经过特定的一段时间（这种物质的半衰期）后，一半的原子会衰变，但对于任意给定原子来说，你完全没办法知道它究竟会不会衰变。类似地，虽然自发跃迁发生的概率可以计算，但具体细节其实完全取决于偶然性，因果之间没有必然联系。在爱因斯坦看来，这种导致光量子发射的时间和方向完全取决于"偶然"的跃迁概率概念正是他这个理论的"弱点"。他准备暂时忍受这个缺陷，并且希望量子物理学的进一步发展能够解决这个问题。[34]

这项与偶然性有关的发现，以及处于量子原子理论核心位置的概率，让爱因斯坦感到不安。这意味着，即便他不再怀疑量子的真实性，因果律也仍处于风雨飘摇之中。[35] "有关因果律的这些问题同样让我十分困扰。"三年后的1920年1月，爱因斯坦在给马克斯·玻恩的信中如此写道，[36] "我们究竟是否可能从完全符合因果关系的角度理解光量子的吸收和发射？或者说，这里面是否还留有统计学能发挥作用的余地？我必须承认，对此我缺乏信心。不过，完全放弃因果关系会令我不开心。"

困扰着爱因斯坦的问题很像一个被拿起来的苹果，关键是这个苹果在你松手后却不会下落。一旦松手，相对于躺在地上的状态，苹果变得不稳定了，引力对苹果产生的作用会立即显现，导致后者下落。如果把处于激发态的原子中的电子比作苹果，那么一旦松手，这个苹果不会马上掉到地上，而是在地面上方悬停，在不可预测的某个时间点落下。虽然可以计算这个时间点，但只能得到概率性的结果，你仍旧无法准确预言苹果在何时落地。或许，苹果过了一小会儿就马上落地的概率很高，但仍然有那么一点儿可能，苹果会在地面上方悬停几个小时。具体到处于激发态的原子，就是说电子会掉落到能量更低的能级上，整个原子也会跟着回到更稳定的基态上，但这种跃迁发生的具体时间点则完全取决于偶然性。[37] 到了1924年，爱因斯坦仍旧难以接受自己的发现："暴露在辐射之下的电子竟然能按照自己的自由意志选择跃迁的时间和方向，这实在是让我难以接受。如果事实的确如此，那我宁愿做个鞋匠甚至赌场雇员，也不愿意当物理学家了。"[38]

*

多年的脑力劳动和单身生活方式不可避免地对爱因斯坦造成了伤害。1917 年 2 月，当时仅仅 38 岁的爱因斯坦就因为剧烈的胃痛而倒下了，诊断结果是肝脏不适。由于健康状况恶化，爱因斯坦在两个月内瘦了 56 磅（约 25 千克）。在随后的数年中，他又遭受了一系列病痛的折磨，其中包括胆结石、十二指肠溃疡和黄疸。医生给他开的处方是充分休息和严格饮食。然而，说起来容易做起来难，战争的考验和折磨已经让人们的生活面目全非。在当时的柏林，连土豆都是稀罕物，大多数德国人都生活在饥饿之中。虽然甚少有人真的饿死，但营养不良也夺走了很多人的生命——据估计，1915 年约有 8.8 万名德国人因营养不良而死亡。第二年，30 多座德国城市爆发骚乱，这个数字也超过了 12 万。这没什么好惊讶的，因为人们当时只能吃稻草做的面包，而不是小麦做的。

这张"替代食品"（ersatz）的清单还在不断变长。植物表皮混着动物表皮代替了肉，做"咖啡"的材料是萝卜干。烟灰代替了胡椒，人们还把苏打混着淀粉涂在面包上，假装那是黄油。持续的饥饿让柏林人看到猫、老鼠和马就两眼发光。如果有一匹马倒在街上死了，很快它就会被大卸八块。"为了争夺最好的那块马肉，他们大打出手，脸上和衣服上到处都是血迹。"一位这类事件的目击者如是说。[39]

真正的食物少得可怜，不过只要买得起，还是能买到的。爱因斯坦比大多数人都要幸运，因为他收到了来自南方亲戚以及瑞士朋友的食物包裹。承受着所有这些痛苦，爱因斯坦觉得自己"就像是水上的一滴油，心态和人生观与周围的人格格不入"。[40] 然而，他还是没办法照顾自己，只得不情愿地搬进了埃尔莎隔壁的一套空置公寓里。由于米列娃始终不愿意同爱因斯坦离婚，埃尔莎这一次总算在礼节允许的范围内尽可能地接近爱因斯坦了。借着照料爱因斯坦以便让他慢慢恢复健康的绝佳机会，埃尔莎向爱因斯坦施加压力，要求后者不惜一切代价同米列娃离婚。爱因斯坦本来不想仓促地进入第二段婚姻，毕竟第一段婚姻对他来说就像"10 年的牢狱生活"，但最终他还是退让了。[41] 爱因斯坦向米列娃提出增加抚养费，让她成为自己的遗孀养老金受益人，并允诺得到诺贝尔奖后把奖金也给米列娃——在爱因斯坦向米列娃开出这些条件的 1918 年，此前 8 年里曾 6 次获提名的爱因斯坦在未来不久的某个时间获得诺贝尔奖，已经是板上钉钉的事了。于是，米列娃终于同意离婚。

1919 年 6 月，爱因斯坦与埃尔莎正式结婚。那年爱因斯坦 40 岁，埃尔莎则比他年长 3 岁。接下去发生的事情是埃尔莎想象不到的。那年年末，随着爱因斯坦一举成为闻名全球的人物（有人称他为"新哥白尼"，也有人对他报以嘲笑），这对新婚夫妇的生活也发生了巨大变化。

1919 年 2 月，就在爱因斯坦和米列娃终于离婚之后不久，两支探险队从英国开始了自己的旅途。其中一支的目的地是西非海岸外的普林西比岛，另一支的目的地则是巴西西北部的索布拉尔。这两个地方都是天文学家精挑细选出来的，是适合观测当年 5 月 29 日日食的完美地点。他们的目标是检验爱因斯坦广义相对论的一个核心预言，也就是引力对光线的弯折效应，具体方案则是拍摄一些（视觉效果上）离太阳比较近的恒星的照片，这些恒星只有在日全食期间的那几分钟黑暗中才能被我们看到。当然，这些恒星实际上离太阳很远，但它们发出的光线在抵达地球前会非常接近太阳。

然后，这些照片就会被拿来同 6 个月前夜晚拍摄的一些照片做对比。那时，地球与太阳之间的相对位置保证了同样这些恒星发出的光线不会经过太阳的任何"邻居"附近。这样一来，两组照片中恒星的微小位置变化就能证明太阳的存在确实扭曲了它附近的时空，进而让经过的光线发生了偏折。爱因斯坦的理论精确预言了观测结果，也就是光线的弯曲或者说偏折到底会在照片上产生多大程度的位移。当年 11 月 6 日，英国皇家学会和皇家天文学会在伦敦召开了一次罕见的联合会议，英国科学界的精英们齐聚一堂，聆听爱因斯坦究竟是否正确。[42]

科学革命
宇宙新理论
牛顿观点已成过去时

会议结束后的第二天早晨，伦敦《泰晤士报》第 12 页的头条就是上述三行字。三天后的 11 月 10 日，《纽约时报》上刊登了一篇带着 6 个标题的文章，这 6 个标题是："天上的光都是弯的/日食观测结果令整个科学界感到兴奋/爱因斯坦理论的胜利/星星不在它们看上去的位置上，也不在我们之前计算的位置上，但大家无须担心/给 12 位智者看的书/大胆的出版商接受出版申请时，爱因斯坦说这个世界上除了这 12 个人再也没人能理解其中的内容了"。[43] 其实，爱因斯坦从来没有说过这样的话，但媒体如此介绍广义相对论的数学复杂性以及时空扭曲的概念，确实让这本书的销量大增。

在那些不经意间给广义相对论添上神秘色彩的人中，有一个是英国皇家学会主席 J. J. 汤姆孙爵士。"爱因斯坦可能取得了人类思想史上最伟大的成就，"汤姆孙在联合会议后对记者如是说，"但目前还没有人能用清晰的语言阐述爱因斯坦这个理论的真正内涵。"[44] 实际上，爱因斯坦本人早在 1916 年年底就出版了一部同时介绍狭义相对论和广义相对论的普及性作品。[45]

"同事们研究广义相对论的热情十足。"1917 年 12 月，爱因斯坦这么对朋友海因里希·仓格尔说。[46] 然而，在媒体第一次正式报道之后数天及数周之后，有很多人站出来蔑视"突然走红的爱因斯坦博士"和他的理论。[47] 一位批评者称相对论为"伏都教的胡言乱语""精神错乱的低能产物"。[48] 面对这些言论，爱因斯坦做出了唯一一个算得上明智的选择，那就是对这些扰乱视听的家伙视而不见，毕竟他有像普朗克和洛伦兹这样的大人物的支持。

在德国，当《柏林画报》用整个头版刊登爱因斯坦的照片时，他已经是一位家喻户晓的公众人物了。"世界历史上的新人物，他的研究标志着人类对大自然认识的彻底修正，可以与哥白尼、开普勒和牛顿的贡献相媲美。"照片说明写道。批评者们没有激怒爱因斯坦，《柏林画报》的这番吹捧也没有冲昏他的头脑。爱因斯坦始终冷静地看待自己被捧为三位伟大科学家的继任者一事。"自从光线偏折一事公之于众后，大家对我的推崇让我觉得自己就像是异教徒的偶像，"那期《柏林画报》发售后，爱因斯坦写道，"只要上帝保佑，这股热潮就早晚会退去。"[49] 然而，这股热潮始终没有退去。

公众之所以对爱因斯坦及其工作抱有普遍的热情，部分原因是当时的世界仍在忍受着第一次世界大战之后的动荡。那场大战于 1918 年 11 月 11 日上午 11 点正式结束，就在两天前的 11 月 9 日，爱因斯坦取消了他的题为"因为革命"的相对论讲座。[50] 那天稍晚些时候，德皇威廉二世宣布退位，随后逃亡荷兰；与此同时，德意志共和国在德国国会大厦的露台上正式宣告成立。德国的经济问题是新生的魏玛共和国面临的最艰巨挑战之一。德国人对货币马克失去信心，要么忙着抛售手中的货币，要么忙着在货币贬值之前尽可能地购入物资，通货膨胀很快就随之愈演愈烈。

德国陷入了恶性循环：由于德国没有在 1922 年年底之前如约交付木材和煤炭，战争赔款螺旋式上升，经济也随之崩溃；另一方面，经济的崩溃导致货币贬值（1922 年年底的时候，马克与美元之间的汇率已经跌到了 7 000 ∶ 1），又变相导致战争赔款上涨。然而，这一切在 1923 年发生的恶性通货膨胀面前都算不得什么。那年 11 月，一美元竟然相当于 4 210 500 000 000 马克，一杯啤酒售价 1 500 亿马克，一片面包售价 800 亿马克。整个国家都面临着崩溃的危险，在美国贷款及战争赔款削减的帮助下，局势才重新回到掌控之中。

在这场苦难之中，谈论时空扭曲、光束偏折以及恒星远去等只有"12 位智者"才能理解的东西激发了公众的想象。然而，大家都觉得自己对空间和时间这样的概念有直观理解。于是，在爱因斯坦看来，这个世界似乎变成了一所"奇怪的疯人院"，因为"连所有车夫和服务员都在争论相对论是否正确"。[51]

爱因斯坦的国际知名度以及他众所周知的反战立场"顺利"地让他成了仇恨运动的目标。"这里的反犹运动很猛烈，政治上对犹太人的反应也很暴力。"1919 年 12 月，爱因斯坦在给埃伦费斯特的信中这样写道。[52] 很快，爱因斯坦就开始收到威胁邮件，在离开公寓或办公室时有时还会遭受言语辱骂。1920 年 2 月，大学里的一群学生打断了爱因斯坦的讲座，其中一个还喊道："我要把那个肮脏犹太人的喉咙给割了。"[53] 不过，魏玛共和国的政治领导人很清楚爱因斯坦的价值，因为在第一次世界大战之后国际科学会议上有一种拒绝德国科学家参与的趋势。文化部部长写信宽慰爱因斯坦说："尊贵的教授，您是我们科学界最为璀璨的明珠，德国为拥有您这样的人物而无比自豪，过去如此，现在如此，未来也永远如此。"[54]

同其他人一样，尼尔斯·玻尔尽了自己最大的努力，帮助在战争中处于对立状态的科学家在战后尽快恢复个人关系。作为一位中立国公民，玻尔并不怨恨他的德国同行。实际上，当他邀请阿诺尔德·索末菲来哥本哈根做讲座时，玻尔其实是第一批在战后向德国科学家发出邀请的学者之一。"我们一直在讨论量子理论的一般原理，以及各类具体原子问题的应用。"玻尔在索末菲造访哥本哈根之后说。[55] 在可以预见的未来，德国科学家无法参加国际会议，他们的祖国也没法举办这类会议，他们很清楚这类私人邀请的价值。因此，当马克斯·普朗克邀请玻尔来柏林做一场以量子原子和原子光谱理论为主题的讲座时，后者欣然接受。等到讲座日期确定为1920 年 4 月 27 日那个周四时，玻尔兴奋极了，因为他马上就要见到普朗克和爱因斯坦，这也是他第一次见到这两位学者。

"他的思想一定是顶尖的，极富远见和批判性，从来不会在实现伟大计划的道路上迷失，"爱因斯坦这样评价玻尔这个比他年轻6 岁的丹麦人。[56] 这番评价发表于 1919 年 10 月，促使普朗克邀请玻尔来柏林，而爱因斯坦一直很欣赏玻尔。1905 年夏天，当爱因斯坦大脑中迸发而出的创造风暴开始逐渐止息时，他觉得接下去已经没有什么"真正令人兴奋"的问题需要解决了。[57] "当然还有关于光谱线的问题，"他对朋友康拉德·哈比希特说，"但我觉得，这些现象和那些已经开展的研究之间根本不存在什么简单关系，因此，就目前来说，我认为这件事没什么前途。"[58]

　　爱因斯坦对物理问题的嗅觉相当敏锐、首屈一指。在无视原子光谱线的奥秘之后，他得出了方程 $E = mc^2$，这个方程表明质量与能量可以相互转化。不过，就他所知，全知全能的上帝一直在"牵着他的鼻子走"，嘲笑他的努力。[59]因此，当玻尔在 1913 年证明他的量子原子模型可以解开原子光谱的谜团时，爱因斯坦觉得这简直"像是一个奇迹"。[60]

　　从车站到大学的路上，玻尔既兴奋又有点儿忧虑，但他一见到普朗克和爱因斯坦，这种紧张不安的心情就立刻消失了。他们在寒暄一番过后，便立刻把话题引向物理学，这让玻尔很快就放松了下来。普朗克和爱因斯坦截然不同。前者是典型的正经严肃的普鲁士人，而后者大大的眼睛、凌乱的头发和明显短了一截的裤子，让人觉得如果不是他生活的这个世界有一堆麻烦，他一定是一个不拘小节、自得其乐的人。普朗克邀请玻尔在这次访问期间住在自己家里，后者接受了。

　　玻尔后来说，他在柏林逗留的那些日子，"每天从早到晚一直在讨论理论物理学"。[61]对于这样一个热爱物理学话题的人来说，这算得上一场完美的休息了。玻尔尤其享受大学里那些年轻物理学家邀请他参与的午餐讨论，这个场合没有任何"大人物"参与。对这些青年物理学家来说，这也是刁难玻尔的机会，毕竟后者的讲座让他们"多少感到有些沮丧，因为产生了一种自己知道的实在太少了的感觉"。[62]不过，爱因斯坦完全明白玻尔的理论，但他并不喜欢。

　　和其他所有人一样，玻尔也不认为爱因斯坦提出的光量子真的存在。他的观点和普朗克一致，即认为辐射以量子的形式发射和吸收，但辐射本身不是量子化的。在玻尔看来，支持光波动理论的证据实在是太多了，但考虑到听众席上坐着爱因斯坦，玻尔对在场的所有物理学家说："我不会考虑有关辐射本质的问题。"[63] 不过，爱因斯坦在 1916 年研究的自发辐射和受激辐射，以及电子在能级间的跃迁，这些工作给玻尔留下了极为深刻的印象。爱因斯坦通过证明电子跃迁完全取决于偶然性和概率，做到了玻尔没能做到的事。

爱因斯坦的理论没法预测电子从一个能级跃迁到另一个能量较低的能级时，具体何时会发射光量子，也没法预测发射方向，这始终令爱因斯坦感到苦恼。"不过，"他在 1916 年写道，"我完全相信这条路没走错，绝对可靠。"[64] 他认为，这条路最终仍会体现因果律。而玻尔则在讲座中称，我们永远不可能精确测定其时间和方向。很快，这两位物理学家就发现自己站在对方的对立面。玻尔讲座后的第二天，他们两人一起在柏林街道上漫步以及在爱因斯坦家中用餐时，都试图说服对方。

"我人生中很少能碰到像你这样一出现就让我感到开心的人，"玻尔回到哥本哈根后，爱因斯坦在给他的信中如此写道，"我现在正在研究你的大作，就好像你那带着稚气的欢快脸庞出现在我面前，向我微笑着解释，这令我感到高兴——除了偶然有些地方读不懂的时候。"[65] 这个丹麦人给爱因斯坦留下了深刻且难以忘怀的印象。"玻尔之前就在这里，我对他的痴迷就和你一样，"几天后，爱因斯坦这么告诉保罗·埃伦费斯特，"他就像个敏感的小孩，以一种催眠状态在这个世界漫步。"[66] 玻尔对爱因斯坦同样欣赏和爱戴，他努力地通过自己那蹩脚的德语表达与爱因斯坦会面对他的意义有多么重要："能和您见面交谈，是我人生中最棒的经历之一。您可能无法想象，听您亲口说出您的观点，对我来说是一种怎样的激励。"[67] 很快，玻尔就又听到爱因斯坦亲口表达观点了。当年 8 月，后者在造访挪威的归途中于哥本哈根稍作停留，并短暂拜访了玻尔。

"他是个很有才能的杰出人物，"爱因斯坦见过玻尔后在给洛伦兹的信中这样写道，[68] "杰出的物理学家同时也是杰出人物，这对物理学来说是一个好兆头。"要知道，在此之前，有两个很难称得上杰出人物的杰出物理学家把爱因斯坦视为攻讦目标。一个是菲利普·莱纳德，爱因斯坦在 1905 年正是使用了他在光电效应方面的实验工作支持光量子理论。另一个则是电场使原子光谱线分裂现象的发现人——约翰尼斯·斯塔克。他俩后来都成了狂热的反犹分子。这两位诺贝尔奖得主支持着一个自称"保护科学纯粹性德国科学家工作小组"的组织，这个组织的主要目标就是声讨爱因斯坦和他的相对论。[69] 1920 年 8 月 24 日，这个所谓的工作小组在柏林爱乐音乐厅召开会议，会上攻击相对论为"犹太物理学"，并且污蔑这一理论的创始人为剽窃者和骗子。爱因斯坦没有被吓倒，他同瓦尔特·能斯特一道去了会议现场，并且在私人包厢内目睹了该组织诋毁他的全过程。爱因斯坦不愿落入圈套，因此什么也没有说。

能斯特、海因里希·鲁本斯和马克斯·冯·劳厄写信给各大报纸维护爱因斯坦，驳斥那些针对他的粗暴指控。因此，当爱因斯坦在《柏林日报》上发表题为《我的回复》的文章时，他的很多朋友和同事都感到失望。爱因斯坦在文章中指出，如果他不是犹太人和国际主义者，就不会遭受这些谴责，他的工作也不会遭受这番攻击。爱因斯坦立刻就后悔被激怒而撰写这篇文章了。"为了取悦神明和人类，每个人都不得不时常在愚蠢的祭坛上做出牺牲。"他在给马克斯·玻恩及其夫人的信中写道。[70] 爱因斯坦很清楚，他的名人地位意味着"就像童话故事里那些能把一切变成金子的人一样，我的一切琐事到了报纸上就变成了大事"。[71] 很快，就有谣言说爱因斯坦会离开德国，但实际上他选择留在柏林"这个我与人类和科学联系最紧密的地方"。[72]

在柏林和哥本哈根会面之后的两年中，爱因斯坦和玻尔仍继续着各自对量子理论的研究，并且两人都开始感到了压力。"我觉得有这么多让我分心的事是好事，"1922年3月，爱因斯坦在给埃伦费斯特的信中这样写道，"否则，量子问题一定会把我逼进精神病院。"[73] 一个月后，玻尔向索末菲坦承："在过去的几年里，我经常感到自己在科学研究中非常孤独，我竭尽所能地想要系统性发展量子理论的原理，但我觉得这番努力没有得到多少理解。"[74] 玻尔的这种孤独感马上就要结束了。1922年6月，他前往德国，11天内在哥廷根大学做了总共7场著名的系列讲座，这段日子后来以"玻尔节"的名号为人们所熟知。

100多位或老或少的物理学家，从德国各地赶来聆听玻尔解释他的原子电子壳层模型。这个模型是玻尔提出的有关原子内电子排布的新理论，解释了元素周期表内元素的排列和组合。玻尔提出，轨道壳层就像一层层洋葱一样包裹着原子核。这类壳层中的每一层其实都是由一系列（或一子系列）的电子轨道构成的，而且每一层能容纳的电子数量都有上限。[75] 玻尔认为，某些元素的化学性质之所以相似，是因为它们原子的最外层电子数相同。

按照玻尔的这个模型，钠原子的11个电子排布成3层，从内至外每层上的电子数分别为2、8、1，而铯的55个电子的分布则是2、8、18、18、8、1。正是因为这两种元素原子的最外层都只有1个电子，所以钠和铯的化学性质相似。玻尔在讲座期间通过他的这个理论做了一个预测：原子序数为 72 的未知元素化学性质会与 40 号元素锆和 22 号元素钛这两个在元素周期表上位于同一列的元素相似。当时，其他人都预测 72 号元素的化学性质会和它在元素周期表内的邻居"稀土元素"类似，但玻尔说，72 号元素绝不属于稀土元素。

爱因斯坦担心自己的生命安全，没有出席玻尔在哥廷根大学的讲座。在讲座之前，德国魏玛共和国外交部部长被谋杀了，这位名叫瓦尔特·拉特瑙的犹太人是一名顶尖实业家。1922 年 6 月 24 日，他在光天化日之下被枪杀，此时距离他上任不过短短几个月的时间。这也是第一次世界大战后右翼分子策动的第 354 次暗杀。拉特瑙上任前，有很多人劝说他不要担任这个高知名度的政府职务，爱因斯坦就是其中之一。结果，拉特瑙还是上任了，右翼媒体认为"这绝对是一次闻所未闻的对人民的挑衅"。[76]

"自从拉特瑙被不道德地暗杀后，我们在这里的日常生活就一直很紧张，"爱因斯坦在给莫里斯·索洛文的信中这样写道，[77]"我时刻保持警惕，停止授课且正式告假，虽然我其实一直在这里。"有可靠的消息源警告爱因斯坦，他是暗杀的主要目标。之后，爱因斯坦向玛丽·居里吐露，他正在考虑放弃在普鲁士科学院的职务，想找个安静的地方安定下来，做个普通公民。[78] 爱因斯坦这个在年轻时痛恨权威的人，现在自己成了权威。他不再只是一名物理学家了，更是德国科学和犹太身份的象征。

尽管生活在一片混乱之中，爱因斯坦还是读了玻尔发表的各篇论文，其中包括 1922 年 3 月发表在《德国物理学刊》上的《原子结构与元素物理、化学性质》一文。爱因斯坦在将近半个世纪后回忆起这篇论文时称，玻尔的"原子电子壳层模型及其对化学这门学科的重要意义，在当时的我看来，就是一个奇迹——即便到了今时今日，我也仍旧觉得这是一个奇迹"。[79] 爱因斯坦还称，这个模型具备了"思想领域最高形式的音乐性"。玻尔的工作确实不只是科学，更是艺术。他从各种来源（比如原子光谱和化学）收集了大量证据，并以这些证据为基础，一个电子层接一个电子层地构建了一个个原子，直到重构了整张元素周期表上的每一种元素为止。

这种研究方法的核心是，玻尔相信量子规则适用于原子尺度，但在原子尺度下通过量子规则推导出的所有结论必须符合我们在宏观尺度（受经典物理学规则约束）下的观测结果。玻尔称这个法则为"对应原理"，他以这个原理为指导打消了很多有关原子尺度的想法，这些想法在经过外推后并不符合已知在经典物理学中正确的结果。自 1913 年开始，对应原理帮助玻尔跨越了量子领域与经典领域之间的鸿沟。有些人把这个原理看作"出了哥本哈根就没法发挥作用的魔法棒"，玻尔的助手亨德里克·克拉默斯后来回忆说。[80] 其他人或许的确很难挥舞这根魔法棒，但爱因斯坦认出了它的主人就是他的魔术师同行。

无论大家对玻尔的元素周期表理论缺乏坚实的数学基础这一事实持何种保留意见，所有人都对玻尔的最新思想印象深刻。而且对仍未解决的问题有了更深入的认识。"这次哥廷根大学之旅，全程都很美妙且令我收获满满，"玻尔在回到哥本哈根后写道，"所有人对我都很友好，对此我的欣喜之情难以言表。"[81] 这个时候的玻尔已不再感到孤独，也不再觉得自己的工作得不到正确的评价。如果说这个时候他内心还有那么一丝丝怀疑，那么那年后来发生的事完全坚定了他的信心。

*

祝贺的电报一封封地抵达玻尔在哥本哈根的办公桌，但对他来说，来自剑桥的那封意义最为重大。"我们都很高兴你获得了诺贝尔奖，"卢瑟福在电报中写道，"我知道这其实只是时间问题，但没有什么能比这成为既定事实更值得庆贺的了。真的是实至名归，这个奖项是对你优异工作的肯定，这里的所有人在得知这个消息后都很高兴。"[82] 在诺贝尔奖名单公布之后的日子里，玻尔想到的也一直是卢瑟福。"我深深地感觉到亏欠您良多，"玻尔对他年迈的导师如是说，"不仅是因为您对我工作的直接影响和您给我的启迪，更是因为从我有幸在曼彻斯特第一次见到您起这 12 年来您对我的关心和照顾。"[83]

另一个玻尔情不自禁想起的人就是爱因斯坦。玻尔拿到 1922 年诺贝尔物理学奖的那天，爱因斯坦也拿到了被推迟了一年的 1921 年诺贝尔物理学奖，这令玻尔很是高兴和宽慰。"我知道这个奖项对我来说实在是太重了，这份殊荣我承受不起，"玻尔写信给爱因斯坦说，"但我想说，能在您对我研究领域的基础性贡献以及卢瑟福和普朗克他们的贡献得到承认后获得这份殊荣，我真的很幸运。"[84]

那届诺贝尔奖的得主公布之时，爱因斯坦正身处一艘驶往世界另一侧的船上。10 月 8 日，仍旧担心自身安全的爱因斯坦和埃尔莎出发前往日本做一个巡回讲座。爱因斯坦称"这个能长时间离开德国的机会很令人愉快，这让我暂时摆脱了不断增加的危险"。[85] 等到爱因斯坦回到柏林的时候，已经是 1923 年 2 月了。原计划为 6 周的旅行日程后来演变成了一场为期 5 个月的盛大巡回旅行，正是在此期间，爱因斯坦收到了玻尔的来信。爱因斯坦在返航途中回信说："我可以毫不夸张地说，（你的来信）带给我的快乐和获得诺贝尔奖一样多。你担心自己会先于我获奖，我觉得这很迷人——这是典型的玻尔式想法。"[86]

1922 年 12 月 10 日，瑞典首都斯德哥尔摩蒙上了一层白雪，受邀前来的嘉宾们聚集在这座城市的音乐学院大厅里观看诺贝尔奖的颁奖典礼。下午 5 点，瑞典国王古斯塔夫五世到场后，典礼正式开始。德国驻瑞典大使在赢得同瑞士方面人员就爱因斯坦国籍问题展开的外交辩论后，终于如愿代表这位未到现场的物理学家领了奖。瑞士方面坚称爱因斯坦是他们的一分子，但德国人最后发现，当爱因斯坦在 1914 年接受了普鲁士科学院的任命后，就自动获得了德国公民身份，哪怕这个时候他并没有放弃瑞士国籍。

早在 1896 年就放弃德国公民身份并于 5 年后成为瑞士公民的爱因斯坦吃惊地得知，他最后又成了一个德国人。无论他个人是否愿意，魏玛共和国的需要意味着爱因斯坦正式获得了双重国籍。"我现在给读者应用一下相对论，"爱因斯坦在 1919 年 11 月为伦敦《泰晤士报》撰写的文章中写道，"德国人现在称我为德国科学家，而在英国人的眼里，我是个瑞士籍犹太人。等到哪天我成了大家讨厌的人时，对我的描述就会反过来——德国人会把我当成瑞士籍犹太人，而英国人则会认为我是德国科学家！"[87] 要是爱因斯坦出席了诺贝尔奖晚宴，并听到德国大使提议为"德国人再一次为全人类做出了贡献"[88] 而干杯，他应该会回忆起多年前写下的这段话。

德国驻瑞典大使代爱因斯坦领奖后，玻尔起身按照惯例做了一番简短讲话。玻尔首先向 J. J. 汤姆孙、卢瑟福、普朗克和爱因斯坦表达了敬意，随后便提议为有益于科学发展的国际合作举杯：

"我或许可以这么说，在这个如此令人沮丧的时代，我们科学界的国际合作是人类的一大亮点。"[89] 考虑到当时的场合，我们不难理解为什么玻尔选择忘记德国科学家当时始终被排除在国际会议之外这个事实。第二天，玻尔在做关于原子结构的得奖主题演说时，底气就足了。"原子理论目前状态的特征是，我们不仅相信未来会毫无疑问地证实原子的存在，"他在演讲开头这样说道，"而且我们相信，我们对各个原子的组成已经有了很好的了解。"[90] 之后，玻尔又回顾了原子物理学的发展——在过去的 10 年中，他在这个领域内一直处于非常核心的位置——并用一个非常令人激动的声明结束了演讲。

在哥廷根大学的讲座中，玻尔以他的原子电子排布理论为基础，预言了当时未知的 72 号元素应当拥有的性质。就在那个时候，一篇论文发表了，内容主要是概述一项在巴黎开展的实验。对于 72 号元素性质的判断，法国人在玻尔之前就提出了一个相左的理论，而且长期以来广为人们接受。这个理论认为，72 号元素应该是稀土元素的一员——稀土元素占据了元素周期表中的 57~71 号位置。按照那篇论文中的说法，那个实验恰恰证明了这个理论。玻尔得知这个消息后一开始大为震惊，之后便开始怀疑法国人得到的这个结果是否真的有效。幸运的是，玻尔的老朋友、当时身处哥本哈根的格奥尔格·冯·海韦西和迪尔克·科斯特一道设计了一项实验，解决了有关 72 号元素的争议。

海韦西和科斯特做完这项研究的时候，玻尔已经启程前往斯德哥尔摩了。就在玻尔做他的主题演说之前，科斯特通过电话告诉他已经分离出了"数量可观"的 72 号元素，而且它们表现出的"化学性质与锆极为相似，与稀土元素则存在根本性的不同"。[91] 人们后来用哥本哈根的古拉丁文名字——"*hafnium*"（铪）命名了72号元素。铪元素的发现给玻尔10年前在曼彻斯特启动的有关原子内电子排布的研究工作画上了完美的句号。[92]

1923年7月，作为瑞典哥德堡市建市300周年庆典的一个项目，爱因斯坦以相对论为题，发表了他的诺贝尔奖得奖演说。以相对论为主题其实打破了诺贝尔奖得奖演说的惯例，因为爱因斯坦的获奖原因是"为了表彰他在数学物理学方面的造诣，尤其是他发现的光电效应定律"[93]，而非相对论。诺贝尔奖颁奖委员会把爱因斯坦的获奖原因限定在"定律"上，即解释光电效应的那个数学公式，这样就巧妙地回避了爱因斯坦对这一现象颇有争议的物理解释——光量子假说。"不过，虽然光量子假说的确具有启示意义，但它严重抵触了所谓的干涉现象，所以无法给我们对辐射性质的研究带来太多帮助。"玻尔在他自己的诺贝尔奖演说中这样说道。[94]这其实也是每个颇有自尊心的物理学家重复的言论。然而，当爱因斯坦在近三年里第一次与玻尔碰面时，他得知了一个年轻美国人开展的实验标志着站在光量子这一边的不再只是他一人了。而玻尔在爱因斯坦之前就听到了这个可怕的消息。

*

1923年2月，玻尔收到了一封来自阿诺尔德·索末菲的信。信上署的日期是1月21日，内容则是提醒玻尔注意"我在美国碰到的与科学有关的最有意思的一件事"。[95]索末菲当时离开了德国巴伐利亚州慕尼黑，到美国威斯康星州麦迪逊待了一年，并且成功躲过了即将席卷全德国的恶性通货膨胀的高潮。这本来只是索末菲的一个精明的财务举动，他却因此意外地先于欧洲同行们窥见了阿瑟·霍利·康普顿的工作。

康普顿做出了一项挑战 X 射线波动理论正确性的发现。由于 X 射线也是电磁波，是一种波长较短的不可见光，索末菲在信中称，虽然有那么多证据支持光的波动性，但现在波动理论真的有麻烦了。"我不知道是否应该提及他的实验结果，"索末菲多少有些遮掩地写道，毕竟康普顿的论文当时还没有正式发表，"我想让你注意，我们最终可能会得到一个完全不同的全新理论。"[96]这正是爱因斯坦自 1905 年以来一直以不同程度的热情努力说服大家接受的理论：光确实是量子化的。

康普顿是当时美国顶尖的青年实验学家之一。1920 年，年仅 27 岁的他就成了密苏里州圣路易斯华盛顿大学的教授和物理系主任。他在两年后开展的有关 X 射线散射的研究，后来被誉为 "20 世纪物理学的转折点"。[97]具体说来，康普顿做的就是把一束 X 射线打在各种元素上，比如碳（石墨），然后测量 "次级辐射"。X 射线撞到目标后，大部分都会直接穿过，但有一小部分会以各种角度散射出去。康普顿感兴趣的正是这些被散射出去的 X 射线，或者说 "次级辐射"。他想查明，相较原来那些撞击目标的 X 射线，这些 "次级辐射" 的波长是否有所改变。

结果发现，被散射出去的 X 射线的波长总是要比那些入射 X 射线，或者说 "初级辐射"，稍长一些。然而，按照波动理论，它们应该是完全一样的。康普顿意识到，波长上的不同（因而频率也不同）意味着次级 X 射线与那些打在目标上的 X 射线并不完全一样。这实在是太奇怪了，就像是把一束红光打在金属表面上，结果发现反射出了蓝光一样。[98]由于散射实验数据无法与 X 射线波动理论的预言相符，康普顿便求助于爱因斯坦的光量子理论。他几乎立刻就发现了"散射辐射的波长和强度就是辐射量子从一个电子处弹回（就像一个台球撞到另一个那样）后应该出现的情况"。[99]

如果X射线的确是量子化的，那么它的光束会类似于一组撞击目标的微观台球。虽然有一些X射线会直接穿过目标，什么也碰不到，但还有一些会与目标原子内的电子相撞。在这类撞击期间，X射线量子会丢失能量，因为它被散射了出去，而电子则因撞击出现了反冲。另外，既然X射线量子的能量由公式 $E = h\nu$ 决定，其中 h 是普朗克常数，而 ν 则是它的频率，那么能量的损失必然意味着频率的下降。又因为频率与波长呈反比关系，所以散射X射线量子的波长就会变长。康普顿细致地从数学角度分析了入射X射线的能量损失，以及其导致的散射X射线波长（频率）变化与散射角度之间的关系。

康普顿认为，必然会有反冲电子与散射X射线相伴而生。可从来没有人观测到过这类电子。不过，事实证明，这完全只是由于当时根本没有人去寻找它们，因为康普顿一找就找到了。"结论已经很明显了，"他说，"X射线以及光都由离散单位构成、沿确定的方向运动，这些单位每个携带的能量都为 $h\nu$——对应动量 $h\lambda$。"[100] 人们将X射线经电子散射后波长增加的现象称为"康普顿效应"。这个效应无可辩驳地证明了光量子的存在，在此之前，很多人都觉得这个概念充其量只能算是科幻小说里的元素。康普顿之所以能解释他的实验数据，正是因为他假定X射线量子与电子碰撞时动量和能量守恒。而在1916年第一个提出光量子具有动量这种粒子属性的，正是爱因斯坦。

1922年11月，康普顿在芝加哥举办的一次会议上正式公布了自己的发现。[101] 不过，虽然他正好赶在圣诞节前把论文提交给了《物理学评论》，但由于期刊编辑没能意识到这篇论文的重要性，它正式发表的时候已经是 1923 年 5 月了。这一次本来完全可以避免的发表时间推迟，导致荷兰物理学家彼得·德拜击败康普顿，成了第一个发表对康普顿效应完整分析结果的人。德拜原来是索末菲的助手，他把论文提交给一家德国期刊的时候已经是 1923 年 3 月了。和他们的美国同行不同，这家期刊的德国编辑们意识到了这项工作的重要性，于是在次月就正式发表了这篇论文。不过，包括德拜在内的所有人都把这份荣誉还给了康普顿这个颇有才干的美国青年，并且承认了他应得的一切。这一段插曲随着康普顿获得 1927 年诺贝尔物理学奖而画上了句号。此时，爱因斯坦提出的光量子已经被重新命名成了光子。[102]

*

爱因斯坦在 1923 年 7 月发表诺贝尔奖得奖演说时，台下坐了大概 2 000 人，但爱因斯坦知道，他们中的大部分只是为了过来看他，而不是真的想听他的演说。坐在从哥德堡开往哥本哈根的火车上，爱因斯坦一直憧憬着与那个会聆听他的每一个字且很可能有不同意见的年轻人会面。等到他下车的时候，玻尔已经在那儿等候了。"我俩搭上了有轨电车，然后便兴致勃勃地讨论了起来，结果过站很久才发现。"玻尔在近 40 年后回忆起这段经历时说。[103] 用德语交流的两人完全没有注意到同行乘客好奇的目光。无论他俩究竟讨论了什么，话题中肯定包括康普顿效应——这项发现很快就会被索末菲描述为"很可能是物理学现下最重要的发现"。[104] 玻尔此时仍旧不相信且拒绝接受光由量子构成这个结论。只不过这个时候，少数派已经变成了他，而非爱因斯坦。索末菲已经非常确信康普顿敲响了"辐射波动理论的丧钟"。[105]

玻尔后来喜欢看那种西部电影，和其中注定悲剧的主角一样，他站在少数派一边向光量子理论发起了最后的抗争。玻尔同他的助手亨德里克·克拉默斯以及来访的青年美国理论物理学家约翰·斯莱特合作，提出了一个牺牲了能量守恒定律的理论。而能量守恒定律恰恰是康普顿效应理论分析中的一个重要组成部分。我们知道，这个定律在约束我们日常生活的经典物理学中严格成立，但如果它不能同样严格地适用于原子尺度，康普顿效应就不再是支持爱因斯坦光量子假说的铁证了。这个理论就是后来大家熟知的"BKS理论"（以玻尔、克拉默斯和斯莱特三人姓氏的首字母命名）。乍看起来，BKS理论似乎颇为激进，但实际上只是一种绝望的举动，恰恰反映出玻尔对光量子理论的憎恨。

这个理论从来没有经过原子层面实验的检验，而且玻尔认为它在各种过程（比如光量子的自发辐射）中的有效程度仍旧是一个开放问题。爱因斯坦认为能量和动量在光子与电子的每一次碰撞中都守恒，而玻尔则认为能量和动量只在统计平均角度守恒。1925年，当时身处芝加哥大学的康普顿以及德国帝国技术物理研究所的汉斯·盖格尔和瓦尔特·博特终于通过实验证实了能量和动量在光子与电子的每一次碰撞中都守恒。事实证明，爱因斯坦是正确的，而玻尔错了。

1924年4月20日，也就是在康普顿等人的实验让所有怀疑者闭嘴之前一年多，始终自信的爱因斯坦为《柏林日报》的读者们生动地总结了当时的形势："因此，现在有两种有关光的理论，它们都不可或缺，而且它们之间没有任何逻辑联系。虽然理论物理学家们已经为此付出了 20 年的艰苦努力，但我们今天还是必须承认这点。"[106] 爱因斯坦的意思是，从某种程度上说，光的波动理论以及量子理论都有效。光量子无法解释与光有关的波动现象，比如干涉和衍射。另一方面，如果没有光量子理论，就没法全面地解释康普顿实验以及光电效应。物理学家们不得不接受，光同时具有波和粒子的双重性质。

　　这篇文章正式刊出之后不久的一个早晨，爱因斯坦收到了一个带着巴黎邮戳的包裹。打开后，他发现了一位老朋友寄来的信。信的内容是询问爱因斯坦对包裹内一篇博士论文的看法，论文的主题与物质本质有关，而作者则是一位法国贵族。

第 6 章

德布罗意：二象性贵族

　　"科学是不惧怕成熟男性的老妇人。"他的父亲曾这么说。[1]然而，他和哥哥一样，都被科学诱惑了。路易·维克多·皮埃尔·雷蒙德·德布罗意出生于一个法国顶级贵族家庭，家人们一直期盼他继承先辈的荣光。德布罗意家族起源于皮埃蒙特，自 17 世纪中叶起一直担任法国国王的将军、政治家和外交官，地位显赫。为了表彰他们的贡献，路易十五在 1742 年授予德布罗意家族的一位先人公爵的世袭爵位。德布罗意家第一代公爵的儿子维克多·弗朗索瓦又大败神圣罗马帝国的敌人，帝国皇帝为了表彰他的功绩授予他亲王的封号。自此以后，弗朗索瓦的后人们不是亲王就是郡主。因此，德布罗意这位年轻的科学家未来有一天会成为德国亲王兼法国公爵。[2]对于一个为量子物理学做出了基础性贡献的人来说，这段家族史显得有些不太自然。而爱因斯坦对德布罗意的贡献的描述是"为我们最糟糕的物理之谜带来了第一丝微弱曙光"。[3]

*

　　1892 年 8 月 15 日，路易·德布罗意出生于迪耶普，是家里 4 个没有夭折的孩子中最小的一个。德布罗意和兄弟姐妹在祖传大宅里接受私人教师的指导，这也与他们一家在社会上的崇高地位相称。当同龄其他男孩能列举出当时各大蒸汽机的名字时，路易已经能说出法兰西第三共和国所有部长的名字了。为了逗乐家人，路易会根据报纸上的政治报道发表演说。他姐姐波利娜后来回忆说，大家很快就觉得路易会像当过法国总理的祖父那样"成为卓越的政治家"。[4] 如果他们的父亲没有在路易年仅 14 岁时（1906 年）就去世，那么路易或许真的会成为一位卓越的政治家。

　　父亲去世后，路易的哥哥——当年 31 岁的莫里斯成了一家之主。按照家族传统，莫里斯从了军，但他选择为海军效力而非陆军。在海军学院学习时，莫里斯的科学成绩十分优异。作为一名大有前途的年轻军官，他发现海军正处在一个为 20 世纪做准备的过渡期。考虑到莫里斯对科学的兴趣，他参与到船只间可靠无线通信系统的建设中只是时间问题。1902 年，莫里斯写下了他的第一篇论文，主题是"无线电波"。这篇论文坚定了他不顾父亲反对而离开海军，彻底投入科学研究怀抱的决心。1904 年，在服役 9 年后，莫里斯正式退出了海军。又过了两年，父亲去世，莫里斯袭爵成为第六任德布罗意公爵，不得不肩负起全新的责任。

　　在莫里斯的建议下，路易前往学校求学。"我自己就体验过压力给年轻人学习带来的不快，因此，我没有给弟弟的学业设定严格的方向，哪怕他的优柔寡断有时会让我担心。"莫里斯在近半个世纪后这样写道。[5] 路易在法语、历史、物理和哲学上表现出色，对数学和化学则漠不关心。三年后的 1909 年，17 岁的路易正式毕业，同时获得了哲学业士学位和数学业士学位。路易毕业前一年，莫里斯在法国学院保罗·朗之万的指导下拿到了博士学位，并且在位于巴黎夏多布里昂大街的自家宅邸中建立了一家实验室。莫里斯没有为了从事新行当在大学里寻求教职，而是创办了私人实验室，这有助于缓和部分家族成员因他放弃军旅生涯转攻科学所产生的失望之情。

　　与莫里斯不同，当时正在巴黎大学学习中世纪史的路易的职业规划更为传统。然而，这位当时仅为 20 岁的贵族很快就发现，他对批判性研究有关过去的文本、信息源和文件几乎提不起任何兴趣。莫里斯后来说，他的弟弟已经"离失去自信不远了"。[6] 造成这个结果的部分原因是，和莫里斯一起在实验室中工作让路易对物理学的兴趣飞速增长。事实证明，哥哥对 X 射线研究的热情是会"传染"的。不过，路易怀疑自己是否有能力做物理学研究，某次物理考试不及格更是加深了他的这种怀疑。路易一直在想，在物理学方面他是否注定要失败？"青春期时的那种活蹦乱跳和兴高采烈彻底不见了！童年时闪耀着智慧的喋喋不休更是湮没在他的深邃思考之下。"莫里斯后来回忆起这个变得他几乎认不出来的内向兄弟时这样评价。[7] 按照哥哥的说法，路易会变成一个不喜欢离开自己家的"桀骜不驯的朴素学者"。[8]

　　路易第一次去国外是在 1911 年 10 月，当时他 19 岁，目的地则是布鲁塞尔。[9] 莫里斯在离开海军之后的岁月里成了一位颇受尊敬的科学家，专攻 X 射线物理学。当收到邀请他担任为保障第一次索尔维会议顺利举行的两名科学秘书之一的信函时，莫里斯欣然接受。虽然这只是一个管理岗位，但能同普朗克、爱因斯坦和洛伦兹这样的人物讨论量子理论的机会实在太过诱人，让人无法拒绝。法国人在这次会议上的代表已经不少了。居里夫人、庞加莱、皮兰和莫里斯之前的导师朗之万都会出席这次会议。

同所有与会代表同住大都会酒店的路易和这些科学家保持着距离。只是在他们返回房间且莫里斯为路易讲述了发生在酒店一楼一个小房间内的有关量子问题的讨论之后，后者才开始对这种全新的物理学产生了更为浓厚的兴趣。会议记录正式发表后，路易仔细阅读了这些材料并决心要成为一名物理学家。那时，他已经把历史课本换成了物理学课本，并且在 1913 年时拿到了科学文凭，这相当于理学学士学位。不过，路易必须在服完一年兵役后再正式开展自己的科研计划。虽然德布罗意家族和法国的三位元帅都有私交，但路易还是以低微的二等兵身份加入了一个就驻扎在巴黎城外的工兵连。[10] 在莫里斯的帮助下，路易很快就转去了无线通信部门。然而，一切快速回到物理学研究中去的希望都随着第一次世界大战爆发而消失了。在接下去的 4 年中，路易作为一名无线电工程师驻扎在埃菲尔铁塔之下。

1919 年 8 月，路易终于离开了军队，他对自己 21~27 岁这 6 年的军旅生涯很是愤恨。这个时候，路易想要沿着自己早就选好的人生之路走下去的决心前所未有地坚定。他得到了莫里斯的帮助和鼓励，还在后者装备精良的实验室中重复了有关 X 射线和光电效应的那些研究。兄弟俩就如何解释正在开展的实验讨论了很长时间。莫里斯提醒路易"实验科学的教育价值"，以及"没有事实支持的科学理论毫无价值"。[11] 莫里斯在思考电磁辐射本质时撰写了一系列有关 X 射线吸收的论文。兄弟俩接受光的波动理论和粒子理论在某种程度上都正确的观点，因为它们中的任何一个都无法同时解释光的衍射、干涉现象和光电效应。

1922 年，爱因斯坦应朗之万邀请来巴黎做讲座，却因为整个第一次世界大战期间都待在柏林而受到了颇有敌意的接待。就在那一年，德布罗意撰写了一篇明确使用了光量子假说的论文。也就是说，在康普顿还没有就他的实验发表任何公开声明的时候，路易就已经接受了"光原子"的存在。等到康普顿这位美国人正式发表电子散射 X 射线的实验数据及实验分析时，德布罗意已经学会怎么和光奇怪的波粒二象性相处了。不过，其他人此时还只是半开玩笑地抱怨说，以后就得每周一、三、五教光的波动理论，二、四、六教粒子理论了。

"在孤独地沉思了很长一段时间后，"德布罗意后来写道，"1923 年，我突然有了一个想法：爱因斯坦在 1905 年的发现应该可以一般化，即将其拓展至所有物质粒子，尤其是电子。"[12] 德布罗意大胆地问出了这样一个简单的问题：既然光波可以表现出粒子性，那么像电子这样的粒子能表现出波动性吗？他的回答是肯定的，因为他发现，如果给电子分配一种频率为 ν、波长为 λ 的"虚拟相关波"，就能解释玻尔量子原子模型中电子的精确轨道位置了。电子只能占据那些可以容纳其"虚拟相关波"整数倍波长的轨道。

在卢瑟福的氢原子模型中，围绕原子核运动的电子会不断辐射能量并螺旋式地跌入原子核中，整个原子也会因此崩溃。为了避免这种理论困境，玻尔在 1913 年时被迫在这个模型中添加了一个他无法提供其他理由的条件：在原子核周围定态轨道上运动的电子不会发出辐射。而德布罗意将电子看作驻波的想法，彻底背离了将电子看成环绕原子核运动的粒子的思想。

两端系紧的弦很容易就能产生驻波，比如小提琴弦和吉他弦。弹拨这类弦就能产生各种驻波，这类波的典型特征是它们都由整数

倍的半波构成。最长的驻波波长是弦长的两倍；第二长的驻波则由
两个半波单位构成，波长就等于弦的物理长度；第三长的驻波则由
三个半波单位构成，波长等于 2/3 弦长；以此类推。这样的整数倍
驻波序列是物理上唯一允许出现的，而且其中的每道驻波都有自己
的能量。再考虑到波长与频率之间的关系，上述结论就等同于这样
一个事实：吉他弦经弹拨后，只能以从基本音调（最低频率）开始
的特定频率振动。

德布罗意意识到，正是这个"整数倍"条件将玻尔原子模型
允许电子占据的轨道限定在了那些周长足以形成驻波的轨道上。和
乐器上的驻波不同，这类电子驻波两端都没有"系紧"，它们之所
以能形成，是因为轨道的周长正好可以容纳整数倍半波。那些轨道
周长不能与整数倍半波精确匹配的地方，就不可能产生驻波，因此
也就没有定态轨道。

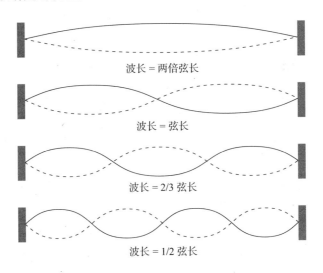

图 6-1　两端系紧的弦上的驻波

图 6-2   量子原子中的电子驻波

如果把电子看作原子核周围的驻波而非轨道上的粒子，它就不会加速，也就不会持续辐射能量，最后一头栽进原子核里导致整个原子崩溃。玻尔为了拯救他的量子原子模型而引入的条件，在德布罗意的波粒二象性理论中得到了证明。德布罗意展开具体计算后发现，玻尔提出的主量子数 n 只能代表那些电子驻波存在于氢原子核周围的轨道。这就是为什么玻尔模型中不允许存在其他任何电子轨道。

当德布罗意在 1923 年秋天用三篇简短的论文概述为什么应该视所有粒子为拥有波粒二象性时，人们还没有马上清楚地意识到类似台球的粒子与其"虚拟相关波"之间关系的本质。德布罗意说的是不是类似于身处浪尖上的冲浪者？后来大家才确定，这样解释并不正确，德布罗意所表达的其实是电子和其他所有粒子的性质都与光子一模一样：它们都有波粒二象性。

　　1924 年春天，德布罗意以扩展形式把他的想法都写了出来，并且当作博士论文提交了上去。必要的接收程序以及评审员的审查意味着德布罗意要等到当年 11 月 25 日才能开始博士答辩。4 位评审员中有 3 位是索邦大学的教授，他们分别是：在检验爱因斯坦对布朗运动的理论解释中起到重要作用的让·皮兰，在晶体性质研究方面颇有建树的杰出物理学家夏尔·莫甘，以及著名数学家埃利·嘉当。最后一位评审员则是从校外请来的，他就是保罗·朗之万，4 人中也只有他精通量子物理学和相对论。在正式提交论文之前，德布罗意先找了朗之万，请他看看论文结论究竟如何。朗之万答应了，后来对一名同事说："我现在带着的是德布罗意家弟弟的论文，内容在我看来有点儿牵强。"[13]

　　路易·德布罗意的想法可能有些异想天开，但朗之万并没有马上否定。他也得征询另一个人的意见。朗之万知道，爱因斯坦在 1909 年曾公开宣称，未来的辐射研究会解释粒子性与波动性之间的某种结合。康普顿的实验让几乎所有人确信爱因斯坦提出的光理论是正确的。毕竟，无论怎么说，这个实验看上去都是粒子与电子相撞。现在，德布罗意提出所有物质都存在这种波粒二象性的结合。他甚至提出了一个公式，将"粒子"的波长 λ 同它的动量 p 联系到了一起，即 $\lambda = h/p$，其中 h 是普朗克常数。朗之万向德布罗意这位身为贵族的物理学家要了第二份论文副本，并寄给了爱因斯坦。"他掀开了庞大面纱的一角。"爱因斯坦给朗之万回信说。[14]

　　对朗之万和其他 3 位评审员来说，爱因斯坦的这个评价足以说明问题。他们祝贺德布罗意"在付出巨大努力的同时学会了使用高超的技能，这类努力和技能是物理学家为了克服困难必须尝试的"。[15]莫甘后来承认，他"当时并不相信波会与物质粒子联系在一起"。[16]

而皮兰唯一可以肯定的是，德布罗意"非常聪明"，至于其他的，他完全没有想法。[17]在爱因斯坦的支持下，时年32岁的路易不再只是贵族路易·维克多·皮埃尔·雷蒙德·德布罗意，他还有权称呼自己为路易·德布罗意博士。

　　有了想法只是一方面，但这个想法是否经得住检验？1923年9月，德布罗意很快就意识到，如果物质拥有波的性质，那么一束电子会像一束光那样扩散出去——它们应当会出现衍射。德布罗意在那年写下的一篇简短论文中预言："穿过小孔的一组电子会表现出衍射效应。"[18]他竭力劝说在他哥哥私人实验室工作的优秀实验物理学家们检验这个想法，但没能成功。这些技能娴熟的实验者当时正忙着其他项目，同时也都认为这个实验实在是太难做了。路易已经因为不断把哥哥莫里斯的"注意力引向辐射波粒二象性之重要性和不可否认的准确性"上而觉得有所亏欠，也就没有在此事上多加坚持。[19]

　　然而，哥廷根大学的一位年轻物理学家瓦尔特·埃尔绍泽很快就指出，如果德布罗意是对的，只需一块简单的晶体就能让打在它上面的一束电子发生衍射：因为晶体内相邻原子之间的空隙小到足以让电子大小的物体体现波动性。"年轻人，你坐在了一座金矿上。"爱因斯坦听说了埃尔绍泽提出的实验后，这么对后者说。[20]实际上，埃尔绍泽身下的并非金矿，而是更为珍贵的东西：诺贝尔奖。不过，和所有淘金潮一样，要想有所收获，就不能等太久才开始行动。遗憾的是，埃尔绍泽没有及时把设想中的实验付诸实践，另两位科学家率先完成实验并公布了结果，从而把诺贝尔奖攥在了手中。

　　纽约西方电气公司（这个机构后来更为人熟知的名字是贝尔

实验室）时年 34 岁的克林顿·戴维森当时正在研究用电子束轰击各种金属的结果。1925 年 4 月的一天，发生了一件怪事。一罐液化空气在实验室里爆炸了，并且打碎了戴维森正在使用的装有镍靶的真空管。空气导致镍生了锈。戴维森用加热的方式清除了镍上的锈，结果却在偶然间把微小镍晶体阵列变大了，于是造成了电子衍射。戴维森继续实验后，很快就意识到了实验结果有些异样，但他没有意识到自己让电子发生了衍射，所以只是把实验数据全部记录下来，然后发表了。

"从今天算起一个月后，我俩将出现在牛津，这听起来不太可能，对吧？我们应该会度过一段美妙的时光，亲爱的洛蒂。那会是我们的第二次蜜月旅行，而且应当会比第一次还要甜蜜。"戴维森在 1926 年 7 月给妻子的信中这样写道。[21] 孩子们留在家里由亲属照料，戴维森夫妇得以在前往牛津以及英国科学促进会会议之前在英国游览一番，好好休息一下——这是他们需要的。正是在牛津，戴维森震惊地得知，部分物理学家认为他的实验数据证明了一位法国贵族的理论。在此之前，戴维森从来没有听说过德布罗意，也没有听说过后者提出的波粒二象性可以延伸至所有物质的观点。有这种情况的不止戴维森一个人。

当时，几乎没有什么人读过德布罗意那三篇简短的论文，因为它们发表在了法国期刊《纪要》（*Compte Rendu*）上。知道德布罗意博士论文的人就更少了。回到纽约后，戴维森和同事雷斯特·革末立刻开始着手检验电子在实验中是否真的发生了衍射。1927 年 1 月，戴维森以新实验数据为基础，计算了电子在衍射之后的波长，并发现结果与德布罗意的波粒二象性理论一致，他俩这才有了物质的确也会像波那样衍射的决定性证据。戴维森后来承认，最初的那个实验其实是"作为一种副业"排在他为雇主做的实验之后进行的，而他的雇主当时正忙着和竞争对手打官司。

马克斯·克诺尔和恩斯特·鲁斯卡很快就利用电子的波动性在1931年发明了电子显微镜。没有任何小于白光约1/2波长的粒子会吸收或反射光，因此，普通显微镜没法观察到这些粒子。然而，电子显微镜就可以，因为电子波波长小于光的1/100 000。1935年，第一台商用电子显微镜在英格兰开建。

戴维森和革末忙着做实验的时候，英国物理学家乔治·佩吉特·汤姆孙也在苏格兰阿伯丁用电子束开展他的实验。他也参加了那场在牛津召开、德布罗意的工作受到广泛讨论的英国科学促进会会议。会后，对电子本质兴趣浓厚的汤姆孙立即开始通过实验探测电子的衍射现象。不过，他没有使用晶体，而是使用了一种特制薄片，这种薄片上生成的衍射图样特征完全与德布罗意的理论预言相符。因此，物质的确有时候会表现出波的性质，在一片广阔的空间中扩散开去；其他时候又会表现出粒子的性质，固定在空间中的一个位置上。

命运就是这么神奇，物质的波粒二象性与汤姆孙家族深深地联系在了一起。乔治·汤姆孙和戴维森因证实电子的波动性而共同获得1937年诺贝尔物理学奖，而前者的父亲正是因发现电子的粒子性而获得1906年诺贝尔物理学奖的J. J. 汤姆孙爵士。

在这大约1/4个世纪中，量子力学的发展（从普朗克的黑体辐射定律到爱因斯坦的光量子理论，从玻尔的量子原子模型到德布罗意的物质波粒二象性）是量子概念与经典物理学联姻的产物，但它们的这段联姻算不上幸福。至少到1925年的时候，这段结合已经开始面临越来越大的压力。"量子理论收获的成功越多，看起来就越愚蠢。"爱因斯坦早在 1912 年 5 月这样写道。[22] 人们迫切需要一种全新的理论，也就是一种描述量子世界的全新力学体系。

美国诺贝尔奖得主史蒂文·温伯格说："20 世纪 20 年代中叶，量子力学的发现是自 17 世纪现代物理学诞生以来影响最为深远的理论革命。"[23] 由于在这场塑造了现代世界的革命中发挥重要作用的物理学家当时都很年轻，人们称这段时光是属于"knabenphysik"的岁月——这个词的意思是"男孩物理学"。

第 二 部 分

男孩物理学

"物理学目前又陷入了一片混乱。无论如何，至少对我来说，情况变得太过复杂了。如果我是一位喜剧演员，或是从事别的什么职业，从来没有听说过有关物理学的任何消息就好了。"

——沃尔夫冈·泡利——

"我越是思考薛定谔理论中的物理学部分，就越是反感。薛定谔对他这个理论可视性的描述'很可能不太正确'，换句话说，这些描述都是废话。"

——史蒂文·温伯格——

"如果这些该死的量子跃变真的没法消除，那我应该会后悔和量子理论牵扯到一起。"

——埃尔温·薛定谔——

第 7 章
————

泡利与两位自旋博士

"很多人都不知道最值得赞美的是什么，是对发展思想的心理学认识，是数学推导的确定性，是物理学洞见的深刻性，是清晰、系统的表达能力，是文学知识，是对主要事物的完善处理能力，还是批判评价的确定性。"[1] 爱因斯坦肯定对他刚刚评审过的"成熟、宏伟的思想作品"印象深刻。他很难相信这篇长达 237 页、带着 394 个脚注的相对论阐述文章是出自一位年仅 21 岁的物理学家之手。实际上，这个年轻人接受撰写这篇文章的任务时还只是一个 19 岁的学生。他就是沃尔夫冈·泡利。说话颇为尖刻的他后来被戏称为"上帝之怒"，但也被誉为"可与爱因斯坦媲美的天才"。[2]"实际上，从纯科学的角度看，"泡利当时的导师马克斯·玻恩说，"他可能比爱因斯坦还要优秀。"[3]

*

1900 年 4 月 25 日，沃尔夫冈·泡利生于维也纳。虽然这座城市在当时享受着美好时光，但仍处于世纪末焦虑的笼罩之下。泡利的父亲也叫沃尔夫冈，曾经是位医师，但后来放弃了医学，转攻科学，还在这个过程中把自己的姓从帕斯切尔斯改成了泡利。在对一浪高过一浪的反犹主义浪潮可能会威胁到自己学术理想的恐惧之中，老泡利皈依了天主教，从而彻底完成了身份的转变。就这样，小泡利在完全不知道家族具有犹太血统的情况下慢慢长大。等到他上大学的时候，有一个学生说他一定是个犹太人，小泡利震惊地说道："我？不可能。从来没有人跟我说过这事，我也不相信自己是个犹太人。"[4] 下一次回家的时候，小泡利从父母那儿得知了真相。当老泡利在 1922 年得到了众人垂涎的教授职位，并且成了维也纳大学刚成立的医学化学研究所所长时，他感到当初做出的归化决定是正确的。

小泡利的母亲贝尔塔是一位在维也纳非常有名的记者和作家。她的朋友圈和社交圈意味着小泡利和比他小 6 岁的妹妹赫塔在成长过程中见惯了当时艺术、科学和医学方面的领军人物到他们家里来。小泡利的母亲既是一名和平主义者，也是一名社会主义者，对小泡利产生了巨大的影响。第一次世界大战在泡利青春期这段性格养成岁月里绵延的时间越久，"他对这场战争，以及更具一般意义的整个'社会体系'就越反感"，泡利的一位朋友回忆说。[5] 贝尔塔在 1927 年 11 月、她的 49 岁生日前 2 周去世，《新自由报》上的一篇讣告称她是"少数几位真正性格强大的奥地利女性之一"。[6]

泡利很有学术天赋，但远不是模范学生，他觉得学校里的那点儿东西太没有挑战性了。为了弥补这种缺憾，他开始接受私人教师的物理学指导。不久之后，泡利因为厌倦了无比乏味的学校课程，开始读起了藏在他书桌之下的爱因斯坦广义相对论论文。颇有影响力的奥地利物理学家、科学哲学家恩斯特·马赫就是泡利的教父，因此，物理学在泡利的青年时期始终占据了极为重要的位置。作为一位日后会与爱因斯坦和玻尔这样的人物相处的物理学家，泡利曾说，同马赫联系交流（泡利最后一次见到马赫是在 1914 年夏天）是"我的智力生活中最重要的事情"。[7]

　　1918 年 9 月，泡利离开了他称为"精神荒漠"的维也纳。[8]当时的奥匈帝国已经处在分崩离析的边缘，维也纳过往的荣光也逐渐褪色，这座城市大学里顶尖物理学家的匮乏正是泡利所哀叹的。泡利本可以去几乎任何他想去的地方，但他最后选择前往慕尼黑，在阿诺尔德·索末菲的指导下学习。索末菲前不久刚刚拒绝了一个维也纳的教授职位，在泡利抵达慕尼黑大学的时候，他已经领导这所大学的理论物理学研究十几年了。在慕尼黑大学任教伊始，也就是从 1906 年起，索末菲就打算创办一个能够成为"理论物理学摇篮"的研究机构。[9]这个机构的规模比不上玻尔随后在哥本哈根创办的研究所，因为它只有 4 个房间：索末菲的办公室、一间讲堂、一间会议室和一间小图书室。除了这些以外，地下室还有一间大型实验室，1912 年马克斯·冯·劳厄正是在那里检验并证实了 X 射线就是波长较短的电磁波，这项成就让人们很快就承认了索末菲领导的这个机构的确算得上"理论物理学摇篮"。

　　索末菲是一位相当优秀的老师，他拥有一种神奇的本领：总能给学生布置难度刚好能检测他们的能力，但又不会超出他们能力范畴的任务。索末菲此前已经指导过许多有才能的年轻物理学家，他很快就意识到，泡利是万中无一的人才并且前途极为光明。索末菲不是一个容易被打动的人，但 1919 年 1 月发表的一篇主题为广义相对论的论文给他留下了深刻印象，论文作者正是泡利，那是泡利在离开维也纳之前写的。于是，索末菲的"摇篮"里出现了一名还不满 19 岁就已经被其他人视作相对论专家的大学一年级学生。

很快，泡利就因为他对新思想和各种推想尖锐又深刻的批评而出了名，同时出现的还有人们对他的恐惧。后来，有些人因为泡利寸步不让的原则称其为"物理学的良心"。虽然泡利相当"毒舌"，但他身材圆滚滚的，还鼓着两只圆圆的眼睛，从外表看，每一个地方都像极了物理学佛陀。每当泡利陷入沉思的时候，他都会不自觉地前后摇摆。无论亲疏远近，人们普遍认为，泡利的物理学直觉是同时代人难以望其项背的，在这一点上，很可能连爱因斯坦都比不过他。泡利对自己工作的要求比对其他人还要严格。泡利对物理学及物理学问题的理解有时实在是太过深刻了，这甚至妨碍了他创造能力的自由发挥。就是因为他的想象力和直觉实在太过敏锐，没有给他留下太多自由发挥的空间，所以有些本在他能力范围之内的发现最终却是由那些才华没有他卓绝、思维没有他开阔的同行做出的。

唯一一个能和泡利正常相处，甚至能令他感到没那么自信的，就是索末菲。即便是在泡利成为著名物理学家之后，无论何时他看到这位导师，那些受过泡利尖锐批评的人总会惊奇地看到，这位"上帝之怒"恭敬地回答"是的，教授先生"或"不是的，教授先生"。在这种场合，他们几乎无法认出这个曾经羞辱过同事的男人："我不介意你思维迟钝，但我反对你发表论文的速度比你的思维还快。"[10] 泡利还在另一个场合这样评价一篇他刚刚读过的论文："连错误都算不上。"[11] 他的毒舌不会放过任何人。"你知道，爱因斯坦说的并不是那么愚蠢。"当泡利还是学生时，就曾在坐满了学生的阶梯教室里这样说。[12] 当时坐在第一排的索末菲不会容忍这种评论从他任何一个学生的口中说出，但他随后就意识到，除了泡利之外，也没有哪个学生能说出这种话。每当话题涉及物理学评价时，泡利总是无比自信且百无禁忌，即便是在爱因斯坦面前也同样如此。

索末菲很看重泡利，从索末菲要泡利帮忙写一篇以相对论为主题、准备发表在《科学数学百科全书》（*Encyklopädie der Mathematischen Wissenschaften*）上的重要文章这一点就能看出重视程度。索末菲之前就接受了编写这本百科全书第五卷（也就是物理卷）的任务。他本来想请爱因斯坦写这篇有关相对论的文章，但后者拒绝了，索末菲便决定亲自执笔，却发现自己根本腾不出时间，只好寻求泡利的帮助。索末菲看到泡利的初稿后，惊叹道："实在是太优秀了，让我立刻放弃了再找人审阅的想法。"[13] 泡利的这篇文章不仅精彩地阐述了广义相对论和狭义相对论，而且无可媲美地整理了当时所有的相关文献。在接下来的几十年中，泡利的这份作品始终都是这一领域的权威，并且赢得了爱因斯坦本人的衷心赞美。这篇文章正式发表于 1921 年泡利拿到博士学位前 2 个月。

学生时期的泡利喜欢晚上在咖啡店或其他类似的地方享受慕尼黑的夜生活，返回住所后再工作到深夜。他很少会上第二天早上的课，总要到中午前后才在学校里现身。不过，他上的课已经足以让他为索末菲讲授的量子物理学之谜深深吸引。"所有熟悉经典物理学思维方式的物理学家第一次了解玻尔量子理论的基本假设时都会感到震惊，我也不例外。"泡利在 30 多年后这样说道。[14] 不过，在他着手撰写博士论文的时候，他很快就克服了这种情绪。

索末菲给泡利布置了一项任务：将玻尔的量子规则和泡利自己的修正应用到离子化氢分子上。在这样一种分子中，构成分子的两个氢原子中的一个失去了自身电子。就像索末菲期待的那样，泡利给出了一种理论上无可挑剔的分析。唯一的问题在于，他得到的结果与实验数据不符。早就习惯了成功的泡利，因为理论与实验的矛盾而感到十分沮丧。不过，人们把他的这篇论文视作第一个能够证明玻尔–索末菲量子原子模型已经触及外部极限的强力证据。量子物理学与经典物理学之间的这种特殊结合方式令人一直不满意，而现在，泡利证明了玻尔–索末菲模型连离子化氢分子都无法处理，更别说复杂原子了。1921 年 10 月，泡利带着他的博士学位离开慕尼黑，前往哥廷根就任理论物理学教授助理。

就在 6 个月前，量子物理学未来发展中的重要人物、时年 38 岁的马克斯·玻恩也从法兰克福来到了这座大学小镇。玻恩在当时普鲁士西里西亚省首府弗罗茨瓦夫长大，但他最开始感兴趣的其实并非物理学，而是数学。玻恩的父亲古斯塔夫·玻恩和泡利的父亲一样，也是一位很有文化的医务人员和学者。马克斯·玻恩刚被弗罗茨瓦夫大学录取，身为胚胎学教授的父亲就建议他不要过快确定自己的专业方向。玻恩牢记着父亲的忠告，在修完物理学、化学、动物学、哲学和逻辑学的课程后，才确定专攻天文学和数学。1906年，他取得了哥廷根大学的数学博士学位，结束了学生生涯。在哥廷根大学求学期间，他还到海德堡大学和苏黎世大学学习过。

刚从大学毕业，玻恩就开始了为期一年的义务兵役，但因为身患哮喘，所以提前退伍。之后，玻恩又到剑桥大学当了 6 个月的研究生，修习了 J. J. 汤姆孙的课程。再之后，玻恩就回到弗罗茨瓦夫开始了实验工作。不过，他很快就发现自己的耐心和技能不足以让他成为一个合格的实验者，便转攻理论物理学。到了 1912 年的时候，玻恩的能力和资历已经足以在哥廷根大学闻名世界的数学系担任编外讲师——在这里大家都觉得"物理学对物理学家来说，实在是太难了"。[15]

玻恩运用当时大部分物理学家都不知道的数学技巧成功解决了一系列物理问题，也因此在 1914 年获得了柏林的一个特聘教授的职位。就在第一次世界大战爆发之前，另一个新来者也抵达了德国的科学中心，他就是爱因斯坦。不久之后，这两位同样爱好音乐的物理学家就结下了深厚的友谊。第一次世界大战爆发后，玻恩再度应征入伍。起初，他在空军当了一段时间无线电操作员，但后来就一直在陆军研究火炮。幸运的是，玻恩驻扎在柏林附近，所以还能参加大学里的讨论会、德国物理学会的会议和爱因斯坦家中的音乐聚会。

第一次世界大战结束后，1919 年春天，在法兰克福担任正职教授的马克斯·冯·劳厄向玻恩提议两人互换岗位。劳厄之前已经因为发现晶体的 X 射线衍射现象而获得了 1914 年诺贝尔物理学奖。此时的他更希望与他之前的导师，同时也是他崇拜的科学家普朗克一起工作。而玻恩也听从了爱因斯坦"肯定要接受"的建议，同意与劳厄互换岗位，毕竟这意味着他能晋升为正教授并且享有这个职位带来的独立性。[16] 不到两年之后，玻恩又去哥廷根大学领导其理论物理学研究所。当时的哥廷根大学理论物理学研究所其实只有一个小房间、一名助手和一名兼职秘书，但玻恩决心从这个算不上优越的起点开始建设一个能与索末菲领导的研究所匹敌的学术机构。他的首要任务之一就是招揽沃尔夫冈·泡利，他称泡利为"最近这些年物理学领域出现的最大天才"。[17] 玻恩之前就曾向泡利伸出过橄榄枝，但没能成功，因为后者选择留在慕尼黑完成博士学业。好在这一次，玻恩成功延揽了这个人才。

"沃尔夫冈·泡利现在是我的助手了，他非常聪明，也非常有能力。"玻恩在给爱因斯坦的信中这样写道。[18] 不过，他很快就会发现，他招揽来的这位帮手有自己的一套做事方式。泡利确实很聪明，但他在思考艰深问题上花了很多时间，实践工作就常常要持续到半夜，并且只能睡懒觉。每当玻恩无法上 11 点的课时，唯一能确保泡利代他教课的办法就是派个女佣过去在 10:30 叫醒泡利。

事情从一开始就很清楚，泡利只是名义上的助手。玻恩后来也承认，他从泡利那儿学到的东西，要比他能教授这位神童的更多——当然，泡利做事的波希米亚风格和糟糕的时间管理除外。泡利在 1922 年 4 月离开了玻恩领导的研究所，去汉堡大学做助手，玻恩也因此感到失落。泡利之所以这么快就离开哥廷根，不只是因为难以忍受这座大学小镇宁静的生活，希望回到大城市熙熙攘攘的夜生活。泡利在处理物理学问题时绝对信任他的物理直觉，追求那种逻辑上毫无瑕疵的理论。而玻恩更习惯于向数学寻求帮助，允许数学引导他找到问题的答案。

两个月后的 1922 年 6 月，泡利为了聆听玻尔著名的系列讲座而回到哥廷根，这是他第一次见到这个优秀的丹麦人。玻尔也对泡利印象深刻，并询问后者是否可以去哥本哈根，当一年他的助手，协助编辑正在开展的德语论文发表工作。泡利听到这个邀请时大吃一惊。"我用那种年轻人才会有的肯定态度回答说：'我完全不觉得你对我的科学需求会给我造成什么困难，但学习一门像丹麦语这样的外语远远超出了我的能力。'1922 年秋天，我就去了哥本哈根。在那里，事实证明，我原来的两个判断都错了。"[19] 泡利后来也承认，前往哥本哈根是他人生"新阶段"的起点。[20]

除了帮玻尔编辑论文之外，泡利还在哥本哈根认真地努力解释"反常塞曼效应"——这是一种玻尔-索末菲量子原子模型无法解释的原子光谱特征。置于强磁场中的原子，测得的光谱线会包含分裂线。洛伦兹很快就证明，经典物理学预言，这种分裂线要么一分为二，要么一分为三。这就是玻尔原子模型无法解释的正常塞曼效应。[21] 幸好索末菲用两个新量子数拯救了这个模型，修正后的量子原子模型解决了这个问题，能够解释正常塞曼效应。这个新模型涉及一系列约束电子从某个轨道（或者说能级）跃迁到另一个轨道的新规则。这些新规则则以描述轨道大小、轨道形状以及轨道指向的三个量子数——n，k，m 为基础。然而，大家高兴了没多久就发现，氢原子光谱中红色 α 线的分裂程度要比玻尔-索末菲模型预言的小。后来，实验又确认了部分光谱线实际上会一分为四，甚至更多，而不只是一分为二或一分为三，这个修正后的量子原子模型处境就更加艰难了。

虽然这个效应因为量子物理学和经典物理学都无法解释而被称作反常塞曼效应，但实际上，它要远比正常塞曼效应常见。在泡利看来，这无疑是"目前已知最深刻的理论原理失败"。[22] 泡利给自己布置了一个任务，就是挽救如此糟糕的事态，但他也没能想出合理的解释。"到目前为止，我完全没有走在正确的道路上。"1923 年 6 月，泡利在给索末菲的信中这样写道。[23] 他后来承认，自己当时被这个问题折磨得心力交瘁，一段时间里甚至完全陷入了绝望。

研究所的另一位物理学家在哥本哈根街头闲逛时遇到了泡利。"你看起来不高兴啊。"泡利的这位同事说。泡利转头对他说："一个人在思考反常塞曼效应的时候，怎么高兴得起来呢？"[24] 在泡利看来，那些描述原子光谱复杂结构的特殊规则实在是太多了。他想要一种对这种现象更为深刻、更为基本的解释。他认为，问题部分出在玻尔元素周期表理论涉及的一些猜想上。这个理论是否真的正确描述了原子内电子的排布？

1922 年，人们认为玻尔-索末菲原子模型中的电子是在三维"壳层"中运动的。这些"壳层"并不是物理壳层，而是原子内的能级——电子似乎聚集在它们周围。帮助玻尔构建这个全新电子壳层模型的一个关键线索就是所谓惰性气体（氦、氖、氩、氪、氙、氡）的稳定性。[25] 惰性气体的原子序数分别为 2，10，18，36，54，86，要想使它们的原子离子化（使它们的原子失去电子，从而变成带正电的离子），需要相对较高的能量。此外，它们还很难和其他元素的原子以化学方式结合在一起形成化合物，这意味着，惰性气体原子中的电子组态极度稳定且由"闭壳层"构成。

惰性气体的化学性质与元素周期表中就排在它们前面的元素（氢和卤素：氟、氯、溴、碘、砹）形成了鲜明对比。后者的原子序数分别为 1，9，17，35，53，85，而且全都能非常轻松地和其他元素的原子形成化合物。与化学性质不活泼的惰性气体不同，氢和卤素之所以能和其他元素的原子轻松结合，是因为它们在结合过程中会吸收其他元素原子的一枚电子，从而填补最外层电子的唯一一个空缺。吸收电子后，氢和卤素就变成了带负电的离子，电子壳层也完全被占据，或者说完全"封闭"了起来，即达到了惰性气体原子的那种高度稳定的电子组态。和卤素呈镜像关系的碱金属元素（锂、钠、钾、铷、铯、钫）就排在惰性气体的后面，在形成化合物时很快就会失去一枚电子，从而变成拥有惰性气体电子组态的带正电离子。

这三族元素的化学性质构成了引导玻尔得出下述结论的部分

证据：元素周期表每行元素中每一种元素的原子，都是由前面一种元素原子的最外层电子增加一枚电子后形成的。每行元素都会以最外层电子没有空位的惰性气体结尾。因为只有处于闭壳层之外的电子，也就是所谓的价电子，才参与化学反应，所以价电子数相同的元素原子就拥有相似的化学性质，并且在元素周期表中位于同一列。例如，卤素都有 7 枚最外层电子，只需要再得到 1 枚电子就能使壳层封闭，从而实现惰性气体的电子组态。另一方面，碱金属元素的原子都只有 1 枚价电子。

1922 年 6 月，泡利在玻尔哥廷根大学讲座上听到的正是这些想法。索末菲认为壳层模型是"1913 年以来，原子结构研究的最大进展"。[26] 索末菲对玻尔说，如果他能从数学上重构 2 号，8 号，18 号等元素周期表各行末尾元素的原子序数，就"实现了物理学最大胆的愿望"。[27] 实际上，这个全新的电子壳层模型缺乏严格的数学推导支持。连卢瑟福都对玻尔说，他很难"想到究竟怎么才能推导出你得出的这个结论"。[28] 然而，大家必须认真对待玻尔的这些想法，尤其是他在 1922 年 12 月发表的诺贝尔奖获奖演说中的预言（后来叫作"铪"，但当时未知的第 72 号元素并不属于稀土元素）得到证实之后。然而，玻尔的电子壳层模型背后缺乏组织原则或标准的支撑。这是一次基于一系列化学数据和物理数据的巧妙即兴创作，也的确能在很大程度上解释元素周期表中各族元素的化学性质。这次即兴创作的巅峰成就就是铪元素的发现。

泡利仍在为反常塞曼效应和电子壳层模型的缺点而烦恼时，他在哥本哈根担任助手的任期结束了。1923 年 9 月，他回到了汉堡大学，并且在第二年从助手晋升为编外讲师。不过，他只需坐上一小段火车，再乘船跨过波罗的海就能到达哥本哈根，所以泡利仍旧会经常访问玻尔的研究所。他总结称，只有在给定壳层可以容纳的电子数量存在某种限制时，玻尔的模型才能真正成立。然而，同原子光谱相矛盾的是，似乎完全没有什么条件会限制任何原子中的所有电子占据同一种定态，或者说同一个能级。1924年年末，泡利发现了电子的基本排布规则，也就是"不相容原理"，从而给玻尔依据经验得到的电子壳层原子模型提供了缺失的部分理论支撑。

在得出不相容原理的过程中，泡利受到了一位剑桥大学研究生的启发。1924年10月，时年35岁的埃德蒙·斯托纳在《哲学杂志》上发表了论文《原子能级中的电子分布》，此时的他仍在卢瑟福手下完成博士学业。斯托纳认为，一个碱金属元素原子的最外层电子（价电子）能够选择的能量状态，与元素周期表中排在它后面的第一种惰性气体元素原子最外层电子可以选择的能量状态一样多。例如，锂的价电子可以占据8种可能的能量状态中的任意一种，而这正是惰性气体氖对应闭壳层中的电子数量。斯托纳的观点意味着，给定主量子数 n 对应的玻尔模型电子壳层具有这样的性质：当壳层中包含的电子数量达到电子可能占据的能量状态数量的两倍时，壳层就完全被占满，或者说彻底"封闭"起来。

按照斯托纳的理论，如果给原子中的每个电子都分配量子数 n，k，m，而且每套这样的独特数字组合都标识出了特定的电子轨道或能级，那么举例来说，$n = 1$，2，3 对应的电子可能占据的能量状态数目就是 2，8，18。对于第一个电子壳层 $n = 1$，$k = 1$ 和 $m = 0$ 来说，这个组合就是三个量子数唯一可以取的值，并且标识出了能量状态（1，1，0）。不过，按照斯托纳的说法，第一个电子壳层在容纳2枚电子，即电子数为可能占据的能量状态数的两倍时才会封闭起来。就 $n = 2$ 的情况来说，要么 $k = 1$ 且 $m = 0$，要么 $k = 2$ 且 $m = -1$，0，1。于是，在第二个电子壳层中，价电子和它们能够占据的能量状态就有 4 种可能的量子数组合：（2，1，0）、（2，2，-1）、（2，2，0）、（2，2，1）。因此，$n = 2$ 的电子壳层最多可以容纳 8 枚电子。而 $n = 3$ 的第三个电子壳层有 9 种可能的电子能量状态：（3，1，0）、（3，2，-1）、（3，2，0）、（3，2，1）、（3，3，-2）、（3，3，-1）、（3，3，0）、（3，3，1）、（3，3，2）。[29] 按照斯托纳提出的规则，$n = 3$ 的电子层最多可以容纳 18 枚电子。

泡利之前就看过当年 10 月刊的《哲学杂志》，但没怎么注意斯托纳的这篇文章。索末菲在自己编写的教科书《原子结构和光谱线》[30] 第四版的序言中提到斯托纳的这项工作之后，一向不以运动见长的泡利立刻跑到图书馆阅读斯托纳的这篇文章。读完后，泡利意识到，对于给定的 n 值，原子电子可以占据的能量状态数目 N 就等于量子数 k 和 m 所有可能的取值组合数，并且等于 $2n^2$。对于元素周期表中的每一行元素，斯托纳的规则都能推导出正确的电子数目上限序列——2，8，18，32，…。不过，为什么闭壳层中的电子数目就是 N 或 n^2 的两倍？泡利想出了答案：原子中的电子必须借助第四种量子数来描述。

和其他三种量子数 n，k，m 不同，泡利提出的这个新量子数只有两种取值，所以他称这个数具有"两值性"（*Zweideutigkeit*）。正是这种"只有两种取值"的特性，使得闭壳层中的电子数目成了电子所有可能能量状态数的两倍。这样一来，本来只对应一种能量状态的一套独特三量子数组合现在对应了两种能量状态：n，k，m，A 和 n，k，m，B。这些增加的状态就解释了反常塞曼效应原子谱线令人费解的分裂现象。之后，这个只有两种取值的第四量子数又引导泡利得出了大自然最伟大的戒律之一——不相容原理，即原子内不可能存在 4 种量子数都完全一致的电子。

元素的化学性质并不取决于其原子中的电子总数，而只是由原子的价电子分布决定。如果原子中的所有电子都占据着最低能级，那么所有元素的化学性质都相同。

正是泡利的不相容原理完善了玻尔这个新原子模型中的电子壳层占据问题，从理论上杜绝了所有电子都集中在最低能级的可能。不相容原理为元素周期表中的元素排布，以及化学性质不活泼的稀有气体具备的闭壳层，提供了深层的理论解释。不过，虽然取得了这些成就，但泡利仍在 1925 年 3 月 21 日发表于《德国物理学刊》的论文《论原子封闭电子团和光谱复杂结构间的关系》中承认："我们未能更精确地解释这些排布规则。"[31]

为什么确定电子在原子中的位置需要 4 个量子数，而非 3 个，这仍旧是一个谜。自玻尔和索末菲的开创性工作以来，人们已经接受了这样一个观点：在原子中，电子在原子核周围的轨道运动有 3 个方向，因此需要 3 个量子数加以描述。那么，泡利提出的第四量子数又有什么物理学基础呢？

1925 年夏末，两名荷兰研究生——萨穆埃尔·古德斯密特和乌伦贝克意识到，泡利提出的"两值性"不只是又一个量子数。和其他三个分别确定电子轨道角动量、轨道形状和轨道空间朝向的已有量子数 n，k，m 不同，"两值性"是一种古德斯密特和乌伦贝克称为"自旋"的电子内在特性。[32] 遗憾的是，"自旋"这个名字容易让人联想起物体旋转的场景。不过，电子"自旋"是一个纯粹的量子概念，它解决了仍旧困扰着原子结构理论的部分问题，同时还巧妙地为不相容原理提供了物理学证明。

*

　　当时 24 岁的乌伦贝克很享受他在罗马担任荷兰大使儿子的私人教师的时光。1922 年 9 月，他在拿到莱顿大学等同于物理学士学位的资格后，就牢牢地占住了这个岗位。对于不想再给父母带去经济负担的乌伦贝克来说，担任荷兰大使儿子的私人教师是他在继续攻读硕士学位的同时实现经济上自给自足的绝好机会。乌伦贝克没什么正式课程需要参加，所需的知识大部分都靠自己从书本中得到，只有在夏天才会回到大学里。1925 年 6 月，乌伦贝克回到莱顿大学后，因为不确定自己是否还要继续攻读博士，所以去拜访了保罗·埃伦费斯特。后者在 1912 年，也就是爱因斯坦选择了苏黎世大学后，接替亨德里克·洛伦兹成为这所大学的物理学教授。

　　1880 年，埃伦费斯特生于维也纳，他是伟大的玻尔兹曼的学生。埃伦费斯特的夫人是一位数学家，俄国人，名叫塔季扬娜。埃伦费斯特在维也纳、哥廷根和圣彼得堡从事物理研究勉强维持生活的时候，他们夫妇二人发表了一系列在统计力学领域颇为重要的论文。在接替洛伦兹后的 20 年里，埃伦费斯特奠定了莱顿大学作为理论物理学中心的地位，而他自己也在这个过程中成了这个领域最受人尊敬的人物之一。他最出名的地方倒不是自己的那些原创理论，而是他阐明那些物理学难题的能力。埃伦费斯特的好友爱因斯坦后来称他是"我们这个行当最好的老师""充满热情地关注着人类的发展和命运，对自己的学生尤其如此"。[33] 正是出于对学生的关心，埃伦费斯特才给犹豫不决的乌伦贝克在开始博士阶段学习时提供了一个为期两年的助手岗位。事实证明，乌伦贝克完全没办法拒绝这份邀约。埃伦费斯特有一个习惯，只要条件允许，他都会确保在他手下接受训练的物理学家能够结伴工作。于是，他向乌伦贝克介绍了另一位研究生萨穆埃尔·古德斯密特。

比乌伦贝克小一岁半的古德斯密特当时已经在原子光谱领域发表了一些备受赞赏的论文。1919 年，他在乌伦贝克抵达莱顿大学后不久也来到此地。乌伦贝克称古德斯密特在年仅 18 岁时发表的第一篇论文为"最为放肆的自信展示"，但内容"高度可信"。[34] 一个明显才华过人的年轻合作者或许会威胁到别人，但不会威胁到乌伦贝克。古德斯密特在生命的最后时刻说："物理学并不是一种职业，而是一种召唤，就像富有创意的诗歌、音乐或绘画那样。"[35] 然而，他之所以选择物理学，只是因为学校里的科学和数学课程让他很享受。让这个年轻人对物理学产生真正热情的，正是埃伦费斯特。当时，埃伦费斯特给古德斯密特布置了与分析原子光谱精细结构并发现其规律有关的任务。虽然古德斯密特并非最勤奋的那个，但他有一种不可思议的能力，能够从实验数据中总结出重要结论。

乌伦贝克从罗马返回莱顿大学时，古德斯密特每周里会有三天在阿姆斯特丹彼得·塞曼的光谱实验室工作。"你的问题是，我不知道应该问你什么，你只知道光谱线。"埃伦费斯特在忧心忡忡地给古德斯密特安排迁延已久的考核时抱怨说。[36] 虽然担心古德斯密特在光谱学上的天赋会对他作为一名物理学家的全面发展带来不利影响，但埃伦费斯特还是请他教乌伦贝克原子光谱理论。在乌伦贝克跟上了这一领域的最新发展后，埃伦费斯特希望他们两人共同研究碱金属元素光谱的双重线结构——外部磁场影响下产生的谱线分裂现象。"他什么都不知道，总是问那些我从来不会问的问题。"古德斯密特说。[37] 无论乌伦贝克有什么缺点，但有一点是肯定的：他对经典物理学的认识全面而透彻，所以总能提出挑战古德斯密特的睿智问题。这是埃伦费斯特结伴研究策略的一大灵感之作，确保了乌伦贝克和古德斯密特两人都能从对方身上学到东西。

1925 年的整个夏天，古德斯密特都在教授乌伦贝克他所知的一切有关光谱线的知识。就这样，他们有一天谈到了不相容原理。古德斯密特认为，这个原理不过是又一个特殊规则，只是给一团糟的原子光谱理论带来了一点儿头绪。不过，乌伦贝克立刻想到了泡利忽略的一点。

电子可以上下、前后、从一侧到另一侧地运动。物理学家称每一种这样的运动为"一个自由度"。鉴于电子的每个量子数都对应着一个自由度，乌伦贝克认为，泡利提出的这个新量子数必然意味着电子还有额外的自由度。在乌伦贝克看来，这第四个量子数意味着电子一定还在旋转。然而，经典物理学中的自转是一种三维方向上的转动。因此，如果电子自旋与地球绕轴自转类似，就无须用第四个量子数来描述。泡利辩称，他提出的这个新量子数指向的是一些"没法站在经典物理学角度描述的性质"。[38]

在经典物理学中，角动量和我们日常生活中见到的自转都可以指向任意方向。而乌伦贝克提出的是量子自旋——一种只有两种取值的自旋，要么"上"，要么"下"。他这么想象电子这两种可能的自旋状态：电子在围绕原子核运动时会相对一条竖直轴做顺时针或逆时针运动。电子在这么运动的时候，会产生自己的磁场，就像一根亚原子条形磁铁一样。电子可以以与外部磁场相同或相反的方向排列起来。最初，人们觉得电子可能占据的任何轨道都可以容纳一对自旋为上和自旋为下的电子。然而，这两种自旋方向的能量虽然很是接近，但并不完全一样，于是就形成了两种稍有不同的能级，并产生了碱金属元素光谱中的双重谱线——光谱中位置很接近的两条线，而非一条。

乌伦贝克和古德斯密特证明了电子自旋要么是+1/2，要么是-1/2，这也满足了泡利给第四量子数施加的限制——两值性。[39]

当年 10 月中旬，乌伦贝克和古德斯密特写了一篇只有 1 页的论文，并提交给了埃伦费斯特。埃伦费斯特看过后，建议原本按姓氏在字母表中的顺序排列的两人署名交换一下位置。由于古德斯密特之前已经在原子光谱领域发表了几篇颇有影响力的论文，埃伦费斯特担心读者们看到原来的署名方式会觉得乌伦贝克只是一个贡献并不大的合作者。古德斯密特也赞成这个提议，因为"确实是乌伦贝克想出了自旋的概念"。[40] 不过，埃伦费斯特并不确定自旋这个概念本身是否已经完善。因此，他写信给洛伦兹，请后者"判断这个非常睿智的想法并给出建议"。[41]

当时 72 岁的洛伦兹已经退休了，住在哈勒姆，但仍然会为了教课每周来一次莱顿。乌伦贝克和古德斯密特在一个周一上午洛伦兹上完课后遇见了他。"洛伦兹没有打击我们，"[42] 乌伦贝克说，"他有一点儿谨慎，说内容确实很有意思，他会花时间好好想想。"一两周后，乌伦贝克回莱顿大学拿到了洛伦兹的结论。后者给了他一大摞文件，上面写满了反对自旋这个概念的计算过程。洛伦兹指出，自旋电子表面上的一个点运动速度会超过光速，而这违背了爱因斯坦的狭义相对论。之后，他们还发现了另一个问题：根据电子自旋理论预测的碱金属元素光谱双重谱线之间的距离是实验测得的两倍。乌伦贝克请埃伦费斯特暂时先不要提交论文，但为时已晚，后者已经把文章提交给了·份期刊。"你们俩都还很年轻，犯一次错不会有什么大问题。"埃伦费斯特这样宽慰乌伦贝克。[43]

这篇论文在 11 月 20 日发表后，玻尔感到怀疑。第二个月，他就去莱顿大学，参加了纪念洛伦兹获得博士学位 50 周年的庆祝活动。玻尔搭乘的火车驶入汉堡大学时，泡利一直在站台上等待，一见到玻尔就问他怎么看电子自旋概念。玻尔说，这个概念"很有意思"。这是他一贯的贬低之语，说明他认为电子自旋理论并不正确。他反问，在带正电荷原子核电场中运动的电子是怎么受到产生这种精细结构所需的磁场影响的？当玻尔抵达莱顿时，两个迫不及待想听听他对自旋理论看法的人早已在车站等候。这两人就是爱因斯坦和埃伦费斯特。

玻尔概述了他对这种磁场的反对意见，然后惊奇地听到埃伦费斯特说爱因斯坦已经通过引入相对论解决了这个问题。玻尔后来承认，爱因斯坦的解释"完整地揭露了真相"。玻尔现在有信心，其他任何有关电子自旋的问题迟早也会被攻克。洛伦兹的反对主要是基于经典物理学，毕竟他是那个领域的大师。然而，电子自旋是一种量子概念。因此，这些问题并没有初看起来那么严重。英国物理学家卢埃林·托马斯解决了第二个问题。他证明了，乌伦贝克和古德斯密特预测的双重谱线之间的距离之所以会是实验结果的两倍，是因为他们在计算电子沿轨道绕原子核的相对运动时犯了一个错误。"自那之后，我就再也没有怀疑过，我们的痛苦即将结束。"玻尔在 1926 年 3 月这样写道。[44]

在回程的路上，玻尔遇到了更多急切地想要听听他对量子自旋看法的物理学家。玻尔搭乘的火车在哥廷根停靠时，几个月前刚刚结束了玻尔助理工作的沃纳·海森堡，同帕斯夸尔·约尔当在站台上等候。玻尔告诉他们，电子自旋是一项重大的进展。之后，玻尔又去柏林参加了普朗克于 1900 年 12 月在德国物理学会所做著名演说（那是量子这个概念的官方生日）的 25 周年纪念。为了再次询问这个丹麦人相关事宜，泡利从汉堡远道而来，又一次在车站接他。正如泡利担心的那样，此时的玻尔已经改变了想法，成了电子自旋理论的支持者。而泡利则对最初那些想要说服他的尝试无动于衷，称量子自旋为"新的哥本哈根异端邪说"。[45]

早在一年前，当时 21 岁的德裔美国人拉尔夫·克罗尼格就率先提出了电子自旋的想法，但泡利驳斥了他。当时，克罗尼格在拿到哥伦比亚大学博士学位后便对部分欧洲顶尖物理学研究中心展开了为期两年的巡回访问。1925 年 1 月 9 日，他抵达了蒂宾根，之后就准备在玻尔研究所待 10 个月。克罗尼格借宿在阿尔弗雷德·朗德家，后者告诉他，泡利明天会过来。一向对反常塞曼效应颇感兴趣的克罗尼格因此很兴奋。泡利这次前来是为了在提交准备正式发表的论文前同朗德讨论一下不相容原理。朗德曾在索末菲手下学习，之后又在法兰克福当过玻尔的助手，泡利对他的评价非常高。克罗尼格来到朗德家中后，后者给他看了一封泡利前一年 11 月给朗德写的信。

泡利一辈子写了成千上万封信。随着他名气上升和通信者数量增加，人们越发重视泡利的信件，相互传阅并加以研究。对于能看懂讽刺语言背后智慧的玻尔来说，泡利的来信绝对是一件大事。玻尔会把泡利的来信装进夹克衫口袋里，一连揣上好几天，随时准备给那些对泡利正在研究的问题或想法感兴趣的人看。以起草给泡利的回信为契机，玻尔会虚构一场并不存在的对话，就好像叼着烟斗的泡利正坐在他面前一样。"很可能我们所有人都害怕泡利，但话又说回来了，我们还没有怕他怕到不敢承认的地步。"玻尔曾经开玩笑地说。[46]

克罗尼格回忆说，他在看到泡利写给朗德的信时，"好奇心被激发了"。[47]泡利在信中概述了用一套独一无二的四量子数组合标识出原子内每一个电子的必要性及其重要影响。看完信后,克罗尼格立刻就开始思考第四个量子数背后究竟有什么物理含义,并且产生了一个想法:电子绕着自身的某个轴自转。他也很快就意识到了自旋电子概念面临的困难。然而,由于觉得这是一个"颇为吸引人的想法",克罗尼格那一整天都在完善这个理论并且做相应的数学计算。[48]最后,他其实已经得到了乌伦贝克和古德斯密特后来在 11 月公布的大部分结果。克罗尼格向朗德解释了自己的发现后,两人都急切地盼望着泡利的到来,并期待得到他的认可。令克罗尼格大吃一惊的是,泡利奚落了他的这个电子自旋概念:"这肯定是一个很聪明的想法,但大自然的工作方式并不是这样的。"[49]泡利反对这个概念的方式过于直接了,朗德只能开口缓和气氛:"没错儿,如果泡利这么说了,那大自然的工作方式应该不会是那样的。"[50]克罗尼格只能垂头丧气地放弃了电子自旋概念。

　　然而,乌伦贝克和古德斯密特正式发表了这个想法后,人们很快就接受了。怒不可遏的克罗尼格在 1926 年 3 月写了一封信给玻尔的助手亨德里克·克拉默斯。他提醒克拉默斯,他才是第一个提出电子自旋概念的,之所以没有发表这个想法,完全是因为泡利嘲笑式的反对。"我以后会更相信自己的判断,不再那么看重别人的意见。"明白这个道理却为时已晚,克罗尼格只能无奈地哀叹。[51]克拉默斯收到克罗尼格的这封信后心烦意乱,便拿给了玻尔看。玻尔无疑想起了他在哥本哈根逗留期间,克罗尼格也同他和别人讨论过电子自旋这个想法,当时玻尔本人也反对这个概念。于是,他回信表达了自己的"惊恐和懊悔"。[52]"那些变着法子宣传自己理论的物理学家,总是无比相信自己的理论,甚至还夸大自己的理论。

如果不是为了嘲弄他们一番，我压根儿就不会提这事。"克罗尼格回信说。[53]

虽然觉得自己的成果被抢了，但克罗尼格还是非常敏感地请玻尔不要公开提及这次充满遗憾的事件，因为"古德斯密特和乌伦贝克肯定不会因此感到高兴"。[54] 克罗尼格明白，他们两人是完全无辜的。然而，古德斯密特和乌伦贝克还是知道了情况。乌伦贝克后来公开承认，他和古德斯密特"肯定不是最早提出电子量子自旋概念的人。此外，可以肯定的是，拉尔夫·克罗尼格早在1925年春天就准确预言了我俩的大部分思想，只是因为受到了泡利的打击才没有发表自己的成果。"[55] 一位物理学家告诉古德斯密特，这就证明了"神虽然绝对正确，但这种特质并不会延伸到地球上自诩为神之代表的牧师身上"。[56]

私下里，玻尔觉得克罗尼格"愚蠢"。[57] 如果他确信自己的想法没有错，那无论别人怎么看，都应该正式发表出来。"不发表，就发臭"是科研领域中一条不能忘却的准则。克罗尼格内心肯定也得出了相似的结论。到1927年年底的时候，他起初对泡利的那种强烈的怨恨情绪，以及因错失提出电子自旋概念成就而产生的失望心情，都消失了。那年，年仅28岁的泡利当上了苏黎世联邦理工学院理论物理学教授。他向当时再次造访哥本哈根的克罗尼格发出邀请，询问后者是否有兴趣担任自己的助手。"每当我发表观点的时候，你都可以用翔实的论据反驳我。"克罗尼格接受邀约后，泡利在给他的信中这样写道。[58]

1926年3月，所有导致泡利反对电子自旋概念的问题都解决了。"现在，我只能投降了。"他在给玻尔的信中写道。[59] 多年以后，大多数物理学家都觉得古德斯密特和乌伦贝克会得到诺贝尔奖——毕竟，电子自旋这个全新的量子概念是 20 世纪物理学的重大思想成就之一。然而，诺贝尔奖评奖委员会因为泡利–克罗尼格事件回避了这项成就，古德斯密特和乌伦贝克因此没有获得这个重大奖项。泡利则因为当初打击了克罗尼格而一直有负罪感。后来，当泡利因发现不相容原理获得 1945 年诺贝尔物理学奖，而乌伦贝克和古德斯密特这两个荷兰人却没有获奖时，泡利也产生了同样的负罪感。"我年轻的时候实在是太愚蠢了！"泡利后来这么说。[60]

　　1927 年 7 月 7 日，乌伦贝克和古德斯密特在一小时内先后拿到了博士学位。一向藐视传统、永远深思熟虑的埃伦费斯特特意做了这样的安排。他还为这两名弟子谋得了密歇根大学的工作。其实当时几乎没有什么空缺的职位，所以古德斯密特后来在生命的最后时光中说，美国密歇根大学的教职"对当时的我来说，比诺贝尔奖重要多了"。[61]

　　古德斯密特和乌伦贝克率先具体证明了，当时的量子理论已经触及了适用性的极限。要是不把已有物理学的一部分"量子化"，理论物理学家再也没法通过经典物理学获得立足之地，因为经典物理学中还没有与电子自旋这个量子概念对应的概念。泡利和两位荷兰博士的发现是"旧量子理论"最后的成就。危机感悄然出现。当时，物理学的状态"从方法论的角度看，是一个由假说、原理、定理构成的大杂烩，而不是一种逻辑自洽的理论"。[62]那时候的物理学进展依托的都是巧妙的猜想和直觉，而非科学推导。

　　"物理学目前又陷入了一片混乱。无论如何，至少对我来说，情况变得太过复杂了。如果我是一名喜剧演员，或是从事别的什么职业，从来没有听说过有关物理学的任何消息就好了，"1925 年 5 月，也就是泡利发现不相容原理大约 6 个月后，他这样写道，[63]

"现在，我无比希望玻尔能用一个新想法来拯救我们。我恳求他尽快做到这点，也请你们向他转达我的问候和感谢，感谢他对我的友善和耐心。"[64] 然而，对于"我们目前的理论困境"，玻尔也没有答案。[65] 那年春天，似乎只有一位量子魔法师才能召唤出大家渴望的"新"量子理论——量子力学。

第 8 章

海森堡：量子魔法师

《动力学和力学关系的量子理论再阐释》正是一篇所有人都一直在期待的论文，也是某些人早就想写的论文。1925 年 7 月 29 日，《德国物理学刊》的编辑收到了这篇论文。在科学家称为"摘要"的序言部分，论文作者大胆地陈述了他的雄图壮志："完全以量与量之间的关系（原则上说，这些关系都是可观测的）为基础，打造理论量子力学的基石。"大概 15 页过后，作者沃纳·海森堡的目标实现了，他奠定了未来物理学的基石。那么，这个德国神童到底是何方神圣？为什么其他所有人都失败了，而他却成功了呢？

*

1901 年 12 月 5 日，沃纳·卡尔·海森堡出生于德国维尔茨堡。海森堡 8 岁的时候，父亲奥古斯特·海森堡成了全德国唯一一名拜占庭语言学教授。由于父亲的教职在慕尼黑大学，他们全家都搬去了巴伐利亚州首府慕尼黑。在海森堡和差不多比他大两岁的哥哥埃尔温看来，搬家带来的最大变化就是家变成了慕尼黑市北郊时髦的施瓦宾区的一所宽敞公寓。兄弟俩在著名的马克西米利安文理中学上学。40 年前，马克斯·普朗克也在这里求学。此时，管理这所学校的正是海森堡兄弟的祖父。那个时候，如果有教职工动了"照顾"校长孙子们的念头，他们很快就发现完全没有这个必要。"他总能发现事情的本质，永远不会因各种细节而迷失，"沃纳·海森堡第一年上学时的老师这样评价，"他在语法和数学方面思维敏捷，而且通常不会犯任何错误。"[1]

当了一辈子老师的祖父给孙子沃纳和埃尔温设计了各种智力游戏，他尤其强调数学游戏和与解决问题有关的游戏。两兄弟争分夺秒地比赛解决谜题时，沃纳显然展示出了更高的数学天赋。大概12 岁的时候，沃纳就开始学习微积分了，还让父亲从大学图书馆给他带几本数学书回去。父亲意识到这是个提高儿子语言能力的好机会，就开始给他看用希腊语和拉丁语写的书。这也成了沃纳痴迷希腊哲人著作的起点。之后，第一次世界大战爆发，海森堡舒适且安宁的个人世界也走到了尽头。

战争结束后，整个德国的政治和经济都一片混乱，但鲜有地方的混乱程度能超过慕尼黑和巴伐利亚州。1919 年 4 月 7 日，巴伐利亚苏维埃共和国成立。反对这场革命的人在等待柏林派来的军队，希望他们恢复被推翻的政府时，自行组织、形成了军事化公司。海森堡和一些朋友就加入了这样的组织。他的职责基本上限于写报告和跑腿。"几周后，我们的冒险行动就结束了，"海森堡后来回忆说，"此后，枪声逐渐平息，服兵役也变得越来越没意思。"[2]5 月第一周周末，这个"苏维埃共和国"被无情粉碎，只留下 1 000 多人的死亡数字。

战后残酷的现实让像海森堡这样生活在中产阶级家庭的青年接受了早期浪漫主义思想。他们成群结队地加入了像"探路者"（德国童子军）这样的青年组织，还有一些想拥有更多独立性的青年则自行建立了自己的团体和俱乐部。海森堡当时就是这样一个团体的头目。这个团体由他们学校的一群低年级学生组成，自称"海森堡组"，团体活动通常是去巴伐利亚郊区远足、野营，讨论他们这一代人将要创造的新世界。

1920 年夏天，海森堡顺利地从文理学校毕业，并且拿到了一笔数目不菲的奖学金。此时的他想要去慕尼黑大学研究数学。然而，海森堡在慕尼黑大学的面试中表现糟糕，没能如愿入学，心情沮丧的他向父亲寻求建议。父亲安排海森堡与自己的老朋友阿诺尔德·索末菲见面。虽然"这个留着威武黑胡子的矮胖男人看上去很严肃"，但海森堡并没有感到害怕。[3] 他觉得，索末菲虽然外表冷峻，但"发自内心地关怀年轻人"。[4] 奥古斯特·海森堡之前就跟索末菲提过，他的这个儿子对相对论和原子物理学特别感兴趣。"你的步子迈得太大了，"索末菲对沃纳·海森堡说，"你不可能从最困难的部分开始学习，然后期待着剩下的部分会迎刃而解。"[5] 一贯热衷于鼓励、招募和培养"璞玉"的索末菲又留有余地地补充："不过，你或许确实知道点儿什么，但也有可能什么都不知道。我们马上就会知道你的水平究竟如何。"[6]

索末菲允许当时只有 18 岁的沃纳·海森堡出席为研究经历更丰富的学生组织的研讨会。海森堡运气不错，因为在未来的几年中，索末菲领导的这个研究所将会与哥本哈根的玻尔研究所、哥廷根的玻恩研究团队构成量子研究的黄金三角。海森堡第一次参加研讨会时，他"看到第三排坐着一个黑色头发、脸庞多少带着点神秘的学生"。[7] 那就是沃尔夫冈·泡利。海森堡第一次造访研究所时，索末菲就把他介绍给了泡利这个身材臃肿的维也纳人。当时，泡利刚离开走到听不见索末菲与海森堡对话的地方，索末菲就告诉海森堡，泡利是他最有天赋的学生，海森堡可以从泡利身上学到很多东西。显然，海森堡是回忆起了索末菲的建议，便在泡利身边坐了下来。

"他看上去是不是特别像胡萨尔①军官？"索末菲进入会场后，泡利悄悄地对海森堡说。[8] 这就是他们两人毕生事业关系的起点，但这种职业上的联系从没有进一步演变成亲密的个人友谊。海森堡和泡利实在是太不一样了。海森堡更安静、更友善，说话也没泡利那么直接。他对大自然有一种浪漫主义的情感，最喜欢做的事就是和朋友一起远足、野营。而泡利则流连于卡巴莱②餐馆、酒馆和咖啡馆。泡利还在床上睡得正香的时候，海森堡都干完半天活了。不过，泡利还是深深地影响了海森堡，并且从来不会放过任何一个挖苦地劝后者放松的机会："你真是个彻头彻尾的呆子。"[9]

在海森堡撰写他那令人眼花缭乱的相对论综述文章之时，正是泡利把他的研究重点从爱因斯坦的理论引向了量子原子这个土壤更肥沃的研究领域，而海森堡也正是凭借在这个领域的成就扬名立万。"在原子物理学领域，我们还有很多没法解释的实验结果，"泡利对海森堡说，"大自然在某个地方给出的证据似乎与另一个地方完全抵触，到目前为止，我们甚至连可以解释其中关系的半自洽理论都没能找到。"[10] 泡利认为，在未来的几年中，大家很有可能仍

---

① 胡萨尔是东欧传统轻骑兵，后演化为骠骑兵，大多身材矮小、壮实。——译者注
② 卡巴莱是一种起源于法国的娱乐形式，大致相当于用餐时的助兴表演。——译者注

会"在浓雾中摸索"。[11] 海森堡听着泡利的这番话，不可避免地进入了量子领域。

索末菲很快就给海森堡布置了一个任务，让他解决原子物理学的一个"小问题"。索末菲要求海森堡分析一些磁场内谱线分裂情况的新数据，并且构建一个能够推导出这类分裂的公式。泡利提醒海森堡说，索末菲希望这类数据的"破译"能够引出全新的定律。在泡利看来，这个态度已经类似"一种数字神秘主义了"，但他之后也承认，"没人能提出更好的建议"。[12] 那个时候，不相容原理和电子自旋概念还没有提出。

当时的海森堡对量子物理学的公认规则和法则一无所知，这让他进入了那些习惯于使用更谨慎、更理性研究方法的人不敢涉足的领域。他也因此构建了一个似乎能够解释反常塞曼效应的理论。这个想法的初稿被索末菲驳回，因此，当索末菲最终认可了海森堡最新成果的发表时，海森堡松了一口气。虽然后来证明，海森堡的这个理论并不正确，但他撰写的第一篇科研论文让欧洲顶尖物理学家注意到了他。玻尔就是看到这篇论文后大为重视海森堡的物理学家之一。

1922 年 6 月，索末菲带着部分学生前往哥廷根聆听玻尔关于原子物理学的系列讲座，这也是玻尔与海森堡第一次见面。玻尔用词之准确令海森堡震惊："他精心组织起来的每一个句子都蕴含着一长串深刻思考和哲学反思，虽然从没有完全表达出来，但足以让你意识到关键所在。"[13] 海森堡不是唯一一个觉察到玻尔更多地靠直觉与灵感（而非详细计算）得到结论的人。在玻尔第三场讲座的尾声，海森堡起身指出了玻尔此前称赞的一篇已发表论文中仍未解决的难点。问答环节结束后，玻尔在混乱的人群中找到了海森堡，邀请后者那天晚些时候和自己一起散散步。他们徒步到附近的一座山上转了转，一起待了大概三个小时。海森堡后来回忆时写道："我真正的科研生涯那天下午才开始。"[14] 也正是在那天，他第一次看到"量子理论的创始人之一为这个理论面临的困境感到深深忧虑"。[15] 当玻尔邀请海森堡来哥本哈根待一学期时，后者瞬间就觉得自己的未来"充满了希望和无限可能"。[16]

不过，哥本哈根还得过段时间才能迎来海森堡。索末菲要去美国，便安排海森堡在他不在的这段时间里前往哥廷根，在马克斯·玻恩手下学习。虽然海森堡看上去"像是一个淳朴的农家男孩，留着一头金黄色的短发，眼睛明亮清澈，表情迷人"，但玻恩很快就发现，真实的海森堡远比其表现出来的丰富。[17] 海森堡的"天赋不亚于泡利"，玻恩在给爱因斯坦的信中说。[18] 海森堡在回到慕尼黑后完成了以湍流为主题的博士论文。索末菲之所以给海森堡挑了这个课题，是因为想拓宽他的知识范围以及对物理学的理解。海森堡在口头测试期间，甚至没能答出像望远镜分辨能力这样的简单问题，这险些断送了他的博士学位。时任慕尼黑大学实验物理学负责人的威廉·维恩看到海森堡连电池的工作原理都解释不清，大为失望。维恩本不想为海森堡这位声名鹊起的理论物理学家开绿灯，但还是和索末菲达成了妥协。海森堡还是会拿到博士学位，但只会拿到倒数第二的评级——Ⅲ级。而泡利当时的评级是最高的Ⅰ级。

羞愧难当的海森堡当天傍晚就收拾好了行李，连夜坐火车逃往哥廷根——他是一分钟都不想在慕尼黑待了。"比约定时间早许久的一天早上，他突然出现在我面前，一脸尴尬、窘迫，我当时很吃惊。"玻恩后来回忆说。[19] 海森堡在玻恩面前焦虑地讲述了自己糟糕的口试表现，担心不能担任后者的助手了。当时，哥廷根大学在理论物理学领域的声誉一日胜过一日，志在巩固这一局面的玻恩相信海森堡会触底反弹，并如实地把自己的想法告诉了后者。

玻恩确信，物理学已经到了必须从头重建的境地了。在玻尔-索末菲量子原子模型的核心，量子规则与经典物理学定律混合使用，乱成了一锅粥，必须让位给逻辑上自洽的、被玻尔称为"量子力学"的全新理论了。那些不断尝试解决原子理论问题的物理学家对这一切都不陌生。不过，这标志着 1923 年的时候，物理学家已经意识到了危机感的蔓延，而这种危机感的源头正是因为他们没法跨过原子领域的卢比孔河。[①]当时，泡利已经高调地向所有听得进意见的同行宣布，现有理论没法解释反常塞曼效应正是"我们必须从根本上革新理论"的有力证明。[20]在见过玻尔之后，海森堡认为玻尔是最有可能在这项任务上取得突破的人。

自 1922 年秋天开始，泡利就在哥本哈根担任玻尔的助手。他和海森堡通过日常信件保持着联系，相互告知各自研究所的最新进展。和泡利一样，海森堡当时也做着反常塞曼效应方面的研究。就在 1923 年圣诞节前，他写信给玻尔，汇报了自己的最新工作，接着便收到了去哥本哈根待几个星期的邀约。1924 年 3 月 15 日，周六，海森堡站在布莱达姆斯大街 17 号一座总高三层、红瓦屋顶的新古典主义建筑之前。他在大门上方看到了对所有来访者的问候：

---

① "跨过卢比孔河"是西方著名谚语，大致是"破釜沉舟"的意思。罗马共和国时代，卢比孔河是意大利本土与山南高卢的分界。罗马共和国法律规定，军队跨过卢比孔河即为反叛的标志。公元前 49 年，恺撒跨过卢比孔河，进军罗马，毅然发起内战。文中借用这个典故说明，当时的物理学家无法下定决心彻底告别原来的物理体系。——译者注

"哥本哈根大学理论物理学研究所"。当然，这个机构更为人熟知的名字是玻尔研究所。

海森堡很快就发现，这栋建筑只有一半是用来做物理学研究的，也就是地下室和一楼。其余部分则是住宿用的。玻尔及其不断壮大的家庭住在一所家装精致的公寓内，而这套公寓占据了整个二楼。玻尔家的仆人、管家和贵宾都住在顶楼。一楼有一间放着6排长椅的报告厅、一座藏书丰富的图书馆、玻尔及其助手的办公室，还有一间为访问学者准备的中等大小的工作室。虽然名为理论物理学研究所，但这个机构的一楼还有两间小实验室，主实验室则在地下室内。

玻尔研究所有6名永久员工，访问学者数量总保持在10人出头，空间略显拥挤。为此，玻尔早就做好了扩张计划。两年后，研究所买下了邻近的土地，造了两座新楼，从而让研究所的容积翻了倍。玻尔一家也从他们原来的公寓搬到了隔壁一幢专门建造的大房子里。这次扩张让原来那栋研究所大楼也迎来了大改造。改造后的大楼拥有了更多办公空间，增加了餐厅，顶层则变成了一套全新的独立三室公寓。而这套公寓，正是泡利和海森堡后来常待的地方。

有一件事是研究所所有人都不想错过的：早晨邮件的到来。亲朋好友的来信永远都不会惹人嫌，但真正令人兴奋的还是来自各地同行和期刊的通信，毕竟其中可能传来物理学前沿最新的重大消息。不过，虽然大家讨论的大多数话题都与物理学有关，但研究所也并非只有物理学活动。研究所内会举办音乐之夜、乒乓球比赛、远足旅行等活动，人们还会一起外出观看最新的电影。

海森堡带着很高的期待来到这里，但他在研究所的头几天备感受挫。他原本期待走出房门就能和玻尔待在一起，现实却是他根本见不到玻尔。早已习惯鹤立鸡群的海森堡突然就要面对玻尔手下那些来自五湖四海且个个才华横溢的青年物理学家。他被吓到了，这些年轻人会说几种语言，而海森堡有时连用德语清楚地表达自己的想法都困难。海森堡在玻尔研究所唯一的爱好就是和朋友们一起在乡间散步，他觉得研究所里的每个人都比他更擅长人情世故。不过，最令他沮丧的还是，这些年轻人对原子物理学的认识都比自己更深刻。

海森堡在竭力摆脱自尊心遭受打击带来的阴影时，也在想自己是否还有机会同玻尔一起工作。一天，海森堡正坐在房间里，突然传来一阵敲门声，随后玻尔推开门走了进来。玻尔向海森堡道歉说，最近实在是太忙了，没有顾上他，接着便提议两人一起进行一次短途徒步旅行。玻尔解释说，在研究所里，他根本没什么机会与海森堡单独长时间相处，没法一起聊些什么。那么，还有什么方法比两人一起散步、交流几天更能增进对彼此的了解呢？这正是玻尔最喜欢的消遣活动。

第二天一大早，他们两人就搭上了驶往城市北郊的电车，到站后便开始散步。玻尔向海森堡了解了他童年的情况，并询问后者对 10 年前爆发的世界大战还有什么印象。他们一路向北，一开始并没有谈及物理学话题，只是一起聊了聊战争的利弊、海森堡青年时期参加的那些运动，以及德国的现状。晚上，他们在一所小旅馆过了夜，第二天又步行去了玻尔在齐斯维勒莱厄的乡间小屋，第三天则启程返回研究所。这总计超过 100 英里的散步旅程取得了玻尔和海森堡两人都渴望的效果——他们更快地了解了对方。

他们也聊到了原子物理学，但等他们最终回到哥本哈根时，征服海森堡的是玻尔的人格魅力，而非他作为物理学家的深厚学识。"毫无疑问,在那儿度过的时光令我无比痴迷。"海森堡在给泡利的信中说。[21] 他从来没有遇到过像玻尔这样可以和他无话不谈的人。在慕尼黑,虽然索末菲真诚地为研究所内的每个人着想,但他仍旧坚守着德国教授的传统,始终与自己的下属保持一定的距离。在哥廷根,海森堡肯定不敢和玻恩提那些他和玻尔肆意讨论的话题。海森堡不知道的是,促使玻尔热情接待他的那个人就是泡利,这个他似乎一直在追随其脚步的人。

泡利和海森堡互相交流各自的最新想法时,泡利一直对海森堡在做的事很感兴趣。当泡利得知后者要去哥本哈根待上几周时,他已经回到了汉堡大学,于是便给玻尔去了一封信。对泡利这个早就因尖酸刻薄而恶名远扬的人来说,能够评价海森堡是一个"未来某天会极大程度推动科学发展"的"不世出天才",这令玻尔印象深刻。[22] 不过,在那天到来之前,泡利确定海森堡的物理学体系还需一种更为自洽的哲学方法来支撑。

泡利认为,要想解决困扰原子物理学的问题,就必须停止这种行为:每当实验产生的数据与现有理论冲突时,就随意提出一种特殊假设。这种方法只能掩盖问题,根本不能解决问题。由于对相对论认识深刻,泡利对爱因斯坦本人及其通过数条指导性原理和假设构建理论的方法大为推崇,并且认为这也是原子物理学应该采用的正确方法。因此,泡利想要仿效爱因斯坦,在建立深层哲学原理和物理学原理之后,再发展能够将理论拼合在一起的必要形式数学基本要素。然而,到了1923年,这种方法已经让泡利身陷绝望。虽然泡利规避了无法证实的假设,但他没能自洽且有逻辑地解释反常塞曼效应。

"希望你能引领原子理论不断前进,解决那几个让我再怎么努力也是枉然的问题，它们对我来说实在是太难了，"泡利在给玻尔的信中写道，[23] "我也希望海森堡回来时，已经学会将哲学态度应用于思维过程。"因此，当海森堡这个年轻的德国人到来时，玻尔已经大致了解了情况。在海森堡为期两周的访问期间，他俩的讨论重点一直是物理学原理，而非特定的物理学问题。无论是在研究所旁边的大众公园散步时，还是晚上喝着小酒闲聊时，物理学原理始终是他俩的话题。多年以后，海森堡回忆起 1924 年 3 月他在哥本哈根的这段时光时，称其为"来自天堂的礼物"。[24]

"我当然很想念他（他是个可爱、杰出、十分聪慧的人，已经成了我心中珍贵的所在），但他本人的利益要高过我的。此外，您的想法也对我有决定性作用。"海森堡收到延长在哥本哈根访问时间的邀请后，玻恩在给玻尔的信中这样写道。[25] 玻恩在即将到来的冬季学期要去美国授课，因此，在第二年 5 月之前他都不需要助手的帮忙。1924 年 7 月末，顺利完成资格论文并获得在德国大学授课资质的海森堡离开了玻恩研究所，在巴伐利亚附近进行了为期三周的徒步旅行。

1924 年 9 月 17 日海森堡回到玻尔研究所时，还只有 22 岁，非常年轻，但已经在量子物理学领域发表或合作发表了 10 余篇令人印象深刻的论文。饶是如此，他仍有许多东西要学，并且知道玻尔就是那个会教他的人。"我从索末菲那儿学到了乐观主义，从玻尔物理学中学到了哥廷根数学。"海森堡后来说。[26] 在接下去的 7 个月中，海森堡接触到了玻尔解决量子理论问题的方法。虽然索末菲和玻恩也为同样的矛盾和困难所困扰，但他俩的烦恼程度远远比不上玻尔——他几乎因此完全没法谈及其他问题。

从这些紧张热烈的讨论中，海森堡"意识到了调和各项实验的结果究竟有多困难"。[27] 支持爱因斯坦光量子假说的康普顿 X 射线散射实验就是其中之一。乍看起来，难点似乎只是把德布罗意的观点（扩展波粒二象性的适用范围，使其囊括所有物质）加进来。玻尔把他所能教授的全部教给了海森堡，并且对这个年轻的门徒给予厚望："现在，海森堡手中已经有了摆脱困境需要的一切工具。"[28]

1925 年 4 月末，海森堡回到了哥廷根，他感谢了玻尔的热情，并且"因未来只能独行而感到忧伤"。[29] 不过，他在同玻尔的讨论以及与泡利的持续通信中学到了重要的一课：必须做出一些根本性的改变。在解决一个早已存在的问题时，海森堡感到他或许知道了这种根本性改变究竟是什么。这个问题就是氢原子谱线强度。玻尔–索末菲量子原子模型能够解释氢原子谱线出现的频率，但没法解释它们的明暗程度。海森堡的想法是，先把能够观测的现象和不能观测的现象剥离开来。电子绕氢原子核运动的轨道就是无法观测的，因此，海森堡决定放弃电子绕原子核运动的想法。对早已厌倦用图示表示不可见现象的海森堡来说，这是大胆的一步，但也是他现在有信心走下去的一步。

海森堡这个身处慕尼黑的年轻人，"为构成物质的最小粒子可以简化为某种数学形式的想法所吸引"。[30] 大致也在那个时候，他偶然间在一本教科书中发现了一张令人震惊的插图。在这张插图中，为了解释一个碳原子和两个氧原子是怎么形成一个二氧化碳分子的，原子用钩眼扣的钩和眼画了出来，它们正是通过这些钩和眼结合在一起。海森堡发现，量子原子中电子绕核运动的想法似乎同样牵强。于是，他放弃了任何对原子内所发生之事的可视化尝试。他决定忽略所有无法观测的部分，把注意力集中在那些实验室内可以测量的物理量上，即谱线的频率和强度，以及电子在能级间跃迁时发出或吸收的光。

在海森堡采取这个新策略之前，泡利早在一年多之前就表达了对电子轨道是否有用的怀疑。"在我看来，最重要的问题似乎是这个：我们究竟应该在多大程度上提及定态电子的轨道。" 1924 年 2 月，泡利在给玻尔的信中用斜体特别标识出了这句话。[31] 即便泡利此刻正走在通往不相容原理的康庄大道上，并且思考着电子壳层闭合的问题，他也还是在 12 月写给玻尔的另一封信中回答了自己此前提出的这个问题："我们肯定不能把原子束缚在我们的偏见链条之中——在我看来，这也属于一般力学意义上电子轨道存在的前提假设之一；相反，我们必须根据实际情况调整理论概念。" [32] 他们必须停止妥协，停止那些将量子概念安放于经典物理学这个熟悉又舒适的理论框架中的尝试。物理学家们必须挣脱束缚。率先迈出这一步的就是海森堡，他从实用性角度出发采纳了实证主义信条：科学应该以可观测事实为基础，而且构建理论的尝试唯一可靠的出发点就是那些可观测物理量。

*

1925 年 6 月，也就是从哥本哈根回来之后一个多月，海森堡痛苦地在哥廷根做着研究。他在计算氢原子谱线强度时举步维艰，并且在给父母的信中如实陈述了这点。海森堡抱怨说："这里所有人做的事都和我不一样，而且在我看来，他们的工作都没什么价值。" [33] 一场极为严重的花粉症让他的情绪愈加低落。"（当时）我的眼睛看不见，状态非常糟糕。"海森堡后来说。[34] 由于没法处理工作，海森堡只能暂时离开，玻恩也相当同情他，给他批了两周假期。6月7日，周日，海森堡搭上了驶往库克斯港的夜车。第二天一早抵达目的地后，又累又饿的海森堡在一家小旅馆里找了点儿东西充作早饭，然后乘船前往黑尔戈兰岛——那是北海中的一块孤立而荒凉的大岩石。黑尔戈兰岛最早属于英国，1890年被卖给桑给巴尔，距德国本土30英里，面积小于1平方英里。海森堡希望能在这座岛上没有花粉的海洋空气中找到慰藉。

"我刚到黑尔戈兰岛的时候，浮肿的脸一定很难看，很惹人注意。无论如何，房东太太看了我一眼，就断定我打过架了，并且承诺一定会好好照顾我，不会留下什么后遗症。"海森堡70岁时回忆说。[35]黑尔戈兰岛由红色砂岩雕琢而成，风格独特，而海森堡入住的这座家庭旅馆则坐落于小岛南部边缘的高处。他的房间在旅馆二楼，从阳台望去，下方的村庄、海滩和呈深黑色的大海尽收眼底。此后的日子里，海森堡有时间思考玻尔的那句评论："无穷的一部分似乎就掌握在那些眺望大海的人手中"。[36]海森堡带着这样的思绪，阅读歌德作品，每天在这座小度假村周围散散步、游游泳，达到放松自己的目的。很快，他就感觉好多了。仍处假期中的海森堡几乎没有什么可以分心的事，思绪便再次转向了原子物理学问题。不过，在黑尔戈兰岛这个地方，海森堡感到之前一直困扰他的种种忧虑都消失了。心情放松、没有顾虑的海森堡在尝试解决谱线强度之谜时，很快就投弃了从哥廷根带来的数学"压舱石"。[37]

海森堡在寻找描述量子世界的新力学体系时，把重点放在了电子从一个能级瞬时跳到另一个能级时产生谱线的相对强度和频率上。实际上，他也没有别的选择：就原子内部的工作机制而言，只有这两个量能从实验中获取相关数据。虽然所有提及量子跃迁的讨论都会不可避免地让人联想到像小男孩从墙上跳到下方人行道这样的场景，但电子在能级间移动时，其实并没有"跳"过任何空间。电子只是在某一时刻出现在某个位置，片刻之后又突然出现在另一个位置，两个时刻之间不会在其他任何位置上出现。海森堡认为，所有可观测量以及所有与这些可观测量相关的量，都有关电子在两个能级之间施展的神秘魔法——量子跃迁。当时的大多数人总是这么想象的：电子就像行星一样，绕着原子核这个太阳一圈又一圈地运动。然而，在海森堡这里，这个栩栩如生的微型太阳系永远消失了。

在完全没有花粉的黑尔戈兰岛上，海森堡发明了一种簿记方法，可以追踪氢原子各个能级间所有可能出现的量子跃迁。他能想到的唯一一种可以记录可观测量以及特定能级对的方法就是阵列：

$$
\begin{array}{cccccc}
v_{11} & v_{12} & v_{13} & v_{14} & \cdots & v_{1n} \\
v_{21} & v_{22} & v_{23} & v_{24} & \cdots & v_{2n} \\
v_{31} & v_{32} & v_{33} & v_{34} & \cdots & v_{3n} \\
v_{41} & v_{42} & v_{43} & v_{44} & \cdots & v_{4n} \\
\vdots & \vdots & \vdots & \vdots & & \vdots \\
v_{m1} & v_{m2} & v_{m3} & v_{m4} & \cdots & v_{mn}
\end{array}
$$

上面这个阵列就表示了电子在两个能级间跃迁时形成的谱线理论上所有可能出现的频率。举个例子，如果电子从能级 E_2 跃迁到了能量较低的能级 E_1，那么这个过程中形成的谱线频率由阵列中的 v_{21} 表示。由于处于 E_1 能级上的电子只有在吸收了足够的能量量子后才能跃迁到 E_2 能级，频率为 v_{21} 的谱线就只能在吸收光谱中找到。一般化的表述如下：电子在 E_m 和 E_n 两个能级间跃迁时会产

生频率为 v_{mn} 的谱线，其中，m 总大于 n。我们并不能严格观察到所有的 v_{mn}。举个例子，v_{11} 就不可能被我们测量到，因为这代表电子从能级 E_1 "跃迁" 到能级 E_1 时产生的谱线频率——这是不可能出现的物理现象。因此，v_{11} 就是 0，其他所有 $m = n$ 的频率也都是零。所有非零频率 v_{mn} 的集合就是特定元素发射光谱中真实存在的线。

计算各个能级间的跃迁概率，就能得到另一个阵列。如果能级 E_m 与 E_n 之间的跃迁概率 a_{mn} 比较大，那么这种跃迁比那些概率较小的更容易发生。由此产生的频率为 v_{mn} 的谱线强度，就会高于那些发生可能性较小的跃迁产生的谱线。海森堡意识到，通过一些巧妙的理论操作，跃迁概率 a_{mn} 和频率 v_{mn} 就能变成牛顿力学中各已知可观测量（比如位置和动量）的量子对应版本。

海森堡首先思考的是电子轨道。他想象中的电子虽然绕原子核运动，但电子与原子核之间的距离非常远，更像是绕着太阳运动的冥王星，而非水星。为了避免电子在不断辐射能量的过程中螺旋式坠入原子核，玻尔引入了定态轨道的概念。然而，按照经典物理学的说法，在这种名不副实的轨道上运动的电子，轨道频率（每秒绕原子核运动的圈数）应该等于它释放的辐射的频率。

这并非异想天开，而是巧妙应用了对应原理——玻尔在量子世界与经典领域之间架设的概念之桥。海森堡假想的电子轨道实在是太大了，大到处在了量子王国与经典世界的分界线上。在这片边陲之地，电子的轨道频率等于它所释放的辐射的频率。海森堡明白，这样的电子在原子内就类似于可以产生全频光谱的假想振荡器。1/4 个世纪之前，马克斯·普朗克就采用了类似的方法。不过，普朗克运用的是蛮力和能推导出已知正确公式的特殊假设，而海森堡则在对应原理的引导下进入了我们熟悉的经典物理学领域。一旦这个振荡器启动，海森堡就能计算它的各项特性，比如动量 p，相对平衡位置的位移 q，以及它的振动频率。必然会有振荡器发出频率为 v_{mn} 的谱线。海森堡明白，一旦他究明了量子世界与经典领域交汇处的物理学，就能通过外推探索那些原子内部的未知事件。

在黑尔戈兰岛的一个深夜，所有拼图都开始就位。这个完全以可观测量为基础构建出来的理论似乎能推演出一切，但它是否违背了能量守恒定律？如果违背了，那么它会像纸牌屋一样崩溃。海森堡的目标就是证明他的这个理论在物理和数学上都自洽。一步步朝着这个目标迈进时，这位时年 24 岁的物理学家感到既兴奋又紧张，甚至在检验计算过程的时候开始犯一些简单的算术错误。那天凌晨快 3 点的时候，海森堡才心满意足地放下手中的笔：他的这个理论没有违背最为基本的物理学定律之一——能量守恒定律。他很高兴，但也有些苦恼。"一开始，我很担心，"海森堡后来回忆说，[38] "我有一种感觉，自己透过原子现象的表面，看到了这个世界异常美丽的内核。大自然如此慷慨地在我面前展开了这幅内涵丰富的数学结构画卷，我现在当然要深入探索一番。一想到这点，我就觉得自己差点儿要晕过去了。"那天凌晨，海森堡完全无法入睡，他太兴奋了。第二天拂晓时分，海森堡就走到了黑尔戈兰岛的最南端——好几天前，他就想要爬上此处一块延伸到海里的岩石。在肾上腺素的刺激下，他"没费多大力气就爬了上去，然后等待着日出"。[39]

在拂晓的寒冷微光中，海森堡最初的兴奋和乐观逐渐消失。他提出的这种新物理学理论似乎只有在一种奇怪乘法的帮助下才能生效，这种乘法的特征是 X 乘 Y 不等于 Y 乘 X。对寻常数字来说，哪个在乘号前面、哪个在后面都不会对结果造成什么影响：4 × 5

与 5×4 的结果完全一样，都是 20。数学家把乘法的这种特性称为"交换性"。数字总是遵循乘法交换律，所以（4×5）-（5×4）总是等于零。这是所有小孩都会的数学规则。海森堡却发现，当他令两个阵列相乘时，结果与阵列的顺序有关，即（A×B）-（B×A）并不总等于零，这很是令他烦恼。[40]

海森堡不得不使用这种特殊的乘法，但又始终无法究明其中的含义。因此，6月19日，周五，海森堡一回到德国本土就直奔汉堡，去找沃尔夫冈·泡利。几小时后，带着泡利这位最严厉评论家的鼓励，海森堡又启程前往哥廷根，准备提炼并记录下自己的发现。两天后，迫切希望尽快取得进展的海森堡写信给泡利说："构建量子力学的尝试进展缓慢。"[41] 一天天过去，海森堡仍旧没能把自己的新方法应用到氢原子上，挫败感与日俱增。

无论海森堡有多么疑虑，有一点他都相当肯定。在任何计算中都只能出现可观测量之间的关系，或者那些虽然实际不可测但原则上可测的量之间的关系。他把方程中所有量的可观测性放到了公设的地位上，并且把所有"微薄的努力"都花在"消除无法观测的轨道路径概念并寻找合适的替代物"上。[42]

"我自己现在的工作情况不是特别理想。"6月末，海森堡在给父亲的信中这样写道。一个多星期后，他完成了一篇开启量子物理学新时代的论文。虽然此时的海森堡仍旧不确定自己究竟做了什么，这项工作的真正意义又在哪里，但他还是把一份副本寄给了泡利。海森堡向泡利表达了歉意，并要求后者在两三天内读完论文并寄回。之所以如此匆忙，是因为7月28日海森堡要在剑桥大学做一场讲座。再加上其他一些事情，他在9月底之前都不太可能回到哥廷根，他是这么想的："要么趁自己还在哥廷根的这段日子里把这篇论文的事搞定，要么就干脆烧了它"。[43] 泡利看到这篇论文之后，"兴高采烈"。[44] 泡利在给一位同事的信中说，这篇论文"带来了新的希望，能让我重新享受生活"。[45] "虽然这还不是谜底，"泡利补充说，"但我认为，我们现在终于可能再次前进了。"朝着正确方向迈开步伐的人则是马克斯·玻恩。

玻恩几乎完全不知道海森堡从北海那座小岛回来后在干什么。因此，当后者把论文交给他，并请他判断是否有发表的价值时，玻恩感到惊讶。忙于自己工作的玻恩先把海森堡的论文放到了一边。几天后，当玻恩坐下来开始阅读这篇海森堡自称"疯狂"的论文并准备加以评判时，他立刻就为其中的内容所吸引。玻恩意识到，海森堡一反常态地对自己提出的理论犹疑不决。是因为不得不使用这个奇怪的乘法规则吗？即便是到了论文的总结部分，海森堡仍旧不敢下定论："无论从原则上说，通过可观测量间关系确定量子力学数据的方法（比如本文中提出的这种）是否令人满意，也无论站在通过构建理论量子力学解决物理学问题的角度，这个方法是否太过粗糙，就目前来看，只有更深入地从数学角度研究本文中只是非常肤浅提及的这种方法，才可能解决我们当前面临的极为复杂的问题。"[46]

那个神秘的乘法规则究竟有什么含义？玻恩对这个问题很着迷，着迷到接下去的几天里几乎完全无法思考其他问题。他感到这个问题有一种似曾相识的感觉，却又没法准确指出这种感觉究竟是什么，这令玻恩很烦恼。"海森堡的最新论文很快就要发表了。虽然里面出现了一些令人困惑的内容，但论文本身绝对深刻且有现实意义。"虽然玻恩仍旧没能解释奇怪乘法规则的源头，但他在给爱因斯坦的信中这样写道。[47] 玻恩先是表扬了研究所里的青年物理学家们（尤其是海森堡），然后便坦言"对我来说，光是要跟上他们的思维，有时就得付出巨大的努力"。[48] 在专注思考这个问题几天后，玻恩的努力终于得到了回报。一天早上，他突然回忆起了学生时代听过的一场讲座，并且意识到海森堡碰巧遇到的奇怪乘法其实就是矩阵乘法。在矩阵乘法中，X乘Y的确并非总等于Y乘X。

海森堡刚得知自己的奇怪乘法规则之谜得到了解决，就抱怨说："我连矩阵是什么都不知道。"[49] 矩阵其实就是按行和列排列的数字阵列，就和海森堡在黑尔戈兰岛上构建的那种阵列没什么两样。19世纪中叶，英国数学家阿瑟·凯莱推导出了矩阵的加法、减法和乘法规则。如果A和B都是矩阵，那么A×B与B×A的结果可能不同。和海森堡的数字阵列一样，矩阵在做乘法时不一定可以交换顺序。虽然这些都是数学界内早已为行内人所知的规则，但对海森堡这一代理论物理学家来说，矩阵是一个陌生的领域。

玻恩找出奇怪乘法的源头后，立刻就意识到需要别人帮忙才能把海森堡的初步计划变成囊括原子物理学各方面的自洽理论框架。玻恩也知道谁才是能胜任这项工作的完美人选，那是一个对量子物理学和数学的艰深之处都十分了解的人。说来也巧，玻恩正准备去汉诺威参加德国物理学会的一场会议，而那个人届时也会在那里。玻恩一到汉诺威就立刻找到沃尔夫冈·泡利，并邀请这位前任助手与自己合作。"没错，我知道你特别喜欢那些枯燥且复杂的形式推导。"泡利这样回复，明确拒绝了。他不想参与玻恩的任何计划："你那些琐碎又无用的数学只会糟蹋海森堡的物理学思想。"[50] 玻恩觉得只凭自己一人无法取得进展，绝望中的他只好向自己的一位学生寻求帮助。

这位学生就是帕斯夸尔·约尔当，事实证明，玻恩无奈之下做出的这个选择却在不经意间找到了推进这个任务的最佳合作者。1921 年，约尔当进入汉诺威应用技术大学。他本想研究物理学，却发现这所学校的物理课程相当糟糕，便转攻数学。一年后，他转到哥廷根大学研究物理学。不过，他很少去上课，因为这些课的时间实在是太早了，不是早上 7 点就是 8 点。接着，他就遇到了玻恩。在玻恩的指导下，约尔当开始第一次正式研究物理学。"他不只是我的老师，在我的学生时代，正是他把我领入了广阔物理学世界的大门，他讲授的课程不仅能帮我理清思路，还能很好地开拓视野，"约尔当后来这样评价玻恩，"我还想说，玻恩对我的重要性仅次于父母，他对我的人生产生了最为深刻、最为持久的影响。"[51]

在玻恩的指导下，约尔当很快就开始关注原子结构问题。约尔当有点儿不太自信，说话也有些结巴，但每当他和玻恩讨论涉及原子理论的最新论文时，后者都会非常耐心，约尔当为此非常感激玻恩。很幸运，约尔当来到哥廷根大学时，正好赶上了玻尔节。和海森堡一样，约尔当也深受玻尔节的系列讲座和讨论启发。约尔当在 1924 年完成了博士论文，之后主要就是和他人合作研究，直到玻恩邀请他一道尝试解释原子谱线的宽度。约尔当"非常聪明、非常敏锐，思维比我快得多、自信得多。"玻恩在 1925 年 7 月给爱因斯坦的信中这样写道。[52]

约尔当此前就听说过海森堡的最新想法。在约尔当于 7 月末离开哥廷根之前，海森堡曾和一小群学生和朋友谈及他仅以可观测量间关系为基础构建量子力学的尝试。当玻恩邀请约尔当合作时，后者欣然接受，并且决心改造海森堡的初步想法并将其拓展成一种系统性的量子力学理论。玻恩不知道的是，当他把海森堡的论文提交给《德国物理学刊》时，约尔当靠着自己的数学背景已经十分精通矩阵理论了。玻恩和约尔当把这些数学方法应用到了量子物理学中,在 2 个月内就打下了新量子力学的基础——其他人后来称这个新理论为矩阵力学。[53]

玻恩确定了海森堡的奇怪乘法规则其实就是矩阵乘法之后,很快就发现了一个能够将位置 q 和动量 p 联系在一起的矩阵公式,其中用到了普朗克常数。这个矩阵公式就是 $pq - qp = (ih/2\pi)I$,其中 I 就是数学家口中的单位矩阵。正是因为有了单位矩阵,等式的右边才能写成矩阵形式。玻恩和约尔当从这个使用了矩阵数学方法的基本等式出发,在接下去的几个月内构建了量子力学的全部内容。玻恩很自豪地成了"第一个用不遵循交换律的符号写下物理定律的人"。[54] 不过,"这只是猜测,而且我所有企图证明这个猜测的尝试都失败了",他后来回忆说。[55] 约尔当在看到这个公式之后几天,就想到了严格的数学推导过程。也难怪玻恩很快就告诉玻尔,除了海森堡和泡利之外,他觉得约尔当是"青年同行中最有天赋的了"。[56]

8 月,玻恩带着家人去瑞士过暑假,约尔当为了在 9 月底之前写完准备发表的论文而留在了哥廷根。在论文正式发表之前,他俩给当时身处哥本哈根的海森堡寄去了一份副本。"这就是玻恩寄来的论文,但我根本不明白里面的内容,"海森堡在把论文呈给玻尔时说,[57] "里面全是矩阵,我几乎完全不知道它们有什么含义。"

海森堡肯定不是唯一一个不熟悉矩阵的人,但他怀着巨大的热情学习了这种新数学,并且达到了足以开始与玻恩和约尔当合作的程度,即便他当时仍在哥本哈根。10 月中旬,海森堡及时回到了哥廷根,帮忙撰写了后来大家熟知的"三人论文"的最终版本。在这篇论文中,他、玻恩和约尔当提出了第一种逻辑自洽的量子力学理论——这正是物理学家追寻已久的全新原子物理学。

　　然而，已经有人对海森堡的初步工作表达了保留意见。爱因斯坦在给保罗·埃伦费斯特的信中写道："哥廷根的那伙人相信这个理论（但我不信）。"[58] 玻尔则认为这"很可能是极为重要的一步"，但"目前还不能把这个理论应用到原子结构的问题上"。[59] 在海森堡、玻恩和约尔当全力构建这个理论的时候，泡利一直忙着的事情，就是用这个新体系解决原子结构问题。11 月初，"三人论文"仍在撰写时，泡利就神乎其技地成功应用了矩阵力学。泡利准确推导出了氢原子谱线，这项成就对新物理学的意义堪比玻尔的工作之于旧量子理论。对海森堡来说雪上加霜的是，泡利还计算了斯塔克效应——外部电场对原子光谱的影响。"没能从这个新理论成功推导出氢原子光谱，我本人对此有点儿不高兴。"海森堡后来回忆说。[60] 泡利为量子力学这个刚诞生的理论提供了第一次具体的证明。

＊

　　标题写着《量子力学基本方程组》。12 月的一个早晨，玻恩打开邮箱，收到了这篇堪称他科研生涯中"最大惊喜之一"的论文。当时，玻恩已经在波士顿待了快一个月了，而波士顿只是他在美国总时长 5 个月的巡回讲座中的一站。[61] 他读着这篇由一个叫作 P. A. M. 狄拉克的剑桥大学研究生撰写的论文，意识到"一切都很完美"。[62] 更令人惊叹的是，玻恩很快就发现，狄拉克把这篇包含量子力学基本要素的论文提交给《英国皇家学会学报》的时间足足比"三人论文"完成的时间早了 9 天。玻恩很好奇，这个狄拉克到底是谁，他又是怎么做到这一切的？

1925 年，保罗·阿德里安·莫里斯·狄拉克 23 岁。他的父亲查尔斯是一个说着法语的瑞士人，母亲弗洛伦斯则是英国人。狄拉克在家里的 3 个孩子中排行老二。父亲查尔斯非常强势，在家里说一不二，以至于他在 1935 年离世时，狄拉克写道："我现在觉得自由多了。"[63] 在他这个当法语老师的父亲面前，狄拉克只能保持沉默，这给处于成长期的狄拉克造成了心理创伤，也让他成了一个少言寡语的人。"父亲给我立了规矩，只能用法语同他说话。他觉得这是我学习法语的好方法。而我发现用法语没法表达自己的意思，但又不敢用英语同他交流，就只好保持沉默。"[64] 狄拉克的沉默是相当不幸的童年和青春期留下的后遗症，但这种沉默之后成了一段传奇。

1918 年，狄拉克本人虽然对科学感兴趣，但还是按照父亲的建议，进入布里斯托尔大学修习电气工程。三年后，狄拉克虽然以一等荣誉学位毕业了，却没能找到工程师的工作。英国的战后经济持续萧条，狄拉克的就业前景也持续暗淡，他因此接受了回到母校免费学习两年数学的邀请。他本来更想去剑桥大学，但剑桥大学的奖学金不足以支撑他在那里学习的费用。不过，1923 年，狄拉克在拿到数学学位和政府补助金之后，终于以博士研究生的身份来到了剑桥大学。他在这儿的导师是卢瑟福的女婿拉尔夫·福勒。

1919 年，狄拉克还在学习电气工程的时候，爱因斯坦的相对论就在全世界掀起了轩然大波。狄拉克全面掌握了这个理论，但他对玻尔在多年前提出的量子原子模型几乎一无所知。在来到剑桥大学之前，狄拉克一直觉得原子"是一种假设中的东西"，根本不值得他操心。[65] 很快，他就改变了想法并且开始努力弥补落下的功课。

这位崭露头角的剑桥大学理论物理学家过着一种与世隔绝的

安静生活，这简直就是为腼腆而内向的狄拉克量身定做的。在剑桥大学，做科研的学生大多在学院教室或图书馆内独自工作。其他人或许可能会厌倦这种每天都缺乏人际交流的枯燥生活，但狄拉克很高兴自己能独自一人待在房间里沉思。即便是在周日，他在剑桥郡乡下散步放松时，也喜欢独自一人。

和玻尔一样（狄拉克第一次见到玻尔是在 1925 年 6 月），狄拉克也会非常谨慎地挑选自己的用词，无论是书面文字还是口头表达都是如此。如果在他讲课时，有学生请他解释某个不理解的知识点，狄拉克总会一遍又一遍地重复自己之前说过的话。玻尔曾到剑桥大学做主题为量子理论问题的讲座，狄拉克对他本人印象深刻，对他的观点则没留下多少印象。"我想要的是那些能用方程表达出来的陈述，"他后来说，"而玻尔的工作极少涉及这类陈述。"[66] 另一方面，海森堡从哥廷根来剑桥做讲座之前的几个月里所做的物理学研究正是会令狄拉克感到兴奋的那种。然而，狄拉克没有听到海森堡谈及这部分内容，因为后者选择只讲原子光谱学，对自己刚做的工作则避而不谈。

引起狄拉克对海森堡工作注意的正是拉尔夫·福勒，后者给了狄拉克一份海森堡即将发表的论文的清样副本。海森堡在这次短暂来访期间住在福勒家里，并且同后者讨论过自己的最新想法，福勒听后便向海森堡要了一份论文副本。论文寄来后，福勒本人抽不出时间仔细研究，便把它给了狄拉克，并询问他的意见。狄拉克在 9 月初第一次读这篇论文时，觉得很难跟上作者的思路，也没有明白论文介绍的突破性进展究竟是什么。接着，狄拉克在两周后突然意识到，海森堡这个新方法的核心之处就是 $A \times B$ 不等于 $B \times A$，而且这个规则"提供了一把解开整个谜团的钥匙"。[67]

狄拉克提出了一种数学理论，从这个理论出发，他也推导出了公式 $pq - qp = (ih/2\pi)I$。他把那些不满足交换律（AB不等于BA）的量称为q数，那些满足交换律（AB = BA）的量则称为c数，这个数学理论的关键就是区分q数和c数。狄拉克证明，量子力学与经典物理学的不同之处在于，代表粒子位置和动量的 p 和 q 不能互相交换，但遵循他独立于玻恩、约尔当和海森堡发现的那个公式。1926年6月，狄拉克凭着史上第一篇题为《量子力学》的论文拿到了博士学位。那个时候，物理学家终于开始在面对矩阵力学时呼吸稍稍轻松了些。虽然矩阵力学能够推导出正确的答案，但使用起来很困难，而且完全无法可视化。

"海森堡–玻恩概念让我们所有人都屏住了呼吸，也给所有以理论为导向的人留下了深刻印象。"爱因斯坦在1926年3月写道，"现在，我们这些懒人中间出现了一股奇怪的紧张情绪，而不是一贯的听天由命。"[68] 唤醒他们的是一位奥地利物理学家。这个人在约会的时候还能抽出时间构建一种完全不同的量子力学，最关键的是，他这个版本的量子力学规避了爱因斯坦口中海森堡的"名副其实的魔法式计算"。[69]

第 9 章

薛定谔：一场始于情欲的迟到爆发

"我连矩阵是什么都不知道。"海森堡得知那个怪异乘法规则的起源时这样感叹，而这个规则正是他提出的新物理学理论的关键所在。不仅是他，很多物理学家在看到矩阵力学时也有同样的反应。不过，几个月后，埃尔温·薛定谔就提供了一个他们绝对乐于接受的替代方案。薛定谔的朋友、伟大的德国数学家赫尔曼·外尔后来描述薛定谔的惊人成就为"一场始于情欲的迟到爆发"。[1] 薛定谔这位当时 38 岁的花花公子在 1925 年圣诞节期间于阿罗萨的瑞士滑雪胜地私会情人，也正是在此期间，他创立了波动力学。此后，薛定谔逃离了纳粹德国，却把桃色新闻也先后带到了牛津和都柏林——他和妻子在当地安家的时候，竟然还有一名情妇也和他们住在同一屋檐下。

"在我们这样的世俗之人看来，他的私生活似乎比较奇怪，"薛定谔在 1961 年逝世，之后又过了几年，玻恩在回忆他时这样写道，"不过，这些都不重要。他这个人非常可爱、独立、有趣，也很和善、慷慨，是个性情中人。另外，他有一个高效的完美大脑。"[2]

*

1887 年 8 月 12 日，埃尔温·鲁道夫·约瑟夫·亚历山大·薛定谔在维也纳出生。母亲本想给他起名沃尔夫冈——这也是歌德的名字，但最后还是为了纪念丈夫的一位兄长而使用了现在这个名字。那位兄长在薛定谔父亲的孩提时代就夭折了。正是因为这位兄长的夭折，薛定谔的父亲才能继承欣欣向荣的家族产业（主要业务是生产油毡和油布），但这同时也断送了他成为一名科学家的希望——薛定谔的父亲原本想投身科学事业才在维也纳大学修习化学。薛定谔也明白，他在第一次世界大战前享受的那种舒适、无忧的生活，完全是父亲放弃个人愿望、履行家族责任换来的。

薛定谔在学会读写之前，就会向大人口头汇报每天都干了什么。早慧的他在 11 岁之前一直都是在家接受私人教师的指导，之后就上了文理中学。几乎从上学第一天起，一直到他 8 年后离开这所学校，薛定谔的在校表现始终都很优异。他似乎没花什么力气，成绩就稳居班级第一。他当时的一名同学回忆说："薛定谔的理解能力极强，尤其是在物理学和数学上。他完全不用做作业，只是在课堂之上就能立即掌握所有知识并懂得如何运用。"[3]实际上，薛定谔也是个勤奋的学生，他在家中自己的私人书房里刻苦用功。

和爱因斯坦一样，薛定谔很讨厌死记硬背，讨厌被迫记忆那些无用的事实。不过，他很欣赏希腊语和拉丁语语法背后的严谨逻辑。薛定谔的外祖母是英国人，所以薛定谔很早就学会了英语，而且说得几乎和德语一样流利。后来，他又学了法语和西班牙语，能够在任何有需要的场合用这两种语言做讲座。薛定谔精通文学和哲学，也热爱戏剧、诗歌和艺术，他就是那种会让沃纳·海森堡觉得自己还有很多不足的人。保罗·狄拉克有一次曾被问及是否会演奏某种乐器，他回答说不知道，因为他从来没有试过。薛定谔也是一样，他和父亲都不喜欢音乐。

1906 年从文理中学毕业以后，薛定谔就期待进入维也纳大学，在路德维希·玻尔兹曼的指导下研究物理学。不幸的是，就在薛定谔正式开始学习前几周，玻尔兹曼这位传奇理论物理学家自杀了。虽然薛定谔只有 5 英尺 6 英寸（约 1.68 米）高，但他蓝灰色的眼睛和油光锃亮的背头还是令人印象深刻。由于薛定谔在文理中学的表现非常优异，很多人都对他期望很高。薛定谔没有令他们失望，在大学里每学期也都是名列前茅。1910 年 5 月，薛定谔凭借一篇题为《潮湿空气中绝缘体表面电导率》的论文拿到了博士学位。这让大家颇感意外，因为薛定谔感兴趣的是理论物理学，而这篇论文其实是一项实验方面的工作。不过，这也证明，薛定谔与泡利和海森堡不同，他应对实验室里的工作也同样轻松自如。毕业后，23 岁的薛定谔博士享受了一个自由的暑假，接着便于 1910 年 10 月 1 日前往军营报道，开始服兵役。

在当时的奥匈帝国，所有四肢健全的年轻人都要服三年兵役。不过，作为大学毕业生，薛定谔可以选择只参加一年士官训练，此后就转入预备役。他于 1911 年离开军队后，在母校维也纳大学拿到了一个实验物理学教授助手的职位。薛定谔知道自己不是做实验的料，但他从来没有为这段经历感到后悔。"我属于那种看一眼就知道实验在测量什么的理论物理学家，"他后来写道，[4]"我觉得，这类对实验也有一定认识的理论物理学家越多越好。"

1914 年 1 月，26 岁的薛定谔成为一名编外讲师。和其他地方一样，奥地利当时留给理论物理学的教席寥寥无几。薛定谔当然想要成为正职教授，但前路似乎漫长且艰辛。因此，他萌生了放弃物理学的想法。那年 8 月，第一次世界大战爆发，薛定谔应征进入军队。在这场战争中，他从一开始就很幸运。作为一名炮兵军官，他在意大利前线的坚固防御高地上服役，在担任各种职务期间，面临的真正危险就是无聊。接着，他开始收到足以打破这种沉闷的各类书籍和科学期刊。"人生就是这样：吃了睡，睡了吃，然后打打牌？"在收到第一批书籍期刊前，薛定谔在日记中这样写道。[5]哲学和物理学是当时仅有的两个能把他从彻底绝望中拉出来的课题："我问的不再是战争什么时候会结束？而是这场仗还会结束吗？"[6]

1917 年春天，薛定谔被调回维也纳，在一所大学教授物理学，同时在一所防空兵学校教授气象学，这让他松了一口气。他后来写道，自己幸运地在战争结束时"没有受伤、没有生病，几乎没什么变化"。[7]和其他大多数人一样，由于家庭产业毁于一旦，薛定谔及其父母在战争结束后的头几年里举步维艰。随着哈布斯堡王朝崩溃，情况更是雪上加霜，因为在第一次世界大战中取得胜利的同盟国在战后仍旧保持封锁，切断了食物供应。1918 年与 1919 年之交的冬天，在维也纳有成千上万的人忍饥受冻。薛定谔一家也因为没钱在黑市上购买食物，常常被迫在当地救济所寻吃食。1919 年 3 月，封锁解除，奥匈帝国皇帝逃亡后，情况开始慢慢改善。第二年年初，薛定谔也等到了救助：他得到了耶拿大学的一份工作。工资刚刚够他迎娶当时 23 岁的安娜玛丽·贝特尔。

薛定谔夫妇于当年 4 月抵达耶拿，但只待了 6 个月，也就是在当年 10 月，薛定谔就被聘为斯图加特大学特聘教授。这所大学给他开了更高的工资，而薛定谔在经历了过去几年的种种事情之后，也知道这点对他非常重要。1921 年春天，基尔大学、汉堡大学、弗罗茨瓦夫大学和维也纳大学都在招募理论物理学家。当时已经颇有名气的薛定谔也在它们的招募名单上。经过一番权衡，薛定谔最终接受了弗罗茨瓦夫大学的教授职位。

　　在旁人看来，当时 34 岁的薛定谔似乎已经实现了所有学者都梦寐以求的目标。然而，实际上，他在弗罗茨瓦夫只是空有教授头衔，薪资待遇完全达不到。因此，当苏黎世大学向薛定谔伸出橄榄枝时，他毫不犹豫地离开了弗罗茨瓦夫大学。薛定谔于 1921 年 10 月抵达瑞士，之后不久就确诊患有支气管炎，并且有患上肺结核的可能。围绕薛定谔的未来展开的诸多谈判，以及前两年父母的陆续离世，都给他造成了很大伤害。"我实在是心力交瘁了，再也不会有什么明智的想法了。"薛定谔后来对沃尔夫冈·泡利说。[8] 他按照医生的要求，前往阿罗萨一家疗养院。阿罗萨是阿尔卑斯山上的一处度假胜地，纬度很高，而且离达沃斯不远。在接下去的 9 个月里，薛定谔就在此处休养恢复。不过，这段日子他也没有闲着，而是腾出一部分时间、精力，热诚地发表了几篇论文。

　　随着时间推移，薛定谔开始怀疑是否还能做出那种足以让自己跻身当代一流物理学家之列的重大贡献。1925 年年初，他过了 37 岁生日，对他来说 30 岁生日已经相当久远——当时有这样一种观点，30 岁是理论物理学家是否还能有创造性贡献的分水岭。此外，由于薛定谔夫妇都有婚外情，两人的婚姻也陷入困境，这更加剧了薛定谔对继续从事物理学研究是否还有价值的怀疑。那年年底，薛定谔的婚姻状况前所未有地糟糕，但他取得了一项足以保证自己在物理学殿堂中地位的突破性成就。

*

　　当时，薛定谔对原子物理学和量子物理学的最新进展兴趣越来越浓厚。1925 年 10 月，他读了一篇爱因斯坦在当年早些时候撰写的论文。其中的一个脚注提到了德布罗意讨论波粒二象性的论文，这引起了薛定谔的注意。要知道，大部分脚注是几乎无法勾起任何人的注意的。因为爱因斯坦的背书，薛定谔对这条脚注产生了兴趣，接着便开始大费周章地寻找这篇论文的副本——他不知道，德布罗意这位法国贵族的论文集已经出版近两年了。几周后的 11 月 3 日，薛定谔写信给爱因斯坦："几天前，我怀着极大的兴趣阅读了德布罗意见解独到的论文——我费了好大力气才找到了这篇论文的副本。"[9]

　　当时，其他物理学家也开始注意到波粒二象性，但在缺少实验证据支持的情况下，几乎没有人像爱因斯坦和薛定谔这样推崇德布罗意的想法。当时，每两周，苏黎世大学的物理学家就会与苏黎世联邦理工学院的同行们聚在一起，开一场联合讨论会。在其中某次由苏黎世联邦理工学院物理学教授彼得·德拜主持的会议上，他请薛定谔讲讲德布罗意的工作。在同行们的眼中，薛定谔是一位全能的杰出理论物理学家，他在 40 多篇论文中做出了很多虽然谈不上有多重大但都很扎实的贡献，这些工作涉及的领域广泛，其中包括放射性、统计物理、广义相对论和色彩理论。此外，薛定谔还有不少综述类文章得到了广泛认可，这证明了他吸收、分析和总结他人研究的能力。

　　11 月 23 日，"薛定谔优雅且清晰地解释了德布罗意如何将波与粒子联系到一起，又如何通过'定态轨道必须容纳半波长的整数倍'这个条件推导出尼尔斯·玻尔和索末菲的量子规则"，[10]时年21岁的学生费利克斯·布洛赫这样描述，当时他也在会议现场。由于当时还没有任何支持波粒二象性的实验证据（相关证据出现的时候已经是1927年了），德拜认为德布罗意的这个理论完全是牵强附会，"相当幼稚"。[11]无论是声波、电磁波，还是小提琴琴弦上的一道波，对于任何波而言，都存在描述其物理性质及状态的方程。然而，在薛定谔刚才概述的理论中，并不存在这样的"波动方程"，那是因为德布罗意从来没有尝试过为他的物质波提供相应方程。爱因斯坦在阅读了这位法国贵族的论文后，也没有做相应尝试。德拜的观点"听上去像鸡蛋里挑骨头，似乎也没给与会人员留下太深刻的印象"，50年后，布洛赫仍旧清楚记得当时这场会议的场面。[12]

薛定谔明白，德拜有一点没说错："波是一定要有波动方程的。"[13]会后，薛定谔几乎立刻就决定要找到德布罗意物质波所缺少的波动方程。过完那年圣诞假期，回到学校后，薛定谔在第二年年初举办的下一场联合讨论会上宣布："德拜认为，物质波应该要有相应的波动方程。于是，我找到了！"[14]薛定谔在两次联合会议间隙就充分吸收了德布罗意的初步想法，并将其发展成了一种成熟的量子力学理论。

薛定谔很明白应该从哪里入手，也很明白一定要解决的问题是什么。德布罗意从波粒二象性出发，成功推导出了玻尔原子模型中允许电子占据的轨道，并确认这些轨道刚好能容纳整数倍电子驻波，从而验证了波粒二象性这一思想。薛定谔明白，他要找的那种波动方程也必须能推导出存在三维驻波的氢原子三维模型。氢原子就是这个方程的试金石。

开始搜寻工作之后不久，薛定谔就觉得自己找到了这样一个方程。然而，当他把方程应用到氢原子上时，只能推导出错误答案。失败的根源在于，德布罗意提出并发展波粒二象性概念的方式与爱因斯坦狭义相对论相谐。按照德布罗意的思路，薛定谔起初寻找的是形式上具有"相对论性"的波动方程，并且确实找到了一个。与此同时，乌伦贝克和古德斯密特发展出了电子自旋的概念，但他们的论文直到 1925 年 11 月末才正式发表。因此，薛定谔找到的这个相对论性波动方程不出意料地缺失了电子自旋部分，自然就没办法推导出与实验相符的结论了。[15]

圣诞假期越来越近，薛定谔开始集中精力寻找无须考虑相对论的波动方程。他知道，这样的方程不能应用在以近光速运动的电子身上，因为在这种情境下，相对论效应是不能忽略的；但就他现阶段的目标来说，这样的波动方程就可以满足要求了。然而，没过多久，薛定谔的脑海中不再只是物理学了。他和妻子安娜玛丽又陷入了一场旷日持久的婚姻动荡，而且这次动荡的持续时间比以往任何一次都要长。虽然他们两人都有婚外情，也确实一直在讨论离婚，但似乎都不能也不愿和对方永远分开。于是，薛定谔想到了逃避，把和妻子的事情暂时搁置几周。我们不知道薛定谔在妻子面前找了什么借口，反正他最后确实离开了苏黎世，前往他最喜爱的阿尔卑斯度假胜地阿罗萨，在这个冬季宛如仙境的地方与旧情人私会。

能够回到赫维希别墅熟悉且舒适的环境里，薛定谔很高兴。之前两年的圣诞假期，他和妻子安娜玛丽都在这里度过。不过，在接下去的两周里，薛定谔几乎没时间感到愧疚，因为他忙着和那位神秘的情人共度快乐时光。无论薛定谔当时有多么分心，事实上，他还是抽出时间继续寻找那个波动方程了。"此时此刻，我正在努力钻研一种全新的原子理论，情况有些艰难，"他在 12 月 27 日写道，[16] "要是我掌握的数学知识再多一点儿就好了！我对结果很乐观，并且觉得只要我把……这个问题搞定，结果一定会非常美妙。"在阿罗萨过的这个圣诞假期堪称薛定谔人生中的"一场始于情欲的迟到爆发"，之后他又极富创造性地工作了 6 个月。[17] 受到他那位不知名灵感女神的激励，薛定谔发现了一个波动方程，不过，这究竟是不是他要找的那个？

　　薛定谔得出这个波动方程的方式并不是"推导"，实际上，也无法在逻辑严密的经典物理学中通过推导的方式做到这点。作为替代，他的理论基础是德布罗意的波粒二象性公式（这个公式把粒子的波和动量联系在了一起），以及久经考验的经典物理学方程。虽然听上去简单，但实际上，薛定谔用尽了自己掌握的所有技巧和经验才成了第一个写下这个方程的人。在接下去的几个月里，薛定谔以这个波动方程为基础，建造了波动力学的大厦。不过，他得先证明这个方程就是他要找的那个波动方程。把它应用到氢原子上时，能推导出正确的能级值吗？

　　次年 1 月回到苏黎世之后，薛定谔发现，他的这个波动方程的确能推导出玻尔–索末菲氢原子模型中的各个能级。德布罗意本人推导出了恰好能容纳一维电子驻波的圆形电子轨道，薛定谔的理论更加复杂，囊括了德布罗意成果的三维对应物——电子轨函（三维轨道波函数）。从薛定谔方程的部分可接受解出发，就能推导出这些轨道的能量。于是，玻尔–索末菲量子原子模型要求的那些特殊条件就彻底被消除了，之前所有那些让大家感到不舒服的修改和调整现在都自然地从薛定谔波动力学的框架中生发出来。即便是电子在轨道间的神秘量子跃迁也不存在了，取而代之的是从一种理论允许的三维电子驻波到另一种的平滑、连续演变。1926 年 1 月 27 日，《物理年鉴》收到了一篇题为《量子化本征值问题》的论文，[18] 并于 3 月 13 日正式发表。这篇论文为大家呈现了薛定谔版本的量子力学，以及这个理论在氢原子场景中的应用情况。

在约 50 年的科研生涯中，薛定谔平均每年发表的研究论文大概有 40 页，但在 1926 年他发表的论文数量达到了 256 页。他在这些工作中向人们证明了，波动力学能顺利解决原子物理学中的许多问题。此外，他还提出了波动方程的时变版本，用以处理随时间改变的各类"系统"，其中包括与辐射发射/吸收以及原子散射辐射相关的诸多过程。

2 月 20 日，也就是阐述这些理论的第一篇论文即将付梓之际，薛定谔首次使用了"*Wellenmechanik*"（波动力学）这个名称描述他的新理论。矩阵力学朴素又冷酷，没有给人们留下任何形象化想象的空间。薛定谔的波动力学则大为不同，它给物理学家提供了一个熟悉且安心的选择。相比海森堡那些高度抽象的公式，波动力学能以更接近 19 世纪物理学的方式解释量子世界。薛定谔在波动力学中回避了那些在物理学家看来神秘的矩阵，用到的不过是微分方程，而这是每个物理学家都必须掌握的数学工具。此外，海森堡的矩阵力学还会引出量子跃迁和不连续的概念，在物理学家研究原子内部工作机制时也无法提供任何可供想象的具体图景。薛定谔则通过波动力学告诉他们，不用再"压抑直觉，不用再使用诸如跃迁概率、能级这样的抽象概念做运算"。[19] 因此，物理学家怀着巨大的热情欢迎波动力学并快速学习使用，也就完全不足为奇了。

薛定谔一收到印刷好的论文，就把它们寄给了那些评价意见对他至关重要的同行。普朗克在 4 月 2 日回信说，他已经仔细看完了论文，心情"就像一个急不可耐的小孩终于听到了困扰自己许久的谜题的答案"。[20] 两周后，薛定谔又收到了爱因斯坦的来信，后者告诉他，"这篇论文中的思想，只有真正的天才才能想出来"。[21]
"对我来说，您和普朗克的认可，比半个世界的意见都重要。"薛定谔在给爱因斯坦的回信中写道。[22] 爱因斯坦确信薛定谔取得了一项决定性的进展，"就和我确定海森堡与玻恩的方法只会让人误入歧途一样"。[23]

　　其他人则过了一段时间才充分认识到薛定谔这场"始于情欲的迟到爆发"意义究竟有多大。索末菲起初认为，波动力学是一个"彻头彻尾的疯狂理论"，后来改变想法并且宣布："虽然矩阵力学的确能反映事情的真相，这点毫无疑问，但这些矩阵处理起来实在是太过复杂了，而且非常抽象。多亏现在有了薛定谔的波动力学，我们得救了。"[24] 很多其他物理学家在学习并开始使用波动力学的核心思想（这才是他们更加熟悉的内容）后，呼吸也终于轻松了一点儿，毕竟他们终于不用被迫处理海森堡及其哥廷根同行提出的那些陌生的抽象矩阵了。"对我们来说，薛定谔的波动方程是一个巨大的宽慰，"年轻的"自旋博士"乔治·乌伦贝克这样写道："现在，我们不用再学那些奇怪的矩阵数学了。"[25] 于是，埃伦费斯特、乌伦贝克以及他们在莱顿大学的同行们一连数周"在黑板前一站就是几个小时"，只为学习波动力学的方方面面。[26]

　　泡利可能是站在哥廷根物理学家这一边的，但他同样意识到了薛定谔工作的重要性，并且对此印象深刻。泡利在成功将矩阵力学应用于氢原子情境的过程中，已经耗尽了全部脑细胞。他能如此快速地做到这点令所有人都惊讶不已，同样令人惊叹的还有他在这个过程中展现出的精湛技巧。1926 年 1 月 17 日，泡利把论文提交给了《德国物理学刊》，只比薛定谔提交第一篇波动力学论文的时间早 10 天。等到看到薛定谔借助波动力学如此轻松地解决了氢原子问题后，泡利大为震惊。"我认为，波动力学绝对是最近几年发表的成果中最有意义的之一，"泡利对帕斯夸尔·约尔当说，"务必要用心、细致地好好阅读这篇论文。"[27] 不久以后的 6 月，玻恩称波动力学为"量子定律的最深刻形式"。[28]

海森堡则"不是很高兴"，他告诉约尔当，玻恩明显偏爱波动力学。[29] 虽然海森堡也承认，薛定谔的论文"极为有趣"，而且用到了大家都更加熟悉的数学工具，但他坚信就物理学角度来说，自己的矩阵力学更好地描述了原子级别的物理学运作机制。[30] "我认为，从物理学角度出发，你的波动力学要比我们的量子力学理论意义更加重大，但海森堡从一开始就不同意我的这个观点。"1927年 5 月，玻恩在信中向薛定谔吐露了实情。[31] 其实，到了那个时候，这已经算不上什么秘密了，海森堡也不想只是把自己的不快放在私下里，因为波动力学和矩阵力学谁能胜出实在是关系重大。

1925 年的春夏之交，量子力学尚不存在，这个理论之于原子物理学就相当于牛顿力学之于经典物理学。然而，一年之后，就出现了两个足以争夺这项桂冠的理论，而且它们之间的差别就如同波和粒子那样大。另外，在把它们应用于同一问题上后，得到的答案却完全一致。那么，矩阵力学和波动力学之间是否存在联系？如果确实有，那么这种联系是什么？这正是薛定谔在完成第一篇具有开创意义的论文后，几乎马上就开始深思的问题。在搜寻两周之后，他仍旧没有找到这两种理论之间可能存在的任何联系。薛定谔在给威廉·维恩的信中写道："因此，我个人已经放弃了进一步搜寻的想法了。"[32] 不过，薛定谔也完全没有失望，他坦言："在我隐约想到波动力学之前，我就已经忍受不了那种矩阵计算了。"[33] 不过，实际上，薛定谔还是没有停下搜寻两种理论间联系的脚步，并且在 3 月初的时候终于发现了其中的关联。

初看起来，这两种理论在形式和内容上都完全不同：一种应用了波动方程，另一种使用的却是矩阵算术；一种描述的对象是波，另一种却是粒子。然而，这两者在数学上竟然是等价的。[34] 因此，把它们应用于同一个问题时得到完全相同的答案，也就一点儿不奇怪了。量子力学拥有两种不同但等价的形式，其优点很快就显现了。对于物理学家遇到的大部分问题，薛定谔的波动力学提供了最简单的解决方法。不过，对于某一些问题（比如涉及自旋的问题），海森堡的矩阵力学就派上用场了。

就这样，有关波动力学和矩阵力学哪个才正确的任何可能出现的争论在爆发之前就被扼杀了，人们的关注重点也从数学形式转向了物理解释。从数学角度看，这两个理论是等价的，但数学之外的物理实在性质则截然不同：薛定谔的波动力学研究的是波，体现的是连续性；而海森堡的矩阵力学研究的是粒子，体现的是非连续性。这两人都确信自己的理论才体现了物理实在的真正性质。显然，他们都错了。

*

海森堡和薛定谔刚开始互相质疑对方版本量子力学之物理意义的时候，两人并没有产生什么个人恩怨。然而，他俩的个人情绪很快就开始飙升。总体上说，在公众场合和论文中，两人还能控制住自己的真实情感。但是，在私人信件中，两人就完全放开了手脚，也顾不得什么中庸之道，彻底释放自己的情绪。薛定谔起初没能证明波动力学和矩阵力学等价，当时他甚至感到有些宽慰，因为"如果我之后在向学生阐述原子真正性质的时候还必须使用矩阵计算，这个场景光是想想就让我不寒而栗"。[35] 他在题为《论海森堡–玻恩–约尔当量子力学与我本人理论间关系》的论文中，煞费苦心地想要将波动力学同矩阵力学划清界限。"我的理论的灵感源泉是德布罗意，以及爱因斯坦那简短却极富远见的评论，"薛定谔解释说，"我绝对不知道波动力学与海森堡的矩阵力学之间存在任何起源上的关联。"[36] 他还总结道："由于矩阵力学根本没有给我们留下任何形象化想象的空间，我个人即便不排斥这个理论，对其也是望而却步。"[37]

薛定谔试图恢复原子领域中的连续性，海森堡则更加直接地反对这个观点，因为在他看来，在原子领域中占据主导地位的应该是非连续性。"我越思考薛定谔理论的物理学部分，就越排斥这个理论，"6 月，海森堡这样告诉泡利，[38]"薛定谔对其理论形象性能力的描述'很可能不怎么正确'，换句话说，全都是废话。"就在两个月前，海森堡还似乎颇为缓和地称波动力学"极为有趣"。[39] 不过，熟识玻尔的人就会看出，海森堡这是使用了玻尔这个丹麦人偏爱的语言方式，后者在评价那些自己并不认同的想法或论点时总是会称其"有趣"。随着越来越多的同行放弃矩阵力学，转而使用更加方便的波动力学，海森堡越发受挫，最终彻底崩溃。当玻恩也开始使用薛定谔的波动方程时，海森堡更是难以置信。他一怒之下，甚至称玻恩为"叛徒"。

薛定谔的波动力学影响力与日俱增，这或许令海森堡嫉妒，但在薛定谔提出这个理论之后，下一个取得波动力学重大胜利的不是别人，正是海森堡。他或许真的对玻恩感到恼火，但他自己同样为薛定谔方法应用于原子问题时的数学简便性所吸引。1926 年 7 月，海森堡运用波动力学解释了氦原子谱线。[40] 为了防止有人过度解读他使用了对手的理论这一事实，海森堡特别指出，这只是权宜之计。波动力学与矩阵力学在数学上等价，意味着他可以在无视薛定谔所说"直观图像"的前提下使用波动力学。然而，早在海森堡提交这篇论文之前，玻恩就已经运用薛定谔的画笔在同一块画布上绘制了一幅全然不同的图像——他发现了处于波动力学与量子实在核心位置的概率性。

而薛定谔本人根本没想用这支画笔绘制新画，他想的是复原那幅老画。在他看来，原子不同能级间根本不存在什么量子跃迁，有的只是一道驻波平滑、连续地演变成另一道驻波，同时因某些特别共振现象释放辐射。他认为，波动力学能够再现那幅描述物理实在的经典"直观"图景，其特点是连续、符合因果律和决定论。然而，玻恩并不认同这个观点。"按照薛定谔的思路，他这项成就本身就只能降格为某种纯粹的数学成果，"玻恩对爱因斯坦说，"他对波动力学物理学部分的认识糟透了。"[41] 薛定谔试图接过牛顿手中的大旗，延续经典物理学的荣光。玻恩则恰恰相反，他希望用波动力学绘制一幅超现实图景，其特点是：不连续、不符合因果律、非决定论。在薛定谔的波动方程中，希腊字母 ψ 被用于表示波函数。薛定谔和玻恩各自坚持的现实图景对这个波函数的解释完全不同。

薛定谔从一开始就知道他这个版本的量子力学存在一个问题。按照牛顿运动学定律，如果已知电子在特定时刻的位置和速度，那理论上就能推导出它在后续任何时刻所处的精确位置。然而，波要比粒子难定位得多。往池塘里扔一块石头就能在水面上激起一道道波的涟漪。可是，波到底在哪儿呢？与粒子不同，波不会固定在某个地点，它是一种携带着能量在介质中穿行的扰动。和参与"墨西哥人浪"的每一个个体一样，水波其实就是上上下下跳动的一个个水分子。

无论大小、形状，所有的波都能用一个方程来描述，这个方程从数学角度刻画了波的运动，就像描述粒子运动的牛顿方程一样。波函数 ψ 就代表波本身，并且描述了波在任意给定时刻的形状。对于在池塘水面上荡漾的一道波，波函数确定了水面上任意一点 x 在任意时刻 t 的扰动，也就是所谓的振幅。薛定谔在发现描述德布罗意物质波的波动方程之初，并不知道其中的波函数。解出特定物理情境（比如氢原子）下的波动方程，就能得到这个波函数。然而，薛定谔发现了一个很难回答的问题：到底是什么在波动？

就水波或者声波来说，这个问题的答案显而易见：波动的是水分子及空气分子。19世纪，物理学家曾经对光这种现象大惑不解。无奈之下，他们只能引入神秘的"以太"充当光在其中传播的必要介质。直到最后，物理学家终于发现光原来是一种电磁波，产生波动的正是电场和磁场的连锁效应，这才抛弃了以太概念。薛定谔认为，物质波就像这些物理学家熟悉的波一样真实。那么，电子究竟是在什么介质中传播的呢？这个问题其实就等同于，薛定谔波动方程中的波函数究竟代表什么？1926年夏天，一首诙谐的小曲总结了薛定谔及其同行面对的形势：

> 埃尔温靠着他的波函数，
> 做了好些计算。
> 但还有一件事没明白：
> 波函数到底是什么？[42]

薛定谔最后提出，电子的波函数与它在空间中运动时产生的云状电荷分布关系密切。在波动力学中，波函数并不是一个可以直接测量的量，因为它实际上是数学家所说的复数。举个例子，4 + 3i就是一个复数，由两部分组成：实部和虚部。在4 + 3i这个复数中，4就是我们平常理解的"正常"数字，也是实部；而虚部3i则没有任何物理意义，因为i是–1的平方根。某数的平方根在与自身相乘后就能得到原来那个数。例如，4的平方根是2，因为2 × 2就得到了4。没有任何数与自身相乘等于–1。1 × 1 = 1，（–1）×（–1）仍旧等于1，因为算术规则告诉我们：负负得正。

我们不可能观测到波函数，这是一种无法测量的无形之物。不过，复数的模在平方后就得到了实数，而且这种实数与实验室内可以真正测量的某些量有关。[43] 仍旧以4 + 3i为例，这个复数模的平方就是25。[44] 薛定谔认为，电子波函数模的平方 $|\psi(x,t)|^2$ 就表征了 t 时刻 x 位置处的电荷密度。

薛定谔在解释波函数的过程中，引入了"波包"的概念，用以表征电子，并以此挑战粒子论。他提出，虽然有大量实验证据支持电子是粒子的观点，但电子其实只是"看上去"像粒子，并非真正的粒子。薛定谔认为，电子呈现粒子的样子只是幻觉，在本质上，电子其实是波，其呈现的所有粒子特征都只是因为一组物质波叠加到了波包上。因此，运动中的电子不过就是一个波包。想象一根绷紧的绳子，一端系紧，另一端抓在你手上，然后你手腕轻轻一抖，就发出了一个沿绳子传播的脉冲，电子波包的运动方式就和这种脉冲类似。电子波包要想体现出粒子性，就需要由一组波长各不相同的波构成，这些波在电子波包之外发生干涉，并相互抵消。

如果放弃粒子论并且将一切都归结为波，就能让物理学摆脱

非连续性和量子跃迁，薛定谔认为，这个代价还是值得的。然而，
他的解释很快就陷入了困境，因为这个理论有一些从物理学角度说
不通的地方。首先，物理学家发现，如果构成波包的波要与实验中
能够探测到的所谓形似粒子的电子联系在一起，那么它们在空间中
的扩散速度要超过光速，这就意味着薛定谔用来表征电子的波包必
然已经散开。

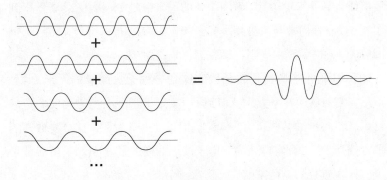

图 9-1　由一组波叠加形成的一个波包

　　无论薛定谔怎么努力，他都没办法阻止波包的这种崩溃。既
然波包由波长、频率各不相同的波构成，那么波包在空间中传播
时，就必然会很快发散出去，因为波包内各个波的运动速度不尽相
同。首先，如果薛定谔的这个理论要成立，那么每当电子以粒子的
形式被探测到时，构成波包的这些波都必须几乎瞬时地聚到空间中
的某个点上。矛盾之处显而易见。其次，薛定谔的波包（他对波动
力学数学形式背后的物理实在诠释）在应用到氦原子及其他原子的
波动方程上时，会消失在一个不可能具体想象出来的抽象多维空
间中。

　　就一个电子来说，它的波函数囊括了与其三维波有关的一切

信息。然而，氦原子中两个电子的波函数不能解释为寻常三维空间中的两道三维波。相反，数学运算告诉我们，这两个电子的波函数指向的是处于一种怪异六维空间中的一道波。按照元素周期表的顺序推移，元素的原子序数每增加 1，相应原子内的电子数也增加 1，波函数指向的波所处空间的维数就增加 3。因此，按照薛定谔的理论，第三号元素锂对应的波需要 9 维空间，而铀原子对应的波则需要 276 维空间才能容纳。处于这些多维抽象空间中的波绝不可能是薛定谔希望重现连续性并消除量子跃迁的真实物理波。

此外，薛定谔的理论无法解释光电效应和康普顿效应。其他未得到解答的问题包括：波包是怎么携带电荷的？波动力学是否能够引入量子自旋概念？如果薛定谔的波函数表征的确实不是日常三维空间中的真实波，那么它表征的到底是什么？解决这些问题的，正是马克斯·玻恩。

1926 年 3 月，薛定谔阐述波动力学的第一篇论文正式发表。当时，玻恩即将结束为期 5 个月的美国访问之旅。他在 4 月回到哥廷根后第一时间阅读了薛定谔的这篇论文，并且和其他人一样，"始料未及"地完全为文中的思想所吸引。[45] 玻恩不在哥廷根的这段时间，量子物理学领域发生了巨大变化。玻恩立刻就意识到，薛定谔于无声处起惊雷，建立了一个"无比优雅和强大"的理论。[46] 玻恩很快就承认"波动力学作为数学工具的优越性"，这个理论能相对轻松地解决"基本原子问题"（氢原子），就足以证明这点。[47] 毕竟想把矩阵力学应用到氢原子情境中，需要像泡利那样卓绝的天赋。虽然玻恩在看到薛定谔的论文时颇为意外，但其实早在这篇论文发表之前许久，玻恩就已经对物质波的概念相当熟悉了。

"德布罗意那篇论文发表之后不久，爱因斯坦的一封信勾起了我对物质波的兴趣，但我当时对我们自己的猜测投入了太多精力，所以没有仔细研究。"玻恩在半个多世纪后承认。[48] 1925 年 7 月，他终于腾出时间好好研究了德布罗意的工作，并且在给爱因斯坦的信中写道："物质波理论可能非常重要。"[49] 当时，兴致勃勃的玻恩已经开始"对德布罗意的波理论有了一点儿想法"，他这么告诉爱因斯坦。[50] 不过，也就是在那个时候，海森堡呈给他的论文中出现了怪异的乘法规则，为了究明其中的含义，玻恩只好暂时把德布罗意的理论搁置一边。差不多一年之后，玻恩现在解决了波动力学面临的一些问题，但付出的代价比薛定谔牺牲电子的粒子性高得多。

薛定谔主张抛弃粒子性和量子跃迁概念，这对玻恩来说，实在是太过头了。在哥廷根，玻恩经常在原子碰撞实验中看到他所称的"粒子概念的高产性"。[51] 玻恩认可了薛定谔波动力学的形式，但反对这个奥地利人的物理学诠释。玻恩在 1926 年晚些时候写道："必须彻底抛弃薛定谔的物理图景——他的这个理论旨在复兴经典连续体理论，保留其形式，并用一些物理学新内容加以填充。"[52] 玻恩确信"不能放弃粒子性"，并且在提出对波函数的全新解释之时，找到了一种运用概率将粒子性与波动性编织在一起的方法。[53]

造访美国期间，玻恩就一直在研究如何将矩阵力学应用到原子碰撞的情境之中。回到德国后，又突然多了薛定谔的波动力学这件重要工具，玻恩在重启这项研究时更是得心应手，并顺利发表了两篇相当重要的论文。这两篇论文的题目一样，都叫作《碰撞现象中的量子力学》。其中的第一篇只有 4 页，7 月 10 日发表在《德国物理学刊》上。10 天后，更加完善和细化的第二篇论文也顺利完成并发表。[54] 薛定谔试图放弃粒子性，而尝试拯救这个概念的玻恩则提出了一种全新的波函数诠释。这个诠释挑战了一项基本物理学原则：决定论。

牛顿体系是完全决定性的，没有给概率留下任何空间。在这个体系中，粒子在任意给定时刻都具有确定的动量和位置，作用在粒子上的力则决定了粒子的动量和位置随时间变化的方式。对于像气体这样由众多粒子构成的物质，物理学家（比如詹姆斯·克拉克·麦克斯韦和路德维希·玻尔兹曼）解释其性质的唯一方式就是使用概率并采用统计学描述。这是因为我们没法追踪这么多粒子的运动，所以只能被迫让步，使用统计分析的方法。在一切都按照自然定律展开的决定性宇宙中，概率的使用只是人类因无知而采取的折中方案。在这种体系中，对于任何系统，只要知道它现在的状态以及作用在它之上的所有力，该系统未来的任何变化就都已经确定。在经典物理学中，决定论与因果律（这个概念是说"任何结果都有其原因"）之间存在密切关系。

就像两个台球相撞一样，当电子与原子相撞时，电子被散射到哪个方向都有可能。不过，玻恩认为，这两者之间的相似也就到此为止了，因为他要提出一个惊人的论断。就电子与原子碰撞这一情形来说，物理学没法回答"原子碰撞后的状态如何"，它只能回答"特定碰撞结果出现的概率是多少"。[55] "于是，决定论的问题就出现了。"玻恩承认。[56] 我们无法确定电子与原子碰撞后所处的精确位置。玻恩认为，物理学所能做到的一切，就是计算电子以各个角度散射的概率。这就是玻恩的"物理学新内容"，它与他对波函数的诠释关系密切。

波函数本身没有任何物理实在意义，它只存在于概率这个幽灵般的神秘领域之中。波函数处理的是一些抽象概率，比如电子与原子相撞后以各个角度散射的可能性。"可能"（possible）世界与"概然"（很可能，probable）世界之间存在真实差异。玻恩认为，波函数的平方是概然世界中的量——这是一个实数，而非复数。举例来说，波函数的平方并不会给出电子的精确位置，它能给出的只是概率，即我们在某处（而非彼处）发现电子的可能性。[57]再具体一点，如果某个电子在X处的波函数值是在Y处的两倍，那么我们在X处发现这个电子的概率是在Y处发现它的4倍。但是，实际上，我们仍旧可能在X或Y或其他任何地方发现这个电子，并不能确定它的准确位置。

尼尔斯·玻尔很快就据此提出，在我们做出观测或测量之前，像电子这样的微观物体并不存在于任何地方。在两次测量之间，这种物体只存在于波函数的抽象概率之中。只有在我们做出观测或测量后，"波函数才会坍缩"，某种原本只是"可能"的电子状态才会变成电子的"真实"状态，而其他所有可能的概率都变为零。

在玻恩看来，薛定谔的方程描述的是一种概率波。不存在任何真实的电子波，有的只是抽象的概率波。"从我们研究的这种量子力学的角度来看，在任意一个独立事件中，都不存在任何可以决定碰撞结果的量。"玻恩写道。[58]此外，他还坦承："我个人倾向于在原子世界中放弃决定论。"[59]不过，虽然"粒子的运动遵循的是概率规则"，但玻恩指出，"概率本身是按照因果律演变的"。[60]

玻恩在写完第一篇论文后才充分认识到，自己给物理学引入了一种全新的概率。由于没有更好的术语可以称呼这种概率，我们就称其为"量子概率"。量子概率并不是那种源于无知的经典概率（从理论上说，经典概率可以消除），而是原子现实的固有特征。举个例子，对于一个放射性物质样本，虽然我们知道其中肯定会有原子在一段时间后衰变，但就是无法准确预言各个原子的衰变时间，这个事实并不是因为我们对衰变过程认识不足，而是约束放射性衰变的量子规则本身具有概率性导致的结果。

薛定谔并不认同玻恩的概率解释。他无法接受这种观点：电子或α粒子与原子的碰撞结果是"绝对偶然的"，即"完全不确定的"。[61] 如果玻恩是对的，那就完全无法规避量子跃迁概念，因果律当然也会再次受到威胁。1926 年 11 月，薛定谔写信给玻恩，信中说道："不过，我现在有这样一个印象：你以及那些本质上认同你观点的同行，太执着于那些在过去十几年里牢牢占据着我们思想的概念（比如定态、量子跃迁，等等）。因此，你们无法完全公正地对待旨在摆脱这类思维模式的尝试。"[62] 薛定谔从未放弃他对波动力学的诠释以及对原子现象可想象化的尝试。"我完全无法想象电子像跳蚤那样四处跳来跳去。"他曾如此明确地说。[63]

＊

当时，哥本哈根、哥廷根和慕尼黑形成了量子研究的黄金三角，而苏黎世则和黄金三角相去甚远。1926 年春夏，波动力学这个新物理学理论在欧洲物理学圈子里如同野火一样蔓延开来，很多物理学家都迫切希望听薛定谔本人讲讲他的这个理论。阿诺尔德·索末菲和威廉·维恩邀请薛定谔去慕尼黑做两场讲座，后者欣然应允。7 月 21 日的第一场讲座放在了索末菲的"周三讨论会"，内容比较常规，反响良好。7 月 23 日的第二场讲座，对象则是德国物理学会巴伐利亚分部，反响就没有那么积极了。当时在哥本哈根担任玻尔助手的海森堡及时回到了慕尼黑，听到了薛定谔的两场讲座，然后又去远足旅行了。

薛定谔开第二场讲座的时候，海森堡坐在满满当当的演讲厅里，安安静静地听完了这场主题为"波动力学新成果"的讲座。在讲座结束后的问答环节中，海森堡的情绪变得越来越激动，到最后再也无法保持沉默。他起身发言时，吸引了所有人的目光。海森堡指出，薛定谔的理论无法解释普朗克辐射定律、弗兰克－赫兹实验、康普顿效应以及光电效应。要想解释这些，就必须用到非连续性和量子跃迁——这两个概念正是薛定谔希望摆脱的。

薛定谔还没来得及回应，部分听众就已经对海森堡这个才 24 岁的年轻人的评论表达不满了，恼怒的维恩起身干预。海森堡后来对泡利说，这位年事已高的物理学家"当时差点儿就把我扔到外面去了"。[64] 海森堡还在慕尼黑求学时，就给维恩留下了不怎么好的印象。当时，海森堡在博士学位的口头测试中表现糟糕，对任何与实验物理学相关的内容都一无所知。"年轻人，薛定谔教授一定会在适当的时候处理所有这些问题的。"维恩一边对海森堡这么说着，一边示意他坐下。[65] "你一定得意识到，我们现在已经告别了一切与量子跃迁有关的荒谬想法。"薛定谔并未受到影响，坚定地这样回答。他自信剩下的所有问题都会得到妥善解决。

后来，目睹了整个事件的索末菲也"在薛定谔数学的强大说服力下屈从了"，这更是令海森堡情不自禁地发出哀叹。[66] 他还没正式同薛定谔交战，就不得不以失败者的身份从角斗场中退出，这令他很是震惊和沮丧。海森堡必须重新组织进攻。"几天前，我在这儿听了薛定谔的两场讲座，"他在给约尔当的信中这样写道，"我非常肯定，他对量子力学的物理诠释是错误的。"[67] 此时，海森堡已经很清楚，仅有信念是不够的，因为"薛定谔的数学形式确实是一项重大进步"。[68] 海森堡在灾难性地发问后，便从量子物理学的前线给玻尔发了一封急电。

玻尔在看过海森堡对慕尼黑事件的描述后，便邀请薛定谔来哥本哈根做一场讲座，并且与研究所里的同行展开"一场小范围的讨论，以便更深入地探讨原子理论的各种开放性问题"。[69] 1926 年10 月 1 日，薛定谔走下火车时，玻尔已经在站台等他了。值得一提的是，这是薛定谔和玻尔两人第一次见面。

一番寒暄之后，双方的论战几乎立刻就打响了。按照海森堡的说法，争论"从一大早就开始，一直持续到深夜"。[70] 在接下去的几天里，玻尔持续地发问，几乎没有给薛定谔留下任何喘息的时间。为了能更多、更方便地交流，玻尔将薛定谔安置在自家客房里。平素里，玻尔绝对是一个非常和善、周到的主人，但由于迫切希望说服薛定谔，让他认识到自己错了，此时的玻尔表现得像"冷酷无情的狂热分子，不会做一丝一毫的妥协，也不会承认自己犯过一丁点儿的错误"。[71] 这两人都慷慨激昂地捍卫着自己对量子力学的物理诠释，他们的信念都太坚定了。薛定谔和玻尔，谁都不愿意退让半步，对每一点都要奋力相争，一旦发现对方观点的任何缺陷或论述上的任何不准确，就会对其穷追猛打。

薛定谔在一次讨论中称"与量子跃迁有关的一切想法只是纯粹的幻想"。"然而，你无法证明量子跃迁并不存在。"玻尔反击。他还继续补充："你能证明的，无非就是我们没法想象量子跃迁。"就这样，对抗情绪很快就高涨起来。"你不会真想质疑量子理论的所有基础概念吧！"玻尔诘问。薛定谔承认，还有很多问题尚没有得到充分解释，但玻尔同样"没能提出令人满意的量子力学物理诠释"。此后，在玻尔的持续施压下，薛定谔的情绪终于彻底爆发："如果该死的量子跃迁真的存在，那我应该会后悔曾与量子理论联系在一起。""但我们仍会非常感激你为这个理论所做的一切，"玻尔回应说，"从数学角度看，你的波动力学很简洁、清晰，相比此前所有形式的量子力学，这无疑是一个非常大的进步。"[72]

经过一连数天无休无止的讨论后，薛定谔病倒了，只能卧床休息。玻尔的夫人竭尽全力照料着这位客人，可玻尔本人一坐到薛定谔的床边还是会继续和他争论。"但是，有一点可以肯定，薛定谔，你一定得看到……"他确实看得到，但只有通过自己一直戴着的那副眼镜才能看到，并且完全不准备换上玻尔为他准备的那副新眼镜。这两人达成共识的可能性实在是太小了，甚至可以说完全不存在，直到最后他们都没能说服对方。"当时，由于双方都没能拿出完备、自洽的量子力学诠释，自然也就无法达成真正的共识。"海森堡后来写道。[73]薛定谔认为，量子理论并不意味着与经典物理学彻底决裂。而玻尔则认为，就原子领域而言，我们绝无可能回到那种以轨道及连续路径为代表的熟悉概念上。无论薛定谔是否接受，量子跃迁就是事实。

薛定谔一回到苏黎世，就在给威廉·维恩的信中介绍了玻尔研究原子问题的方法，并称这种方法"真的很惊人"。"他完全肯定，以任何看待寻常世界的角度进行思考都不可能，"薛定谔告诉维恩，"因此，对话几乎立刻就演变成了对哲学问题的讨论。很快，你就搞不清自己的立场是否正是他所攻击的，也搞不清自己是否真的要攻击他捍卫的立场。"[74]不过，虽然双方在物理学理论方面有诸多分歧，但玻尔和海森堡（尤其是海森堡）对待薛定谔的态度"和善、友好、关怀、细心得令人动容"，参与讨论的所有人都"无比和蔼、热情，绝不是故作姿态"。[75] 空间上的距离以及时间上的冲刷，让这场针锋相对的对话变得似乎不再那么令人痛苦。

*

1926 年圣诞节前一周，薛定谔带着夫人去了美国——威斯康星大学邀请他做一系列讲座，报酬高达 2 500 美元。抵达美国后，薛定谔在各地四处奔波，总共做了近 50 场讲座。1927 年 4 月回到苏黎世后，薛定谔拒绝了数份工作邀约，因为这些职位与他的期待相去甚远。他此时的目标是普朗克在柏林的位置。

普朗克在 1892 年当上了柏林大学正职教授，应该在 1927 年 10 月 1 日退休，成为荣休教授。海森堡当时才 24 岁，不适合担任这么高的职位。阿诺尔德·索末菲是接替普朗克的第一人选，但 59 岁的他决定留在慕尼黑。因此，有资格拿下这个职位的不是薛定谔就是玻恩了。最后，薛定谔成了普朗克的继任者，发现波动力学是他战胜玻恩的关键。1927 年 8 月，薛定谔搬到了柏林。他发现，有一个人和自己一样不满玻恩对波函数的概率性诠释。那个人就是爱因斯坦。

1916 年，爱因斯坦为了解释电子在原子能级间跃迁时产生的光量子自发辐射，率先将概率性引入了量子物理学。10 年后，玻恩提出了一种对波函数和波动力学的诠释，这种诠释可以解释量子跃迁的概率性特征。然而，这背后的代价是爱因斯坦不愿意看到的：玻恩的诠释放弃了因果律。

1926 年 12 月，爱因斯坦在给玻恩的一封信中表达了自己对放弃因果律和决定论产生的日益增长的不安情绪："量子力学确实很重要，这点可以肯定。不过，我脑海里有一个声音，它告诉我，事情的真相还没有浮出水面。量子理论解释了很多问题，但它还没有真正让我们接近'原先'那个终极奥秘的谜底。无论如何，我相信，他（上帝）不掷骰子。"[76] 在战线划定的同时，爱因斯坦也在不知不觉中激发了一项惊人的突破性发现。这一发现是量子理论史上最伟大、影响最深远的成就之一，那就是不确定性原理。

第 10 章

海森堡与玻尔：哥本哈根的不确定性

沃纳·海森堡站在黑板前，笔记铺满了面前的桌子，他现在有点儿紧张。当然，这位才 25 岁的天才物理学家完全有理由紧张。这天是 1926 年 4 月 28 日，他正准备在柏林大学有名的物理研讨会上做一场有关矩阵力学的报告。无论慕尼黑和哥廷根有多么优秀，在海森堡眼中，只有柏林配得上"德国物理学要塞"的地位。[1] 他用目光扫视了底下坐着的听众，最终落到了前排就座的 4 个人身上，他们每个人都得过诺贝尔奖。这 4 个人就是：马克斯·冯·劳厄、瓦尔特·能斯特、马克斯·普朗克以及阿尔伯特·爱因斯坦。

"第一次见到这么多名人"，难免会有些紧张，但随着海森堡按照自己的思路，"清楚地解释了矩阵力学这个当时相当非正统的理论的相关概念和数学基础"，这种紧张情绪很快就消散了。[2] 报告结束，听众慢慢离场，爱因斯坦邀请海森堡一起回到他的寓所。他俩花了半小时散步来到哈伯兰大街，在这期间，爱因斯坦和海森堡聊了聊后者的家庭状况、求学经历和早期研究。海森堡后来回忆说，等到他俩舒舒服服地坐在爱因斯坦的寓所中，真正的对话才开始。爱因斯坦首先了解了一下"（海森堡）最近这项工作的哲学背景"。[3]"你假设电子的确存在于原子中，这应该没什么问题，"爱因斯坦说，"但你拒绝考察电子轨道，即便我们可以在云室中观察到电子的踪迹。我很想听听你为什么会做出这么奇怪的假设。"[4]这正是海森堡期待的，战胜这位47岁量子理论大师的机会。

"我们没法观测到电子在原子内的轨道，"海森堡回答说，"但通过原子在电离期间释放的辐射，我们就能确定原子内部电子的频率以及相应振幅。"[5]为了勾起爱因斯坦对这个课题的兴趣，海森堡进一步解释说："由于好的理论必须以可观测量为基础，我认为给自己增加一些限定，也就是把它们看作电子轨道的象征，这么做会更好。"[6]爱因斯坦反对说："但你不会真的认为，只有可观测量才能进入物理学理论吧？"[7]这个问题直击海森堡构建新力学体系的核心基础。"这不就是你在提出相对论时用到的策略吗？"海森堡反驳说。

"好把戏不应该玩两次。"爱因斯坦微笑着说。[8]"我可能的确用到了这种推演模式，"他坦言，"但它仍旧毫无意义。"爱因斯坦认为，虽然记住实际观测到的现象确实会有所帮助，有所启发，但从原理上说，"只以可观测量为基础建立理论，这种方法大错特错"。"实际上，真实的情况恰恰与此相反，是理论决定了我们可以观测到的现象。"[9]爱因斯坦的这番评论是什么意思？

差不多1个世纪前，法国哲学家奥古斯特·孔德在1830年提出，虽然所有理论都应该以观测结果为基础，但想得到正确的观测结果，我们的大脑也需要理论做指导。爱因斯坦其实是想告诉海森堡，观测是一个复杂的过程，涉及与理论中用到的现象有关的假设。"这些现象在经受观测时，会在测量仪器中产生特定事件，"爱因斯坦说，[10]"于是，测量仪器中就发生了更进一步的过程，这些过程最终会通过复杂路径形成感官印象并帮助修复现象在我们的意识中产生的效应。"爱因斯坦还认为，这类效应取决于我们的记忆。"另外，在你的理论中，"他对海森堡说，"你有一个很明显的假设——光从振荡原子传播到分光计或肉眼的整个机制完全符合人们一直以来的假设，即假设这种机制在本质上遵循麦克斯韦方程组。如果事实并非如此，那么你可能观测不到任何你称之为可观测量的量。"[11]之后，爱因斯坦又继续施压："因此，你只使用可观测量的这个声明其实就是一个与你正在构建的理论相关的属性。"[12]"虽然爱因斯坦的论证确实很有说服力，但他的态度令我十分震惊。"海森堡后来承认。[13]

爱因斯坦还在专利局上班的时候，就研究过奥地利物理学家恩斯特·马赫的工作。在马赫看来，科学的目标并非辨明现实的本质，而是尽可能经济地描述实验数据这种"事实"。任何科学概念都应该从操作性定义的角度来理解，而所谓操作性定义，就是一种测量规范。正是在这种理念的影响下，爱因斯坦挑战了绝对空间和时间的既定概念。不过，就像他对海森堡说的那样，自提出相对论之后，爱因斯坦已经很久没有使用马赫的这种思维模式了，因为这种模式"很大程度上忽略了世界的确存在这个事实，忽略了我们的感官印象以某些客观存在之物为基础这个事实"。[14]

海森堡离开爱因斯坦寓所的时候，心情很低落，因为他没能说服这位量子理论大师。此时的海森堡需要做一个决定。三天后的 5 月 1 日，他就应该出现在哥本哈根，在担任玻尔助手的同时兼任哥本哈根大学的讲师。不过，前不久莱比锡大学向他伸出橄榄枝，聘请他担任正职教授。海森堡明白，自己这么年轻就能得到这份邀约，绝对是一种殊荣，但他应该接受这个职位吗？海森堡也向爱因斯坦说明了自己面临的这个艰难抉择，后者建议他去和玻尔一道做研究。第二天，海森堡就写信给父母说，他准备拒绝莱比锡大学的邀约。"如果我还能写出优秀论文，"他安慰父母，也安慰自己说，"那早晚还能得到这种职位；如果没有，那就证明我确实配不上这个职位。"[15]

*

"海森堡已经到我这儿了，我们现在正忙着讨论量子理论的最新进展以及这个理论拥有的广阔前景。"1926年5月中旬，玻尔在给卢瑟福的信中这样写道。[16]海森堡住在玻尔研究所"一间墙壁倾斜的舒适小阁楼公寓"里，从房间里就能看到大众公园。[17]此时，玻尔一家已经搬到隔壁豪华、宽敞的导师别墅里了。由于海森堡每过一段时间就会来玻尔研究所做访问研究，他很快就感到"玻尔这儿就像是他的第二个家"。[18]研究所的扩建和翻新工作耗时比预期长得多，玻尔也为此精疲力竭，并因此患上了流感，情况颇为严重。在接下去的两个月里，玻尔只能放下工作，安心休养。海森堡则在这段时间里运用波动力学成功地解释了氦原子谱线。

玻尔恢复如常后，住在他隔壁就是一件喜忧参半的事了。"晚上八九点之后，玻尔会突然来到我的房间，对我说：'海森堡，你对这个问题怎么看？'接着，我们就会开始不停地讨论，常常要到半夜十一二点才结束。"[19]另一种情况是，玻尔邀请海森堡到他的别墅里去，同样长谈至深夜，不过会有一杯又一杯的葡萄酒补充能量。

　　除了和玻尔一起做研究之外，海森堡每周还会在哥本哈根大学用丹麦语上两堂理论物理学课。他比学生们大不了多少，有一名学生根本无法相信"这个人看着像是技校刚毕业、有点儿小聪明的木匠学徒，竟然这么聪明"。[20] 很快，海森堡就适应了玻尔研究所的生活节奏，周末会和新同事们一起愉快地划船、骑马、散步。不过，1926 年 10 月初薛定谔来访之后，留给这类活动的时间就越来越少了。

　　薛定谔和玻尔没能在对矩阵力学和波动力学的物理诠释上达成任何共识。海森堡亲眼看到了玻尔是"多么急切"地想要"查明事情的真相"。[21] 在接下去的几个月里，玻尔和他年轻的门徒海森堡在努力调和实验与理论时，讨论的一切都是量子力学的物理诠释。"玻尔经常深夜来我的公寓，与我一起讨论量子理论面对的困难。这些困难令我俩都饱受折磨。"海森堡后来说。[22] 在所有这些困难中，波粒二象性是最令他俩痛苦的。正如爱因斯坦对埃伦费斯特说的那样："一方面是波，另一方面是量子！拆开看，这两者的真实性都固若磐石，但魔鬼就是利用它们作了一首诗（还真的很押韵）。"[23]

　　在经典物理学中，客观物体要么是粒子，要么是波，不可能既是波又是粒子。海森堡从粒子性出发建立了矩阵力学，而薛定谔则从波动性出发建立了波动力学。然而，即便证明了波动力学和矩阵力学在数学上等价，也没能让人们对波粒二象性产生更深刻的认识。海森堡表示，所有问题的关键，就在于没人可以回答这两个问题："电子现在是波，还是粒子？如果我这么做或那么做，电子又会表现出什么性质？"[24] 玻尔和海森堡越是努力思考有关波粒二象性的问题，事情似乎就变得越糟糕。"就像化学家努力从某种溶液中不断浓缩毒药那样，"海森堡回忆说，"我们当时努力地浓缩、提炼出问题的关键。"[25] 在这个过程中，玻尔和海森堡两人之间的关系也越来越紧张，因为他俩为了解决困难而采用的方法并不相同。

在寻找量子力学物理诠释的过程中，即探明量子理论究竟阐明了有关原子层面现实本质的哪些信息，海森堡完全专注于粒子性、量子跃迁和非连续性。在他看来，粒子性在波粒二象性中处于主体地位。他不打算给与薛定谔诠释有关的一切概念留下任何空间。令海森堡惶恐的是，玻尔想要"双管齐下"。[26] 与海森堡这个年轻的德国人不同，玻尔并不拘泥于矩阵力学，也从来不会为任何数学形式主义所困惑。海森堡停靠的第一站总是数学，而玻尔则起锚探寻数学背后的物理学。在探索诸如波粒二象性这样的量子概念时，玻尔更感兴趣的是掌握概念背后的物理内涵，而非概念披着的数学外衣。他认为，必须找到一种方法，使得粒子性和波动性能在任何对原子过程的完备描述中共存。在他看来，调和这两个相对的概念就是那把能打开通往自洽量子力学物理诠释之门的钥匙。

自从薛定谔发现了波动力学，人们就认识到，肯定有一个量子理论是多余的，我们只需要一种量子力学形式。波动力学和矩阵力学在数学上等价更是证明了这点。那年秋天，正是保罗·狄拉克和帕斯夸尔·约尔当各自独立地想出了这样一种形式。1926年9月，狄拉克抵达哥本哈根，开始为期6个月的访问。他证明了，矩阵力学和波动力学其实都只是一种更抽象量子力学形式的特例，这种形式叫作"变换理论"。薛定谔、玻尔、海森堡等人缺少的其实只是对这个理论的物理诠释。此外，努力寻找这一诠释但仍旧徒劳无功，这一残酷事实开始造成负面影响。

"我们的讨论常常会持续到深夜，尽管我们持续努力了几个月，仍未得到满意的结论，"海森堡后来回忆说，"我们俩都精疲力尽了，而且一直处于紧张状态。"[27] 1927 年 2 月，玻尔决定暂时放下这一切，前往挪威古尔德布兰德山谷过一个为期 4 周的滑雪假期。看到玻尔走了，海森堡其实很高兴，因为这样他就能"不受干扰地好好想想这些令人绝望的复杂问题了"。[28] 云室里的电子轨迹就是最为紧迫的问题。

1911 年，玻尔在剑桥研究生圣诞派对上碰到了卢瑟福，当时，这个新西兰人对 C. T. R. 威尔逊刚刚发明的云室丝毫不吝惜赞美之词，这令玻尔印象深刻。威尔逊这个苏格兰人在一间装有饱和水蒸气的小玻璃室内成功创造出了云的效果。玻璃室内的空气膨胀后就会冷却，水蒸气就会在尘粒上凝结成微小的水滴，从而形成云。没过多久，威尔逊就发现，即便清理掉玻璃室内的所有尘粒，也仍然会有这种"云"出现。他能想到的唯一解释就是，水蒸气凝结在玻璃室内空气中的离子上，从而形成了云。不过，还有另一种可能：穿过玻璃室的辐射可能会使空气中的原子失去电子，从而形成离子。这样一来，离子的尾迹上就会留下一串小水滴。这种猜测很快就得到了证实，辐射确实能引起这种效应。就这样，威尔逊给物理学家提供了一件非常有用的工具：通过云室，可以观测放射性物质释放的 α 粒子和 β 粒子的运动轨迹。

粒子总是会按清晰的路径运动，但波不会，因为波会向四周扩散开。然而，问题出现了。按照量子力学，粒子轨迹根本就不应该存在，可所有人都可以在云室里清清楚楚地看到粒子轨迹。这个问题似乎完全无法解决。不过，海森堡确信，"虽然看起来的确很困难"，但应该有可能把云室中观测到的现象同量子理论联系在一起。[29]

一天深夜，海森堡仍在研究所里他的那间小阁楼公寓内工作。他在深思云室内电子轨迹的问题——按照矩阵力学的说法，云室内根本不应该出现这种轨迹。想着想着，海森堡的思绪开始飘忽起来。他突然回忆起了爱因斯坦当初的那句责备："决定我们观测结果的是理论。"[30] 海森堡确信自己想到了某些很有价值的事，但他需要先清醒一下头脑。因此，虽然此时已是深夜，他仍旧决定去旁边的公园里走走。

海森堡几乎没有感受到任何寒意，注意力开始逐渐集中到云室内电子轨迹的精确性质上来。"我们以前总是毫无顾忌地表示，可以观测到云室内的电子运动路径，"他后来写道，[31] "然而，我们真正观测到的现象可能远没有那么丰富。我们或许只是看到了一系列电子经过的分散、模糊的点。实际上，我们在云室中看到的一切都只是一个个小水滴，这些水滴肯定要比电子大许多。"[32] 海森堡认为，电子根本没有连续、不可撼动的运动路径。他和玻尔之前一直想错了问题。他们真正应该回答的问题是："量子力学是否可以表征这样一个事实：电子会发现自己处于一个近似给定的位置，并且以近似给定的速度运动？"

海森堡匆匆回到自己的办公桌前，开始操弄他已经十分熟悉的各种公式。就我们可以掌握的信息、可以观测到的现象而言，量子力学显然施加了限制。不过，这个理论又是怎么决定我们能观测到什么，不能观测到什么的呢？答案就是不确定性原理。

海森堡发现，根据量子力学，在任一给定时刻，我们都无法同时准确掌握粒子的位置和动量。我们可以精确测量出某个电子的位置或它的运动速度，但无法同时精确测量出这两个量。这就是大自然给其中任意一个量标上的价码：精确知道了它之后，就没法同时精确知道另一个。在这场你退我进、你进我退的量子之舞中，某个量测量得越准确，我们对另一个量的预测或了解就越不准确。如果事实就是这样，海森堡就明白了，这意味着没有任何探索原子领域的实验可以成功克服不确定性原理施加的限制。当然，完全不可能"证明"这个论断，但海森堡确定事实就是如此，因为所有这类实验中涉及的一切过程都"必须满足量子力学定律"。[33]

在随后的几天里，海森堡检验了不确定性原理（或者用他自己更喜欢的说法：测不准原理）。他在大脑这座实验室里，开展了一个又一个虚构的"思想实验"。这些实验假设，我们可能以一种不确定性原理认为不可能的准确度同时测量得到粒子的位置和动量。其中某个思想实验让海森堡确信自己成功证明了"正是这个理论决定了我们可以观测到什么，不能观测到什么"，因为一遍又一遍的计算表明，这个实验完全没有违背不确定性原理。

海森堡曾经与一位朋友讨论过电子轨道概念面临的诸多困难。他的那位朋友认为，从原理上说，应该可以建造出一架足以观测到原子内电子运动路径的显微镜。然而，这样一种观测实验的可能性现在被彻底排除了，因为按照海森堡的理论，"即便是性能最优秀的显微镜，也无法超越不确定性原理设置的限制"。[34]他只需要确定运动电子的精确位置，就能从理论上证明这一点。

要"看到"电子，就一定要用到一种特殊的显微镜。普通显微镜用可见光照亮物体，然后把反射光汇聚起来形成图像。可见光的波长要比电子的尺寸长很多，因此，可见光打在电子上就像是海浪打在鹅卵石上，没有办法通过这种方法确定电子的精确位置。要想精准定位电子，就需要一种使用γ射线的显微镜，因为γ射线这种"光"波长极短、频率很高。1923 年，阿瑟·康普顿研究了用X射线轰击电子的结果，并且发现了支持爱因斯坦光量子假说的决定性证据。海森堡想象，就和两枚台球相撞的场景一样，当γ射线光子与电子相撞时，电子会反冲，而γ射线光子则被散射到显微镜里。

然而，由于受到γ射线光子的影响，电子的动量会突然发生巨大变化，而非平稳改变。物体拥有的动量等于它的质量乘上速度，因此，速度上的任何改变都会导致动量产生相应变化。[35] 光子与电子相撞时，后者的速度会剧烈变化。在这种情况下，要想让电子动量的非连续变化程度降到最低，唯一的方法就是降低光子的能量，从而削弱撞击的影响。要做到这点，就要改用波长更长、频率更低的光。然而，显微镜使用波长更长的光，就意味着再也不能精确定位电子的位置了。也就是说，测量电子位置得到的结果越精确，测量其动量得到的结果就越不确定、不准确，反之亦然。[36]

海森堡证明，如果用 Δp 和 Δq（其中，Δ 是希腊字母）表示我们掌握的电子动量和位置的"不准确性"或"不确定性"，那么 Δp 和 Δq 的乘积总是大于或等于 $h/2\pi$，即 $\Delta p \Delta q \geq h/2\pi$，其中的 h 是普朗克常数。[37] 这就是不确定性原理，或者说"无法同时准确测量位置和动量"的数学形式。除了位置和动量之外，海森堡还发现了涉及另一对所谓共轭变量的"不确定关系"，那就是能量和时间之间的关系。如果用 ΔE 表示测量系统能量 E 所得结果的不确定性，用 Δt 表示测量 E 时时间 t 的不确定性，那么 $\Delta E \Delta t \geq h/2\pi$。

起初，有一些物理学家认为，不确定性原理只是实验所用设备的技术缺陷产生的结果。他们认为，只要提升了设备性能，这种不确定性就会消失。之所以会出现这种误解，是因为为了体现不确定性原理的重要性，海森堡使用了思想实验。然而，思想实验其实就是在理想条件下使用完美设备的虚构实验。海森堡发现的不确定性原理是现实的一种本质特征。他辩称，无论是普朗克常数设定的限制，还是原子尺度上可观测量精确度之间不确定关系施加的限制，都没有任何改善的空间。或许，用"不可知"来描述这项重要发现要比"不确定"更加贴切。

海森堡认为，正是测量电子位置这个行为，导致无法同时精确测定电子动量。在他看来，原因也很简单。显微镜要"看到"电子、确定它的位置，就得使用光子，而电子在被光子撞击时就会产生不可预测的扰动。海森堡确信，测量操作期间的这种不可避免的扰动，正是不确定性的源头。[38]

他认为，量子力学基本方程 $pq - qp = -ih/2\pi$（其中，p 和 q 分别代表粒子的动量和位置）同样支持这种解释。不可交换性——$p \times q$ 不等于 $q \times p$，背后隐藏的正是大自然的不确定性本质。如果先做实验确定电子的位置，再做实验测量它的速度（从而得到它的动量），我们就会得到两个精确值。把这两个值相乘，就得到了结果A。然而，如果我们以相反的顺序再做一遍实验，就会得到完全不同的结果B。无论是A实验，还是B实验，第一次测量都会产生影响第二次测量的扰动，但是两次实验中的扰动并不相同。如果没有这种扰动，那么 $p \times q$ 一定会等于 $q \times p$。于是，$pq - qp$ 就会等于零，也就没有不确定性，没有量子世界了。

看到这些拼图能严丝合缝地拼在一起，海森堡很高兴。他这个版本的量子力学以矩阵为基础，而这些矩阵代表的是诸如位置、动量这样的不可交换量。自他发现不可交换这种怪异规则以来——这种规则让两个数字阵列相乘的顺序成了他的新力学体系数学架构中的重要组成部分，规则背后的物理学内涵就一直是个谜。现在，海森堡终于揭晓了谜底。按照他的说法，只有"由 $\Delta p \Delta q \geqslant h/2\pi$ 确定的不确定性"，才能为 $pq - qp = -ih/2\pi$ 中的"各种关系的有效性创造空间"。[39] 他总结，正是因为有了不确定性，我们才可以在"不改变 p 和 q 物理含义的前提下，得到这个方程"。[40]

不确定性原理暴露了量子力学与经典力学之间一项深刻的根本性差别。在经典力学之中，从原理上说，物体的位置和动量可以同时精确到任意程度。如果精确知道了任意给定时刻的位置和速度，就可以精准绘制出该物体过去、现在、未来的运动路径。这些久经考验的日常物理学概念"同样也能拿来定义各种原子过程"，海森堡说。[41] 然而，当我们尝试在原子层面上同时测量一对共轭变量（比如位置和动量，或者能量和时间）时，这些概念的局限性就会暴露。

在海森堡看来，不确定性原理把云室内似乎是电子轨迹的观测现象同量子力学联系在了一起。他在构建这座连接理论与实验的桥梁时，假设"只有这类可能自然出现的实验情形才能用量子力学的数学形式来表达"。[42] 他确信，如果量子力学表明这种情况不可能发生，它就一定不会发生。"量子力学的物理诠释仍旧充满了内部差异，"海森堡在他那篇以不确定性为主题的论文中写道，"这在连续性与非连续性、粒子性与波动性之间的争论中已经显露无遗。"[43]

事态之所以会发展到这种令人遗憾的地步，是因为那些自牛顿时代起就充当经典物理学基础的概念"无法准确地描述原子层面上的自然现实"。[44] 海森堡相信，如果能更准确地分析诸如电子或原子的位置、动量、速度以及路径这样的概念，就可能消除"目前在量子力学物理诠释中显而易见的矛盾之处"。[45]

那么，量子领域中的"位置"究竟意味着什么呢？海森堡回答，不过只是为了测量给定时刻空间中"电子位置"而设计的特定实验的结果，"除了这种情境之外，这个词毫无意义"。[46] 在他看来，如果没有测量电子位置或动量的实验，就不存在拥有确定位置或动量的电子。对电子位置的测量创造了一个拥有确定位置的电子，同样地，对电子动量的测量创造一个拥有确定动量的电子。在还没有做测量电子的实验之前，电子拥有所谓确定"位置"或"动量"的概念毫无意义。海森堡采取了一种通过测量定义概念的方法，这种方法可以追溯到恩斯特·马赫，哲学家称其为"操作主义"。不过，这并不仅仅是对旧概念的重新定义。

电子通过云室时留下的轨迹深深地印刻在海森堡的脑海里，于是，他检视了"电子路径"这个概念。所谓路径，就是运动电子在时空中经过的一系列连续、不可拆分的位置。按照他的这个新标准，观测电子运动路径，其实就是测量电子在各个连续点上的位置。然而，测量电子位置这个操作需要用γ射线光子轰击电子，这会让电子受到扰动，于是，它未来的运动轨迹就不能准确预测了。就原子中"环绕"原子核运动的电子这一情形而言，γ射线光子的能量足以将电子轰出原子，于是我们只能测量到电子"轨道"中的一个点，从而知晓了它的所谓位置。定义原子内电子运动路径（或者说"轨道"）需要准确测量其位置和速度，缺一不可。另一方面，不确定性原理表明，我们不可能同时准确测量这两个量。因此从操作主义的观点来看，电子的运动路径或轨道根本就不存在。海森堡表示，我们唯一能确定的，就是所谓路径上的一个点，"因此在这种情形中，'路径'这个词没有任何确定含义"。[47] 定义测量结果的是测量这个操作本身。

海森堡还论证说，无法知道两次连续测量之间究竟发生了什么："当然，我们很愿意这么说：电子在两次测量之间一定处于确定的某个地方，因此，即便我们无法知道电子的运动路径，它也一定拥有某种形式的路径或轨道。"[48] 海森堡坚称，无论我们是否愿意，认为电子轨迹是空间中不可拆分连续路径的经典概念在原子领域中都是不恰当的。我们在云室中观测到的所谓电子轨迹，只是看着像某种路径，但其实只不过是电子经过后留下的一系列水滴而已。

海森堡在发现不确定性原理之后，极其渴望理解这类可以从实验角度回答的问题。经典物理学里有一个不言而喻的基本原则：在任意给定时刻，运动物体都在空间中拥有一个确定的位置和确定的动量，这与我们是否测量它无关。另一方面，在原子层面上，我们无法同时绝对准确地测量电子的位置和动量，海森堡正是从这一事实出发，断言电子无法同时拥有确定的"位置"值和"动量"值。以电子好像同时拥有这两个确定值，或是电子好像拥有某种"轨道"的方式讨论问题，完全没有意义。猜测超出观测和测量范围的现实本质，根本没有任何价值。

*

随后的日子里，海森堡屡次提及自己当年和爱因斯坦在柏林的对话，并且反复强调这番对话在自己提出不确定性原理的过程中发挥了关键作用。不过，他的这条终结于哥本哈根隆冬之夜的发现之路，并非始终只有他一人独行。对他影响最深、最为珍贵的伙伴并非玻尔，而是沃尔夫冈·泡利。

1926 年 10 月，当薛定谔、玻尔和海森堡在哥本哈根争得不可开交的时候，泡利在汉堡安安心心地分析两个电子相撞时的情形。在玻恩概率诠释的帮助下，泡利发现了一种他在给海森堡的信中称之为"暗点"的结果。泡利发现，当两个电子相撞时，必须认为它们各自的动量"受到控制"，而且位置"不受控制"。[49] 动量可能出现的变化必然同时伴有位置的不确定变化。泡利还发现，我们不能"同时询问"电子的动量（q）和位置（p）。[50] "可以从动量的角度考察电子，也可以从位置的角度考察电子，"泡利强调，"但如果你一定要同时从动量和位置的角度考察电子，就一定会误入歧途。"[51] 泡利没有继续深究这个问题，但在海森堡发现不确定性原理之前的那几个月里，也就是在他和玻尔努力解决量子力学诠释问题以及波粒二象性问题的时候，泡利的这个"暗点"始终在海森堡的脑海中。

1927 年 2 月 23 日，海森堡给泡利写了一封长达 14 页的信，信中总结了他在不确定性原理这个问题上的工作。他比任何时候都更依赖这位维也纳"上帝之怒"的关键判断。"量子理论的天就要亮了。"泡利在回信中说。[52] 于是，海森堡心中原本无法释怀的所有疑虑都打消了。当年 3 月 9 日，海森堡把这封信中的总结工作写成了一篇准备发表的论文。直到写完论文，他才去信给远在挪威的玻尔："我认为，我已经成功处理了给定 p（动量）和 q（位置）精度时的情形……就这些问题，我写了一份论文草稿，昨天给泡利寄去了。"[53]

海森堡既没有给玻尔寄去论文，也没有向他介绍自己的工作细节。这清楚地表明，他俩当时的关系已经有多么紧张了。"我想在玻尔回来之前就得到泡利的反馈，因为我觉得，等到玻尔回来后，他肯定又会对我的解释大发雷霆，"海森堡后来解释说，[54]"所以，我想先得到一些支持，并且看看别人是否认可这个理论。"海森堡寄出信的5天后，玻尔回到了哥本哈根。

接近一个月的假期让玻尔恢复了精力。回到哥本哈根后，他先处理了那些比较紧急的研究所事务，然后就开始仔细研读海森堡关于不确定性原理的论文。他俩碰头讨论时，玻尔告诉海森堡，这个理论"不太对"，这令海森堡很震惊。[55]玻尔不但不认可海森堡的解释，还指出了后者在分析γ射线显微镜的思想实验时犯下的一个错误。海森堡还在慕尼黑学习的时候，显微镜的工作原理就差点儿让他拿不到博士学位。幸亏有索末菲帮忙说情，维恩才没有为难海森堡。之后，幡然悔悟的海森堡阅读了大量有关显微镜的资料，但他马上就会发现，自己要学的东西还有很多。

海森堡认为，电子在与γ射线光子相撞后产生了不连续反冲，这一过程中的动量变化正是不确定性的源头。然而，玻尔告诉他，这么想并不正确。玻尔认为，我们之所以无法准确测量得到电子动量，并不是因为动量变化的非连续性和不可控性，而是因为无法准确测量动量变化。他解释说，只要光子在碰撞后通过显微镜孔径的散射角已知，就能通过康普顿效应100%准确地计算动量变化。然而，我们无法确定电子究竟在哪个时间点和位置进入显微镜。玻尔认为，这才是电子动量不确定性的源头。因为所有显微镜的孔径都是有限的，这限制了它的分辨率，以及它准确定位微观物理学客体的能力，所以我们就无法确定电子与光子产生碰撞时的确切位置。海森堡之前完全没有想到这点，而且这还不是最糟糕的问题。

玻尔坚持认为，要想正确分析这个思想实验，就一定要用到散射光量子的波动诠释。在玻尔看来，量子不确定性的核心正是辐射与物质的波粒二象性。于是，他便将薛定谔的波包概念同海森堡的这个新原理联系在了一起。如果我们把电子看作波包，那么要想精准确定电子的位置，它就必须固定在一个位置，不能扩散出去。这样的波包由一组波叠加而成。波包的位置越确定，构成它的波就越多样，涉及的频率和波长范围就越广。单单一道波的动量是确定的，但波长各不相同的一组波叠加之后就没有确定的动量了，这是人们早已认识到的事实。同样地，波包的动量越确定，构成它的波就越少，传播范围就越大，因而就产生了位置上的不确定。玻尔证明了可以从电子波动模型推导出不确定关系，因此，确实无法同时精确测量位置和动量。

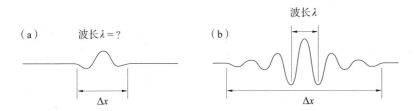

图 10-1 （a）波的位置可以精确测定，但波长（以及动量）无法精确测定；（b）波长可以精确测定，但位置不行，因为波扩散出去了

　　困扰玻尔的并不是不确定性原理本身，而是海森堡为得到这个原理而使用的方法完全基于粒子性和非连续性，与波动性和连续性一点关系都没有。玻尔认为，不应该忽视波动诠释，因此海森堡的方法没有应用波粒二象性被他视作一个严重的概念缺陷。"我不知道究竟应该怎么回应玻尔的看法，"海森堡后来说，"因此，这场讨论最后的结果，大概就是玻尔再次证明我的诠释并不正确。"[56] 他对这个结果感到很愤懑，而玻尔也因这位年轻门徒的反

应而感到不安。

玻尔和海森堡住在相邻的两幢楼内，办公室也都在研究所一楼，只相隔了一道楼梯，但在那次讨论之后，他俩一直有意躲着对方不见面，直到几天后再次碰头讨论那篇有关不确定性的论文。玻尔的想法是，给海森堡一段时间冷静一下，让他看到论文中的问题并且重新撰写。然而，海森堡拒绝这么做。"玻尔试图告诉我，论文中的某些内容不正确，我不应该就这么发表了，"海森堡后来说，[57]"我记得在那时，我都忍不住哭了起来，因为实在是无法忍受来自玻尔的这种压力。"[58] 在他看来，哪怕只是按照玻尔的要求改动那些后者认为有问题的内容，也实在是牵扯太多了。

海森堡在年仅 24 岁时就发现了矩阵力学，由此获得了物理学神童之称。然而，薛定谔的波动力学为越来越多的人所接受，这威胁到了矩阵力学这项惊人的成就，甚至有可能彻底让后者一文不值。薛定谔提出波动力学之后没多久，海森堡就抱怨说，很多原本以矩阵力学语言撰写的论文都改写成波动力学的语言了。虽然他本人也在计算氦原子光谱时使用了波动力学，并且确实认为这是一种比较简便的数学工具，但海森堡仍旧希望把薛定谔的波动力学以及这个奥地利人恢复连续性的企图关在门外。发现不确定性原理并纯粹从粒子性与非连续性出发解释了这个原理之后，海森堡认为，自己不但关上了门，而且还上了锁。因此，他在阻止玻尔再度打开这道门时流下了沮丧的眼泪。

海森堡认为，在原子领域占主导地位的究竟是粒子性还是波动性、究竟是非连续性还是非连续性，这个问题与他的未来有密切联系。他希望尽可能快地发表这篇有关不确定性原理的论文，以此回击薛定谔认为矩阵力学不够形象、不可视象化因而站不住脚的论断。薛定谔对非连续性及粒子性的厌恶，就如同海森堡对连续性及波动性的憎恨。有了不确定性原理做武器，再加上他认为正确的量子力学诠释，海森堡开始继续向薛定谔及波动力学发起进攻。他在这篇论文的脚注中提到了这个对手："按照薛定谔对量子力学的描述，这是一个令人恐惧、厌恶且难以视像化的抽象理论。薛定谔的理论，让我们得以从数学角度（某种程度上也可以从物理学角度）掌握量子力学定律。从这点上说，我们再怎么赞赏他的这个理论也不为过。然而，在我看来，就物理学诠释和相关原理方面的问题来说，目前受欢迎的波动力学观点，实际上已经让我们偏离了爱因斯坦和德布罗意相关论文、玻尔相关论文以及量子力学（矩阵力学）为我们指出的道路。"[59]

1927 年 3 月 22 日，海森堡这篇以《论量子力学与量子理论运动学的可感知部分》为题的论文在《德国物理学刊》（这份期刊是当时量子理论物理学家发表论文的首选）上发表了。[60]"我和玻尔吵架了。"论文发表两周后，他在给泡利的信中这样写道。[61]海森堡抗议说："夸大这方面或那方面的问题，就能一直在这上面讨论下去，然后再也没法研究新内容了。"论文发表后，海森堡自信已经彻底击败了薛定谔以及波动力学，但他现在要面对一个更为难缠的对手了。

*

海森堡在哥本哈根忙着探索不确定性原理带来的影响时，玻尔在挪威的雪坡上提出了互补性。在玻尔本人看来，互补性既不是理论，也不是原理，而是描述量子世界怪异性质所必需但当时又缺失的概念框架。他认为，波粒二象性的矛盾之处可以通过互补性解决。电子和光子、物质和辐射的波动性和粒子性都是同种现象互斥又互补的两个方面。也就是说，波动性和粒子性是同一枚硬币的两面。

必须使用两种截然不同的经典描述（比如波和粒子）阐释非经典领域，这造成了许多困难。而互补性就能巧妙地规避这些困难。按照玻尔的理论，要想完整描述量子实在，粒子和波都必不可少，单单它们中的任何一个都只能反映部分现实。也就是说，光子用波动性绘制了一幅图画，又用粒子性绘制了另一幅。两幅画并排挂着，没有高低之分。不过，为了避免引起矛盾，还有一些限制条件要遵循。无论在什么时候，观察者只能看到两幅画中的一幅。没有任何实验能够同时测定光子的粒子属性和波动属性。玻尔认为，"在不同条件下测量得到的相关证据不能放在同一幅图景中理解，只能且必须把它们看作互为补充，因为从某种意义上说，只有现象的真正总和才能完全体现测量对象的所有可能信息"。[62]

玻尔还在不确定性关系 $\Delta p \Delta q \geqslant h/2\pi$ 和 $\Delta E \Delta t \geqslant h/2\pi$ 中看到了支持他这个想法的证据。海森堡则被自己对波动性和连续性的极度厌恶蒙蔽了双眼，因而没有看到这些。光电效应方程 $E = h\nu$ 和德布罗意公式 $p = h/\lambda$ 其实都体现了波粒二象性，因为能量和动量通常是和粒子性联系在一起的属性，而频率和波长都是波动性的特征。这两个等式都含有一个与粒子性有关的变量和一个与波动性有关的变量。粒子性和波动性在同一个方程中结合，究竟意味着什么？这个问题困扰着玻尔，毕竟粒子和波是两种完全不同的物理实在。

玻尔在纠正海森堡对显微镜思想实验的错误分析时，意识到不确定性关系其实也与互补性有关。正是这个发现让他这样诠释不确定性原理：不确定性原理表明，两个互补且互斥的经典概念（无论是粒子与波，还是动量与位置）在何种程度上可以同时应用于量子世界，而不产生矛盾。[63]

不确定性原理还表明，必须在玻尔所称的以下两种描述中做出选择：一是以能量和动量（不确定关系中的 E 和 p）守恒定律为基础的"因果"描述；二是事件按照时间与空间（t 和 q）排列的"时空"描述。这两种描述既互斥又互补，因而可以解释所有可能出现的实验结果。玻尔把不确定性原理弱化成了一种特殊规则。这个规则表明，同时测量互补可观测量对（比如位置和动量），或是同时使用两种互补描述，在本质上就存在固有局限。这种弱化令海森堡感到沮丧。

玻尔与海森堡的观点分歧不止如此。不确定性原理引导海森堡提出这样一个问题：像"粒子""波""位置""动量""轨道"这样的经典概念在何种程度上可以应用于原子领域。而玻尔则认为"对实验材料的解释在本质上完全依赖经典概念"。[64]海森堡坚持对这些概念使用操作性定义，即认为只有测量之后这些概念才有含义。而玻尔则认为，这些概念的含义已经由它们在经典物理学中的使用方式固定下来了。玻尔在 1923 年写道："对自然过程的每一种描述，都必须基于经典理论已经引入且定义的概念。"[65]无论不确定性原理施加了何种限制，它们都不能被替代，原因很简单：用以在实验室中检验理论的所有实验数据以及对这些数据的讨论和诠释，在本质上都是通过经典物理学的语言和概念表达的。

海森堡提出，既然我们发现经典物理学在原子层面上存在缺陷，那么为什么还要保留这些经典概念？"为什么我们不能直截了当地说，我们无法以很高的精确度使用这些概念，于是有了不确定关系，因此我们就不得不在某种程度上放弃这些概念。"他在 1927 年春天争辩道。[66] 谈到量子问题时，海森堡称："我们必须意识到，无法用语言描绘这个问题。"在他看来，既然无法用语言描绘，那唯一明智的选择就是退回到量子力学的形式。他坚称，"新数学方案也同样优秀，因为它会告诉我们可能有什么，可能没有什么"。[67]

不过，玻尔并没有被海森堡说服。玻尔指出，我们收集到的每一条有关量子世界的信息，都涉及开展某种实验，而且其结果的记录形式要么是屏幕上转瞬即逝的闪光，要么是盖革计数器的嘀嗒声，要么是电压表上指针的走动，等等。这类仪器都是日常世界中物理学实验室内司空见惯的，但它们也是放大、测量、记录量子层面事件的唯一手段。正是实验室仪器与微观物体（比如 α 粒子和电子）之间的相互作用触发了盖革计数器的嘀嗒声，引发了电压表上指针的走动。

无论这类相互作用究竟是什么，都涉及至少一个量子的能量交换。玻尔称，这个事实带来的后果就是，"完全无法显著区分原子物体的行为和它与测量工具之间的相互作用——测量工具起到的作用是定义在何种条件下会出现特定现象"。[68] 换句话说，我们再也无法区分经典物理学中存在于观测者与观测对象之间的区别，无法区分测量工具与测量对象之间的区别。

玻尔坚定不移地认为，是我们开展的一项项具体实验揭晓了电子、光束、物质或辐射的粒子性或波动性。由于粒子性和波动性是潜藏在现象背后互补且互斥的两个方面，没有任何实际实验或思想实验可以同时使这两种性质显露。如果我们把实验目标设定为研究光的干涉现象（就比如著名的杨氏双缝干涉实验），那么实验显现的就是光的波动性。如果实验目标是研究光束照在金属表面时的光电效应，那么我们观测到的光必然体现粒子性。询问光究竟是波还是粒子毫无意义。玻尔称，在量子力学中，无法知道光"究竟是什么"。唯一值得问的是：光"表现"出了粒子性，还是波动性？答案是，光有时会表现出粒子性，有时会表现出波动性，具体如何取决于实验目标的选择。

在玻尔的理论中，实验的选择至关重要。而海森堡则将像旨在得到电子精确位置这样的实验操作视为扰动的源头，正是这种扰动让我们无法同时精确测得电子的动量。玻尔也认为，存在某种物理扰动。"实际上，我们对物理现象的（经典）描述通常完全基于这样一种前提：观测相关现象时，不会受到显著干扰。"他在 1927年 9 月的一场讲座中说。[69] 这番话就意味着，在量子世界中，观测现象这种行为就会引发这类扰动。一个月后，玻尔在一篇论文的初稿中更为清晰地写道："所有对原子现象的观测都不可避免地会受到来自它们本身的扰动。"[70] 不过，玻尔认为，这种不可削弱且不可控制的扰动并非源于测量操作，而是源于实验者开展实验的目的究竟是研究波动性，还是研究粒子性。他提出，不确定性正是大自然为这种选择标明的价码。

1927 年 4 月中旬，玻尔在互补性提供的概念框架下构建量子力学的自洽诠释。也就是在那个时候，他按照海森堡的要求，将那篇有关不确定性的论文寄了一份给爱因斯坦。玻尔在随论文寄出的一封信中称，不确定性"对量子理论一般问题的讨论做出了非常重要的贡献"。[71] 虽然玻尔仍旧在和海森堡争论，而且时常争得非常热烈，但玻尔对爱因斯坦说："海森堡极为出色地证明了，他提出的不确定性关系不仅可以用于量子理论的实际发展，还可以用在对量子理论可视化内容的判断上。"[72] 之后，他又在信中概述了一些自己的新想法:"我们惯常用某些概念(或者说语言)描述自然,而且这些概念的源头总是经典理论。与这些概念有关的量子理论现在面临着不少困难。"[73] 玻尔的新想法为这些困难的解决提供了新思路。出于某些我们不得而知的原因,爱因斯坦没有回复玻尔的这封信。

如果海森堡原本希望得到爱因斯坦的回应,那么他在慕尼黑过完复活节回到哥本哈根后一定很失望。对于海森堡来说,由于经常需要向玻尔的诠释妥协,他的压力一直很大,这次复活节假期正是他急需的。"所以,我之前一直在为支持矩阵力学、反对波动力学而战,"海森堡在 5 月 31 日给泡利的信中写道,那天也正是他那篇长达 27 页的论文正式发表的日子,"在这场热情洋溢的斗争中,我常常抱怨玻尔对我观点的反对太过尖锐了。现在,我回过头来反思我俩之间的这些讨论,能理解为什么玻尔对我的这些观点感到生气。"[74] 海森堡之所以会悔悟,是因为他在两周前终于向泡利承认,玻尔是对的。

在那个思想实验中,γ射线进入假想显微镜的散射过程是动量与位置之间不确定性关系的基础。"于是,$\Delta p \Delta q \approx h$ 这个关系很自然地就出现了,但这背后的过程和我之前的想法并不完全一样。"[75] 海森堡继续坦承,用薛定谔的波动描述确实更容易解决"一些特定的问题",但他仍旧完全确信,在量子物理学中,"只有非连续性才是我们应该关心的",再怎么强调也不为过。这个时候撤回那篇论文仍旧不算太晚,但海森堡已经深陷其中了。"毕竟,这篇论文的所有结果都是正确的,"他对泡利说,"在这些结果上,我与玻尔的观点一致。"[76]

作为折中方案,海森堡又给这篇论文加了一个附言。附言的开头写道："在得到之前那篇论文的结论后，玻尔在最近的研究中得到了一个新理论。这个理论在本质上深化了之前那篇论文对量子力学关系的分析。"[77] 海森堡承认，玻尔让他看到了自己之前一直忽视的关键点——不确定性其实是波粒二象性的产物。海森堡在附言结尾处感谢了玻尔。此外，随着论文发表，虽然还不能说两人完全忘记了为期数个月的争论和"巨大的个人误解"，但他们也确实在很大程度上释怀了。[78] 海森堡后来说道，无论他与玻尔之间有什么分歧，"最重要的是，能以这样一种新奇却能为所有物理学家所掌握并且接受的方式呈现事实"。[79]

　　"我之前恐怕给您留下了忘恩负义的印象，这点我非常惭愧。"海森堡在 6 月中旬给玻尔的信中写道，那时正是泡利造访哥本哈根后不久。[80] 两个月后，仍旧充满悔意的海森堡向玻尔解释说，自己"几乎每天都在反思，当初怎么会出现那种本来完全可以避免的难堪情况，真的是非常惭愧"。[81] 未来的工作前景是导致海森堡当时那么着急发表论文的决定性因素。海森堡当初拒绝莱比锡的教授席位，转而选择去哥本哈根当玻尔的助手，是因为他确定，只要自己能够不断写出"优秀论文"，就不会缺少大学的邀约。[82] 不确定性论文发表后，工作邀约确实来了。海森堡担心玻尔会多想，便立即向后者解释说，自己并没有因为他们在不确定性问题上的争论，就鼓动潜在招募者正式发出邀约。就这样，当时还未满 26 周岁的海森堡接受了来自莱比锡大学的新邀约，同时也成了德国最年轻的正职教授。他在 6 月底离开了哥本哈根。那个时候，研究所的生活已经回归正常，玻尔仍旧在痛苦且缓慢地口述内容，以这种方式撰写有关互补性以及这个概念对量子力学诠释启示的论文。

　　自 4 月以来，玻尔就一直这样艰难地工作着。这次他向在研所工作的 32 岁瑞典人奥斯卡·克莱因寻求帮助。那个时候，玻尔和海森堡关于不确定性和互补性的争论愈演愈烈，玻尔的前助手亨德里克·克拉默斯提醒克莱因："不要介入这场冲突，我们都太友好和善了，没法参与这种程度的争斗。"[83] 海森堡第一次得知玻尔在克莱因的帮助下撰写以"波粒二象性存在"为基础的论文时，他非常轻蔑地在给泡利的信中写道："一个人要是这样开始写论文，那他当然可以让一切都保持一致。"[84]

这篇论文的草稿写了一遍又一遍，连标题也从《量子理论的哲学基础》变成了《量子假定，以及原子理论的最新进展》。玻尔竭尽全力地想要尽快完成论文，好在即将来临的大会上正式发表。然而，事实证明，这篇论文仍旧只是草稿。就当时的情况而言，只能如此。

*

为纪念电池发明者、意大利人亚历山德罗·伏特逝世 100 周年，国际物理学大会于 1927 年 9 月 11 日至 20 日在意大利科莫举行。大会开得正热烈，可玻尔还在写他那篇论文的注释，直到 9 月 16 日轮到他演讲的那天才完成。玻尔的讲座地点是卡尔杜齐学院，台下那些急切想听他发言的听众包括玻恩、德布罗意、康普顿、海森堡、洛伦兹、泡利、普朗克和索末菲。

玻尔先是阐述了海森堡的不确定性原理以及测量在量子理论中扮演的角色，然后第一次公开概述了全新的互补性框架。他说话时柔声细语，但部分听众没法理解这些话语背后的含义。玻尔把包括玻恩对薛定谔波函数的概率性诠释在内的所有元素都黏合在一起，让它们构成了从新物理学角度理解量子力学的基础。后来，物理学家们把这些观点的总和称为"哥本哈根诠释"。

海森堡后来这样描述，他们"深入研究了与哥本哈根量子理论诠释有关的所有问题"，而玻尔的讲座正是这一系列深入研究的顶点。[85] 起初，即使是那位年轻的量子魔术师，也对这个丹麦人的答案感到不安。"我仍旧记得那些同玻尔展开的讨论，经常是一连好几个小时，直到深夜才以近乎绝望的结果结束，"海森堡后来写道，"等到讨论结束，我独自一人在隔壁公园里散步时，我反复问自己这样一个问题：在这些原子实验中，大自然真的可能像我们以为的那样荒谬吗？"[86] 玻尔明确给出了肯定的回答。他把测量和观测抬到了核心位置，这就意味着，所有揭示常规自然图景以及因果关系的尝试都失败了。

正是海森堡率先在正式出版物（那篇不确定性论文）中提出抛弃科学的一项核心原则："然而，因果律这种明确形式究竟错在哪里？'只要准确掌握了现在的状态，就能预测未来'不是结论，而是假设。即便是从原理上说，我们也无法掌握现在的所有细节。"[87] 例如，无法同时掌握电子的确切初始位置和速度，意味着我们只能计算得到有关电子未来位置和速度的"大量可能性"。[88] 因此，我们不可能预测观测或测量某个原子过程得到的确切结果。我们能准确预测的，只有在这么多可能性中给定结果出现的概率。

牛顿为经典宇宙奠定了基础，这个宇宙符合决定论，是可以预测的。即便是经过爱因斯坦相对论的重构之后，在这个宇宙中，只要知道任意给定时刻物体、粒子或行星的确切位置和速度，那么从原理上说，就能完全确定该对象任何时刻的位置和速度。在经典宇宙中，所有现象都可以描述为诸多事件在空间和时间中的因果展开。然而，量子宇宙中完全没有给这种决定论留下余地。"因为所有实验都必须服从量子力学定律，即必须满足方程 $\Delta p \Delta q \approx h$，"海森堡在他的不确定性论文最后一段中大胆提出，"所以，量子力学意味着因果律最终只能走向失败。"[89] 任何恢复因果律的希望，都如同对隐藏在海森堡所称"感知统计世界"背后所谓真实世界的那些挥之不去的信念，注定"毫无意义且徒劳无功"。[90] 除了海森堡本人之外，持这种观点的还有玻尔、泡利和玻恩。

在科莫，有两位物理学家的缺席很难不引起人们的注意。一位是薛定谔，几周前他刚搬去柏林接替普朗克，忙着安顿事宜。另一位是爱因斯坦，他拒绝进入法西斯主义统治下的意大利。不过，一个月后，玻尔就会同爱因斯坦在布鲁塞尔会面。

第 三 部 分

巨人之战:
究竟什么才是现实

"没有量子世界,有的只是抽象的量子力学描述。"

——尼尔斯·玻尔——

"我仍旧相信,可能存在一种现实模型。也就是说,可能存在一种理论,它能表征事物本身,不只是它们出现的概率。"

——阿尔伯特·爱因斯坦——

___

第 11 章

索尔维 1927

"现在，我可以给爱因斯坦写信了，"亨德里克·洛伦兹在 1926 年 4 月 2 日写道。[1]那天的早些时候，这位年长的物理学活动家得到了一个私下觐见比利时国王的机会。洛伦兹申请让爱因斯坦参选实业家欧内斯特·索尔维创办的国际物理学研究所科学委员会，并且得到了国王的批准。此外，洛伦兹想邀请爱因斯坦参加计划于 1927 年 10 月举办的第五次索尔维会议，这同样得到了国王的许可，难怪爱因斯坦曾经称洛伦兹是"智慧与机敏的奇迹"。[2]

"国王陛下认为，现在距那场战争结束已经过去 7 年了，人们因大战而产生的对某些国家的仇恨也应该渐渐淡化了。未来，各个国家的人民肯定需要更好地互相理解，而科学可以促进这个过程。"洛伦兹报告说。[3] 1914 年，德国野蛮入侵了持中立立场的比利时。比利时国王意识到，国民脑海中的这段记忆仍旧鲜活，因而"觉得有必要强调，考虑到德国人为物理学做出的贡献，实在很难在这种规模的物理学大会上忽视他们"。[4]然而，实际上自战争结束之日起，德国物理学家就一直被国际科学圈忽视、孤立。

"大会邀请的唯一一个德国人就是爱因斯坦，我们认为，在这种场合下，他应该算是国际人士，而非德国人。"1921 年 4 月第三次索尔维会议召开之前，卢瑟福对一位同事这样说。[5] 不过，爱因斯坦因为这次会议没有其他德国人参加，所以没有出席。他转而前往美国做了一系列巡回讲座，为耶路撒冷希伯来大学的创建筹集资金。两年后，他表示自己仍会拒绝任何出席第四次索尔维会议的邀约，因为该会议仍旧将德国科学家排除在外。"我认为，将政治因素引入科学事务并不是什么正确的做法，"他在给洛伦兹的信中写道，"个人也不应该为他所属的国家政府负责，因为这不是他能左右的。"[6]

玻尔因为身体染恙也没有出席 1921 年的第三次索尔维会议，并且同样拒绝了出席 1924 年第四次索尔维会议的邀请。他担心如果自己去了，可能会有人把这解读为对排斥德国人政策的默许。1925 年，洛伦兹就任国际联盟智力合作委员会主席。他意识到，国际会议对德国科学家的禁令在短期内几乎没有解除的希望。[7] 接着，同年 10 月，令人意外的事发生了：把德国物理学家挡在外面的这扇门，就算还没有打开，也至少把锁打开了。

在瑞士小城洛迦诺（那是位于马焦雷湖北端的一处度假胜地）的一座典雅宫殿内，一批条约签订了。许多人希望，它们能给欧洲的未来带来和平。洛迦诺是整个瑞士日照最充足的地方，的确适合签订这类能给人带去乐观情绪的条约。[8] 德国、法国和比利时的三方特使在会议前展开了长达数个月的激烈外交谈判才有了这次会议，自此他们终于可以确定战后的国界了。洛迦诺公约的签订为德国于 1926 年 9 月进入国际联盟铺平了道路，同时也终结了德国科学家被排斥在国际舞台之外的境况。比利时国王为爱因斯坦开绿灯时，正是这一系列外交活动即将尘埃落定之际。有了国王的允诺，洛伦兹便写信给爱因斯坦，邀请他参加第五次索尔维会议并加入负责筹备这次会议的委员会。这一次，爱因斯坦答应了。在接下去的几个月里，委员会选定了与会人员，敲定了会议日程，并且寄送了大家期盼已久的邀请函。

参会人员可分为三类。第一类是科学委员会成员：亨德里克·洛伦兹（主席）、马丁·克努森（秘书）、玛丽·居里、查尔斯-欧仁·居伊、保罗·朗之万、欧文·理查德森和阿尔伯特·爱因斯坦。[9]第二类是出于礼节邀请的相关人士，其中包括一位科学秘书、一位索尔维家族的代表和三位布鲁塞尔自由大学的教授。届时会造访欧洲的美国物理学家欧文·朗缪尔则会作为科学委员会的客人出席会议。

这次索尔维会议的邀请函上写得很清楚："大会将致力于讨论全新的量子力学以及相关问题。"[10]这在第三类参会人员的组成中显露无遗：尼尔斯·玻尔、马克斯·玻恩、威廉·L.布拉格、莱昂·布里卢安、阿瑟·霍利·康普顿、路易·德布罗意、彼得·德拜、保罗·狄拉克、保罗·埃伦费斯特、拉尔夫·福勒、沃纳·海森堡、亨德里克·克拉默斯、沃尔夫冈·泡利、马克斯·普朗克、埃尔温·薛定谔以及C.T.R.威尔逊。

届时，研究量子理论的老一辈大师以及研究量子力学的少壮派都将奔赴布鲁塞尔。因此，这次大会将像是一场神学会议，诸多物理学家为解决某些尚有争议的"教义"问题而齐聚一堂。没有接到参会邀请的物理学家中最出名的当属索末菲和约尔当。第五次索尔维会议共有5场报告：威廉·L.布拉格讲X射线反射强度问题，阿瑟·康普顿讲电磁辐射理论与实验间的不一致问题，路易·德布罗意讲关于量子的新动力学，马克斯·玻恩和沃纳·海森堡讲量子力学，埃尔温·薛定谔讲波动力学。这次大会的最后两场讨论会则致力于有关量子力学的一切讨论，范围不限。

报告日程上少了两个大家觉得应该出现的名字。一个是爱因斯坦，主办方其实有邀请他做报告，但爱因斯坦认为自己"不够资格"，做不了这次大会的报告。他告诉洛伦兹："原因是我在量子理论现代发展中的参与程度达不到在这种场面上做报告的最低要求。部分原因是从整体上说，我的理解能力还无法完全跟上量子理论疾风骤雨般的发展；部分原因是，我不太赞成以纯粹统计学的思维方式为基础，建立这个新理论。"[11] 放弃在第五次索尔维会议上做报告，并不是一个容易的决定，因为爱因斯坦一直希望"在布鲁塞尔做出自己的一些贡献"。他后来说："我现在只能放弃这个想法。"[12]

实际上，爱因斯坦一直密切关注着这个新物理学领域"疾风骤雨般的发展"，并且间接地刺激并鼓励了德布罗意和薛定谔的工作。然而，他从一开始就怀疑，量子力学是否自洽且完备地描述了现实。报告日程上缺失的另一个名字是玻尔，他没有直接参与量子力学的理论发展，但通过同海森堡、泡利和狄拉克这些物理学家的讨论，发挥了自己的作用。

所有受邀参加这场主题为"电子和光子"的第五次索尔维会议的物理学家都知道，这次大会的目标是解决当前最为紧迫的问题：量子力学的内涵。这个问题与其说是物理学问题，不如说是哲学问题。这个新物理学理论表明了现实的何种性质？玻尔认为，他还没有找到答案。在很多人看来，玻尔是以"量子之王"的身份来到布鲁塞尔的，但爱因斯坦是整个物理学的"教皇"。玻尔急切地想"知道爱因斯坦对量子力学最新发展阶段的反应，在我们看来，这有助于澄清他自己从一开始就睿智地引入的那些问题"。[13] 在玻尔的眼中，爱因斯坦的看法事关重大。

就这样，在 1927 年 10 月 24 日这个天气略显阴沉的周一，早上 10 点，世界顶尖量子物理学家中的大多数，怀着极大的期盼，相聚在利奥波德公园内的生理学研究所，静候第五次索尔维会议第一次讨论会的开始。这次大会花了整整 18 个月筹备，得到了比利时国王的允诺，并结束了德国物理学家在国际会议中的"贱民"地位。

*

科学委员会主席、本次大会主席洛伦兹简要致欢迎词后，正式启动学术讨论的任务就落到了曼彻斯特大学物理学教授威廉·L. 布拉格的身上。当时 37 岁的布拉格在年仅 25 岁时，就和父亲威廉·亨利·布拉格因为率先使用 X 射线研究晶体结构而获得 1915 年诺贝尔物理学奖。由他来报告与晶体反射 X 射线有关的最新数据，以及这些实验结果会给大家对原子结构的认识带来何种影响，是一个显而易见的选择。布拉格做完报告后，洛伦兹便询问听众对这方面内容的看法以及问题。按照大会日程，每一场报告结束之后都会有充裕的时间留给大家展开详尽的讨论。洛伦兹本人精通英语、德语和法语，他在讨论环节帮助了那些不太擅长其中某种语言的物理学家，比如布拉格、海森堡、狄拉克、玻恩、德布罗意。此外，这位年迈的荷兰大师在第一场讨论会结束、大家休会用午餐之前加入了讨论。

　　在那天下午的讨论会上，美国人阿瑟·康普顿报告了电磁辐射理论既无法解释光电效应，也无法解释X射线被电子散射时波长变长方面的内容。虽然康普顿几周之前刚刚与威尔逊共享了1927年诺贝尔物理学奖，但出于发自内心的谦虚，他没有把这个最新发现的现象称为"康普顿效应"，哪怕这个名字已经众所周知。詹姆斯·克拉克·麦克斯韦在19世纪提出的伟大电磁理论失效后，爱因斯坦的光量子（最新的名称是光子）成功地把理论同实验结合到了一起。布拉格和康普顿的报告旨在促进大家对理论概念的讨论。大会第一天结束时，所有顶尖物理学家都提到了一个名字：爱因斯坦。

　　周二早晨，众物理学家在布鲁塞尔自由大学参加了一场悠闲的招待会后，下午又聚在一起聆听德布罗意有关"量子新动力学"的论文。德布罗意用法语做了这场报告，开始的时候先概述了自己的贡献、波粒二象性的应用拓展至所有物质，以及薛定谔如何巧妙地根据这一理念提出波动力学。接着，他在小心翼翼地承认玻恩的思想反映了很多事实之后，拿出了自己对薛定谔波函数概率性诠释的替代方案。

　　德布罗意随后称这个方案为"导航波理论"。哥本哈根诠释认为，电子要么表现得像粒子，要么表现得像波，具体如何取决于观测者开展何种实验。相较之下，在导航波理论中，电子真的就以粒子和波两种形式存在。德布罗意提出，粒子和波同时存在，粒子就像冲浪者那样乘波前行，而波则引导着（或者说"导航着"）粒子从一个地方运动到另一个地方。这种波是真实的物理波，而非玻恩提出的那种抽象概率波。当时，玻尔和他的同伴们决心捍卫哥本哈根诠释的主导地位，而薛定谔仍旧固执地想要宣扬他在波动力学方面的观点，因此，德布罗意的导航波理论遭到了多方攻击。德布罗意本想得到爱因斯坦的支持——这可以让那些原本持中立立场的人站到他这一边，可后者始终沉默不语，这令德布罗意很失望。

10 月 26 日，周三，量子力学这两个对立版本的倡议者都在会上做了报告。在早上的讨论会中，海森堡和玻恩做了一场联合报告，内容共分为 4 个部分：数学形式、物理学诠释、不确定性原理、量子力学应用。

这场演讲就像是撰写报告一样，由玻恩和海森堡两人共同完成。先是较年长的玻恩向听众做简单介绍，并且汇报第一和第二部分的内容，然后就由海森堡汇报余下的内容。他们在报告开头说道："量子力学以一种直观感受为基础。这种感受就是：原子物理学与经典物理学之间的本质差异在于非连续性的出现。"[14] 接着，他俩又向坐在几米之外的同行们表达了敬意。他们指出，量子力学在本质上是"普朗克、爱因斯坦和玻尔建立的量子理论的直接延续"。[15]

在介绍完矩阵力学、狄拉克-约尔当变换理论和概率性诠释后，玻恩和海森堡开始阐述不确定性原理和"普朗克常数 h 的真正含义"。[16] 他们认为，"这个常数就是因为波粒二象性而进入自然定律的不确定性通用度量"。从效果上说，如果没有物质和辐射的波粒二象性，就没有普朗克常数，也就没有量子力学。玻恩和海森堡在总结报告时，挑衅地陈述："我们认为，量子力学已经是一个封闭理论了，其基本物理学假设和数学假设不再受任何修正的影响。"[17]

封闭意味着未来的任何进展都不会改变这个理论的基本特征。任何此类对量子力学结局和完备性的断言都是爱因斯坦无法接受的。在他看来，量子力学确实是一项了不起的成就，但未必就反映了事实。爱因斯坦没有参与这场报告之后的讨论环节。除了玻恩、狄拉克、洛伦兹和玻尔在这个问题上发表了意见，其他所有人都没有提出反对。

保罗·埃伦费斯特觉察到了爱因斯坦对玻恩和海森堡这个大胆论断的怀疑，他快速写了一张条子，递给爱因斯坦，上面写着："不要笑！地狱里有一个专为量子理论教授设置的特别环节：他们每天要听 10 个小时经典物理学讲座。"[18] "我只是笑他们的天真，"爱因斯坦回复说，"谁知道几年之后笑到最后的是谁呢？"

午饭过后，薛定谔用英语做了一场有关波动力学的报告。"目前，'波动力学'这个名字下其实有两种理论，两者关系密切但不完全相同。"他说。[19] 其实真正的波动理论只有一个，但是一分为二了。一个与日常三维空间中的波有关，另一个则涉及高度抽象的多维空间。薛定谔解释说，问题在于除了单个运动电子之外的一切，都涉及存在于三维以上空间的波。氢原子中只有一个电子，我们可以把它安置在三维空间里，可有两个电子的氦原子就需要六维空间了。不过，薛定谔还提出，这个叫作"位形空间"的多维空间只是一种数学工具，无论我们最终如何描述它，也无论电子是在互相碰撞还是在围绕着原子核运动，这个过程都在时间和空间中发生。"不过，实际上这两种概念目前尚未完全统一。"薛定谔在承认这点之后，就开始概述这两种理论了。[20]

薛定谔将粒子的波函数解释为其电荷和质量的云状分布。虽然物理学家都觉得波动力学用起来更简便，但没有哪一位顶尖理论物理学家赞同薛定谔的这种看法——大家普遍接受玻恩的概率性诠释。不过，薛定谔并没有为这种情况所吓倒，他仍旧强调自己的观点，并质疑了一个大家都已接受的概念：量子跃迁。

从收到前往布鲁塞尔做报告的请柬时起，薛定谔就很明白，到时难免会和"矩阵派"发生理念上的冲突。讨论环节一开始，玻尔就问，薛定谔报告后半段中有关"困难"的评论，是否意味着他之前陈述的内容并不正确。薛定谔友好地应对了玻尔的质询，然后玻恩又对另一个计算过程提出了质疑。多少有点儿恼火的薛定谔表示："这个计算过程完全正确、严格，玻恩先生的质疑完全没有根据。"[21]

又有几人发表意见后，轮到海森堡发问了："薛定谔先生在报告的尾声部分中说，他的这番讨论增加了这样一种希望：等到我们更深入地了解相关内容后，就可能在三维空间中解释并理解多维理论提供的结果。然而，我在薛定谔先生的计算中找不到任何能佐证这种希望的内容。"[22] 薛定谔回答说，他的"取得三维概念的希望并不完全只是理想"。[23] 几分钟后，讨论结束了，整个大会的第一部分内容（受邀人报告）也随之告一段落。

就在这个时候，大家才发现位于巴黎的法国科学院挑了 10 月 27 日周四这一天纪念法国物理学家奥古斯丁·菲涅耳逝世 100 周年。由于此时已经来不及更改日程，索尔维会议主办方临时决定休会一天半，让那些希望参加菲涅耳纪念仪式的人前往巴黎，等他们回来后再开始本次大会的重头戏：在之前两场讨论会的基础上展开话题更为广泛的一般性讨论。于是，洛伦兹、爱因斯坦、玻尔、玻恩、泡利、海森堡、德布罗意等 20 人便启程前往巴黎，纪念菲涅耳这位前辈。

*

德语、法语、英语此起彼伏，大家都在向洛伦兹申请下一个发言。就在这时，保罗·埃伦费斯特突然起身，走到黑板前面，写下："耶和华在那里变乱天下人的语言。"他回到位置上坐下后，现场一阵大笑，显然同行们知道埃伦费斯特指的并不只是《圣经》中的巴别塔之事。一般性讨论的第一场会议开始于 10 月 28 日（周五）的下午，洛伦兹做了开场白，希望把大家的讨论重点放到因果律、决定论和概率性这些话题上来。量子事件之间有没有因果关系？或者，用埃伦费斯特当时的话说："难道就不能把决定论当作一种信仰，继续坚持下去？是否一定要把非决定论提升到原理的高度？"[24] 洛伦兹只是勾起了这个话题，没有进一步发表自己的意见，就邀请玻尔发言。当玻尔谈及"我们在量子物理学中面对的认识论问题"时，在场的所有人都明白，他要尝试说服爱因斯坦，让他相信哥本哈根诠释是正确的。[25]

1928 年 12 月，第五次索尔维会议的纪要以法语形式出版后，当时以及后来都有很多人错误地把玻尔的发言当作官方报告之一。编写人员请玻尔把他在会上的评论编辑修改后提交上来，以便收录在纪要中。玻尔则要求会议纪要收录他在 1927 年 4 月发表的科莫讲座内容大幅扩充版以代替评论。不愧是玻尔，编写方接受了他的这个要求。[26]

爱因斯坦听着玻尔简要阐述观点。玻尔认为，只有在互补性框架内，才能称波粒二象性为自然的内禀特征，而互补性又支撑着暴露了经典概念适用范围局限性的不确定性原理。然而，玻尔继续解释说，要想明确地表达那些旨在探测量子世界的实验的结果，实验设置以及观测本身都必须以"通过经典物理学词汇恰当提炼出来的语言"表达。[27]

1927 年 2 月，在玻尔打磨互补性概念的时候，爱因斯坦在柏林做了一场主题为"光的性质"的讲座。他在讲座上提出,我们需要的不是光的量子理论或是波动理论,而是"这两种概念的结合"。[28] 其实将近 20 年前,爱因斯坦就已经提出了这个想法。现在,在第五次索尔维会议上,一直期盼看到波动理论与粒子理论形成某种"结合"的爱因斯坦,听到玻尔要通过互补性把这两者分隔开来。按照后者的观点,光要么表现出粒子性,要么表现出波动性,具体如何取决于实验的选择。

科学家在做实验时一直有个不言而喻的假设:他们只是被动地观测自然,能够在不干扰观测对象的前提下完成观测。主体与客体、观测者与被观测者之间存在鲜明的区别。然而,按照哥本哈根诠释,这个假设在原子领域并不适用,因为玻尔认定"量子假定"就是量子力学这门全新物理学的"本质"。[29] 玻尔之所以要引入"量子假定"这个术语,是为了体现大自然中非连续性的存在源于量子的不可分割性。玻尔称,量子假定让我们无法清楚地界定观测者和被观测者。按照他的观点,我们在研究原子现象时,测量仪器与测量对象之间的相互作用意味着"寻常物理学意义上的独立现实,既不能归因于现象,也不能归因于展开观测的主体"。[30]

如果没有观测,玻尔设想的现实就不存在。按照哥本哈根诠释,微观物理客体没有任何内禀属性。在我们观测或测量电子的位置之前,它不存在于任何地方。在测量之前,电子也没有速度或其他任何物理属性。在两次测量之间,询问电子的位置或速度毫无意义。量子力学没有阐述任何有关独立于测量设备存在的物理实在的内容,电子只有在测量行为中才变得"真实"。未被观测的电子就是不存在的。

"认为物理学的任务就是查明大自然的运作方式,那是不对的。"玻尔后来提出，[31]"物理学关心的，是我们可以如何描述自然。"别无其他。他认为，科学只有两个目标："一是拓展我们的经验范围，二是把这些经验浓缩成规律"。[32]爱因斯坦曾经这么说："我们所说的科学，唯一的目标就是确定现实是什么。"[33]在他看来，物理学是一种理解现实的尝试，既然如此，它就和观测行为无关。爱因斯坦说，从这个角度上说，"我们讨论的是'物理实在'"。[34]而秉持哥本哈根诠释的玻尔则对现实是什么不感兴趣，他只关心我们之间如何描述这个世界。正如海森堡后来所说，与日常世界中的物体不同，"原子或者说基本粒子，它们本身并没有那么真实。它们构成的是一个充满潜力或可能的世界，而非某种事物或事实"。[35]

玻尔和海森堡认为，从"可能"到"现实"的这种转变发生在测量操作期间。没有任何深层量子实在独立于观测者存在。爱因斯坦则认为，科学追求的最基本要求就是，你得相信存在某种独立于观测者的现实。爱因斯坦和玻尔关于物理学灵魂和现实本质的大论战一触即发。

*

玻尔发完言后，又有三位物理学家谈了谈自己的看法，此时，爱因斯坦才向洛伦兹表示，自己再也无法保持沉默了。"虽然我很清楚自己没有深入参与量子力学本质的理论发展，"他说，"但我想在这里谈一些更一般的内容。"[36]玻尔刚才提到，量子力学"穷尽了解释可观测现象的所有可能"。[37]对于这点爱因斯坦并不赞成。他认为，必须给量子王国的微观物理学沙丘划定界限。爱因斯坦知道，责任现在落到了他的身上，他必须向大家证明哥本哈根诠释并不自洽，从而击碎玻尔及其支持者"量子力学是一个封闭、完备理论"的论断。爱因斯坦采取了他最喜欢的策略：在大脑这个实验室中展开的假设性思想实验。

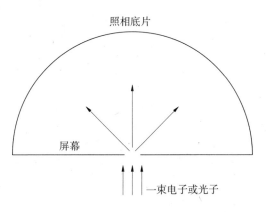

图 11-1　爱因斯坦的单缝思想实验

　　爱因斯坦走到黑板前，画了一条代表不透明屏幕的线，屏幕上还有一条小缝。接着，他又在屏幕后面画了一个代表照相底片的半圆。爱因斯坦借着这张草图开始概述自己的思想实验。当一束电子或光子打到屏幕上时，部分电子或光子会穿过小缝，来到照相底片上。由于小缝很狭窄，部分电子或光子在通过它时，会向所有可能的方向衍射。爱因斯坦继续解释说，按照量子理论的要求，电子必须以球面波的形式从小缝传播到照相底片上。然而，实际上最后撞到照相底片上的是一个个粒子。爱因斯坦说，对于这个思想实验有两种不同观点。

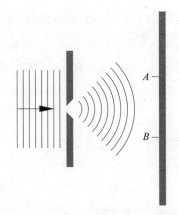

图 11-2　玻尔对爱因斯坦单缝实验的演绎

　　按照哥本哈根诠释，在我们做出观测之前，以及电子以一个一个粒子的形式打在照相底片上之前，在底片每一个点上都探测到一枚电子的可能性不为零。即便表现出波性质的电子在空间中的一大片区域内扩散，在 A 点探测到特定某个电子的那一刻，在 B 点或照相底片上其他任何一点找到这个电子的概率都下降为零。既然哥本哈根诠释认为，量子力学完备地描述了实验中各个电子发生的事件，那么每个电子的行为都可以用一个波函数来描述。

　　爱因斯坦表示，问题就出在这里。如果在观测之前，找到电子的概率"涂抹"在整张照相底片上，那么电子撞到底片上 A 点的那一瞬间，B 点和底片其他任何地方的概率一定会同时受到影响。"波函数的这种瞬时坍缩"意味着必然存在某种传播速度超过光速的因果效应，这违背了狭义相对论。如果 A 点发生的某个事件是 B 点发生的某个事件的起因，那么这两个事件之间一定需要间隔一段时间，这样才能让信号以光速从 A 点传播到 B 点。这个要求后来被称为"定域性"。爱因斯坦认为，既然哥本哈根诠释违背了定域性，就说明这个理论并不自洽，而且从对个体过程的描述上说，量子力学还不是一个完备理论。此外，爱因斯坦还提出了自己对这个思想实验的解释。

穿过狭缝的每一个电子都会沿众多可能轨迹中的一个运动，直到撞到照相底片上。然而，爱因斯坦认为，球面波对应的并不是一个个电子，而是"一朵电子云"。[38] 量子力学不会给出有关个体过程的任何信息，它能描述的只是所有个体过程的综合效果，也就是爱因斯坦所称的"系综"。[39] 虽然系综内每一个电子都会按照自己的独特轨迹从狭缝运动到底片，但波函数并不表征单个电子，它表征的是整个电子云。因此，波函数的平方 $|\psi(A)|^2$ 表征的并不是在 A 点找到某个特定电子的概率，而是在那点上找到这个系综内任意一个成员的概率。[40] 爱因斯坦认为，正是这种"纯粹的统计学"诠释（这么多撞击照相底片的电子的统计学分布）产生了经典衍射图样。[41]

玻尔、海森堡、泡利和玻恩并不完全确定爱因斯坦想表达什么。后者没有明白地陈述自己的目标：证明量子力学并不自洽，因此并不完备。玻尔等人认为，没错儿，波函数确实瞬时坍缩了，但那只是抽象的概率波，并不是在普通三维空间中传播的真实波。他们也没法在爱因斯坦提供的两种观点中做出抉择。后者以针对单个电子的观测结果为基础，提出了这两种观点，而且在这两种解释中，电子都穿过了狭缝，撞到了照相底片的某个点上。

"我觉得自己当时的处境很尴尬，因为我不明白爱因斯坦究竟想要表达什么意思，"玻尔说，[42] "毫无疑问，这是我的错。"值得注意的是，玻尔接着又说："我不明白量子力学到底是什么，我觉得我处理的只是一些适合描述实验的数学工具。"[43] 玻尔没有正面回应爱因斯坦的分析，只是继续重申了自己的观点。不过，在这场量子棋局中，玻尔这位丹麦特级大师后来在一篇论文中（那篇论文写于 1949 年，是为庆贺对手爱因斯坦的 70 岁大寿而写的）讲述了他在 1927 年那天晚上以及第五次索尔维会议最后一天给爱因斯坦的答复。[44]

玻尔认为，爱因斯坦对这个思想实验的分析有一个不言自明的假设：屏幕和照相底片在时间和空间中的位置都定义明确。然而，在玻尔看来，这就意味着两者的质量都无限大，因为只有这样，电子穿过狭缝时的时间和位置才不会有任何不确定性。于是，我们就无法知道电子的精确动量和位置了。玻尔认为，这是唯一一种可能出现的情况，因为不确定性原理意味着，我们对电子的位置掌握得越精确，同时测量其动量得到的结果就一定越不精确。爱因斯坦思想实验中无限重的屏幕没有给狭缝处电子在时间和空间上的位置留下任何不确定性。然而，这么高的精确性是要付出代价的：电子的动量和能量就完全不确定了。

玻尔认为，假设屏幕质量并非无限大更符合现实。虽然屏幕仍旧要比电子重很多，但只要质量并非无限大，它就能在电子穿过狭缝时"移动"了。虽然这种移动幅度很小，小到实验室内根本探测不到，但就装备了完美测量仪器的理想思想实验来说，在这个抽象世界内对这样一种屏幕展开测量，完全不会有什么问题。因为屏幕在移动，所以电子衍射时在时间和空间中的位置就不确定了，于是，它的动量和能量也具备了相应的不确定性。不过，相比无限重的屏幕，我们在屏幕质量有限的情境下，能更好地预测衍射电子撞击照相底片的地点。玻尔认为，在不确定性原理施加的限制下，量子力学是对个体事件的所有描述中最完备的。

爱因斯坦对玻尔的答复不为所动，他请玻尔思考一下，有没有可能在粒子（无论是电子还是光子）通过狭缝时，控制并测量动量和能量在屏幕和粒子之间的转移。接着，爱因斯坦争辩说，在粒子刚刚通过狭缝的那一刹那，能够以超过不确定性原理限制的精确度测量它的状态。他说，这是因为粒子在通过狭缝时不可避免地要发生偏折，它朝着照相底片的运动路径可以通过动量守恒定律求得。这个定律要求发生相互作用的两个物体（在这个思想实验中就是粒子和屏幕）的总动量保持守恒。如果粒子向上偏折，屏幕就会被推向下方，反之亦然。

　　玻尔为了论证自己的观点，提出了可移动屏幕的想法。而爱因斯坦则借着这个想法改进了思想实验：他在可移动屏幕和照相底片之间又加了一个开有两条狭缝的屏幕。

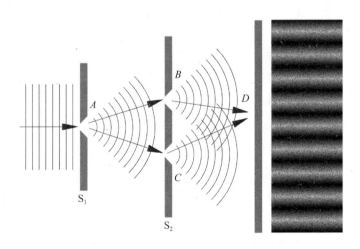

图 11-3　爱因斯坦的双缝思想实验（最右处就是粒子形成的干涉图样）

　　接着，爱因斯坦降低了粒子束的强度，使得一次只能有一个粒子通过第一块屏幕 S_1 上的狭缝和第二块屏幕 S_2 上的两条狭缝之一，最后再抵达照相底片。由于每个粒子都会在撞到照相底片时留下不可抹除的痕迹，最终就会出现一些引人瞩目的现象。随着越来越多的粒子在底片上留下印记，最初看上去像是随机散布的斑点会在统计学规律的作用下慢慢变成明暗带相间的经典干涉图样。虽然每个粒子只会留下一个印记，但通过某些统计学规则，它们都对最后形成的整个干涉图样做出了决定性贡献。

爱因斯坦表示，通过控制并测量粒子与第一块屏幕间动量的转移，就可能推导出粒子究竟通过了第二块屏幕上方的狭缝，还是下方的狭缝。根据粒子撞击照相底片的位置和第一块屏幕的移动，就可能追踪到这个粒子究竟穿过了哪两条狭缝。爱因斯坦似乎设计出了一个可能以超过不确定性原理限制的精确度，同时掌握粒子位置和动量的实验。此外，他还在这个过程中反驳了哥本哈根诠释的另一个基本原则，那就是玻尔的互补性框架假设：在任何给定实验中，电子或光子都只会表现出粒子性或波动性。

玻尔认为，爱因斯坦的论证肯定存在缺陷。他画出开展这个实验所需装置的草图，开始寻找这种缺陷。玻尔最关注的实验装置是第一块屏幕。他意识到，对粒子与屏幕间动量转移的控制和测量取决于屏幕在垂直方向上移动的能力。只有观测到屏幕在粒子穿过狭缝时究竟是向上移动还是向下移动，才能在粒子撞到照相底片后知道它究竟是穿过了第二块屏幕上方的狭缝，还是下方的狭缝。

虽然爱因斯坦早年曾在瑞士专利局工作，但他并没有深入考虑这个思想实验的细节。玻尔知道，量子恶魔就藏在这些细节里。他把第一块屏幕挂在一对固定于支撑框架的弹簧上，这样就能测量粒子通过狭缝时，屏幕因从粒子那儿获得动量而产生的垂直方向上的移动。测量装置也很简单：装在支撑框架上的指针和标在屏幕上的刻度。这个设计很原始，但灵敏度足够观测到思想实验中屏幕与粒子之间的相互作用了。

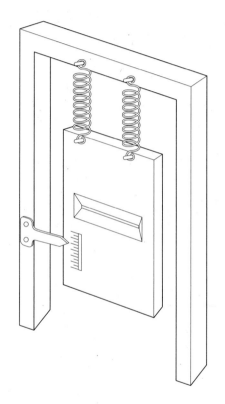

图 11-4 玻尔的设计：第一块屏幕本身就可移动

玻尔认为，如果屏幕已经在以某种未知的速度移动，而且这个速度要比与穿过狭缝的粒子发生相互作用而产生的最高移动速度都快，就不可能推导出动量转移的程度以及相应的粒子运动轨迹。另外，如果无法控制并测量动量从粒子到屏幕的转移，那么不确定性原理会让屏幕和狭缝的位置同时具有不确定性。按照不确定性原理的要求，对屏幕垂直方向上动量的测量结果越精确，对其垂直方向上位置的测量结果就相应地越不精确，两者必然严格匹配。

玻尔继续论证道，第一块屏幕位置的不确定性会破坏最后的干涉图样。例如，假设照相底片上的 D 点是相消干涉，在干涉图样中表现为一个暗点。第一块屏幕在垂直方向上的位移会导致两条路径 ABD 和 ACD 的长度变化。如果路径长度变化达到半个波长，D 处就不再是相消干涉，而是相长干涉了，于是，这个地方会变成一个亮点。

要想解决第一块屏幕 S_1 垂直位移的不确定性问题，就需要将它所有可能的位置做"平均"。这会让干涉结果处于完全相长干涉和完全相消干涉这两个极端之间，因而会在照相底片上形成一个褪色的图样。玻尔认为，控制从粒子转移到第一块屏幕上的动量，确实能让我们追踪到粒子通过第二个狭缝时的运动轨迹，但这会破坏干涉图样。他总结说，爱因斯坦"提出的控制动量转移，涉及我们对屏幕 S_1 位置的掌握情况，这会导致上述讨论中的干涉现象消失"。[45] 玻尔不仅捍卫了不确定性原理，还论证了自己的观点：微观物理学客体的波动性和粒子性无法同时出现在一个实验中，无论这个实验是不是思想实验。

玻尔的反驳基于这样一个假设：控制并测量转移到 S_1 上的动量，达到可以推导出粒子此后运动方向的精确程度，就会导致 S_1 位置的不确定。玻尔解释说，之所以会出现这种结果，是因为要读取 S_1 上的刻度。要想读出刻度，就一定要看到刻度，那就要求光子从屏幕上散射出来，从而导致动量的转移变得不可控。因为光子的存在，我们就无法在粒子通过狭缝时，精确测量从粒子转移到屏幕的动量。消除光子影响的唯一方法就是根本不去看屏幕上的刻度，这样当然也就没法读出刻度了。玻尔之前曾批评海森堡在解释显微镜思想实验中不确定性的起源时使用了"扰动"的概念，但他在这里运用的正是这个概念。

　　关于双缝实验，还有一个奇怪现象。如果第二块屏幕上的两条狭缝之一盖了一块遮板，干涉图样就会消失。干涉只有在两条狭缝同时开着的情况下才会出现。然而，怎么会出现这种情况？一枚粒子只能通过一条狭缝。它怎么"知道"另一条狭缝是开还是关？

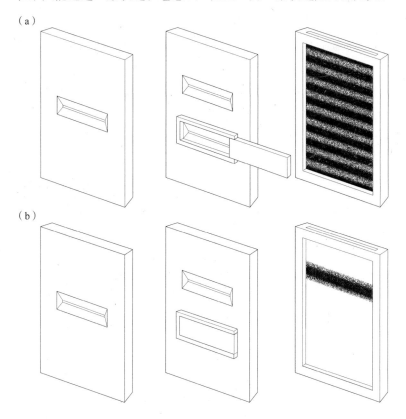

图 11-5　双缝实验：（a）两条狭缝都开着；（b）一条狭缝关着

对此，玻尔已有答案。根本不存在运动路径明确的粒子。正是因为轨迹不明确，所以才出现了干涉图样，即便是粒子逐个通过这个双缝装置，而非波，情况也是如此。量子的这种模糊性让粒子能够在大量可能路径中进行"抽样"，于是它就"知道"了狭缝究竟是开还是关。狭缝的开关会影响粒子未来的运动路径。

如果在两条狭缝前放置探测器，偷偷地观察粒子会通过哪条狭缝，似乎就可能在不影响粒子运动轨迹的前提下关掉它不通过的那条狭缝。后来，当物理学家真的做了这个"延迟选择"实验时，他们发现最后在照相底片上出现的并非干涉图样，而是狭缝的放大图像。在我们试图测量粒子位置以推测它究竟要通过哪条狭缝时，这个操作干扰了粒子原先的路径，因而导致无法形成干涉图样。

玻尔称，物理学家必须做出选择，"要么追踪粒子的运动路径，要么观测到干涉效果"。[46] 如果S_2上的两条狭缝中有一条关着，物理学家就知道粒子在撞到照相底片之前要通过哪条狭缝了，于是就看不到干涉图样了。玻尔提出，"如果认为电子或光子的行为应该取决于屏幕S_2上狭缝的开闭，相反，又要用狭缝的开闭证明粒子没有通过其中某条狭缝，必然存在矛盾之处，而这种选择就能让我们避免这个矛盾"。[47]

在玻尔看来，双缝实验是在互斥实验条件下出现互补性现象的"典型例子"。[48] 他提出，考虑到现实的量子力学性质，光既不是粒子，也不是波。它有时表现得像粒子，有时表现得像波。在任意一个给定环境中，大自然对光是粒子还是波这个问题的回答，取决于你究竟问了什么问题，即你做了何种类型的实验。旨在测量光子穿过S_2上哪条狭缝的实验，是一个会得到"粒子"这个答案的问题，因此观测不到干涉图样。这背后丧失的并非概率，而是独立、客观的现实，上帝就是在掷骰子，而这正是爱因斯坦无法接受的。因此，量子力学不可能是玻尔宣称的描述大自然的基本理论。

"爱因斯坦的担忧和批评很有价值，刺激我们所有人重新检视了与原子现象描述有关的各个方面。"玻尔后来回忆说。[49] 他特别指出，争论的焦点在于"测量对象与测量仪器之间的区别——用经典术语来说，测量仪器的功能是定义在何种环境下会出现预期中的观测现象"。[50] 按照哥本哈根诠释，测量仪器与测量对象之间存在密不可分的关系：根本不可能把两者完全区分开来。

像电子这样的微观物理学客体服从量子力学定律，而测量仪器则遵从经典物理学定律。不过，玻尔在面对爱因斯坦的挑战时，被迫妥协：他把不确定性原理应用到了宏观客体屏幕 S_1 上。借助这个操作，玻尔强行把日常宏观世界中的元素应用到了微观量子领域，因为他无法确定经典世界与量子世界的"分割点"——宏观与微观的界限究竟在哪儿。这不是玻尔最后一次在与爱因斯坦的量子对弈中下出疑问手。没办法，胜者的战利品实在是太丰厚了。

*

在与玻尔的争论结束之后，爱因斯坦在当天一般性讨论的后续阶段只发言一次——提出一个问题。德布罗意后来回忆说，"爱因斯坦几乎没有再说什么，只是非常简单地表明了对概率性诠释的反对"，然后就"回到了一言不发的状态"。[51] 然而，所有与会者都住在大都会酒店里，发生了最为激烈争论的地点正是这家酒店装饰典雅的餐厅，而非生理学研究所的会议室。海森堡说："玻尔和爱因斯坦是争得最激烈的。"[52]

作为贵族，德布罗意只会说法语，这点令人意外。他一定见证了爱因斯坦与玻尔在大都会酒店餐厅内的激烈对话，海森堡和泡利这样的人物则在一旁细细倾听。由于玻尔和爱因斯坦用德语交流，德布罗意没有意识到他俩正在展开一场海森堡所说的"决斗"。[53] 作为公认的思想实验大师，爱因斯坦在前来用早餐时，脑海中已经准备了一个挑战不确定性原理以及广受赞誉的哥本哈根诠释自洽性的方案。

相关分析在爱因斯坦和玻尔喝咖啡、吃羊角面包的时候就开始了，在他们前往生理学研究所的路上仍在继续——这个时候通常会有海森堡、泡利和埃伦费斯特走在附近。爱因斯坦和玻尔边走边谈，在早上的讨论会开始之前就已经讨论并澄清了相关假设。"在讨论会期间，尤其是会议的暂歇时分，我们这些年轻人——主要是我和泡利——试图分析爱因斯坦的思想实验，"海森堡后来说，"到了吃午饭的时候，玻尔和其他来自哥本哈根的物理学家仍在讨论这个问题。"[54] 下午晚些时候，在经过进一步的内部讨论后，秉持哥本哈根诠释的这群物理学家就会拿出通过集体努力得到的反驳爱因斯坦的方案。回到大都会酒店晚餐期间，玻尔向爱因斯坦解释了他提出的最后一个思想实验为什么无法打破不确定性原理施加的限制。海森堡说，他们知道虽然每一次爱因斯坦发现哥本哈根方面的解释没有问题时都不再反驳，但"他内心并不信服"。[55]

海森堡后来回忆说，几天后，"玻尔、泡利和我明白了，现在我们可以确信自己的立场没有错，而爱因斯坦也明白了，哥本哈根方面对量子力学的新诠释不是那么容易反驳的"。[56] 爱因斯坦拒绝接受这个理论。即便没能掌握反击哥本哈根诠释的关键所在，他也会说："上帝不会掷骰子。""不过，即便如此，也不可能是由我们告诉上帝如何掌管这个世界。"玻尔在某个场合回复说。[57]
"爱因斯坦，我真为你感到羞愧，"保罗·埃伦费斯特半开玩笑地
说，"你现在反对量子理论这个新理论的样子，就和你的对手反对
相对论一样。"[58]

　　1927 年，唯一一个见证了爱因斯坦和玻尔在索尔维的私下会
晤且立场不偏不倚的人就是埃伦费斯特。"爱因斯坦的态度激起了
小圈子里的热烈讨论，而埃伦费斯特就是这个圈子里的一员，多年
以来他一直都是我们俩的好朋友，"玻尔回忆说，"他在这场讨论
中起到了非常积极的作用，做出了很多贡献。"[59] 会议结束几天后，
埃伦费斯特给他在莱顿大学的学生们写了一封信，生动地描述了在
布鲁塞尔发生的一切："玻尔完全凌驾于所有人之上。起初，大家
完全不明白他的观点（玻恩也在现场），但接着，他就一步一步地
打败了所有人。当然，玻尔那如同咒语一般的术语使用方式又一
次出现了。（可怜的洛伦兹在完全没法互相理解的英国人和法国人
之间做翻译。这可是玻尔总结的，他对这种情况只能报以礼貌却
又绝望的回应。）每天凌晨 1 点，玻尔都会来到我的房间，只对我
说一个词，然后一直待到凌晨 3 点。我很高兴能在现场听到玻尔和
爱因斯坦的对话。他们俩简直就像是在下国际象棋一样。为了推
翻不确定性原理……爱因斯坦总能拿出新招数。而玻尔则不断地
在哲学迷雾中寻找工具，破解爱因斯坦的一个又一个招数。爱因
斯坦就像玩偶匣，每天早上都会蹦出点新鲜玩意儿。哦，那可真是
无价之宝。不过，我几乎毫无保留地支持玻尔的观点，反对爱因斯
坦。"[60] 不过，埃伦费斯特也承认："在爱因斯坦认同量子理论之前，
玻尔没法解脱。"[61]

　　玻尔后来表示，1927 年在索尔维与爱因斯坦的那番讨论是以

"一种非常幽默的方式"进行的。[62] 不过,他也不无遗憾地提到:"我们在态度和观点上仍旧存在一定分歧,因为爱因斯坦非常善于在不放弃连续性和因果律的前提下调和那些明显矛盾的结果——他或许是最不愿意放弃这两种理念的。我们在探索量子理论这个新领域的知识时,日复一日地积累了各种有关原子现象的证据。这些证据五花八门,甚至存在矛盾。在我们其他人看来,量子理论中放弃连续性和因果律似乎是唯一一种可能协调这些证据的方法。"[63] 玻尔的潜台词是,爱因斯坦之前实在是太成功了,所以他无法彻底抛弃过去的那些理念。

*

在那些去布鲁塞尔开会的物理学家看来,第五次索尔维会议的结局是,玻尔成功地捍卫了哥本哈根诠释的逻辑自洽性,但未能说服爱因斯坦,让后者相信这是对于量子力学这个"完备"、封闭理论的唯一一种可行的诠释。在返程途中,爱因斯坦和包括德布罗意在内的一小群人去了巴黎。他俩分手时,爱因斯坦对这位法国贵族说:"继续吧,你走的路完全正确。"[64] 然而,因为在布鲁塞尔没有得到支持而沮丧的德布罗意很快就放弃了自己原来的想法,转而支持哥本哈根诠释。爱因斯坦回到柏林时,身心俱疲。在随后的两周内,他写了封信给阿诺尔德·索末菲,信中称:"从统计学规律的角度看,量子力学或许是一个正确的理论,但它并不适用于个体的基本过程。"[65]

保罗·朗之万后来称,"萦绕在量子理论周围的谜团在 1927 年的索尔维达到了顶点",但在海森堡看来,这次会议正是奠定哥本哈根诠释正确性的关键转折点。[66]"我对有关科学的各方面结果都很满意，"他在会议结束时写道，[67]"玻尔和我的观点被普遍接受了，至少再也没出现需认真思考的反对意见，即便是爱因斯坦和薛定谔也没有提出。"海森堡认为，他们已经获取了胜利。"运用传统语言，再加上不确定性原理给它们施加的限制，我们就能澄清一切，并且得到一幅仍旧完全自洽的图景。"海森堡在近 40 年后回忆说。当被问及这里提到的"我们"是指谁的时候，他回答说："我可以这么说，在当时，这个'我们'指的基本上就是玻尔、泡利和我自己。"[68]

在海森堡于 1955 年提出"哥本哈根诠释"这个说法之前，无论是玻尔本人，还是其他所有人，都从未使用过这个术语。不过，从那以后，在这个理论部分信徒的推动下，这个说法迅速传播开来，以致在当时的大部分物理学家看来，"量子力学的哥本哈根诠释"成了量子力学的同义词。"哥本哈根精神"能这么快地传播，而且这么快地被广泛接受，背后主要有三个因素。第一个原因是玻尔及其研究所在量子研究中的关键地位。玻尔年轻时曾在曼彻斯特的卢瑟福实验室做博士后研究，受此影响，玻尔成功地创建了一所属于自己且拥有同种活跃氛围的研究所———一种"一切皆有可能"的氛围。

"玻尔研究所很快就成了全世界量子物理学研究的中心。套用那句古罗马谚语的说法就是，'条条大路通布莱达姆斯大街 17 号'。"1928 年夏天来到玻尔研究所的俄国物理学家乔治·伽莫夫说。[69]相较之下，由爱因斯坦担任负责人的威廉皇帝研究所只存在于论文中，而且爱因斯坦本人对这种情况并无不满，甚至可以说更为偏爱这种氛围。虽然玻尔通常独自工作，后来也只是有个帮忙进行计算的助手，但对很多物理学家的科学人生来说，玻尔都是父亲般的人物。他培养的第一批物理学"显贵"和权威是海森堡、泡利和狄拉克。拉尔夫·克罗尼格后来回忆说，虽然他们三人当时很年轻，但其他青年物理学家根本不敢提出与他们相左的观点。克罗尼格本人就是其中之一，正是因为被泡利奚落，他才没有发表电子自旋的概念。

哥本哈根威名远播的第二个原因是，1927 年召开第五次索尔维会议的时候，大量教授席位出现了空缺。填补这些空缺的几乎全是那些在建立量子力学这门全新物理学理论的过程中做出贡献的物理学家，而他们领导的研究机构很快就开始吸引全德国乃至全欧洲最优秀、最聪明的学生前来做研究。其中，薛定谔拿到了最为出名的职位，成了普朗克在柏林大学的继任者。海森堡则在第五次索尔维会议结束后，立刻前往莱比锡大学，接受教授职位，并且就任理论物理研究所所长。6 个月后的 1928 年 4 月，泡利离开汉堡，前往苏黎世，担任苏黎世联邦理工学院教授。接替泡利在汉堡大学职位的，则是通过数学技巧为矩阵力学做出重大贡献的帕斯夸尔·约尔当。不久之后，通过相互间以及与玻尔研究所助手与学生的频繁访问和人事交换，海森堡和泡利将莱比锡大学和苏黎世联邦理工学院也打造成了量子物理学研究中心。再加上早已在乌得勒支大学站稳脚跟的克拉默斯和哥廷根大学的玻恩，哥本哈根诠释很快就成了量子力学的正统教义。

最后一个原因在于，虽然玻尔和他的年轻助手们内部也存在分歧，但他们总是团结一致地对抗所有向哥本哈根诠释提出的挑战。唯一的一个例外是保罗·狄拉克。他在 1932 年 9 月当上了剑桥大学卢卡斯数学教授——这个职位曾经属于艾萨克·牛顿，但对量子力学诠释问题从来提不起半点儿兴趣。在他看来，这个无法推导出新方程组的问题毫无意义。值得注意的是，狄拉克自称为数学物理学家。无论是和他同辈的海森堡、泡利，还是他们的前辈爱因斯坦和玻尔，都从未这么描述自己。除狄拉克之外的所有人都是理论物理学家，就像这个"家族"中公认的元老洛伦兹一样（洛伦兹于 1928 年 2 月逝世）。"就我个人来说，"爱因斯坦后来写道，"他（洛伦兹）比我这一生中遇到的其他任何人都重要。"[70]

　　不久之后，爱因斯坦自己的健康就成了一个值得担忧的问题。1928 年 4 月，他前往瑞士做一个短期访问，拎着手提箱爬陡坡时突然晕倒了。起初，大家觉得他是心脏病突发，后来诊断为心脏扩大。爱因斯坦后来对朋友米歇尔·贝索说，他当时觉得自己"快要不行了"，之后又补充说："当然，这是每个人都无法逃避的。"[71]爱因斯坦一回到柏林就生活在埃尔莎警惕的目光下，朋友和同行们的拜访都受到了严格控制。埃尔莎又一次成了爱因斯坦的看门人和保姆。之前爱因斯坦在构建广义相对论时因为辛劳过度而病倒，那个时候埃尔莎就充当了这两个角色。这一次，埃尔莎需要帮忙，就雇了一位朋友的未婚姐妹——海伦·杜卡。就这样，时年32岁的杜卡成了爱因斯坦信赖的秘书和朋友。[72]

　　爱因斯坦的身体恢复后，玻尔用三种语言（英语、德语和法语）发表了一篇论文。论文的英语版题为《量子假设以及原子理论的最新进展》，正式发表于 1928 年 4 月 14 日。其中一个脚注这样写道："这篇论文的内容，本质上与我在 1927 年 9 月 16 日于科莫举办的伏特纪念活动中所做的有关量子理论现状的讲座内容相同。"[73]不过，实际上相比他在科莫的讲座内容或是在布鲁塞尔的发言内容，玻尔在这篇论文中更为精练且深入地阐述了自己有关互补性和量子力学的观点。

　　玻尔把这篇论文寄了一份副本给薛定谔，后者回复说："如果你想描述一个系统，例如由动量 p 和位置 q 表征的一个质点，你就会发现，只能以有限的准确度描述这个系统。"[74] 薛定谔论证说，因此我们需要引入一些不再会受到这种限制的新概念。"然而，"他总结说，"构建这个概念框架无疑会很困难，因为（正如你强调的那样）它一定会触及我们日常体验的最深层部分：空间、时间和因果律。"

　　玻尔之后又回信感谢薛定谔"并非完全没有同理心的态度"，但表示他并没有看到在量子理论中引入"新概念"的必要，因为旧的经验概念似乎已经和"人类视像化手段的基础"密不可分了。[75] 玻尔重申了自己的立场：这并不是一个关于经典概念适用性存在多少限制的问题，而是在对观测概念的分析中必然会出现互补性特征。玻尔在信的结尾鼓励薛定谔与普朗克和爱因斯坦讨论这封信的内容。当薛定谔把自己同玻尔的交流情况告知爱因斯坦时，后者回答："海森堡和玻尔如此精心地雕琢了他们那具有镇静作用的哲学理念（或者说宗教信仰？），就目前的情况来说，这给这个理论的信徒们提供了一个舒适的枕头，所以没法轻易地叫醒他们。因此，就让他在那儿胡编吧。"[76]

　　距晕倒 4 个月后，爱因斯坦仍旧很虚弱，但不再卧床不起。为了进一步康复，他在波罗的海沿岸的宁静小镇沙尔博伊茨租了一栋房子。他在那里阅读斯宾诺莎的作品，很享受这种远离"城市愚蠢生活"的日子。[77] 休养了将近一年后，爱因斯坦的健康状况才恢复到了可以回办公室继续做研究的程度。他整个上午都在那里工作，然后回家吃午饭，并且休息到下午 3 点。"如果不是这样，他会一直工作，"海伦·杜卡回忆说，"有时通宵工作。"[78]

　　1929 年复活节假期期间，泡利前往柏林探望爱因斯坦。他发现爱因斯坦"对现代量子物理学持反对态度"，因为爱因斯坦仍旧认为，自然现象独立于观测者按照自然定律展开的客观现实必然存在。[79]泡利来访后不久，爱因斯坦在普朗克亲自授予他普朗克奖章时，非常清楚地表达了自己的观点。"我非常欣赏年青一代物理学家在所谓量子力学的理论中取得的成就，并且很相信这个理论反映的事实，"他对听众说，"但我相信，我们终将克服统计规律带来的限制。"[80]在此之前，爱因斯坦就已经踏上了寻找统一场论的孤独之旅。他相信，这个理论会拯救因果律和独立于观测者存在的客观现实。与此同时，他也仍在挑战逐渐成为量子力学正统理论的哥本哈根诠释。1930 年，第六次索尔维会议召开，爱因斯坦与玻尔再度会面。这一次，他给后者准备了一个虚拟的光盒。

忘记相对论的爱因斯坦

玻尔震惊了。爱因斯坦笑了。

在过去的三年里，玻尔一直在反复审视爱因斯坦于 1927 年第五次索尔维会议上提出的思想实验。所有这些实验的目的都是证明量子力学并不自洽，但对于每一个实验，玻尔都找到了爱因斯坦分析中的错误。玻尔不满足于已经收获的成功，为了探索哥本哈根诠释是否还存在缺陷，他自行设计了一些思想实验，其中涉及狭缝、遮板、时钟等物。结果，他没有发现任何问题。不过，在布鲁塞尔举办的第六次索尔维会议上，爱因斯坦又给玻尔拿出了一个新鲜出炉的思想实验。这个实验的简洁、巧妙，玻尔自行设计的所有思想实验都比不上。

1930 年 10 月 20 日召开的第六次索尔维会议为期 6 天，主题是物质的磁性质。具体形式与之前一样：一系列主题与磁相关的特邀报告，每场报告结束后都会有讨论环节。在此之前，玻尔也同爱因斯坦一样加入了科学委员会（玻尔加入后共有 9 名成员），因而自动受邀参与此次大会。洛伦兹去世后，法国人保罗·朗之万担起了主持委员会和索尔维会议的双重责任。这次大会的 34 名参与者中还有狄拉克、海森堡、克拉默斯、泡利和索末菲。

　　与会者中包括了 12 位已经获得或未来将会获得诺贝尔奖的科学家，阵容之豪华程度仅次于 1927 年的第五次索尔维会议。在这样的背景下，爱因斯坦与玻尔关于量子力学内涵和现实性质之争的"第二回合"开始了。这一次，爱因斯坦带着一个全新的思想实验来到布鲁塞尔，目标就是给予不确定性原理和哥本哈根诠释致命一击。对此毫无察觉的玻尔在一次正式讨论会后遭到了伏击。

*

　　爱因斯坦请玻尔想象一个充满光的盒子。盒子的一面壁上开着一个带有快门的孔。快门的开关，取决于一种与盒内时钟有关的机制。这个时钟与实验室内的另一个时钟同步。称一下这个光盒的重量。设定时钟在之后的某一时刻瞬间打开快门，其中的时间间隔足以让一枚光子从小孔处逃脱。爱因斯坦解释说，我们现在知道光子离开盒子的精确时间。玻尔漠不关心地听着，爱因斯坦讲述的一切似乎都很直白，没有什么值得争论的地方。不确定性原理只能应用于互补变量对（位置和动量，或者能量和时间），它对其中一个变量的测量精确度没有施加任何限制。就在此时，爱因斯坦带着一丝微笑说出了致命的话：再称称这个盒子的重量。玻尔立刻就意识到，他和哥本哈根诠释有大麻烦了。

　　为了计算有多少以单个光子形式锁定下来的光离开了盒子，爱因斯坦用到了一个他还是伯尔尼专利局员工时做出的重大发现：能量就是质量，质量就是能量。这是爱因斯坦在相对论研究中得到的一个令人极为震惊的副产品，可以用那个最简单但又最出名的方程描述：$E = mc^2$，其中，E 是能量，m 是质量，c 则是光速。

在光子逃脱前后给光盒称重，就能轻松计算出质量差异。虽然 1930 年的设备还不足以测量出如此微小的质量变化，但在思想实验中，这只能算是小孩子玩的把戏，很容易实现。然后通过质能方程 $E = mc^2$ 把失去的质量转换成相应的能量，就可以精确计算逃离光盒的光子携带的能量了。通过与光盒内控制快门开闭的时钟同步的实验室时钟，就能知道光子离开光盒的时间。于是，就能同时测量光子离开光盒的时间以及它携带的能量。爱因斯坦似乎设计出了一个能超越海森堡不确定性原理精确度限制，同时测量光子能量和其逃逸时间的思想实验。

"玻尔当时相当震惊，"当时刚刚开始和这个丹麦人展开长期合作的比利时物理学家莱昂·罗森菲尔德回忆说，[1]"他没能立刻想出解决方案。"玻尔对爱因斯坦的最新挑战忧心忡忡，泡利和海森堡则不以为然。"啊，没事的，没关系，没关系。"他们对玻尔说。[2]

"他一整晚都不高兴，在众人之间来回穿梭，不停地跟他们说爱因斯坦的实验反映的不可能是真实情况，如果真是那样，物理学的末日就要到了，"罗森菲尔德回忆说，"但他拿不出任何有力的反驳论据。"[3]

罗森菲尔德并没有收到参加 1930 年第六次索尔维会议的邀请，他只是来布鲁塞尔见玻尔。他永远也忘不了那天晚上爱因斯坦和玻尔这两个量子理论上的对手走回大都会酒店时的场景："高大威猛的爱因斯坦静悄悄地走着，脸上带着多少有点儿讽刺的微笑。而玻尔则在他身旁快步走着，很激动，徒劳地争论说，如果爱因斯坦的这个装置能够见效，就意味着物理学的终结。"[4]在爱因斯坦看来，这既不是终结，也不是开始，只不过是证明了量子力学并不自洽，因此并不是玻尔宣称的那种完备、封闭的理论。他刚刚提出的这个思想实验只是为了尝试拯救那种旨在研究独立于观测者存在的客观现实的物理学。

一张照片上，爱因斯坦和玻尔一起走着，但步伐略有不同。爱因斯坦始终走在前面，好像要逃离这个场面一般。而玻尔则张着嘴，急匆匆地想要跟上爱因斯坦。他的身子向后者倾斜过去，迫切地想要让爱因斯坦听到他说的话。虽然外套搭在左臂上，但玻尔左手食指的姿势明显是在强调他的观点。爱因斯坦的双手则自然地放在身侧，一手拿着公文包，一手大概是拿着一支胜利的雪茄。听玻尔说话的时候，爱因斯坦的小胡子完全藏不住自己脸上似是而非的微笑，他显然是觉得自己已经占据了上风。罗森菲尔德说，那天晚上，玻尔看上去"就像一条被痛扁了一顿的狗"。[5]

玻尔一夜未眠，仔细检查了爱因斯坦思想实验的每个方面。为了找到他希望存在的错误，玻尔把这个思想实验中的光盒拆开了。即便是在脑海中，爱因斯坦也从没有思考过光盒内部工作机制的细节，以及如何具体称量光盒。而迫切希望掌握这个必需的装置和测量过程的玻尔，画了一张他称为"伪现代主义"的实验装置图来帮助自己。

鉴于需要在快门于设定时间打开之前以及光子从小孔处逃逸之后给光盒称重，玻尔决定重点关注称重过程。随着焦虑的情绪逐渐增强，而留给自己的时间越来越少，玻尔选择了可能是最简单的方法。他用固定在支撑框架（这个框架看上去有点儿像绞刑架）上的弹簧把光盒吊起。为了增加称重功能，玻尔在光盒上装了一个指针，这样就可以通过支撑装置竖直臂上装着的刻度尺读出光盒的位

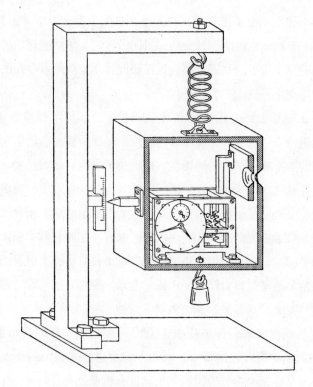

图 12-1　玻尔对爱因斯坦 1930 年光盒思想实验的演绎

来源：尼尔斯·玻尔档案馆，哥本哈根。

置。为了确保指针一开始指向刻度尺的零位，玻尔还在光盒的底部
装了一个砝码。整个装置没有任何古怪之处，玻尔甚至画出了将框
架固定在底座上的具体细节，以及控制小孔开闭（光子待会儿就是
从小孔处逃脱）的时钟工作机制。

　　第一次称量光盒的结果就是它的初始状态加上为确保指针指
向零而附上的砝码。光子从小孔处逃脱后，光盒就变轻了，弹簧也
就把它拉上去了一点儿。为了让指针再度指向零，附在光盒上的砝

码就得换成一个稍重一点儿的。实验者更换砝码的时间没有任何限制。这样一来，前后两个砝码重量的差值就是因光子逃脱而产生的质量损失，通过质能方程 $E = mc^2$ 就能精确计算光子的能量。

沿袭他在 1927 年第五次索尔维会议上的论证思路，玻尔认为，对光盒位置的任何测量都会导致其动量产生固有的不确定性，因为读刻度尺需要光子从那里散射过来。因为指针与观测者之间的光子交换会导致光盒移动，所以测量光盒重量的这个操作会让动量不可控制地转移到光盒上。要想更精确地测量光盒的位置，唯一的方法就是在相对较长的一段时间内让光盒平衡下来，最终使得指针指向零。然而，玻尔辩称，这会导致光盒的动量产生相应的不确定性。光盒位置测量得越准，动量测量结果的不确定性就会越高。

不过，和 1927 年第五次索尔维会议的情况不同，爱因斯坦这次想要攻击的并非位置与动量的关系，而是能量与时间的不确定关系。也正是在凌晨的几个小时里，疲惫不堪的玻尔突然看到了爱因斯坦思想实验的缺陷。他一点一点地重新分析这个实验，直到最后确定爱因斯坦确实犯了一个几乎令人难以置信的错误，玻尔才心满意足。他终于松了一口气，因为知道醒来后就可以品尝胜利的早餐，这才安心地睡了几个小时。

爱因斯坦迫切地希望摧毁哥本哈根方面对量子实在的诠释，却忘了考虑自己的广义相对论。他忽略了引力对光盒内时钟所测量时间产生的效应。广义相对论是爱因斯坦最伟大的成就。"当时——当然直到现在也是这样——这个理论在我看来，就是人类思考大自然得到的最伟大成就，是哲学洞察力、物理学直觉和数学技巧最令人惊叹的结合。"马克斯·玻恩说。[6] 他称这个理论为"应该在远处欣赏和享受的伟大艺术作品"。广义相对论预言的光线偏折在 1919 年得到证实后，这个理论迅速登上了全世界各大报纸的头条。J. J. 汤姆孙当时对一家英国报纸说，爱因斯坦的广义相对论是"一块遍地都是新科学思想的全新大陆"。[7]

引力时间膨胀就是这些新科学思想中的一个。一个房间内完全相同且同步的两个时钟，一个固定在天花板上，另一个固定在地板上，它们会产生一亿亿分之三的偏差，因为地板上的时间流逝得要比天花板上的时间慢。[8]这背后的原因就是引力。根据广义相对论（爱因斯坦描述引力的理论），时钟走动的速率取决于它在引力场中的位置。此外，在引力场中移动的时钟走得要比静止的慢。玻尔意识到，这意味着给光盒称重会影响其内部时钟的计时效果。

测量指针在刻度尺上位置的这个操作改变了光盒在地球引力场中的位置。而这种位置的变化会改变时钟走动的速率，导致后者不再与实验室内的那个时钟同步，因此也就不可能像爱因斯坦推测的那样精确地测量快门打开以及光子逃出盒子的准确时间。通过方程 $E = mc^2$ 越是精确地测量光子能量，光盒在引力场中位置的不确定性就越大。由于引力能影响时间的流动，这种位置的不确定性会让我们无法得到快门开启和光子逃逸的准确时间。玻尔通过这一连串的不确定性，证明了爱因斯坦的光盒实验无法同时精确测量光子的能量以及它逃出光盒的时间。[9]海森堡的不确定性原理仍旧奏效，量子力学的哥本哈根诠释也是如此。

第二天，玻尔下楼用早餐时，完全不像是前天晚上那么沮丧。当玻尔向爱因斯坦解释为什么他最新的这次挑战也像三年前那样以失败告终的时候，轮到爱因斯坦哑口无言了。后来，有些人质疑了玻尔对光盒实验的反驳，因为他把诸如指针、刻度尺和光盒这样的宏观元素看成受到不确定性原理所施加限制的量子物体。玻尔一直坚持从经典物理学的角度看待实验室设备，但他这次处理光盒实验的方式显然与这种观念背道而驰。不过，玻尔也从来没有特别明确地界定微观与宏观之间的界线，毕竟归根到底，所有经典物体都只是许多原子的集合。

无论后来有些人持何种保留意见，爱因斯坦当时都接受了玻尔的反驳，整个物理学界也是如此。于是，爱因斯坦不再以攻击不确定性原理的方式证明量子力学在逻辑上不自洽，转而把重点放在论证量子理论并不完备上。

1930 年 11 月，爱因斯坦在莱顿大学做了一场以光盒为主题的讲座。讲座结束后，一位听众提出，这与量子力学之间不存在任何冲突。"我知道，这里面没有任何矛盾，"爱因斯坦回答他说，"但在我看来，其中存在一定的不合理。"[10] 即便如此，他还是在 1931 年又一次提名海森堡和薛定谔诺贝尔物理学奖。不过，在参加了两次索尔维会议且与玻尔交了两轮之后，爱因斯坦在提名信中写下的一句话很值得玩味："我认为，这个理论无疑包含着终极真相的一部分。"[11] 爱因斯坦"内心的声音"不断在他耳旁窃窃私语，告诉他量子力学并不完备，绝不是玻尔想让大家都相信的"全部"事实。

*

1930 年第六次索尔维会议结束后，爱因斯坦去伦敦待了几天。10 月 28 日，那里将举办一场为贫困东欧犹太人筹款的晚宴，而爱因斯坦则是晚宴贵宾。这场在萨沃伊酒店举办、由罗斯柴尔德男爵主持的募捐活动共吸引了将近 1 000 人。为了和这些地位显赫且衣冠楚楚的与会者保持一致，爱因斯坦心甘情愿地戴上了白领结、穿上了燕尾服，参与这场或许有助于打开钱袋子、他称之为"猴子戏剧"的活动。[12] 晚宴的司仪则是乔治·萧伯纳。

虽然萧伯纳偶尔会偏离预先准备好的剧本，但总的来说，当时 74 岁的他那天晚上的表演还是十分精湛。萧伯纳以抱怨自己不得不谈论"托勒密和亚里士多德、开普勒和哥白尼、伽利略和牛顿、万有引力和相对论，以及现代天体物理学这些天知道是什么的东西"作为开场白。[13] 接着，萧伯纳又凭借他一贯的机智，用三句话总结了一切："托勒密创造了一个宇宙，持续时间 1 400 年。牛顿也创造了一个宇宙，持续时间 300 年。现在，爱因斯坦也创造了一个宇宙，但是我没法告诉你这个宇宙会持续多久。"[14] 在场的客人们都笑了，笑得最大声的就是爱因斯坦。比较了牛顿和爱因斯坦的成就后，萧伯纳以祝酒的方式结束了发言："为我们这一代人中最伟大的爱因斯坦干杯！"[15]

萧伯纳的表演常人难以企及，但只要场合需要，爱因斯坦也完全可以表演得一样好。他向萧伯纳表达了感谢，因为"你刚才对与我同名的那位神话人物的介绍实在是令人难忘，而且这一定会让我今后的人生变得很艰难"。[16] 爱因斯坦高度赞扬了到场的犹太人和非犹太人，称他们"拥有高尚的灵魂、强烈的正义感，毕生都致力于推动人类社会进步，以及解放那些饱受剥削的个体"。"我想对你们每一个人说，"爱因斯坦很清楚他正向一群富有同情心的听众讲话，"我们犹太人的生存和命运更多地取决于我们自己对道德传统的坚守，而非那些外部因素。正是这些道德传统让我们在倾注而下的猛烈风暴中生存了成千上万年。""在为生命服务的过程中，"爱因斯坦补充说，"牺牲变成了恩典。"[17] 当时，预示纳粹风暴即将到来的阴云已经密布，这番为数百万犹太人所说的充满希望的话语很快就要经受考验。

6 周前的 9 月 14 日，纳粹在德国国会选举中赢得了 640 万张选票。这个结果震惊了很多人。1924 年 5 月，纳粹党只赢得了 32 个国会席位，同年 12 月的选举中更是只拿到了 14 个席位。这还不是最糟的。1928 年 5 月，这个党派只赢得了区区 12 个席位和 812 000 张选票。这个结果似乎证明了纳粹只是又一个极右的边缘组织。现在，仅仅过去两年多一点儿的时光，纳粹赢得的选票就达到了原来的 8 倍，并且凭借 107 个席位成为国会第二大党。[18]

当时，很多人都觉得，"希特勒获得的选票只是一种现象，并不必然意味着民众的反犹情绪，只是那些误入歧途的德国年轻人因为经济萧条和失业率问题而产生的短暂愤懑"。[19] 爱因斯坦同样这么认为。然而实际上，那些投了纳粹票的选民中只有大概 1/4 是第一次参与投票的年轻人，最为铁杆的纳粹支持者恰恰是老一代人中的白领、店主、小商人、北部信奉新教的农民、工匠以及生活在工业中心城市之外的那些没有什么技能的工人。1928 年和 1930 年两次选举之间，德国政治局势之所以会出现重大变化，最关键的因素是华尔街在 1929 年 10 月的大崩盘。

这场始于纽约的金融风暴给德国造成的冲击最大。在过去的 5 年中，来自美国的短期贷款一直是这个国家经济复苏的脆弱生命线。经济危机开始后，美国金融机构遭受的损失不断增加，局面越发混乱，他们便要求德国方面立刻偿还之前的贷款。于是，德国的失业人数从 1929 年 9 月的 130 万暴涨至 1930 年 10 月的 300 多万。爱因斯坦当时认为，纳粹主义不过是一种很快就会消退的"共和国幼稚疾病"。[20] 然而，正是这场疾病将会杀死本就已病入膏肓的魏玛共和国——这个政府之前就已在实质上放弃了民主议会制度，转向法令统治。

"我们正在步入一段糟糕时期，"悲观的西格蒙德·弗洛伊德在1930 年 12 月 7 日写道，[21] "作为一个老年人，我应该冷漠地无视这种情况，但我不禁为 7 个孙辈感到遗憾。"5 天前，爱因斯坦离开德国，前往位于帕萨迪纳的加州理工学院，准备在那里待两个月。当时，加州理工学院已经迅速成为全美顶尖的科研中心，玻尔兹曼、薛定谔和洛伦兹都在这儿做过讲座。爱因斯坦搭乘的船在纽约靠岸后，众人劝说他在等候的成群记者面前做一场时长 15 分钟的新闻发布会。"你怎么看阿道夫·希特勒？"一位记者嚷道。"要不是因为德国人现在正忍饥挨饿，他根本没机会上台，"爱因斯坦回答说，"等经济状况一好转，他就不再重要了。"[22]

一年后的 1931 年 12 月，爱因斯坦第二次前往加州理工学院，此时的德国经济更加萧条，政治局势也更加混乱。"今天，我决定放弃在柏林的职位，余生都将做一只候鸟。"爱因斯坦乘船横渡大西洋时在日记中写道。[23] 他在加利福尼亚的时候碰巧遇到了亚伯拉罕·弗莱克斯纳，后者当时正忙着在新泽西州普林斯顿建立一所独一无二的研究中心，即后来著名的普林斯顿高等研究院。手握 500 万美元捐赠的弗莱克斯纳，希望建立一个成员只需专注于科研、没有任何教学压力的"学者社群"。这次偶遇爱因斯坦，弗莱克斯纳几乎没有浪费什么时间就迈出了最终招揽到全球最著名科学家的第一步。

爱因斯坦答应每年在普林斯顿高等研究所待 5 个月，其余时间仍留给柏林。"我不会放弃德国，"他对《纽约时报》说，[24] "柏林仍会是我永远的家。"不过，这个为期 5 年的协议要从 1933 年秋天才开始执行，因为爱因斯坦本人之前就已决定要再去加州理工学院访问一次。这是一个幸运的决定，因为正是在爱因斯坦第三次造访帕萨迪纳期间，希特勒于 1933 年 1 月 30 日成为德国总理。当时德国境内 50 万犹太人的大规模迁出行动开始得很缓慢，到 1933 年 6 月，仅有 25 000 名犹太人离开德国。在加利福尼亚高枕无忧的爱因斯坦没有明确说明自己的想法，但表现得像是要按原定计划返回德国一样。他写信询问普鲁士科学院工资事宜，但其实早就做好了决定。"考虑到现在德国掌权的是希特勒这样的人，"他在 2 月 27 日给一位朋友的去信中写道，"我不敢踏上德国的土地。"[25] 就在那天晚上，德国国会大厦突然失火。这标志着由国家背书的第一波纳粹恐怖活动的开始。

纳粹发动的暴力活动尚未结束，他们就在 3 月 5 日的国会选举中赢得了 1 700 万张选票。5 天后，在原本计划离开帕萨迪纳的那个夜晚，爱因斯坦接受了一个采访并且公开宣布了他对在德国发生的种种事件的看法。他说："只要我还有选择的余地，我就只会生活在一个所有公民在法律面前都享有自由、宽容和平等的国家。公民自由意味着通过言论和文字表达个人政治信仰的自由；宽容意味着无论他人秉持何种信仰都保持尊重。而在当下的德国，这些都不存在。"[26] 这番话在全球范围内报道后，争相向纳粹政权表示效忠的各大德国报纸纷纷谴责爱因斯坦。"爱因斯坦的好消息——他不会回来了！"《柏林新闻报》(*Berliner Lokalanzeiger*)起了这样一个头条标题。文章调侃说："这么一个自高自大的坐谈客怎么敢在毫不了解德国目前情况的前提下妄下判断——在我们眼中，他从来都不算是德国人，只是自称犹太人，也只是犹太人。这样一个人永远没法理解这里发生的事情。"[27]

爱因斯坦对德国时局的评论令普朗克左右为难。3月19日，他写信给爱因斯坦说，自己对"在这个并不平静的艰难时刻出现的各类有关你的公开或私下政治言论的谣言"感到"很悲痛"。[28]普朗克抱怨说："这些报道让那些尊你、敬你的人很难站出来直接为你说话。"他也责备爱因斯坦让"血统、信仰上的同族们"本就艰难的处境雪上加霜。3月28日，爱因斯坦搭乘的船只在比利时安特卫普靠岸后，他请司机载他去位于布鲁塞尔的德国大使馆。在那里，他交出了自己的护照，生平第二次宣布放弃德国公民身份，并且递交了一封给普鲁士科学院的辞职信。

在深思接下去做什么、去哪里的时候，爱因斯坦和埃尔莎搬到了比利时海边一处叫作勒科克的小度假村中的一间别墅内。由于当时有传言说，有人要取爱因斯坦的性命，比利时政府安排了两名警卫保护他。远在柏林的普朗克在得知爱因斯坦辞去普鲁士科学院的相关职位后颇感宽慰。他在给爱因斯坦的信中写道，这是唯一一种既能和科学院断绝关系，"同时又能让你的朋友免受巨大悲伤和痛苦"的体面方法。[29]在纳粹统治下的德国，几乎没有人准备站出来为爱因斯坦说话。

1933年5月10日，身穿纳粹服饰的学生和学者手持火炬，沿着菩提树大街一路游行到柏林大学正门对面的歌剧院广场，焚烧了从柏林市各大图书馆和书店劫掠来的大约20 000本书。火焰吞噬了马克思、布莱希特、弗洛伊德、左拉、普鲁斯特、卡夫卡和爱因斯坦这些"非德国人""犹太布尔什维克主义者"的作品，现场大约有40 000人围观。这样的戏码在这个国家的每一座大学城内都在上演，而像普朗克这样的人在看到焚书的烟雾升起之时，几乎完全没有采取任何抵抗措施。焚书事件只是纳粹攻击所谓堕落艺术、文化的开始，但随着反犹主义从实质上合法化，一件对德国犹太人影响深远的事已经发生了。

4 月 7 日，适用于大约 200 万国家雇员的《恢复职业公务员法》通过了。该法令针对的就是纳粹的政治对手、社会主义者、共产党员和犹太人。法令第 3 条就是臭名昭著的"雅利安人条款"："非雅利安血统的公务员不得上岗，立刻离职。"[30] 按照该法令对非雅利安人的定义，只要父母或祖父母中有一个不是雅利安人，他就不是雅利安人。1871 年，德国犹太人得到了解放。62 年后的这天，他们再一次成了合乎法律的国家歧视对象。这也成了纳粹随后迫害犹太人的跳板。

大学也是国家机构，于是，很快就有包括 313 名教授在内的 1 000 多位学者被解雇或辞退。1933 年前还在为德国做贡献的物理学家中被迫流亡的几乎占到了 1/4，其中理论物理学家的流亡比例更是达到了 1/2。到了 1936 年，1 600 多位学者被驱逐，其中 1/3 的人是科学家，其中有 20 位已经或将会获得诺贝尔奖：物理学奖 11 位、化学奖 4 位、医学奖 5 位。[31] 严格来说，《恢复职业公务员法》不适用于第一次世界大战前就已在职的雇员，不适用于第一次世界大战中的退伍军人，也不适用于在那场战争中失去父亲或儿子的人。然而，纳粹对公务员的清洗力度丝毫不减，有越来越多的公务员被免职。为此，身为威廉皇家学会主席的普朗克在 1933 年 5 月 16 日前去面见希特勒。他希望能借此机会控制政治动乱对德国科学界造成的伤害。

普朗克对希特勒说出了一番令人难以置信的话："犹太人也分很多种，有些对全人类都有价值，还有一些则一文不值"，所以"必须做出相应区分"。[32] "不对，"希特勒说，[33] "犹太人就是犹太人，所有犹太人都像蚂蟥一样团在一起。无论在哪里，只要出现了一个犹太人，各种各样的犹太人就会立刻聚到一起。"开局失利的普朗克只能改变策略。他辩称，大规模驱逐犹太科学家将损害整个德国的利益。希特勒一听到这个说法就大发雷霆："我们国家的现有政策既不会撤销，也不会修改，即便是对科学家也是如此。""如果遣散犹太科学家意味着当代德国科学的毁灭，那我们在接下来的几年中就不要科学了！"[34]

　　1918 年 11 月，德国在第一次世界大战中战败，普朗克在战后立刻召集灰心丧气的普鲁士科学院成员，鼓励大家说："哪怕敌人夺走了我们祖国的所有防御体系和武装力量，哪怕严重的国内危机已经降临在我们头上，甚至可能有更为深重的危机在前面等着我们，有一样东西是国内外的敌人还没从我们这儿夺走的，那就是德国科学在全世界的领先地位。"[35]普朗克的长子在战场上牺牲了，在他看来，所有牺牲都必须体现价值。随着他与希特勒灾难性的会面戛然而止，普朗克知道纳粹马上就要做到从没有人做到过的事了：彻底摧毁德国科学。

　　两周前，纳粹物理学家、诺贝尔奖得主约翰尼斯·斯塔克接受任命，成为帝国物理技术研究所负责人。很快，他就在"雅利安物理学"体系内掌握了更大的权力：政府决定由他负责科研资金的支配。大权在握的斯塔克决心开始报复。1922 年，他辞去了维尔茨堡大学教授的职位，开始下海经商。从那时起，反犹、教条、好与人争的斯塔克实际上就已经疏远了学术圈的所有人，除了与他一丘之貉的诺贝尔奖得主、纳粹科学家、长期鼓吹所谓日耳曼物理学的先锋菲利普·莱纳德。后来，经商失败的斯塔克想要重回学术圈，但所有有能力帮助他的人都不愿意给他提供职位。因此，之前就强烈反对爱因斯坦的"犹太物理学"且对现代理论物理学不屑一顾的斯塔克，在手握大权后决心插手所有物理学教授的任命，并把他们都换成"日耳曼物理学"的支持者。

海森堡一直想接替索末菲在慕尼黑大学的职位。然而，斯塔克在 1935 年称他是"爱因斯坦精神之幽灵"，并且早有预谋地发动了一场反对海森堡和理论物理学的运动。1937 年 7 月 15 日，一篇文章在纳粹党卫军报纸《黑色军团》（*Das Schwarze Korps*）上正式发表，这场运动也随之进入高潮。正是这篇文章给海森堡贴上了"白种犹太人"的标签。在接下去的一年中，海森堡忙着消除这些污蔑言论，如果不这么做，他就真的有被孤立、解雇的危险。海森堡向党卫军头目海因里希·希姆莱寻求帮助，因为后者正好是他家的熟人。希姆莱帮海森堡免了罪，但同时也否决了后者接替索末菲的可能。除此以外，希姆莱有一个附加条件，那就是海森堡以后应该"在科研成果的鸣谢部分，清楚地向大家表明研究者的个人成分和政治立场"。[36] 从此以后，海森堡就只能将科学家的名字从科研成果中剥离出来，他再也没有在公开场合提及爱因斯坦的名字。

哥廷根物理学家詹姆斯·弗兰克和马克斯·玻恩本可以凭借第一次世界大战退伍军人的身份免受"雅利安人条款"的迫害。然而，他俩都选择不行使这项权力，因为他们认为，这么做等同于勾结纳粹。弗兰克在提交的辞职信中为反德宣传造势："我们这些具有犹太血统的德国人被当成了外人和祖国的敌人。"为此，他受到了至少 42 名同行的谴责。[37] 玻恩本没有辞职的打算，但他在当地一家报纸的公务员停职名单上看到了自己的名字。"我辛辛苦苦 12 年才在哥廷根建立起来的一切全都化为泡影，"他后来写道，[38]"这对我来说简直就是世界末日。"一想到"站在那些出于随便什么理由就把我扔到外头去的学生面前，或者同那些对这种情况无动于衷的同行一起工作"，玻恩就不寒而栗。[39]

虽被停职但尚未被解雇的玻恩曾向爱因斯坦坦承，他之前从来没有因为自己是犹太人而有什么特别的感受。然而，现在他"极为清醒地意识到了这点，不只是因为别人认为我们是犹太人，更是因为压迫和不公激起了我的愤怒和反抗"。[40]玻恩希望能在英国重新安家，"因为英国人似乎在接纳难民一事上表现得最为高尚、最为慷慨"。[41]他的这个愿望也确实实现了：剑桥大学给他提供了一个为期三年的讲师席位。不过，玻恩觉得这个职位本该属于某位英国物理学家，所以并没有立刻接受邀请。直到后来确定了这一职位是专为他而设的，玻恩才欣然接受。玻恩是少数几位对物理学的贡献得到了全世界认可的幸运儿之一，而那些"年轻人"就没有那么幸运了，爱因斯坦就曾表示，他为这些新一代德国物理学者感到"心痛"。[42]然而，即便是玻恩这个级别的科学家也不得不忍受对未来极度不确定的时期。剑桥大学的任期结束后，玻恩在印度班加罗尔待了6个月。1936年，就在他认真思考要不要接受莫斯科的一个教职时，玻恩得到了担任爱丁堡大学自然哲学系主任的邀请。

海森堡曾试图让玻恩相信他在德国并没有危险，因为"只有极少数人受到了法令的影响——你和弗兰克显然不在这些人之列"。同其他人一样，海森堡希望这些风波最终会归于平静，并且"政治革命可以在不对哥廷根物理学造成任何伤害的前提下进行"。[43]然而，伤害已经造成了。纳粹花了几周时间就把量子力学的摇篮哥廷根大学从一座伟大的大学变成了一所二流科研机构。纳粹政府的教育部部长曾询问哥廷根大学最负盛名的数学家戴维·希尔伯特："这所大学是否真的会因为犹太人及其朋友的离开而损失惨重？""损失？不会，根本不会有什么损失，部长先生，"希尔伯特回答说，"这样的话，这所大学就再也不存在了。"[44]

关于德国状况的新闻报道传播开来后，科学家和他们所属的专业机构迅速采取行动，通过提供资金和工作职位帮助他们的德国同行逃离纳粹的压迫。在个人和私人基金会的捐赠支持下，各类援助组织建立起来了。在英国，由卢瑟福任主席的学术援助委员会于1933年5月成立，成为一家为逃难的科学家、艺术家和作家提供临时职位和帮助的"交换所"。这些人中有很大一部分最初逃往瑞士、荷兰或法国，在那儿待上很短的一段时间就启程前往英国和美国。

在哥本哈根，玻尔研究所也成了很多物理学家的中转站。1931年12月，丹麦皇家科学和文学院选定玻尔为"荣誉居所"的下一任主人——"荣誉居所"是嘉士伯啤酒创办人建造的一栋宅邸。这个丹麦公民领袖的新身份，意味着玻尔在国内外的影响力越发强大，他也可以借此帮助他人。1933年，他和弟弟哈拉尔帮忙建立了"丹麦流亡知识工作者支持委员会"。通过同行和以前的学生，玻尔得到了很多刚设立的新职位用以安排流亡科学家，或是让他们直接填补现有空缺。1934年4月，正是玻尔把詹姆斯·弗兰克接到了哥本哈根，让他担任为期三年的客座教授。大概过了一年，弗兰克得到了美国的一个终身教职——对当时很多来到丹麦的流亡物理学家来说，美国和瑞典就是他们的终点站。唯一一个不需要担心工作问题的是爱因斯坦。

9月初，由于担心自己在比利时并不安全，爱因斯坦离开了这个国家，前往英国。抵达英国之后的一个月中，他始终保持低调，住在诺福克海边的一座村屋内。没过多久，当爱因斯坦得知保罗·埃伦费斯特在与妻子决裂的绝望中自杀时，海边的宁静生活也被打破了。这件事发生在埃伦费斯特前往阿姆斯特丹一家医院看望患有唐氏综合征的 16 岁儿子瓦西里时。埃伦费斯特在自杀之前竟然还朝自己的这个儿子开了枪,这令爱因斯坦很震惊。万幸的是,瓦西里活了下来,只是瞎了一只眼睛。

虽然埃伦费斯特自杀的消息令爱因斯坦深感不安,但他的思绪很快就转移到准备在一场强调难民艰难处境的筹款集会上发表的讲话上。10 月 3 日,这次筹款活动在皇家阿尔伯特音乐厅举办,主持人是卢瑟福。公众迫切地想要一睹爱因斯坦这位伟人的风采,于是,那天晚上音乐厅里座无虚席。应主办方要求,爱因斯坦成功地用他带着浓重口音的英语在现场 10 000 名听众面前发表讲话,一次也没有提到德国。之所以提出这样的要求,是因为难民援助委员会认为,"目前处于困境之中的不仅是犹太人,很多承受痛苦、遭受威胁的人都与犹太人没有任何关系"。[45] 4 天后,也就是 10 月 7 日晚上,爱因斯坦离开英国,前往美国。这一去,原本只是计划在普林斯顿高等研究院待 5 个月的爱因斯坦,再也没有回到欧洲。

坐车从纽约前往普林斯顿的路上,爱因斯坦拿到了一封来自亚伯拉罕·弗莱克斯纳的信。这位研究院负责人建议爱因斯坦不要出席任何公众活动,为了自身安全考虑务必谨慎行事。弗莱克斯纳给出的理由是,美国已经发现了"不负责任的纳粹分子",担心这些人会给爱因斯坦带来危险。[46] 然而,弗莱克斯纳真正担心的其实是爱因斯坦在公众面前发表的声明可能会对羽翼未丰的高等研究院的声誉造成伤害,进而影响这所机构赖以生存的各类捐赠。在接下去的几周内,爱因斯坦发现弗莱克斯纳的限制和不断升级的干预令自己感到窒息。他甚至曾把自己的地址改成了"普林斯顿集中营"。[47]

爱因斯坦写信给研究院的董事们,抱怨弗莱克斯纳的行径,并要求他们保证他能"安全、有尊严且不受干扰地工作，不能再出现任何类似干涉行为，因为所有有自尊心的人都无法忍受那样的干涉"。[48] 爱因斯坦还在信中写道，如果他们做不到，他就要"和你们讨论用什么体面的方式和手段切断我和你们的研究院之间的联系"。[49] 最后，爱因斯坦得到了做他想做之事的权利，但也要付出一些代价：从此以后，他再也无法对研究院的管理事宜施加实质性的影响。因此，当他支持薛定谔在普林斯顿高等研究院任职时，实际上是把这个奥地利人排除在了竞争行列之外。

其实，薛定谔并不一定需要离开柏林，但出于个人原则，他还是这么做了。他流亡去了牛津大学莫德林学院还不到一周，就在 1933 年 11 月 9 日收到了一些意想不到的消息。学院院长乔治·戈登告诉薛定谔，《泰晤士报》方面来消息说，他是当年诺贝尔奖得主之一。"我觉得，这个消息应该是真的。《泰晤士报》从来不会传播未经证实的消息，"戈登骄傲地说，[50] "不过，我听到这个消息还真的挺惊讶，因为我一直以为你已经拿过诺贝尔奖了。"

薛定谔和狄拉克分享了 1933 年诺贝尔物理学奖，同时宣布的还有延期的 1932 年诺贝尔物理学奖——由海森堡一人独得。狄拉克得知这个消息后的第一反应是拒绝，因为他不想引起公众的注意。但卢瑟福劝他说，如果拒绝只会获得更大的公众关注度。无奈之下，狄拉克只好接受了这个奖项。在狄拉克考虑是否要放弃诺贝尔奖的时候，玻恩则因为被瑞典科学院无视而伤心不已。

"薛定谔、狄拉克和玻恩的遭遇，让我过意不去，"海森堡在给玻尔的信中写道，[51] "薛定谔和狄拉克都比我更有资格独享诺贝尔物理学奖。而我只要能和玻恩分享这个奖项就很高兴了，毕竟我俩本来就是一同工作的。"在此之前，他还回复玻恩的贺信说："我将因为我们（你、约尔当和我）在哥廷根的合作研究而独享诺贝尔奖这个事实，令我非常不安，我现在几乎完全想不到要给你写点儿什么。"[52] "把矩阵力学的功劳全部划给海森堡并不是完全公正的举动，因为海森堡当时其实自己都不知道矩阵是什么，"20 年后，玻恩向爱因斯坦这样抱怨，[53] "正是他一人独享了我们合作成果的所有果实，比如诺贝尔奖之类的。"玻恩承认："在过去的 20 年里，我没法摆脱那种受到不公正待遇的感觉。"不过，1954 年，玻恩最后还是拿到了诺贝尔物理学奖，获奖原因是"他在量子力学方面的基础性工作，尤其是他对波函数的统计学诠释"。

*

虽然在普林斯顿高等研究院的日子起初并不顺心，但到了 1933 年 11 月末的时候，这所机构开始逐渐吸引爱因斯坦了。"普林斯顿是一个很美妙的小地方，是一座古雅又讲究仪式的小村落，这里有放在立柱上的小神像，"他在给比利时伊丽莎白女王的信中写道，"不过，在无视某些特别规定之后，我为自己创造了一种免于分心、有利于研究的氛围。"[54] 1934 年 4 月，爱因斯坦公开宣布，他将无限期地待在普林斯顿。这只"候鸟"找到了一个可以安度余生的地方。

从在专利局工作的日子开始，爱因斯坦就始终是个局外人，即便是在物理学领域也不例外。然而，他如此频繁且如此持久地引领了大家的研究之路。在想出对玻尔和哥本哈根诠释的新挑战之后，爱因斯坦显然希望再当一次领路人。

插页图1 1927年10月24—29日，第五次索尔维会议，讨论新量子力学及与其有关的问题

后排从左到右：奥古斯特·皮卡德，E.亨里厄特，保罗·埃伦费斯特，E.赫尔岑，T.德唐德，埃尔温·薛定谔，J.E.费斯临费尔特，沃尔夫冈·泡利，沃纳·海森堡，拉尔夫·福勒，莱昂·布里卢安；

中排从左到右：彼得·德拜，马丁·克努森，威廉·L.布拉格，亨德里克·克喇末，保罗·狄拉克，阿瑟·霍普顿，路易·德布罗意，马克斯·玻恩，尼尔斯·玻尔；

前排从左到右：欧文·朗缪尔，马克斯·普朗克，玛丽·居里，亨德里克·洛伦兹，阿尔伯特·爱因斯坦，保罗·朗之万，查尔斯-欧仁·居伊，C.T.R.威尔逊，欧文·理查德森．

（照片由本杰明·库普里拍摄，索尔维国际物理研究所，经由AIP Emilio Segrè Visual Archives提供。）

插页图 2 马克斯·普朗克这位保守的理论物理学家，于 1900 年 12 月不情愿地开启了量子革命，公开发表了他对黑体电磁辐射分布的推导

（照片来源：AIP Emilio Segrè Visual Archives，W. F. Meggers Collection。）

插页图 3　路德维希·玻尔兹曼，奥地利物理学家，也是原子理论最重要的早期支持者。他于 1906 年自杀
（照片来源：维也纳大学，经由 AIP Emilio Segrè Visual Archives 提供。）

插页图 4　"学术界的奥林匹亚"
从左到右依次为康拉德·哈比希特、莫里斯·索洛文和阿尔伯特·爱因斯坦
（照片权利归属：Underwood & Underwood/ CORBIS。）

插页图 5　阿尔伯特·爱因斯坦，1912 年。此时距他在《物理年鉴》发表 5 篇论文（内容包括他对光电效应的量子解释和狭义相对论）过去了 7 年

（照片权利归属：Bettmann /CORBIS。）

插页图 6　1911 年 10 月 30 日至 11 月 3 日，第一次索尔维会议，关于量子理论的峰会

从左到右坐着：沃尔特·能斯特，马塞尔·布里卢安，欧内斯特·索尔维，亨德里克·洛伦兹，埃米尔·沃伯格，让·皮兰，威廉·维恩，玛丽·居里，亨利·庞加莱；

从左到右站着：罗伯特·B. 戈尔德施密特，马克斯·普朗克，海因里希·鲁本斯，阿诺尔德·索末菲，弗雷德里克·林德曼，莫里斯·德布罗意，马丁·克努森，弗里德里希·哈泽内尔，G. 霍斯特莱，E. 赫尔岑，詹姆斯·金斯，欧内斯特·卢瑟福，海克·卡默林-翁内斯，阿尔伯特·爱因斯坦，保罗·朗之万

（照片由本杰明·库普里拍摄，索尔维国际物理研究所，经由 AIP Emilio Segrè Visual Archives 提供。）

插页图 7　尼尔斯·玻尔，这个"金子般的丹麦人"将量子概念引入了原子理论。这张照片拍摄于 1922 年，也就是他获得诺贝尔奖的那一年

（照片来源：AIP Emilio Segrè Visual Archives，W. F. Meggers Collection。）

插页图 8 欧内斯特·卢瑟福，这个具有超凡魅力的新西兰人鼓舞人心的风格激励着玻尔，让他用同样的方法在哥本哈根建立了玻尔研究所。卢瑟福的学生中，共有 11 位后来获得诺贝尔奖

（照片来源：AIP Emilio Segrè Visual Archives。）

插页图 9 1921 年 3 月 3 日，哥本哈根大学理论物理学研究所正式投入使用，人们一直称其为玻尔研究所

（照片来源：Niels Bohr Archives，哥本哈根。）

插页图 10　1930 年布鲁塞尔的第六次索尔维会议期间，爱因斯坦和玻尔并肩行走。几乎可以肯定，他们在讨论爱因斯坦的光盒思想实验，这个实验让爱因斯坦暂时占据上风，也让玻尔开始担心：如果爱因斯坦的观点被证实是正确的，就意味着"物理学的终结"

（照片由保罗·埃伦费斯特拍摄，经由 AIP Emilio Segrè Visual Archives 提供，Ehrenfest Collection。）

插页图 11　1930 年第六次索
尔维会议过去不久，爱因斯坦
和玻尔在埃伦费斯特家中
（照片由保罗·埃伦费斯特拍
摄，经由 AIP Emilio Segrè Visual
Archives 提供。）

插页图 12　路易·维克多·皮
埃尔·雷蒙德·德布罗意，来
自法国最尊贵的贵族家庭之
一。他有勇气提出这个简单的
问题：如果光波可以表现得像
粒子一样，那么电子这类粒子
能够表现出波的特性吗？
（照片来源：AIP Emilio Segrè
Visual Archives，Brittle Books
Collection。）

插页图 13　沃尔夫冈·泡利，不相容原理的发现者，以其尖刻机智闻名，也被誉为"可与爱因斯坦媲美的天才"

（照片权利归属：欧洲核子研究中心，日内瓦。）

插页图 14　1922 年 6 月哥本哈根大学"玻尔节"的轻松时刻

从左到右站着：卡尔·威廉·奥森、尼尔斯·玻尔、詹姆斯·弗兰克、奥斯卡·克莱因

坐着的是马克斯·玻恩

（照片来源：AIP Emilio Segrè Visual Archives，Archive for the History of Quantum Physics。）

插页图 15　1926 年夏天，莱顿大学，奥斯卡·克莱因及两位"自旋博士"

从左到右：奥斯卡·克莱因、乔治·乌伦贝克和萨穆埃尔·古德斯密特

（照片来源：AIP Emilio Segrè Visual Archives。）

插页图 16　23 岁时的沃纳·海森堡。两年后，他取得了量子理论历史上最重大、影响最深远的成就之———不确定性原理

（照片来源：AIP Emilio Segrè Visual Archives/Gift of Jost Lemmerich。）

插页图 17　20 世纪 30 年代中期，在玻尔研究所的午餐会上，玻尔、海森堡和泡利正在深入讨论

（照片来源：尼尔斯·玻尔研究所，经由 AIP Emilio Segrè Visual Archives 提供。）

插页图 18　少言寡语的英国人保罗·狄拉克，他将海森堡的矩阵力学和薛定谔的波动力学协调一致

（照片来源：AIP Emilio Segrè Visual Archives。）

插页图 19　埃尔温·薛定谔，他的波动力学被称为"一场始于情欲的迟到爆发"的产物

（照片来源：AIP Emilio Segrè Visual Archives。）

插页图 20　1933 年在斯德哥尔摩火车站的合影，当年薛定谔与狄拉克共享了诺贝尔物理学奖，而海森堡独得延期颁发的 1932 年诺贝尔物理学奖

从左到右：海森堡的母亲、薛定谔的妻子、狄拉克的母亲、狄拉克、海森堡、薛定谔

（照片来源：AIP Emilio Segrè Visual Archives。）

插页图 21　1954 年，阿尔伯特·爱因斯坦坐在普林斯顿家中汗牛充栋的书房里

（照片权利归属：Bettmann/ CORBIS。）

插页图 22　尼尔斯·玻尔书房黑板上留下的最后一幅图，画的是爱因斯坦 1930 年提出的光盒。他在 1962 年 11 月去世前一晚画了这幅图，直到生命最后一刻，玻尔仍在继续分析当年与爱因斯坦关于量子力学和现实本质的争论

（照片来源：AIP Emilio Segrè Visual Archives。）

插页图 23　戴维·玻姆，提出一个哥本哈根诠释的替代方案。这张照片拍摄于他拒绝在众议院非美活动调查委员会面前自证是否共产党员之后

（照片来源：纽约国会图书馆，World-Telegram and Sun Collection, 经由 AIP Emilio Segrè Visual Archives 提供。）

插页图 24　约翰·斯图尔特·贝尔，这位爱尔兰物理学家发现了一个爱因斯坦和玻尔没能发现的数学定理，它能够确定这两人对立的哲学世界观孰对孰错

（照片权利归属：欧洲核子研究中心，日内瓦。）

_____

第 13 章

量子实在

"普林斯顿是一家疯人院",而"爱因斯坦则是一个彻头彻尾的疯子",罗伯特·奥本海默写道。[1]那是 1935 年 1 月,这位土生土长的美国顶尖理论物理学家当时 31 岁。12 年后,奥本海默会在领导完原子弹工程之后回到普林斯顿高等研究院,并且掌管这家"疯人院"以及其中"在孤立无助的荒漠中发光发热、唯我独尊的杰出人物"。[2]爱因斯坦自己也承认,他对量子力学的批评态度无疑让自己"在普林斯顿成了别人眼中的老傻瓜"。[3]

这是年青一代物理学家普遍秉持的观点。他们从小就学习量子理论,并且赞同保罗·狄拉克对这门学科的评价:量子力学能解释"大部分物理学问题和所有化学问题"。[4]在这些青年物理学家看来,虽然还有一些老人争论量子力学的内涵,但考虑到这门理论在实践上的巨大成功,这样的争议无关紧要。到了 20 世纪 20 年代末,随着原子物理学领域的问题一个又一个地得到解答,物理学家的关注重点从原子转向了原子核。20 世纪 30 年代初,剑桥大学的詹姆斯·查德威克发现了中子,恩里科·费米则和他的团队在罗马研究了中子撞击原子核诱发的相关反应，这些工作开辟了核物理学的新疆域。[5] 1932 年，查德威克在卢瑟福卡文迪许实验室的同事约翰·考克饶夫和欧内斯特·沃尔顿建造了第一台粒子加速器，并且用它打碎原子核，从而起到了分裂原子的效果。

爱因斯坦可以从柏林搬去普林斯顿，但即便没有他，物理学也仍会继续前进。爱因斯坦本人也很清楚这一点，但他觉得自己已经赢得了追寻自己感兴趣的物理学内容的权利。1933 年 10 月来到普林斯顿高等研究院的时候，相关人员带着爱因斯坦去了给他准备的新办公室，并且询问他需要什么设备。"一张桌子、一把椅子，纸和笔，"爱因斯坦回答说，[6] "哦，对了，还要一个大大的废纸篓，我要把所有的错误都扔到里面去。"爱因斯坦确实犯了很多错误，但他从未在追寻心中圣杯的旅途中灰心丧气，这座圣杯就是统一场论。

麦克斯韦在 19 世纪将电、磁和光统一到了一个包含所有的理论框架中，爱因斯坦也希望像他那样把电磁理论和广义相对论统一起来。在他看来，这样的统一就是下一阶段的目标，这不但合乎逻辑，而且是物理学发展的必然结果。1925 年，爱因斯坦第一次尝试构建这样一种理论，那也是他诸多以失败告终、被扔进废纸篓的尝试中的第一次。量子力学出现后，爱因斯坦认为，这个新理论只是统一场论可以推导出来的副产品。

在 1930 年索尔维会议结束后的几年中，玻尔和爱因斯坦之间几乎没有什么直接联系。他俩之间有一条非常重要的交流纽带，但也随着 1933 年 9 月保罗·埃伦费斯特的自杀而中断。爱因斯坦为埃伦费斯特撰写的悼词令人动容，他提到这位朋友在认识量子力学方面的内心挣扎，以及"年过半百的人还总要适应这些新思想，难度与日俱增。我不知道有多少读者在看到这篇文字后能充分体悟那场悲剧"。[7]

很多人在读了爱因斯坦的悼词后，错误地把这篇文字当成他对自身困境的哀叹。如今也已 50 多岁的爱因斯坦，知道大家把自己看作过去时代的遗迹，认为自己拒绝或无法与量子力学共存。不过，爱因斯坦也很清楚他与薛定谔和大多数同行的不同之处："几乎其他所有同行都是从理论看事实，而非从事实看理论。他们无法自行从某个曾被接受的概念网中解脱，只能以一种怪异的方式在里面扑腾。"[8]

虽然相互间总有这样的疑虑，但始终都有青年物理学家热诚地希望同爱因斯坦一起做研究。其中之一就是当时 25 岁的纽约人内森·罗森，1934 年他从麻省理工学院来到普林斯顿高等研究院担任爱因斯坦的助手。罗森来普林斯顿之前的几个月，当时 39 岁、出生于俄国的鲍里斯·波多尔斯基也加入了该研究院。1931 年，他在加州理工学院第一次见到爱因斯坦，并且与这位大师合作撰写了一篇论文。这个时候，爱因斯坦又有了一篇新论文的想法。这篇论文标志着他与玻尔的争论进入了全新阶段，也意味着爱因斯坦对哥本哈根诠释发起了新一轮的进攻。

1927 年和 1930 年的两次索尔维会议上，爱因斯坦都尝试以证否不确定性原理的方式证明量子力学不自洽，因而不完备。而玻尔则在海森堡和泡利的帮助下，成功拆解了爱因斯坦提出的每一个思想实验，从而捍卫了哥本哈根诠释。从那之后，爱因斯坦的立场就变成了：虽然量子力学在逻辑上自洽，但它并不是玻尔声称的那种最终理论。爱因斯坦知道，他需要采用新策略，才能证明量子力学不完备，证明这个理论没有充分体现物理实在。为了实现这个目标，他设计了一个不朽的思想实验。

1935 年年初的几周里，爱因斯坦在办公室会见了波多尔斯基和罗森，一起推动他的这个想法。波多尔斯基负责撰写论文，而罗森则负责做大部分必要的数学计算。罗森后来回忆说，爱因斯坦"提供了总体思路以及相应推论"。[9] 3 月末，爱因斯坦、波多尔斯基和罗森完成了这篇只有 4 页的论文，并把它寄了出去。这篇论文就是如今大名鼎鼎的 EPR 论文。5 月 15 日，这篇题为《量子力学对物理实在的描述是否可视作完备？》在美国物理学期刊《物理学评论》上正式发表。[10] EPR 三人对这个问题的答案是挑衅式的"不！"。早在论文付梓之前，爱因斯坦的名字就必然意味着这篇论文会产生难以预料的巨大公共影响。

1935 年 5 月 4 日（周六），《纽约时报》在第 11 版刊登了一篇文章，标题是夺人眼球的《爱因斯坦向量子理论发起进攻》。文中称："爱因斯坦教授即将向量子力学这一重要科学理论发起进攻。从某种意义上说，他本人也是这一理论的始祖。而现在，他认为这个理论虽然'正确'，但并不'完备'。"三天后，《纽约时报》又刊登了一条声明，作者是明显不满的爱因斯坦。虽然对媒体的做派并不陌生，但他还是指出："我一贯的做法是，只在合适的地方讨论科学问题。此外，我不赞成在通俗媒体上提前发布有关此类事务的声明。"[11]

在那篇发表的论文中，爱因斯坦、波多尔斯基和罗森先是区分了真正的现实和物理学家理解中的现实："对物理学理论的任何严肃评价都必须考虑到独立于理论存在的客观现实与理论操弄的物理概念之间的区别。我们提出这些概念的目的是让它们描述的理论符合客观现实，并且通过这些概念为自己勾勒出现实的模样。"[12] EPR 三人认为，在衡量特定物理学理论取得的成功时，有两个问题必须得到明确的"是"的答案。这两个问题是：这个理论是否正确？这个理论给出的描述是否完备？

"我们通过理论结论与人类体验的相符程度判断理论的正确性。"三位作者说。每个物理学家都会接受"物理学中的'体验'以实验和测量的形式呈现"这个观点。到此时为止，实验室中开展的实验与量子力学的理论预言还没有出现任何矛盾。因此，量子力学似乎确实是一个正确的理论。然而，在爱因斯坦看来，理论只正确（与实验结果相符）是不够的，它还必须完备。

无论"完备"一词背后有何含义，EPR论文的三位作者都给物理学理论的完备性施加了一个必要条件："物理实在的每一个元素都必须在完备物理学理论中存在对应部分。"[13]很明显，如果EPR要论证他们的这个完备性标准，就必须定义所谓的现实元素。

爱因斯坦并不想陷入定义"现实"的哲学流沙中，毕竟它已经吞噬了那么多人。在他们之前，从未有人能毫发无损地脱离精确定义现实构成的泥沼。EPR三人机敏地规避了"对现实的全面定义"，认为就他们的论证目标来说，这样一种定义"并无必要"。他们转而采用了一种他们认为"足以"体现"现实元素"的"合理"标准："如果在系统没有受到任何干扰的情况下，我们能确定地（也就是概率等于1）预言某物理量的值，那么与这个物理量对应的物理实在元素存在。"[14]

爱因斯坦希望通过证明存在量子力学没能描述的客观"现实元素"的方式，驳斥玻尔的论断——量子力学是描述自然的基础性完备理论。也就是说，爱因斯坦已经把同玻尔及其支持者的争论重点从量子力学的内部自洽性转移到了理论现实性质以及相关作用上了。

EPR 三人宣称，如果某个理论是完备的，那么这个理论中的元素必然与现实元素存在一一对应关系。像动量这样的物理量存在对应现实元素的充分条件是：可能在系统不受任何干扰的情况下确定地预言这个物理量的取值。如果存在某种理论无法解释的物理实在元素，这个理论就不完备。这就类似于这样一个场景：你想去图书馆找一本书，然后管理员告诉你，根据馆藏图书目录，没有任何记录表明这家图书馆收藏了这本书。由于这本书具备所有证明它应该是馆藏一部分的必要元素，唯一可能的解释就是，这家图书馆的馆藏图书目录并不完备。

按照不确定性原理，能够得到微观物理学物体或系统精确动量值的测量操作完全排除了同时测定其位置的可能。爱因斯坦想要回答的问题是：无法直接测量电子的确切位置，是否意味着电子没有确定位置？哥本哈根诠释的回答是，如果没有针对电子位置的测量行为，电子就的确没有位置。EPR 试图证明，存在量子力学无法囊括的物理实在元素，比如拥有确定位置的电子，因此这个理论不完备。

EPR 三人希望用一个思想实验证实他们的论断。假设有两个粒子 A 和 B，它们在发生短暂的相互作用后朝相反方向运动。按照不确定性原理，在任意给定时刻，我们都无法同时准确测量其中任何一个粒子的动量和位置。不过，这个原理并没有禁止我们同时精确测定两个粒子 A 和 B 的总动量和它们之间的相对距离。

EPR 思想实验的关键在于，如果不直接测量粒子 B，就能保证它不受任何干扰。即便 A 和 B 相距数光年之遥，量子力学的数学框架中也没有任何内容禁止对粒子 A 动量的测量产生与粒子 B 的准确动量相关的信息，而且粒子 B 在这个过程中完全不受干扰。按照动量守恒定律，一旦我们精确测得了粒子A的动量，就能间接但同时地得到粒子B的准确动量。因此，按照EPR对现实的评判标准，B的动量一定是某种现实元素。类似地，由于A与B之间的相对物理距离已知，通过测量A的准确位置，就有可能不经直接测量推导出B的位置。EPR认为，因此B的动量一定是一种物理实在元素。这样一来，EPR似乎就构建出了一种在完全不会从物理层面干扰粒子B的前提下，通过测量粒子A得到粒子B的准确动量或位置的方法。

根据他们提出的现实标准，EPR三人认为，他们由此证明了粒子B的动量和位置都是某种"现实元素"，并且B可以同时拥有确定的位置和动量。另一方面，既然量子力学通过不确定性原理排除了粒子同时具有这两种确定属性的可能，这两个"现实元素"在量子力学中就不存在对应物。[15] EPR由此总结，量子力学对物理实在的描述并不完备。

爱因斯坦设计这个思想实验，目的并不是同时准确测量粒子B的位置和动量。他接受了量子力学的这个观点：要想直接测量粒子的动量或位置，必然会导致不可缩减的物理扰动。然而，构建双粒子思想实验是为了证明这类属性确实同时以确定的方式存在，即粒子的位置和动量都是"现实元素"。如果可以在不观测（测量）粒子B的前提下得到它的这两种属性，那么粒子B的位置和动量必然以独立于观测操作（测量）的物理实在元素的形式存在。粒子B具备的动量和位置都是真实存在的。

EPR三人很清楚，可能有人会这样反驳他们的观点："两种或两种以上物理量，只有在可以同时测量或预测的前提下，才能被同时看作现实元素。"[16] 然而，这样一来，粒子B动量和位置的现实性就取决于对粒子A展开的测量了，而粒子A远在数光年之外，对它的测量无论如何也不可能干扰粒子B。"任何对现实的合理定义都不可能允许这样的情况出现。"EPR论文中写道。[17]

EPR观点的核心是爱因斯坦的定域性假设，即那些神秘、瞬时的超距作用并不存在。定域性排除了特定空间区域内发生的事件以超光速瞬时影响其他地方发生的事件的可能。爱因斯坦认为，任何从某地运动到另一地的事物速度都不可能超过光速，光速就是大自然设定的牢不可破的速度上限。在这位相对论发现者看来，完全无法想象对粒子A的测量会瞬时影响到远处粒子B拥有的独立物理实在元素。

EPR论文一发表，全欧洲的顶尖量子理论先驱都如坐针毡。"爱因斯坦又一次发表了对量子力学的公开声明，甚至还在5月15日的《物理学评论》上发表了相关论文（顺便一提，论文合作者是波多尔斯基和罗森，都是些名不见经传的角色）。"当时身在苏黎世的泡利在给身处莱比锡的海森堡的信中愤怒地写道。[18]"正如我们所熟知的那样，"泡利继续写道，"无论何时爱因斯坦发出这样的声明，都是一场灾难。"不过，泡利也承认（只有他会这么说）："如果有哪个学生在刚开始做研究的几个学期里提出这样的反对意见，我会觉得他很聪明且很有前途。"[19]

借着量子理论传教士的热忱，泡利敦促海森堡立刻发表反驳意见，以免爱因斯坦的最新挑战让同行们困惑、动摇。泡利承认，出于"教育"的考虑，他曾想过"浪费纸墨阐明那些量子理论要求的事实，毕竟凭爱因斯坦的智力，在理解这些问题上存在困难"。[20]最后是海森堡起草了对EPR论文的答复，并且寄了一份给泡利。不过，海森堡并没有发表这篇论文，因为玻尔已经拿起武器，准备捍卫哥本哈根诠释了。

*

　　EPR 的"猛烈进攻对我们来说犹如晴天霹雳"，当时正在哥本哈根的莱昂·罗森菲尔德回忆说："那篇论文对玻尔的影响很大。"[21]玻尔看到 EPR 论文后立刻放下了其他一切工作，全神贯注地开始全面检视 EPR 思想实验，他确信一定能找到爱因斯坦在这个思想实验中犯下的错误，并向 EPR 三人展示"讨论这个问题的正确方法"。[22]兴奋的玻尔开始向罗森菲尔德口述回复草稿。不过，没过多久，他就开始犹豫了。"不，这样不行，我们必须从头再来一遍。"玻尔喃喃自语道。"这种情况持续了不少时间，因为我们越发惊讶于 EPR 论点中出人意料的精妙之处，"罗森菲尔德回忆说，"玻尔不时地转向我并询问：'他们可能是什么意思？你理解吗？'"[23]一段时间后，越发焦躁不安的玻尔意识到，爱因斯坦提出的这个论断既天才又巧妙，驳斥 EPR 论文远比他最初想象的困难。最后，玻尔宣布，他"一定要再仔细想想"。[24]第二天，玻尔平静了一些。"他们的工作非常漂亮，"玻尔对罗森菲尔德说，"但正确与否才是最重要的，这点他们未必做到了。"[25]在接下去的 6 周中，玻尔抛下了其他所有工作，夜以继日地研究这个问题。

　　早在完成对 EPR 论文的回应之前，玻尔就于 6 月 29 日写了一封准备发表在《自然》期刊上的信。这封以《量子力学和物理实在》为题的信简要阐述了他对 EPR 观点的反击。[26]《纽约时报》再一次察觉到了其中的故事。7 月 28 日，该报刊登了一篇题为《玻尔和爱因斯坦针锋相对/两人就现实的基本性质问题展开了一场争论》的文章。"在英国科学期刊《自然》本周发表的最新文章中，爱因斯坦与玻尔之间的争论拉开了序幕，"这篇文章告诉读者，"玻尔教授向爱因斯坦教授发出了初步的挑战，并且承诺'不久之后就将在期刊《物理学评论》上发表更深入阐述自己观点的文章'。"

玻尔特意选择在相同期刊上发表对爱因斯坦的回应。此外，《物理学评论》在 7 月 13 日收到的回应文章同样以《量子力学对物理实在的描述是否可视作完备？》为题。[27] 这篇文章于 10 月 15 日正式发表，玻尔在其中的回答是无比肯定的"是"。不过，由于没能找到 EPR 在论证过程中的错误，玻尔退而求其次地辩称，爱因斯坦拿出的证据不足以支撑"量子力学不完备"这么有分量的论断。这一次，玻尔采用了一种拥有悠久辉煌历史的辩论策略，他在开始捍卫哥本哈根诠释的时候只是简单地否定了爱因斯坦为论证量子力学不完备所提供论据的主要部分：物理实在的标准。玻尔认为，他找到了 EPR 在对现实定义上的弱点：需要在"系统不受任何形式扰动"的前提下开展实验。[28]

玻尔首先公开放弃了这个立场：测量行为不可避免地会造成物理扰动。同时，他还提出，将现实标准"应用于量子现象时会产生本质上的模糊性"。这种模糊性正是玻尔希望好好利用的。他正是利用物理扰动反驳了爱因斯坦此前提出的各个思想实验，具体方式则是，证明不可能同时得到粒子的精确动量和位置，因为对其中一个量的测量行为会产生足以导致无法准确测量另一个量的不可控扰动。玻尔很清楚，EPR 并不是要挑战海森堡不确定性原理，因为他们设计的这个思想实验并不是为了同时测量粒子的位置和动量。

玻尔也的确公开承认了这点，他在反驳文章中写道，EPR 思想实验"研究的系统的确不存在任何力学扰动问题"。[29] 这是一次重大的公开让步。其实，几年前，在他位于齐斯维勒莱厄的乡村小屋中，玻尔就在同海森堡、亨德里克·克拉默斯和奥斯卡·克莱因一起围坐在火堆旁时，私下承认了这点。克莱因问道："爱因斯坦竟然这么不愿接受偶然性在原子物理学中的作用，这难道不奇怪吗？"[30] 那是因为"我们无法在不干扰现象本身的情况下做出观测"，海森堡说，"于是，我们通过观测引入的量子效应会自动地在等待观测的现象中引入某种程度的不确定性。"[31] "虽然爱因斯坦很清楚这个事实，但他就是拒绝接受。""我不完全赞同你的观点。"玻尔当时对海森堡说。[32] "在任何情况下，"他继续说道，"我都认为所有诸如'观测给现象引入不确定性'这样的论断是不正确且具有误导性的。大自然已经告诉过我们，除非我们还具体说明了观测现象涉及的实验手段或者观测工具，否则'现象'这个词是不能应用于原子过程的。如果已经定义了特定实验布置以及随后展开的特定观测流程，我们当然就可以讨论现象本身，但那也不是观测对现象造成的扰动。"[33] 然而无论是在索尔维会议的哪个时段，玻尔的论文都充斥着测量行为会干扰观测对象这样的设定，这也是他反驳爱因斯坦思想实验的核心内容。

爱因斯坦对哥本哈根诠释的不断探究让玻尔感受到了压力，后者因此放弃了他此前对"扰动"的依赖，因为玻尔知道，以电子为例，这意味着它以一种可以被干扰的状态存在。玻尔现在转而强调，任何被测量的微观物理学物体和执行测量的设备构成了一个不可分割的整体，这个整体就是"现象"。于是，根本没有空间让测量行为造成物理扰动。这也解释了为什么玻尔认为EPR的现实标准是模糊的。

很可惜，玻尔对EPR的回应算不上明确。多年之后，玻尔在1949 年重读这篇论文时也承认"表达上存在一定程度的低效"。玻尔试图说明的是，他在反驳EPR观点时提到的"本质上的模糊性"

指的是"在处理无法明确区分物体本身行为和它们与测量仪器间相互作用的那些现象中，物体体现的物理性质"。[34]

EPR论文认为，可以根据测量粒子A得到的结果预言测量粒子B可能得到的结果。玻尔并不反对这点。如EPR所述，一旦测量得到了粒子A的动量，就可能准确预测用类似手段测量粒子B动量得到的结果。不过，玻尔认为这并不意味着动量就是粒子B的独立现实元素。只有"真正"地测量B的动量后，我们才能称它具有动量。只有当粒子与旨在测量它动量的设备发生相互作用后，粒子的动量才变得"真实"。在展开测量之前，粒子不会以某种未知但"真实"的状态存在。玻尔认为，如果没有这种测量粒子位置或动量的操作，假设它确实具有这两种属性里的任何一种就是毫无意义的。

在玻尔看来，测量设备在定义EPR所称现实元素时起关键作用。因此，一旦物理学家安装好了测量粒子A确切位置的实验设备（根据这个测量结果，可以完全确定地计算出粒子B的位置），就排除了测量A动量并由此计算出B动量的可能。

玻尔认为，如果粒子B没有受到任何直接的物理扰动——这一点是他向EPR做出的让步，那么粒子B的"物理实在元素"必然由测量设备的性质以及对粒子A的测量共同定义。

而EPR则认为，如果粒子B的动量是一种现实元素，那么对粒子A动量的测量不可能影响B。这一操作只是让我们可能以独立于任何测量的方式计算出粒子B拥有的动量。EPR的现实标准假设，如果粒子A和B互相之间没有施加任何物理力，那么无论其中一个发生了什么，都会对另一个产生"扰动"。然而，按照玻尔的观点，既然A和B在分开之前曾发生过相互作用，那么它们永远都会以单一系统组成部分的形式纠缠在一起，并且我们不可能把它们当作两个独立的粒子个体来处理。因此，测量 A 的动量实际上就等同于直接测量 B 的动量，一旦测量得到了 A 的动量，B 也就立刻拥有了明确的动量。

玻尔赞同，对粒子 A 的观测不会对粒子 B 产生任何"力学"扰动。和 EPR 一样，他排除了任何超距物理力（无论是推还是拉）存在的可能。然而，如果粒子 B 位置或动量的现实性取决于对粒子 A 展开的测量，那么似乎它们之间一定存在某些瞬时的超距"影响"。这就违背了定域性（A 发生的事件不可能瞬时影响 B）以及可分离性（A 和 B 独立于彼此存在）。这两个概念就是 EPR 论点的核心，也是爱因斯坦对独立于观测者存在的现实的看法。然而，玻尔坚持认为，对粒子 A 展开的测量一定会通过某种方式瞬时"影响"粒子 B。[35] 他认为"特定的某些条件会定义针对系统后续行为的各类可能预测，而那种瞬时作用影响的正是这些条件"，但他没有进一步说明这种神秘影响的性质。[36] 玻尔总结说，既然"这些条件构成了描述任何可以恰当地反映'物理实在'一词的现象的内禀元素，我们认为上述作者的论述并不能证明他们的结论，即量子力学描述在本质上并不完备"。[37]

爱因斯坦对玻尔提出的这种"巫术般的作用力"以及"幽灵般的相互作用"不屑一顾。"似乎很难看穿上帝的底牌，"他后来写道，"但我永远都不相信他会掷骰子，或者使用某些类似于'心灵感应'的设备（按照现在的量子理论，他就是使用了这样的东西）。"[38] 爱因斯坦告诉玻尔："物理学应该表征空间与时间中的独立现实，与远处幽灵般的作用力毫无关系。"[39]

爱因斯坦认为，量子理论的哥本哈根诠释与客观现实的存在不相容。EPR论文充分体现了他的这个观点。爱因斯坦没有错，玻尔其实也知道这点。"没有量子世界，有的只是一种抽象的量子力学描述。"玻尔辩称。[40] 根据哥本哈根诠释，粒子没有独立现实，在观测它们之前，粒子不具备任何属性。美国物理学家约翰·阿奇巴尔德·惠勒后来的一番话准确地总结了玻尔的这个观点：任何基本现象都不是真实的现象，除非它被观测到。哥本哈根诠释否定了独立于观测者存在的现实，在EPR论文发表前一年，帕斯夸尔·约尔当就据此推导出合乎逻辑的结论："产生测量结果的，是我们自己。"[41]

"现在，我们必须从头再来了，"保罗·狄拉克说，"因为爱因斯坦证明了，哥本哈根诠释并不奏效。"[42] 起初，狄拉克认为爱因斯坦给了量子力学致命一击。不过，他很快就像大多数物理学家一样，接受了玻尔再一次在与爱因斯坦的战斗中取得胜利的观点。量子力学已经在长期的实践中证明了自己的价值，并且几乎没有人有兴趣过于深入地检验玻尔对EPR论断的回应，毕竟，即便是按照玻尔自己的标准，这个回应也多少有点儿模糊。

EPR论文正式发表后不久，爱因斯坦就收到了薛定谔的一封信，后者写道："在刚刚发表于《物理学评论》的那篇论文中，你显然抓到了那些教条的量子力学支持者的尾巴，为此，我很高兴。"[43] 在分析了EPR论文中的一些细节后，薛定谔解释了自己对量子力学（他本人为这门理论的创立做出了诸多贡献）的一些保留意见："我认为，目前的量子力学与相对论（所有效应都通过有限速度传播的框架）之间存在矛盾。我们拥有的其实只是一种类似于传统绝对力学体系的理论……正统理论框架并没有囊括所有此类分离过程。"[44] 当玻尔挣扎着阐述对EPR的回应时，薛定谔认为，可分离性和定域性在EPR观点中起到的核心作用意味着量子力学并非对现实的完备描述。

薛定谔在信中用"verschränkung"这个词描述EPR实验中两个在发生相互作用后分离的粒子之间的关联性。这个词后来被翻译成了英语中的"entanglement"（纠缠）。与玻尔一样，薛定谔认为由于发生过相互作用，就只存在一个两粒子系统，而非两个单粒子系统，因此，无论它们相距多远，其中任何一个粒子的变化都会影响到另一个。"很明显，任何'涉及纠缠现象的预测'都只能回溯到这样一个事实：两个发生相互作用的个体在早些时候形成了一个真正意义上的系统，并且在彼此身上留下了痕迹。"他在当年晚些时候发表的一篇著名论文中写道。[45]"如果两个独立个体（对于它们各自本身的信息，我们都最大限度地掌握了）产生了相互影响再分开，那么在我们研究这两个个体时通常就会出现我刚才所说的'纠缠'现象。"[46]

无论是在理智上，还是在情感上，爱因斯坦都坚决维护定域性。虽然在这一点上，薛定谔并没有站在爱因斯坦这边，但他也不准备否定定域性。为了消除纠缠现象，他提出了这样一个观点：对于涉及两个粒子的纠缠态，测量其中任何一个粒子A或B，都会打破这种纠缠状态，从而使这两个粒子回到互相独立的状态。薛定谔总结说："对两个独立系统的测量不可能直接产生相互影响——要真是那样的话，就是魔法了。"

薛定谔在看到爱因斯坦那封日期写着6月17日的来信的时候，一定感到惊讶。"原则上看，"爱因斯坦写道，"我绝对不相信量子力学意义上的物理学统计基础，哪怕我非常清楚地知道这个理论形式取得了非凡成就。"[47]这一点，薛定谔之前就已经知道了，但爱因斯坦仍宣称："这场浸泡在认识论中的狂欢应该结束了。"即便是在写下这些文字的时候，爱因斯坦也很清楚自己这番话听上去有多么疯狂："不过，你肯定会朝我笑笑，然后想，毕竟许多年轻的异教徒最后都变成年迈的狂热分子，而许多年轻的革命者最后都会变成年迈的保守主义者。"

他俩的信在邮筒中擦肩而过。写完 6 月 17 日那封信之后，爱因斯坦就收到了薛定谔评论 EPR 论文的那封信，于是立刻动笔回复。"我没有特别清楚地表达自己的真实想法，"爱因斯坦解释说，"相反，可以这么说，我的主要观点被很多其他内容掩盖了。"[48] 由波多尔斯基执笔撰写的这篇 EPR 论文少了爱因斯坦本人用德语发表的作品特有的那种清晰和风格。令爱因斯坦不快的是，EPR 论文没有充分体现可分离性的核心地位——所谓可分离性，就是物体的状态不受另一地点物体（空间上分离）所受测量的影响。爱因斯坦希望分离原理成为 EPR 论文的明确特征，而不是像现在论文最后一页呈现的那样，似乎只是某种事后添加的东西。他想表现可分离性与量子力学完备性之间的矛盾——这两者不可能都正确。

"真正的困难在于，物理学是一种形而上学，"爱因斯坦对薛定谔说，"物理学描述的是现实，我们只有通过物理描述才能认识现实。"[49] 物理学不过是一种"对现实的描述"，但爱因斯坦写道，那种描述"可能是'完备的'，也可能是'不完备的'"。为了说明自己想表达的意思，他请薛定谔想象两个封闭的盒子，其中一个装着一只球。揭开盒子的盖子，观察里面究竟有什么，就是"做出观测"。在查看第一只盒子之前，里面装着球的概率是 1/2。换句话说，球有 50% 的可能在盒子里。打开盒子后，这个概率要么变成 1（球在盒子里），要么变成 0（球不在盒子里）。然而，爱因斯坦表示，实际上球总是在其中一个盒子里。他问道，那么"球在第一个盒子里的概率是 1/2"这个陈述是否完备地描述了现实？如果答案是否定的，那么完备的描述应该是"球在（或不在）第一个盒子里"。如果在盒子打开前存在完备描述，那么这个描述应该是"球不在这两个盒子中的任何一个里"。只有当我们打开其中一个盒子后，球才会确定地存在于某个盒子中。"这样就产生了经验世界或其规律经验系统的统计学特征。"爱因斯坦总结说。于是，他提出了这样一个问题：1/2 的概率是否完备地描述了盒子打开之前的状态？

为了得到这个问题的答案，爱因斯坦引入了"分离原理"：第二个盒子以及其中装着的东西，与第一个盒子发生的任何事都无关。因此，爱因斯坦认为，前面那个问题的答案应该是否定的，即：第一个盒子里有球的概率是 1/2，这并不是对现实的完备描述。正是因为玻尔违背了爱因斯坦的分离原理，所以在 EPR 思想实验中才会出现"幽灵般的超距作用"。

1935 年 8 月 8 日，为了向薛定谔证明，因为量子力学对即使是确定的事件也只能提供概率性描述，所以这个理论不完备，爱因斯坦把这个盒中藏球的例子升级成了一个更为爆炸性的场景。他请薛定谔想象一桶不稳定的火药。这些火药在第二年某个时候会自燃。起初，波函数描述的是一种确定的状态：一桶没有爆炸的火药。然而一年后，波函数"描述的就是一种系统已经爆炸和尚未爆炸的混合状态"。[50]"没有任何解释能把这种波函数变成对这一事件真实状态的充分描述，"爱因斯坦对薛定谔说，"因为在现实中，并不存在任何介于已爆炸和未爆炸之间的状态。"[51]这桶火药要么已经炸了，要么没有炸。爱因斯坦表示，这个"朴素的宏观例子"向我们展示了 EPR 思想实验中遇到的同种"困难"。

1935 年 6—8 月，薛定谔和爱因斯坦频繁的信件往来促使前者仔细审视哥本哈根诠释。他俩这番对话的成果就是当年 11 月 29 日至 12 月 13 日之间分为三部分发表的论文。薛定谔说，他不知道应该把这篇题为《量子力学现状》的论文称为"报告"还是"全面审视"。无论如何，这篇论文中都出现了一个章节。这个章节的内容与一只猫的命运有关，而且产生了持久性的影响：

"铁笼子里关着一只猫，还装着下面这种残酷的设备（已经确保猫不会直接干扰到设备的工作）：一个装着很少一点儿放射性物质的盖革计数器。这种放射性物质的含量真的很少，少到一个小时里或许会有一个原子衰变，但也有可能一个原子都不衰变。如果有原子衰变了，计数管就会放电，并且通过继电器释放一个小锤，小锤将会打碎一小瓶氢氰酸，导致猫死亡。就这样放着整个系统不管，静候一小时。我们可以说，如果没有原子衰变，那么猫仍然活着。但只要有一个原子衰变，这只猫就一命呜呼了。整个系统的波函数将会囊括表达猫是死是活的部分，而且这部分与其他部分具有同等重要的地位。"[52]

按照薛定谔的说法以及我们的常识，猫要么死了，要么还活着，具体结果取决于原子究竟是否发生了衰变。然而，按照玻尔及其支持者的说法，亚原子领域类似于《爱丽丝漫游奇境记》中的场景：因为只有观测之后，我们才能知晓猫究竟是死是活，所以决定猫生死的只有这种观测行为。在展开观测之前，这只猫都处于量子炼狱之中，即处于一种既非生也非死的叠加态。

当时，留在德国的科学家都不得不忍受纳粹政权的暴政，而薛定谔的这篇论文正是发表在了一份德国期刊上。爱因斯坦责备了他的这个选择，但还是颇为高兴。他对薛定谔说，这只猫表明：

"在现有量子理论的特征问题上，我俩的观点完全一致。"一个包含了既生又死的猫的波函数"描述的不可能是真实状态"。[53] 多年后的 1950 年，爱因斯坦在不经意间炸飞了这只猫，因为他忘记了当年正是他自己设计了那个火药桶实验，而薛定谔使用的是氢氰酸。爱因斯坦在一封给薛定谔的信中谈了谈对"当代物理学家"的看法，在提及他们坚持认为"量子理论描述的就是现实，甚至是完备地描述现实"的时候，爱因斯坦难掩自己的失落之情。[54] 爱因斯坦告诉薛定谔，这样一种诠释"已经被你的盒中系统（放射性原子＋盖革计数器＋放大器＋电控火药＋猫）以最优雅的方式驳斥了。在这种情形下，系统的波函数包含了猫既活着又被炸成碎片的两种状态"。[55]

　　薛定谔这个关于猫的著名思想实验还凸显了物理学家在量子领域面临的一大困境：测量设备（日常宏观世界的一部分）与测量对象（微观量子世界）之间的界限究竟在哪儿。在玻尔看来，经典世界与量子世界之间没有明显的分界线。他认为，观测者与观测对象之间存在牢不可破的联系。为了解释这个观点，他拿出了一个挂着拐杖的盲人的例子。他问道，对于这样一位盲人来说，他完全没见过自己在其中生活的这个世界，那么他与这个世界之间的分隔点在哪儿呢？玻尔辩称，盲人与他手中的拐杖建立起了牢不可破的关联。拐杖是盲人自身的延伸，因为他用拐杖获取周遭世界的信息。那么，这个世界是从盲人拐杖末端开始的吗？玻尔说，答案是否定的。盲人通过拐杖末端感知这个世界，于是，他与拐杖密不可分地结合到了一起。玻尔认为，实验人员尝试测量微观粒子的某些性质时，情况就与盲人及其拐杖类似。观测者与观测对象通过测量行为紧紧地交织在一起，其中的联系紧密到了你无法区分它们之间界限的程度。

尽管如此，在构建现实的过程中，哥本哈根观点赋予了观测者（无论观测者是人还是机器设备）特殊地位。然而，所有物质都由原子构成，并且因此服从量子力学定律，那么观测者（或者说测量设备）又怎么可以拥有特殊地位？这就是测量问题。哥本哈根诠释预先假设，宏观测量仪器所在的经典世界本就存在，但这个假设难免有循环论证之嫌，而且存在自相矛盾之处。

爱因斯坦和薛定谔认为，如果从总体世界观的角度看待量子力学，那么这个有问题的假设明显意味着这个理论尚不完备。薛定谔设计这个盒中猫的实验，也正是为了凸显这点。在哥本哈根诠释中，测量这个过程始终没有得到解释，因为量子力学中没有任何数学内容具体说明了波函数何时以及如何坍缩。玻尔"解决"这个问题的方式，只是简单地宣布，我们确实可以展开测量，但从未解释测量过程究竟是如何进行的。

1936年3月，薛定谔在英国时同玻尔见了面，并且把会面情况报告给了爱因斯坦："我最近在伦敦同尼尔斯·玻尔讨论了几个小时。他和善、礼貌地反复表示，量子力学与事物的运作方式契合度如此之高，并且得到了这么多实验的支持。然而，像劳厄和我，尤其还有你这样的物理学家竟然想用悖论情境击垮量子力学，这让他觉得'骇人听闻'，甚至觉得这是'高度背叛'。就像是我们试图强迫大自然接受我们对'现实'先入为主的观念一样。玻尔说这番话的时候，充分体现了一个极度睿智的人内心深处的坚定信念，让听者很难继续坚持自己原本的立场。"不过很显然，爱因斯坦和薛定谔没有因玻尔的话而产生丝毫动摇，他们都继续坚定地站在反对哥本哈根诠释的立场上。[56]

*

　　1935 年 8 月，也就是EPR论文正式发表之前的两个月，爱因斯坦终于买了一座房子。默瑟街 112 号与周边其他房屋没有任何不同，却因为它的主人而成为全球最知名的地址之一。这座房子的位置很便利，走路就能到爱因斯坦在普林斯顿高等研究院的办公室——虽然他更喜欢在自家书房里工作。书房在一楼，中间放着一张大大的桌子，桌上摆满了学者常用的工具。书房墙上本来只挂着法拉第和麦克斯韦的肖像，后来又挂上了甘地的。

　　就这样，这座装着绿色百叶窗的隔板小屋也成了埃尔莎的小女儿玛戈和爱因斯坦秘书海伦·杜卡的家。然而，没过多久，埃尔莎就确诊患有心脏病，爱因斯坦一家的平静生活就此被打破。埃尔莎在一封给朋友的信中写道，随着自己的健康状况不断恶化，爱因斯坦变得"痛苦和沮丧"。[56] 对此，埃尔莎又惊又喜："我从来没想过，原来他这么喜欢我。这让我心情变好了。"[57] 1936 年 12 月 20 日，埃尔莎去世，享年 60 岁。在两个女人的照料之下，爱因斯坦很快就接受了埃尔莎的离去。

　　"我在这里逐渐安顿下来了，"爱因斯坦在给玻恩的信中写道，[59] "我现在像熊一样在自己的窝里冬眠。我这辈子经历过很多变化，真的从来没有像现在这么有家的感觉。"他解释说："妻子（她对人类的爱比我更深）的离开更是促成了我这种熊一样的懒散生活。"爱因斯坦几乎完全是漫不经心地宣布了妻子的死讯，这让玻恩觉得"相当奇怪"，但也没那么惊讶。"爱因斯坦善良、友好、热爱人类，"玻恩后来写道，"不过，他已经完全脱离了所在的社会环境以及其中的各色人等。"[60] 的确如此。不过，爱因斯坦仍旧深爱着一个人，那就是他的妹妹马娅。1939年，墨索里尼的种族法迫使马娅离开意大利，她只好搬来普林斯顿与哥哥住在一起，直到1951年去世。

埃尔莎去世后，爱因斯坦制订了一张日常作息表。随着岁月流逝，作息表的变动越来越少。9点至10点吃完早餐，然后步行去研究院。在那儿工作到下午1点后，爱因斯坦就回家吃午饭，然后小睡一会儿。醒来后，他就到书房里工作，一直到晚上6点30分至7点的晚餐时间。如果没有客人需要招待，爱因斯坦在吃过晚饭后就会回到书房继续工作，直到11点至12点之间上床睡觉。他很少去剧院或者音乐厅。另外，和玻尔不同，爱因斯坦几乎从来不看电影。爱因斯坦在1936年说，他"生活在一种孤独之中，这种孤独在人的青年时期是痛苦的，但在那些更加成熟的岁月里就显得美好了"。[61]

1937年2月初，玻尔和妻子以及他俩的儿子汉斯抵达普林斯顿，并准备在此地逗留一周，这是他们为期6个月的环球之旅的一部分。自EPR论文发表后，这是爱因斯坦和玻尔第一次有机会面对面地交流。玻尔最后能说服爱因斯坦接受哥本哈根诠释吗？"有关量子力学的讨论一点儿也不热烈，"后来成为爱因斯坦助手之一的瓦伦丁·巴格曼回忆说，[62]"但在局外人看来，爱因斯坦和玻尔总是在扯皮。"他认为，任何有意义的讨论都需要"日复一日"的积累。可惜的是，在他亲眼见证的爱因斯坦与玻尔的那次会面中，"有太多事情没有提及"。[63]

每个人都已经知道他俩之间没有明说出来的话是什么。爱因斯坦与玻尔关于量子力学诠释的争论，已经演变成了一场有关现实本质这个哲学信念的讨论。现实是否存在？玻尔认为，量子力学就是描述自然的完备基础理论，并且他以这个理论为基础构建自己的哲学世界观。正是这种世界观让他宣称："没有什么量子世界，有的只是抽象的量子力学描述。认为物理学的任务是查明大自然的运作方式，这是错误的想法。物理学讨论的是我们可以如何描述大自然。"[64] 另一方面，爱因斯坦选择了另一种方法。他坚定不移地认为，必然存在着一种符合因果律且独立于观测者的现实。这种信念也正是他评价量子力学的基础。因此，他永远都不会接受哥本哈根诠释。爱因斯坦提出："我们称之为'科学'的东西，唯一的目标就是确定事物的本质是什么。"[65]

在玻尔看来，先有理论，然后才有哲学立场，构建诠释的目的在于理解理论对现实的描述。爱因斯坦明白，以任何科学理论为基础构建哲学世界观都是一件很危险的事。如果新的实验证据表明这个理论存在缺陷，它支撑的哲学立场就会随之崩溃。"物理学中存在一个基础假设：真实世界独立存在于任何感知行为之外，"爱因斯坦说，"但这一点我们并不知道。"[66]

爱因斯坦是哲学上的现实主义者，并且明白这种现实主义立场是无法证实的。它是一种关于无法证实之现实的"信念"。虽然可能无法证明现实的存在，但在爱因斯坦看来，"每个人都希望理解存在和现实"。[67]"我有信心，凭借人类的理智足以理解现实的理性本质到这种程度。如果要用一个词来表达我的这种信心，我觉得没有比'虔诚'更好的了。我虔诚地认为，我们能做到这点，"他在给莫里斯·索洛文的信中这样写道，"但凡少了这种虔诚，科学就会退化为一种缺乏灵感的经验主义。"[68]

海森堡明白，爱因斯坦和薛定谔想要"回到经典物理学的现实概念，或者用更为一般的哲学术语来说，回到唯物主义本体论上来"。[69] "客观真实世界的最小部分也像石头、树木那样客观存在，与我们是否观测它们无关"这种信念对海森堡来说是倒退回了"19世纪自然科学领域盛行的简单唯物主义观"。[70] 海森堡准确地意识到，爱因斯坦和薛定谔想要"在不改变物理学的前提下改变哲学"，但他只说对了一部分。[71] 爱因斯坦承认，量子力学是当时最好的理论，但它并没有"完备地表征真实事物，哪怕它是唯一一个可以通过力和质点这两个基本概念构建出来的量子理论（对经典力学进行了量子修正）"。[72]

爱因斯坦同样迫切地希望改变物理学，他并不是很多人认为的那种保守老古董。爱因斯坦确信，经典物理学的概念一定会被新概念代替。而玻尔则认为，既然宏观世界由经典物理学及其概念描述，那么哪怕只是尝试超越它们也是在浪费时间。为了拯救经典概念，玻尔提出了互补性框架。在玻尔看来，没有任何深层物理实在独立于测量仪器存在。况且，正如海森堡指出的那样，那就意味着"我们无法逃脱量子理论的悖论，即必须使用经典概念"。[73] 正是玻尔和海森堡对保留经典概念的呼吁，被爱因斯坦称为"具有镇静作用的哲学理念"。[74]

爱因斯坦从来没有抛弃经典物理学的本体——独立于观测者存在的现实，但他准备与经典物理学决裂。哥本哈根诠释背书的现实观就足以令他这么做。爱因斯坦想要一场比量子力学更为彻底的革命。因此，爱因斯坦与玻尔在那次会面中有那么多话没有明说，也就没什么好惊讶的了。

1939年1月，玻尔再次来到普林斯顿，并且以研究院客座教授的身份在这里待了4个月。虽然他与爱因斯坦之间的关系仍旧不错，但他俩在量子实在问题上的持续争论不可避免地让原本热烈的友谊降了温。"爱因斯坦只是他自己的影子。"随玻尔一起来到美国的罗森菲尔德回忆说。[75] 爱因斯坦和玻尔确实仍旧见面——通常是在一些正式场合，但他们不再讨论自己如此关心的物理学话题。玻尔在普林斯顿期间，爱因斯坦只做了一场讲座，主题是他对统一场论的探索。他在讲座上表示，希望可以从这样一种理论中推导出量子物理学，而当时玻尔正坐在听众席上。然而，爱因斯坦之前就已经宣称，他在讲座上不会进一步讨论这个问题。"玻尔对此非常不高兴。"罗森菲尔德说。[76] 虽然爱因斯坦不愿讨论量子物理学，但玻尔发现，普林斯顿有很多人热衷于探讨核物理学的最新进展，因为在欧洲发生的一些不幸事件马上就要再一次让全世界陷入战火之中。

爱因斯坦在给比利时伊丽莎白王后的信中写道："再怎么投入工作中，都无法摆脱那种悲剧无可避免的痛苦之感。"[77] 这封信写于 1939 年 1 月 9 日，两天后玻尔登上了驶往美国的船，并且给爱因斯坦带去了一个消息，那是一项他人做出的发现：重元素的原子核分裂成较轻元素的原子核，同时释放出能量，这就是核裂变。正是在这次海上旅途期间，玻尔意识到，发生核裂变的并不是铀-238，而是它的同位素铀-235，后者在受到慢中子的轰击后就会裂变。玻尔当时已经 53 岁了，这也是他为物理学做出的最后一项重大贡献。由于爱因斯坦不愿讨论量子实在的本质问题，玻尔便集中精力同普林斯顿大学的美国人约翰·惠勒一起解决核裂变的细节问题。

玻尔回到欧洲后，爱因斯坦在 8 月 2 日写了一封信给罗斯福总统，催促后者仔细考虑研制原子弹的可行性，因为德国方面已经停止出售它当时在捷克斯洛伐克境内控制的铀矿矿石了。罗斯福在 10 月回了信，信中感谢了爱因斯坦的建议，并且告知后者，他已经组建了一个委员会专门负责研究这个问题。与此同时，1939 年 9 月 1 日，德国突然袭击了波兰。

爱因斯坦始终是一位和平主义者，这点在任何时候都不曾改变，但为了打败希特勒和纳粹，他准备做出妥协。1940 年 3 月 7 日，爱因斯坦又写了一封给罗斯福的信，督促后者采取更多措施："自战争爆发以来，德国对铀的兴趣越发强烈了。我现在已经得到消息，他们正在高度保密之下做相关研究。"[78] 爱因斯坦不知道的是，德国原子弹项目的负责人正是沃纳·海森堡。结果，这封信仍旧没有得到多少积极回应。对原子弹的建造来说，玻尔的发现（发生核裂变的是铀–235）要远比爱因斯坦给罗斯福写的这两封信取得的效果重要得多。美国政府直到 1941 年 10 月才开始认真思考代号为"曼哈顿计划"的原子弹建造事宜。

虽然爱因斯坦已于 1940 年成为美国公民，但由于他的政治观点，当局政府仍旧把他视作安全隐患，因此从来没有邀请他参与任何与原子弹建造相关的工作。而玻尔得到了这样的邀请。1943 年 12 月 22 日，玻尔在前往洛斯阿拉莫斯（原子弹的建造地）的路上在普林斯顿稍作停留。他与爱因斯坦以及于 1940 年加入普林斯顿高等研究院的泡利一起吃了晚饭。自玻尔与爱因斯坦上一次见面之后，发生了很多事情。

1940 年 4 月，德国军队占领了丹麦。玻尔选择留在哥本哈根，希望自己的国际声誉能给研究所的其他人提供一些至少是表面上的保护。他的这个目标的确实现了，直到 1943 年 8 月丹麦自治的幻想最终破灭——在丹麦政府拒绝宣布进入紧急状态且拒绝对破坏行为处以死刑后，纳粹颁布了戒严令。接着，在 9 月 28 日，希特勒勒令驱逐丹麦境内的 8 000 名犹太人。一名同情犹太人遭遇的德国官员告知两位丹麦政界人士，纳粹的围捕行动将在 10 月 1 日晚 9 点开始。随着关于纳粹阴谋的消息迅速流传开来，几乎所有犹太人都消失了，他们或是藏在丹麦同行的家里，或是在教堂里找到了庇护，或是乔装成了医院中的病人。最后，纳粹抓到的犹太人不足 300人。而玻尔（他的母亲是犹太人）成功带着家人逃到了瑞典。之后，他又从瑞典出发，搭乘一架英国轰炸机飞往苏格兰。由于坐在轰炸机的炸弹仓里，而且氧气罩无法佩戴妥帖，玻尔几乎因为缺氧而死。与英国政界人士会面后，他又很快启程前往美国。最终，在短暂造访普林斯顿之后，玻尔就化名"尼古拉斯·贝克"，在原子弹项目中工作。

战争结束之后，玻尔回到了他在哥本哈根的研究所，而爱因斯坦则称他感到"无法与任何真正的德国人保持友谊"。[79] 不过，他一直很同情普朗克，后者与第一任妻子生下的 4 个孩子全都先于自己离开这个世界。普朗克算得上长寿，在他漫长的一生中，小儿子埃尔温的离世是所有打击中最沉重的。在纳粹掌权之前，埃尔温是德意志帝国总理府的副国务卿。1944 年 7 月，他涉嫌参与暗杀希特勒。盖世太保逮捕了埃尔温并对其严刑拷打，最终认定他是暗杀行动的同谋。普朗克心中一度泛起一丝微弱的希望，用他自己的话说就是，"天堂与地狱只在一线之间"，认为死刑会变为监禁。[80] 然而，此后在完全没有任何警告的情况下，埃尔温于 1945 年 2 月在柏林被绞死。普朗克最后一次见自己小儿子的机会也被纳粹剥夺了："他是我生命中最宝贵的一部分。他是我的阳光、我的骄傲、我的希望。没有任何言语能描述他的离开给我造成的打击。"[81]

1947 年 10 月 4 日，普朗克在脑卒中后逝世，享年 89 岁。得知这个消息后，爱因斯坦写信给普朗克的遗孀，提及自己有幸与普朗克共度的那一段"硕果累累的美妙时光"。在表示哀悼之后，爱因斯坦回忆说，"我在贵舍的那些日子，以及我与这位伟大人物面对面展开的诸多对话，都将是我余生最美好的回忆"。[82] 他安慰普朗克的遗孀说，这些记忆永远不会"为迫使我们分开的悲剧命运所改变"。

第二次世界大战结束后，玻尔成了普林斯顿高等研究院的永久非常驻成员，可以在任何时候前来研究院并待上一段时间。1946年9月，玻尔第一次在战后造访研究院，这次访问时间不长，因为他的主要目的是参加普林斯顿大学建校200周年的庆典。之后的1948年2月，玻尔再次来到普林斯顿高等研究院，并且一直待到了6月。这一次，爱因斯坦倒是愿意同他谈谈物理学。在玻尔这次访问期间担任他助手的年轻荷兰物理学家亚伯拉罕·派斯后来描述当时的场景说，玻尔这个丹麦人"在一种愤怒、绝望的状态下"突然冲进他的办公室，嘴里还说着："我讨厌我自己。"[83] 派斯询问玻尔发生了什么事，后者回答说，他刚刚去见了爱因斯坦，然后他俩就量子力学含义的问题吵了起来。

他俩后来还是重建了友谊，爱因斯坦把自己的办公室借给玻尔用就是这种友谊的标志。一天，玻尔正在向派斯口述庆祝爱因斯坦70岁生日的论文初稿内容。一时不知接下去要说什么的玻尔站在那里，看向窗外，嘴里不时地念叨着爱因斯坦的名字。就在此时，爱因斯坦蹑手蹑脚地溜进了办公室。爱因斯坦的医生禁止他购买烟草，但从来没有说过不能偷烟草。派斯后来这样讲述接下来的事情："爱因斯坦一直踮着脚尖，径直朝玻尔的烟草罐走来——烟草罐就在我面前的这张桌上。对此一无所知的玻尔则站在窗边，嘴里咕哝着'爱因斯坦……爱因斯坦……'。我不知道要怎么办，最主要的原因是，我当时一点也不知道爱因斯坦准备做什么。接着，玻尔突然干脆地叫了一声'爱因斯坦',同时转过身来。他俩就这样面对面地站在那儿,就好像玻尔把爱因斯坦召唤了出来一样。要说玻尔当时好一会儿说不出话来,都是轻描淡写了。而目睹了整个过程的我自己,也在某个瞬间明显地产生了一种不可思议的感觉,因此我很能理解玻尔的反应。过了一会儿,随着爱因斯坦主动坦白了他的计划,沉默被打破了,我们所有人都哈哈大笑。"[84]

此后,玻尔还曾多次造访过普林斯顿,但一直没能改变爱因斯坦对量子力学的看法。海森堡也没能做到这点,他在战后只和爱因斯坦见过一次面,当时海森堡正在美国开巡回讲座,而玻尔于 1954 年最后一次造访普林斯顿也是在那期间。爱因斯坦邀请海森堡到家中,他俩喝着咖啡、吃着蛋糕度过了下午的大部分时光。"我们没有讨论任何与政治相关的内容,"海森堡回忆说,[85]"爱因斯坦所有的兴趣都集中在对量子理论的诠释上。这个问题始终困扰着他,一如 25 年前在布鲁塞尔那样。"爱因斯坦依旧坚持自己的观点。"'我不喜欢你们那种物理学',他当时这么说。"[86]

"量子理论物理学家自吹自擂的同时,把自然看作客观现实的必要性却被视为过时的偏见。"爱因斯坦在一封给老朋友莫里斯·索洛文的信中这样写道,[87]"人类比马更容易受到各种建议的影响,每个阶段都由情绪支配,结果就是大多数人都看不到统治自己的暴君究竟是谁。"

*

1952 年 11 月,以色列首任总统哈伊姆·魏茨曼逝世后,总理大卫·本-古里安觉得必须力邀爱因斯坦担任下一任总统。"我们的以色列能邀请我出任这么重要的职位，我很感动。不过，我马上又感到了悲伤和羞愧，因为我不能接手这个职位。"爱因斯坦说。[88] 他强调，自己缺乏"恰当处理人民事务、妥善履行官员职责的天赋和经验"。"单凭这个原因，"他解释说，"我就不适合这个要职，更何况年岁的增长让我越来越力不从心了。"

自从 1950 年夏天，医生发现他的主动脉瘤正在不断扩大之后，爱因斯坦就知道自己过一天少一天了。他写下了遗嘱，并且明确表示希望在私人葬礼后接受火化。他活过了自己的 76 岁生日。爱因斯坦生命里的最后一些重大举动中，有一项是签署伯特兰·罗素撰写的核裁军宣言。爱因斯坦还写信给玻尔，请求后者也在宣言上署名。"别那样皱眉！这和我们在物理学上一直以来的争议无关，而是一件我俩都完全赞成的事。"[89] 1955 年 4 月 13 日，爱因斯坦胸痛严重，两天后被送往医院。"我想什么时候离开，就什么时候离开，"他说，并且拒绝接受手术，"人为延长生命毫无意义。我已经做了我该做的，是时候离开了。"[90]

也许是命运的安排，爱因斯坦的继女玛戈也在这家医院就医。在此期间，玛戈见了爱因斯坦两次，他俩聊了几个小时。跟着家人在 1937 年来到美国的汉斯·阿尔伯特得知爱因斯坦病重的消息后，立刻从加利福尼亚州伯克利赶到父亲的病榻前。有那么一段时间，爱因斯坦看上去状态好了一些，他要来了自己的笔记本——即使是在生命的最后时分，他也没有放弃追寻统一场论。4 月 18 日凌晨 1 点刚过，爱因斯坦的主动脉瘤破裂。用德语说了几句夜班护士听不懂的话后，爱因斯坦离开了这个世界。那天晚些时候，他的遗体接受了火化，但在那之前，他的脑袋被先行取下，并且撒骨灰的地点未公开。"如果每个人的一生都像我这样，就不需要什么小说了。"

爱因斯坦曾在给妹妹的信中这么写道。写信的时间是 1899 年，爱因斯坦才 20 岁。[91]

"如果不考虑他是自牛顿之后最伟大的科学家这一事实，"爱因斯坦在普林斯顿的助手巴纳希·霍夫曼说，"我们几乎可以说，与其称爱因斯坦是一位科学家，不如称他是一位科学艺术家。"[92] 玻尔向爱因斯坦的离去表达了由衷的哀悼。他认识到，爱因斯坦的成就"不亚于整个人类文明史上的任何一个人"，并且称"人类会永远记得爱因斯坦，因为是他扫除了我们观念上的障碍，即绝对时空的原始概念。他为我们绘制了一幅比过去最大胆的梦还要和谐、统一的世界图景。"[93]

爱因斯坦与玻尔之争没有因为爱因斯坦的去世而结束。玻尔仍会像以前那样捍卫自己的观点，就好像自己在量子理论上的那位老对手健在一样："我仍然能够看到爱因斯坦的微笑，那是一种洞悉世事又仁慈友善的微笑。"[94] 玻尔在第一次思考某些物理学基础问题时，常常会问自己：爱因斯坦会怎么看待这个问题？ 1962 年 11 月 17 日周六，玻尔接受了访问。在玻尔的一生中，总共有 5 次访问谈及他在量子物理学发展过程中的地位，这是最后一次。第二天是周日，玻尔在用过午餐后，像往常一样小睡一会儿。妻子玛格丽特在听到玻尔大叫一声后立刻冲到卧室里，发现他已不省人事。就这样，玻尔因为致命的心脏病发作离开了这个世界，享年 77 岁。书房黑板上留下的最后笔记，是玻尔前一天晚上再一次思考爱因斯坦的光盒实验时留下的印迹。

上帝掷骰子吗？

"我想知道上帝是怎么创造这个世界的。我对这种或那种现象，或是这种元素或那种元素的光谱不感兴趣。我想知道上帝的想法，剩下的都是细枝末节。"

——阿尔伯特·爱因斯坦——

第 14 章

贝尔定理敲响了谁的丧钟

　　"你相信上帝掷骰子，而我相信这个世界客观存在且完全按照某种规律和秩序运行，并且我正以一种极为投机的方式努力寻找这种规律和秩序，"1944 年，爱因斯坦在给玻恩的信中这样写道，"我坚信这么做会有收获，但我希望有人能找到一种更加现实的方法，或者一种更切实际的基础。虽然量子理论在创立之初取得了巨大成功，但我不会因此认为这个世界本质上是一个掷骰子的游戏，哪怕我很清楚，年轻一代的同行把我的这种看法解释成老态龙钟的产物。毫无疑问，终有一天，我们会看到谁对世界本质的直觉观点才是正确的。"[1] 20 年后，一项发现让这个最终审判日更近了一些。

　　1964 年，射电天文学家阿尔诺·彭齐亚斯和罗伯特·伍德罗·威尔逊探测到了大爆炸的余辉；进化生物学家比尔·汉密尔顿发表了关于社会行为遗传进化的理论；理论物理学家默里·盖尔曼预言存在一种叫作夸克的新基本粒子。这些仅仅是那年诸多划时代科学突破中的三个。按照物理学家、科学史学家亨利·斯塔普的说法，这一切都比不上贝尔定理这项"意义最为深远的科学发现"。[2]
然而，贝尔定理的重要性一直为人们所忽视。

随着量子力学取得了一项又一项成就，大多数物理学家都忙着应用这个理论，根本无暇顾及爱因斯坦与玻尔关于量子力学含义和诠释之争的种种微妙之处。因此，当时年 34 岁的爱尔兰物理学家约翰·斯图尔特·贝尔做出了一项爱因斯坦和玻尔都没能取得的发现时，几乎没有人意识到其重要性，这件事也就没什么好奇怪的了。这项发现是一个可以判定爱因斯坦与玻尔两人对立的哲学世界观谁对谁错的数学定理。玻尔认为，根本"没有量子世界"，有的只是"抽象的量子力学描述"。[3] 而爱因斯坦则认为，现实独立于感知存在。他们两人的争论不仅有关究竟哪种物理学可以成为描述现实的有意义理论，更与现实自身的本质相关。

爱因斯坦确信，玻尔以及哥本哈根诠释的支持者正在用现实玩一场"风险极大的游戏"。[4] 约翰·贝尔很同情爱因斯坦孤立无援的处境。不过，贝尔定理这个开创性发现背后的部分灵感来自一位被迫流亡的美国物理学家在 20 世纪 50 年代初所做的工作。

戴维·玻姆是罗伯特·奥本海默在加州大学伯克利分校指导的一个颇有天赋的博士生。1917 年 12 月，玻姆出生于宾夕法尼亚州威尔克斯-巴里。1943 年，奥本海默被委任负责研发原子弹的"曼哈顿计划"之后，玻姆却没能跟着导师加入这个位于新墨西哥州洛斯阿拉莫斯的绝密研究机构。玻姆有很多亲人在欧洲，其中有 19 个在纳粹集中营遇难，美国政府据此认为，让他参与曼哈顿计划存在安全隐患。实际上，美国军方情报部门之前就已经询问过玻姆的导师奥本海默，而后者为了确保自己在曼哈顿计划中的科学领袖地位，称玻姆可能是美国共产党成员。

4 年后的 1947 年，奥本海默这个"世界粉碎者"（这是他自己承认的）接掌了他曾称为"疯人院"的普林斯顿高等研究院。[5] 或许是为了弥补之前指认玻姆为美国共产党这个错误（当然，玻姆本人并不知晓此事），奥本海默帮玻姆拿到了普林斯顿大学的助理教授职位。第二次世界大战结束后，反共产主义浪潮席卷美国，奥本海默很快就因为自己此前的左翼政治倾向而成为怀疑对象。其实，在此之前，密切监视了他数年的美国联邦调查局已经为这个知晓美国原子弹秘密的人建立了一大宗档案。

为了抹黑奥本海默，他的一些朋友和同行都受到了众议院非美活动调查委员会的调查，并且被迫出庭做证。玻姆曾在 1942 年加入美国共产党，但 9 个月后就脱离了这个组织。1948 年，他利用美国宪法第五修正案保护了自己，免于"自证其罪"。不到一年，他又被传唤至大陪审团面前，并且再次利用第五修正案进行辩护。1949 年 11 月，玻姆被捕，遭到了蔑视法庭的指控，并被短暂羁押直到保释。在此期间，普林斯顿大学方面由于担心因玻姆事件而失去那些富有捐赠者的支持，停了玻姆的职。虽然玻姆在 1950 年 6 月的公开审理中被判无罪释放，但普林斯顿大学还是决定一次性付清玻姆剩余合同年限对应的工资，条件是玻姆再也不能步入这所大学。就这样，玻姆进入了黑名单，没法在美国找到任何学术职位。为此，爱因斯坦认真地考虑起了是否要聘请玻姆做自己的研究助手。奥本海默反对这个提议，并且同其他人一样建议自己的这个学生离开美国。1951 年 10 月，玻姆启程前往巴西，准备在圣保罗大学就职。

玻姆抵达巴西后没几周，美国大使馆就因为担心他的最终目的地是苏联而没收了他的护照，并且重发了一张只在前往美国时有效的护照。因为担心在南美流亡会让自己脱离国际物理学圈子，玻姆拿到了巴西国籍以规避美国方面的旅行禁令。视线转回美国，奥本海默此时面临着一场听证会。克劳斯·富克斯这名奥本海默亲自选入原子弹研发计划的物理学家被查明是苏联间谍，这更是让奥本海默压力陡增。爱因斯坦建议他索性豁出去，告诉委员会他们是一群蠢货，然后回家。奥本海默没有这么做，但1954年春天举行的另一场听证会取消了对他的忠诚调查。

1955年，玻姆离开了巴西，去以色列海法理工学院待了两年，之后又去了英国。在布里斯托尔大学待了4年后，玻姆被聘为伦敦大学伯克贝克学院理论物理学教授，从此便在伦敦定居。在普林斯顿那段麻烦不断的日子里，玻姆基本上都致力于研究量子力学的结构和诠释问题。1951年2月，他出版了《量子理论》一书，这是最早一批详细介绍量子力学诠释和EPR思想实验的教科书之一。

爱因斯坦、波多尔斯基和罗森构建的这个思想实验涉及一对相关粒子A和B，它们之间相隔甚远，因而应该不可能发生物理层面上的相互作用。EPR三人认为，测量粒子A不可能对粒子B造成物理扰动。他们认为，既然任何测量都只能对其中一枚粒子产生作用，这就推翻了玻尔的反击——测量行为会引起"物理扰动"。他们辩称，既然两枚粒子的属性存在相关关系，那么测量粒子A的一种属性（比如位置），就可能在不干扰粒子B的前提下知晓它的相应属性。EPR的目标是证明粒子B拥有独立于测量的属性，而这是量子力学无法描述的，因而这个理论并不完备。玻尔则从未如此简洁地反驳道，这对粒子处于纠缠状态，无论相隔多远，它们都形成了一个单一系统。因此，只要你测量了其中一个，也就相当于测量了另一个。

　　"如果他们的论断得到证实，"玻姆写道，"就会促使人们寻找更完备的理论。那种理论或许包含着像隐变量这样的东西，而现在的量子理论则会变成一种在限制条件下才有效的理论。"[6] 不过，他还总结说："量子理论与因果隐变量的假设存在矛盾。"[7] 玻姆本来是站在主流的哥本哈根立场上看待量子理论。然而，在撰写那本书的过程中，玻姆对玻尔的解释也不满意了，即便他赞同其他人对 EPR 论断的反驳："（EPR 的观点）没有得到证实，而且其基础是有关物质本质的假设，这些假设从一开始就和量子理论存在内在抵触。"[8]

　　正是 EPR 实验的微妙之处，以及玻姆逐渐意识到该实验的构建基础是一种合理假设，让他走上了质疑哥本哈根诠释之路。作为一位青年物理学家，在同时代学者都忙着利用量子理论建功立业的时候，玻姆冒着断送职业生涯的风险拨弄这团即将彻底熄灭的火堆余烬，无疑是一种勇敢的举动。不过，在他出现在众议院非美活动调查委员会面前，同时被普林斯顿大学停职之后，玻姆就已经是个上了黑名单的人物了，他几乎没什么可失去的。

　　玻姆送了一本《量子理论》给爱因斯坦，并且同这位普林斯顿最知名的居民讨论了自己的保留意见。爱因斯坦鼓励他更细致地检验哥本哈根诠释，玻姆经过一番努力后，在 1952 年 1 月正式发表了两篇论文。在其中的第一篇论文中，玻姆"为数场颇具启发意义的有趣讨论"公开感谢了爱因斯坦。[9] 那个时候，玻姆已经身在巴西了，但早在 1951 年 7 月（正好是他的《量子理论》一书出版 4 个月后）他就写完了这两篇论文并且寄给了《物理学评论》。玻姆完成了保罗式的转变，只不过不是在去大马士革的路上，而是在哥本哈根诠释的研究之路上。①

玻姆在这两篇论文中概述了对量子理论的另一种诠释，并且提出："仅是这类诠释的存在可能就足以证明，我们没有必要放弃准确、合理、客观描述量子精确度层面上个体系统的愿景。"[10] 玻姆诠释不仅能推导出量子力学预言，而且其实是德布罗意导航波模型的升级版（由于在 1927 年索尔维会议上受到了猛烈批评，这位法国贵族早已抛弃了自己的这个量子理论诠释），它在数学上更为精致，自洽程度也更高。

在量子力学中，波函数是一种抽象的概率波；而在导航波理论中，波函数是一种引导粒子的真实物理波。就像洋流能载着游泳的人或者船只前进一样，导航波能产生一种引导粒子运动的涡流。按照导航波理论及玻姆诠释，在任意给定时刻，粒子的运动轨迹都由它拥有的精确位置和速度完全确定，只不过不确定性原理把这两个量的精确值"藏"了起来，所以实验者没法同时精确测量这两个量。

一读完玻姆的这两篇论文，贝尔就说，他"看到不可能之事已被做到"。[11] 和几乎所有人一样，他本来也认为玻姆提出的哥本哈根诠释替代方案之前就已因被视为不可能而排除。贝尔问道，为什么此前从没有人告诉他有关导航波理论的事："教科书里为什么忽略了导航波模型？难道不应该教授这方面的内容？当然不必把它当作唯一的量子理论诠释，但难道它不能充当如今普遍存在之自满情绪的矫正？把两种诠释放在一起介绍，难道不能证明量子力学的

---

① 这里化用了一个《新约》中的故事，即"保罗改宗"：使徒保罗在前往大马士革的路上改信了基督教。——译者注

模糊性、主观性、非决定论性并非实验事实强加给我们的，而是深思熟虑之后的理论选择？"[12] 这些问题的一部分答案由出生于匈牙利的传奇数学家约翰·冯·诺伊曼给出。

冯·诺伊曼是家里的长子，下面还有两个弟弟，他的父亲是一位犹太银行家。冯·诺伊曼是个数学奇才，18 岁就发表了第一篇论文，当时他还只是布达佩斯大学的学生。不过，他大部分时间都在德国的柏林大学和哥廷根大学学习，回布达佩斯大学只是为了考试。1923 年，冯·诺伊曼进入苏黎世联邦理工学院主修化学工程学，因为父亲坚持认为他应该学习一些更加实用的东西，而非虚无缥缈的数学。从苏黎世联邦理工学院毕业后，冯·诺伊曼很快就在布达佩斯大学拿到了博士学位，并且在 1927 年当上了柏林大学的编外讲师。当时 23 岁的他也因此成了这所大学历史上最年轻的编外讲师。三年后，冯·诺伊曼开始在普林斯顿大学教学，并且在 1933 年成为普林斯顿高等研究院教授、爱因斯坦的同事。此后，冯·诺伊曼没有任何工作上的变动，在普林斯顿高等研究院终老。

就在一年前，也就是 1932 年，当时 28 岁的冯·诺伊曼撰写了一本名为《量子力学的数学基础》的书。[13] 这部作品后来成了量子物理学家的《圣经》。冯·诺伊曼在书中问道，是否可以通过引入隐变量（和寻常变量不同，隐变量无法由测量得到，因而不受不确定性原理的限制）将量子力学重新构建为一种决定性的理论？他提出："对于量子世界的基本过程，如果可能存在除了统计描述之外的另一种描述，那么客观上说，量子力学的现有体系必然是错误的。"[14] 换句话说，针对前面那个问题，冯·诺伊曼自己的答案是否定的。他还在书中从数学角度证明了这种引入隐变量的方法不可行，而玻姆 20 年后采用的正是这种方法。

隐变量方法历史悠久。自 17 世纪以来，像罗伯特·玻义耳这样的科学家就研究了气体在压强、体积和温度变化时体现的各种性质，并由此发现了气体定律。玻义耳发现的定律描述了气体体积和压强之间的关系。他确定，如果将一定量的气体保持在固定温度下，那么当气体压强翻倍时，它的体积就会减半。如果压强变为原来的 3 倍，体积就会变成原来的 1/3。也就是说，在温度固定的情况下，气体体积与压强呈反比。

不过，直到路德维希·玻尔兹曼和詹姆斯·克拉克·麦克斯韦在 19 世纪建立了分子运动论，这些气体定律才得到了正确的物理学解释。"物质（尤其是以气体形式存在的那些物质）的这么多性质，都能从这样一种假说中推导出来：这些物质的各个微小组分都在随机运动，而且速度随温度升高而变快，"麦克斯韦在 1860 年写道，"于是，这种运动的确切性质就自然成了大家好奇的课题。" [15] 这促使他得到结论："理想气体压强、温度与密度之间的关系可以这样解释：把气体分子看成以固定速度沿直线运动的粒子，它们不断撞击容器壁，由此产生压强。" [16] 连续运动的分子无规律地互相碰撞，并撞击盛放气体的容器壁，于是产生了气体定律表达的压强、温度和体积之间的关系。这种分子就可以被看作能够解释宏观气体属性（能被观测到）的微观"隐变量"（不能被观测到）。

1905 年，爱因斯坦对布朗运动的解释也是隐变量的一个例子，其中的隐变量就是花粉颗粒悬浮其中的流体分子。在爱因斯坦指出花粉颗粒的无规则运动源于它与这些虽看不到但真实存在的分子之间的撞击时，这个令大家困惑许久的现象立刻就豁然开朗了。

在量子力学中引入隐变量的想法，始于爱因斯坦认为这个理论尚不完备的论断。之所以会出现这种不完备的情况，或许是因为我们没能掌握更深层的现实。这个以隐变量形式（可能是隐藏的粒子、力或者一些全新的东西）存在且未被我们发现的缝隙，将恢复独立于观测存在的客观现实。在隐变量的帮助下，我们终将证明，那些目前在某种层面上表现出概率性的现象本质仍是决定论的，而粒子也总是拥有确定的速度和位置。

　　由于冯·诺伊曼是当时公认的最伟大的数学家之一，大多数物理学家都只是简单地接受了他不能将隐变量引入量子力学的论断，而没有"自寻烦恼"地加以证明。对他们来说，仅仅提到"冯·诺伊曼"和"证明"这两个词就已经足够了。然而，冯·诺伊曼本人也承认，量子力学的确有可能是错的，尽管这种可能性非常小。"虽然量子力学的确与各种实验结果相当吻合，并且确实为我们打开了全新的世界，但你永远不能说它已经得到经验证实，只能说它是目前已知对各类经验最好的总结。"[17]冯·诺伊曼这样写道。然而，即便有这样的警示之语，绝大多数人仍旧认为他的证明神圣不可侵犯。几乎所有人都误读了冯·诺伊曼的数学证明，误以为这意味着没有任何隐变量理论可以推导出与量子力学一样的实验结果。

　　玻姆在分析冯·诺伊曼的论证过程时，认为这里面存在错误，但又无法准确地定位缺陷所在。不过，在受到爱因斯坦的鼓励之后，玻姆开始尝试构建大家认为不可能奏效的隐变量理论。后来，正是贝尔证明了冯·诺伊曼用到的一个假设并没有根据，并由此推翻了后者的"不可能性"证明。

*

　　1928 年 7 月，约翰·斯图尔特·贝尔出生于贝尔法斯特，家族长辈都是木匠、铁匠、农场工人、劳工和马贩。"我父母比较贫困，但非常诚实，"贝尔曾说，[18] "他俩都来自八九个人组成的大家庭，这是当时爱尔兰劳动阶级家庭的普遍状况。"由于父亲的工作并不稳定，贝尔的童年与那些出身是中产阶级的量子先驱的舒适生活相去甚远。不过，酷爱读书的贝尔在刚刚 10 岁的时候就已经得到了"教授"的昵称，那时候，他甚至还没告诉家里人他想当科学家。

贝尔还有一个姐姐和两个弟弟。虽然他们的母亲相信，良好的教育是通向孩子们光明未来之路，但贝尔是家里唯一一个上了中学的孩子，那年他 11 岁。这并不是因为贝尔的姐姐弟弟能力不足，只是因为这样一个连收支平衡都总成问题的家庭实在拿不出学费。万幸的是，家里还是拿出了一小笔钱，供贝尔进入贝尔法斯特技术高中就读。虽然这所学校不像贝尔法斯特其他几所学校那么有名，但它安排的课程结合了理论与实践，这很适合贝尔。1944 年，贝尔拿到了在家乡小镇的女王大学就读的资格。

由于贝尔法斯特女王大学的最小就读年龄是 17 岁，而且父母无力支付大学费用，当时 16 岁的贝尔只能开始找工作。他很意外地找到了一个女王大学物理学系实验室助理技术员的职位。没过多久，贝尔的能力就得到了两名资深物理学家的认可，他们允许贝尔在完成实验室的本职工作后随时旁听大学第一年的课程。热情与显而易见的天赋为他赢得了一小笔奖学金，再加上工作攒下的钱，意味着贝尔在结束了为期一年的助理技术员工作后就读女王大学时，就是个完完全全的物理系学生了。自己和父母的诸多牺牲成了贝尔的前进动力，他全身心地扑在了学业上。事实证明，贝尔是个非常优秀的学生。他在 1948 年就拿到了实验物理学学位，一年后又拿到了数学物理学学位。

　　贝尔承认："长期依靠父母令自己的良心不安，觉得自己应该尽早找到一份工作。"[19] 凭借两个学位和极为出色的推荐信，贝尔得到了为英国原子能研究机构工作的机会，于是搬去了英格兰。1954 年，贝尔娶了物理学家同事——玛丽·罗斯。1960 年，已经在伯明翰大学拿到了博士学位的贝尔和妻子一起搬去了瑞士日内瓦附近的欧洲核子研究中心（CERN）。日后将以量子理论学家的身份而声名大噪的贝尔，当时的工作是设计粒子加速器。他骄傲地称自己为量子工程师。

　　贝尔第一次看到冯·诺伊曼的证明是在 1949 年，也就是他在贝尔法斯特求学的最后一年。当时，他正在读马克斯·玻恩的新书《关于因果和机遇的自然哲学》。"竟然有人（冯·诺伊曼）真的证明了不能将量子力学解释为某种统计力学，这给我留下了深刻的印象。"他后来回忆说。[20] 不过，贝尔并没有阅读冯·诺伊曼的原著，因为那是用他不懂的德语写的。于是，他接受了玻恩的观点，认为冯·诺伊曼的证明是完善且可靠的。按照玻恩的说法，冯·诺伊曼从一些"貌似非常合理且普遍"的假定出发推导出了量子力学，这样一来，"量子力学的形式就由这些公理唯一确定"了，即冯·诺伊曼把量子力学构建在了公理基础上。[21] 玻恩还说，特别值得注意的一点是，这意味着"没有任何能将非决定性描述变成决定性描述的隐藏变量可以引入量子力学"。[22] 玻恩含蓄地站在了支持哥本哈根诠释的这一边，因为"如果未来某个理论应该是决定性的，那么它不可能是现有理论的修正，只能是一种在本质上全然不同的理论"。[23] 玻恩的言下之意是，量子力学是一种完备理论，因为它不可能被修正。

　　冯·诺伊曼的那本书要到 1955 年才有英文版本，但贝尔在那之前就读了玻姆关于隐变量的论文。"我在玻姆的论文中看到，冯·诺伊曼一定是哪里搞错了。"他后来说。[24] 然而，泡利和海森堡给玻姆的隐变量方案贴上了"形而上""理想化"的标签。[25] 大家对冯·诺伊曼不可能性证明的欣然接受只向贝尔证明了一件事，那就是"缺乏想象力"。[26] 不过，这让玻尔和哥本哈根诠释的支持者巩固了地位，即便他们中有一部分人也怀疑冯·诺伊曼是不是错了。虽然泡利后来反驳了玻姆的工作，但他在自己早先出版的波动力学讲座集中写道："目前还没有出现任何能够证明不可能拓展理论（用隐变量完善量子理论）的证据。"[27]

就这样，在 25 年的时光中，冯·诺伊曼的权威让大家始终认为，隐变量理论不可能奏效。然而，如果真能构建出这样一种理论，使它能够推导出与量子力学相同的预言，物理学家就完全没有理由一味地支持哥本哈根诠释了。等到玻姆证明这样一种替代方案确实可能的时候，哥本哈根诠释作为量子力学唯一诠释的地位已经如此根深蒂固，因而玻姆的方案只能被攻击或忽略。连起初鼓励玻姆的爱因斯坦也反对隐变量理论，认为这"太廉价"了。[28]

"我认为，他不仅想要重新审视量子现象，而且在他眼中，这种再发现的意义一定要比玻姆的隐变量深刻得多，"贝尔在试着理解爱因斯坦当时的反应时如是说，[29] "只是引入几个变量，然后除了诠释本身之外，一切都保持不变，这个想法一定令他很失望，因为这不过是对寻常量子力学的细微补充而已。"贝尔确信爱因斯坦希望看到的是一些可以与能量守恒定律相提并论的全新原理。而玻姆拿出的仍是一种"非定域性"诠释，仍旧要求所谓量子力学力的瞬时作用。玻姆这个替代方案给大家带来的惊恐还不止这些。贝尔阐述道："举个例子，任何人在宇宙中的任何一个角落移动了一块磁铁，基本粒子的运动轨迹就会瞬间发生改变。"[30]

　　1964 年，贝尔暂时离开了欧洲核子研究中心，抛开设计粒子加速器的日常工作，开始了为期一年的休假。正是在那个假期里，他终于找到时间进入爱因斯坦与玻尔之争。贝尔决定查明，非定域性到底是玻姆模型独有的特征，还是所有旨在再现量子力学结果的隐变量理论共有的特性。"我当然知道，爱因斯坦–波多尔斯基–罗森的设定很关键，因为正是这种设定引出了相距甚远的粒子之间的相关性，"他解释说，"他们在论文结尾处称，如果你通过某种方式完善了量子力学诠释，就会发现非定域性只是表面现象。更为基础的理论必然符合定域性。"[31]

　　为了保留定域性，贝尔开始尝试构建一种"定域性"的隐变量理论。在这样一种理论中，如果某个事件是另一个事件的起因，就必须有充足的时间让信号以光速在这两个事件之间传递。"我尝试的所有方法都没能奏效，"他后来说，"我开始感到这个目标很有可能无法达成。"[32] 正是在尝试消除被爱因斯坦斥为"幽灵般的超距作用"（瞬间从某个地点传送到另一个地点的非定域性影响）的过程中，贝尔推导出了他的著名定理。[33]

　　1951 年，玻姆也设计了一个 EPR 思想实验，这个版本要比爱因斯坦等人的简单一些。贝尔对量子理论诠释的研究正是从玻姆的这个思想实验开始的。爱因斯坦、波多尔斯基和罗森在思想实验中用到了粒子的两种属性——位置和动量，而玻姆只用到了一种属性，那就是量子自旋。1925 年，年轻的荷兰物理学家乔治·乌伦贝克和萨穆埃尔·古德斯密特首次提出了粒子的量子自旋概念，这个概念在经典物理学中没有对应物。电子只有两种可能的自旋状态："向上"和"向下"。玻姆改编的 EPR 实验涉及一个自旋为零的粒子，这个粒子会破裂形成两个电子A和B。既然这两个电子的整体自旋必然始终是零，那么它们各自的自旋状态必然是一个向上，另一个向下。[34] 让A和B反向运动，直到它们之间的距离远到不可能发生任何物理相互作用，接着再用一个自旋探测器同时（严格意义上的同时）测量电子A和B的量子自旋。同时测量这样一对电子得到的结果之间的相关性，令贝尔很感兴趣。

电子的量子自旋可以独立地沿三个互成直角的方向（分别用x，y和z来表示）中的任何一个测量。[35] 这三个方向其实就是日常生活中所有事物在其中运动的普通三维方向：左右（x）、上下（y）和前后（z）。把自旋探测器放在电子A的运动路径上，沿x方向测量其自旋，结果要么是"向上"，要么是"向下"。这两个结果出现的概率是50%对50%，和抛硬币出现正面向上或反面向上的概率一模一样。在这两种情况中，具体出现何种结果完全随机。不过，和反复抛硬币一样，如果我们一遍又一遍地重复玻姆设计的这个实验，那么我们就会发现，粒子A在一半的测量结果中自旋向上，另一半测量结果中自旋向下。

与同时抛两枚硬币不同（每一枚硬币都可以正面向上或反面向上），一旦测得电子A的自旋为向上，沿相同方向同时测量电子B得到的结果就一定是自旋向下。这两个测量结果之间存在一种完美的对应关系。贝尔随后尝试证明这类相关性并无任何特别之处："随便找一个从没学习过量子力学的哲学家，告诉他爱因斯坦-波多尔斯基-罗森实验中的相关性，这不会给他留下任何特别印象。他可以举出许多日常生活中的例子，也能体现这类相关性。这方面最常提到的例子是伯特尔曼的袜子。伯特尔曼博士喜欢穿两只颜色不一样的袜子，具体哪天哪只脚上穿哪种颜色的袜子完全不可预测。不过，一旦你看到他一只脚上穿着粉色的袜子，就可以确定另一只脚上的袜子一定不是粉色的。对第一只袜子进行观测，结合伯特尔曼的经验，就可以立即知道有关第二只袜子的信息。个人习惯问题没有什么好说的，但除此之外，这个例子中没有任何神秘之处。EPR 思想实验难道不是同一种情况吗？"[36] 就像伯特尔曼袜子的颜色一样，由于母粒子的自旋是零，一旦沿着任一方向测得电子 A 的自旋向上，那么同一方向上电子 B 的自旋肯定是向下。

按照玻尔的理论，无论沿着哪个方向测量，只要测量操作还没展开，那么无论是电子 A 还是电子 B，预先都没有自旋。贝尔说："这就像是我们否定了伯特尔曼袜子的现实性一样，至少是否定了其颜色的现实性；换句话说，只要我们不去看，那么他脚上的两只袜子都没有颜色。"[37] 相反，在我们观测电子之前，它们其实以一种幽灵般的叠加态存在，即它们同时具有向上和向下两种状态。由于这两个电子处于纠缠状态，有关它们自旋状态的信息可以由类似这样的波函数给出：$\psi =$（A 自旋向上且 B 自旋向下）+（A 自旋向下且 B 自旋向上）。电子 A 没有 x 方向上的自旋，直到我们对其展开的测量导致描述系统 A 和 B 的波函数坍缩，接着，A 在 x 方向上的自旋就变成了要么向上，要么向下。在系统波函数坍缩的那一刻，这个纠缠电子对的另一半 B 就获得了同一方向上相反的自旋，哪怕它远在宇宙的另一侧。因此，玻尔的哥本哈根诠释是非定域的。

爱因斯坦会这么解释这两个电子的相关性：无论是否测量，两个电子在 x，y 和 z 三个方向上都有确定的量子自旋值。贝尔说，在爱因斯坦看来，"这样的关联恰恰证明了，量子理论物理学家草率地忽视了微观世界的现实性"。[38] 量子力学无法解释电子对本就存在的自旋状态，这让爱因斯坦得出结论：量子力学不完备。他并不怀疑这个理论的正确性，只是认为它并没有完整地描绘量子层面上的物理实在。

爱因斯坦信奉"定域现实主义"：任何粒子都不可能受到遥远事件的瞬时影响，它们的属性独立于任何测量而客观存在。遗憾的是，玻姆对原版EPR实验聪明的改动并没有明确区分爱因斯坦和玻尔的立场。两人的理论都可以解释这个实验的结果。贝尔的天才之举是，通过改变两个自旋探测器的相对方向，打破了玻姆实验的僵局。

如果我们平行安放分别测量电子A和电子B的两个自旋探测器，那么这两组测量数据之间存在100%的相关性——无论何时其中某个探测器测量到了自旋向上的状态，另一个就一定会记录下自旋向下的状态，反之亦然。如果稍稍转动一下其中一个探测器，它们就不再完美平行了。现在，如果测量许多纠缠电子对的自选状态，当我们发现电子A自旋向上时，对电子B的相应测量有时也会得到自旋向上的结果。两个探测器的摆放位置偏离完美平行状态的角度越大，两者测量结果之间的相关性就越小。如果两个探测器的摆放位置互成直角且我们多次重复这个实验，那么当我们测得A在x方向上的自旋状态为向上时，只会在一半的测量结果中发现B的自旋状态为向下。如果两个探测器成180度方向放置，那么测量电子对的结果会完全呈反相关关系。即如果测得A的自旋状态为向上，那么测量得到的B的自旋状态也为向上。

虽然这只是一个思想实验，但按照量子力学的预言，我们确实可能准确计算出两个探测器成给定角度时两电子自旋状态测量结果之间的相关度。然而，运用保留定域性的原始隐变量理论就不可能做类似计算。这样一种理论只能预言，A 和 B 的自旋状态并非完美匹配。不过，这还不足以说明量子力学与符合定域性的隐变量理论孰优孰劣。

贝尔知道，任何发现自旋相关性与量子力学预言相符的真实实验都容易引起争议。毕竟，未来可能会有人提出一种同样能准确预言探测器成不同角度时自旋相关性的隐变量理论。接着，贝尔做出了一项令人惊叹的发现。安置好两个自旋探测器后测量电子对之间的相关性，再让自旋探测器的摆放位置成不同角度重复实验，就可能确定量子力学预言与任何定域性隐变量理论预言的优劣。

这样一来，贝尔就能根据任何定域性隐变量理论预言的个体结果，计算出探测器成各种角度时电子对的所有相关性。由于在这样一种理论中，其中任何一个探测器的测量结果都不会受到另一个的影响，就可能区分隐变量理论和量子力学。

借助玻姆的修正版 EPR 实验，贝尔就能计算出纠缠电子对自旋相关度受到的限制。他发现，如果量子力学确实是更适合难以捉摸的量子领域的理论，那么相比其他任何依赖于隐变量和定域性的世界，在这里纠缠电子对的自旋相关度会更高。贝尔定理表明，没有任何隐变量理论可以产生与量子力学相当的相关性。所有的定域性隐变量理论都只能产生数值在 –2 到 +2 之间的自旋相关度，这个数值被称为相关系数。然而，对于成确定角度的两个自旋探测器，量子力学预言的相关系数超出了"贝尔不等式"所在的 –2 到 +2 范围。[39]

虽然一头红发、蓄着络腮胡的贝尔本人很难让人忘记，但他提出的意义重大的贝尔定理被绝大多数人忽视了。这并不奇怪，因为在 1964 年，大家最关心的物理学期刊是美国物理学会主办的

《物理学评论》。对贝尔来说，问题在于《物理学评论》是要收费的，而且一般来说，一旦论文被接受，支付费用的会是作者所在的大学。而当时的贝尔只是加州斯坦福大学的访问学者，他不想让大学方面为他支付这笔费用，觉得这是滥用后者的善意。于是，他的这篇总共 6 页、以《论爱因斯坦–波多尔斯基–罗森悖论》为题的论文最后发表在了期刊《物理学》（*Physics*）的第三期上。这份短命的刊物很少有人看，还会向作者支付稿酬。[40]

实际上，这是贝尔在他休假的那一年中撰写的第二篇论文。第一篇论文重新审视了冯·诺伊曼等人关于"量子力学不允许隐变量诠释存在"的论断。[41]遗憾的是，由于期刊《现代物理评论》的错误归类，再加上编辑信件的遗失，这篇论文的发表时间一推再推，最后到1966年7月才正式发表。贝尔写道，这篇论文针对的是那些"认为'冯·诺伊曼早已从数学角度证明不可能将隐变量引入量子理论，因而所有与这类隐变量存在与否相关的问题都已板上钉钉'的人"。[42]他还进一步一劳永逸地证明了冯·诺伊曼的证明存在错误。

如果科学理论与实验事实之间存在矛盾，那么这个理论要么需要修正，要么就得被摒弃。不过，量子力学经受住了每一项测试的考验，该理论与实验之间不存在任何矛盾。因此，绝大多数贝尔的同行（无论资历深浅）都认为，爱因斯坦与玻尔在量子力学正确诠释问题上的争论更多的是哲学问题，而非物理学问题。他们秉持的观点和泡利在 1954 年给玻恩写的一封信中表达的看法一致："我们完全无从知晓的事物是否始终存在？这个问题就和以前人们思考针尖上究竟坐着多少天使一样。我们不该耗费过多脑力在这种问题上。"[43]在泡利看来，爱因斯坦在批评哥本哈根诠释的过程中"提出的问题最后总是会变成这个样子"。[44]

　　贝尔定理改变了这一切。它让爱因斯坦倡导的定域性现实（量子世界独立于观测存在，而且物理效应不能以超过光速的速度传播）得以和玻尔的哥本哈根诠释一同接受检验。贝尔将爱因斯坦与玻尔之争带入了实验哲学这个全新的角斗场。如果贝尔不等式成立，那么爱因斯坦关于量子力学不完备的论点是正确的。如果贝尔不等式被证否，那么玻尔将成为最后的胜利者。贝尔定理的出现，意味着再也没有思想实验的事了，爱因斯坦与玻尔之争已经进入了实验室阶段。

*

　　正是贝尔率先向实验物理学家提出挑战，要求他们检验自己的不等式。贝尔在 1964 年写道："不用什么想象力，就能设想真正通过测量检验这个不等式时的场景。"[45] 然而，就和一个世纪前古斯塔夫·基尔霍夫设想的黑体一样，理论物理学家"设想"一个实验，总是要比他们从事实验工作的同行实现这个设想来得简单。5 年后的 1969 年，贝尔才收到了来自加州大学伯克利分校一位青年物理学家的信。当时 26 岁的约翰·克劳泽在信中解释说，他和同事们已经设计出了一个可以检验贝尔不等式的实验。

　　两年前，克劳泽还是纽约哥伦比亚大学博士生的时候第一次看到了贝尔不等式。他确信这是个值得检验的理论，便去找了指导他的教授，并且直言不讳地说："没有哪个正儿八经的实验物理学家会真正尝试相关测量。"[46] 由于几乎"所有人都把量子理论和哥本哈根诠释当作《圣经》"，对贝尔不等式有这种反应也不奇怪，克劳泽后来写道："并且，他们完全不愿意对这个理论的基础提出哪怕一丝一毫的质疑。"[47]不过，1969年夏天，克劳泽在迈克尔·霍恩、阿布纳·西蒙尼和理查德·霍尔特的帮助下设计出了一个检验贝尔不等式的实验。需要通过4个步骤微调贝尔不等式，使其能在真实实验室而非大脑中配备完美仪器的假想实验室中接受检验。

克劳泽在寻找博士后岗位的时候来到了加州大学伯克利分校，并且被迫接受了一份做射电天文学研究的工作。幸运的是，他在向新老板解释了自己真正想做的实验之后，后者允许他花一半的时间在这个项目上。此外，克劳泽找到了一个志愿加入的研究生斯图尔特·弗里德曼。在这个实验中，克劳泽和弗里德曼并没有使用电子对，而是使用了具有相关关系的光子对。之所以可以用光子代替电子，是因为光子具有一种叫作偏振的属性，就检验贝尔不等式的目标来说，偏振就可以充当量子自旋的角色。虽然只是简化方案，但我们确实可以视为光子具有"向上"偏振或"向下"偏振两种状态。和电子及自旋实验一样，如果沿x方向测得一个光子的偏振方向为"向上"，那么对另一个光子的测量结果必然是"向下"，因为这对光子的整体偏振必须始终是零。

用光子对代替电子对，是因为在实验室条件下更容易制造光子，考虑到这个实验需要测量大量粒子对，这种替换就显得尤为必要。直到1972年，克劳泽和弗里德曼才做好了检验贝尔不等式的一切准备。他们先是加热了钙原子，直到它获取的能量足以让一个电子从基态跃迁到更高能级。此后，电子会分两步跃迁回基态，并释放出一对纠缠光子，一个标为"绿"，另一个标为"蓝"。克劳泽和弗里德曼让这两个光子反向运动，直到探测器同时测量到它们的偏振状态。在第一组测量中，两个探测器的位置夹角设定为22.5

度；在调成 67.5 度后，开始第二组测量。进行了总长 200 个小时的测量之后，克劳泽和弗里德曼发现，光子的相关度与贝尔不等式存在矛盾。

这个结果支持玻尔对量子力学的哥本哈根诠释，即存在"幽灵般的超距作用"这种非定域性物理作用，当然也就反驳了爱因斯坦支持的定域性现实。不过，对这一实验结果的有效性，存在比较大的保留意见。1972—1977 年，不同实验团队共 9 次各自独立地检验了贝尔不等式，其中只有 7 次的结果违背了这个不等式。[48] 由于各次实验结果并不统一，大家对实验的准确性产生了疑虑。有一个问题是，探测器不够高效，只能测量到实验产生的全部光子对中的一小部分。没人知道这究竟会给测得的相关度带来什么影响。在最终断言贝尔定理敲响了哪个理论的丧钟之前，还需要填补其他一些漏洞。

在克劳泽等人忙着设计并开展实验时，一个在非洲做志愿者的法国物理学研究生利用闲暇时间读完了所有有关量子力学的作品。这个名叫阿兰·阿斯佩的研究生正是在钻研一本颇有影响力的法语量子力学教材时，第一次遇到了 EPR 思想实验，并就此着迷。读完贝尔具有开创性的论文后，阿斯佩开始思考如何严格检验贝尔不等式。1974 年，阿斯佩在喀麦隆待了 3 年后回到了法国。

在奥尔赛巴黎第十一大学光学技术应用研究所的地下实验室里，这个当时 27 岁的年轻人开始实现自己在非洲时就萌生的梦想。"你有永久职位吗？"阿斯佩前往日内瓦拜访贝尔时，后者问道。[49] 阿斯佩解释说，自己还只是一名博士研究生。"你一定是个非常有勇气的研究生。"贝尔这样回答他。[50] 贝尔担心的是，这位年轻的法国人会因为尝试这么困难的实验而毁了自己未来的前程。

虽然最后花费的时间比阿斯佩起初想象的长，但在1981—1982年，他和合作者们运用包括激光和计算机在内的最新技术，开展了检验贝尔不等式的精密实验——不只是一种实验，而是三种。和克劳泽的实验一样，在单个钙原子同时发射出诸多纠缠光子对后，阿斯佩测量了它们反向运动时的偏振相关度。不过，在阿斯佩的实验中，生产和测量光子对的速度都要比克劳泽实验快上数倍。阿斯佩称，他的实验产生的结果是"迄今为止与贝尔不等式矛盾程度最深的，并且与量子力学完美契合"。[51]

阿斯佩在1983年拿到了博士学位，当时的主审官之一就是贝尔。不过，阿斯佩实验的结果仍存在一些疑问。既然量子实在本质的问题悬而未决，每一个可能的漏洞就都必须被认真对待——无论它有多么不可能。例如，两个探测器可能会以某种方式互相发送信号。于是，后来的实验会在光子飞行途中随机改变两个探测器的方向，这样就消除了前述可能。虽然阿斯佩实验还称不上一锤定音，但随后几年中的修正版实验以及其他方面的研究证实了阿斯佩最早得到的实验结果。虽然尚未出现完全没有漏洞的实验，但大部分物理学家都接受了贝尔不等式不成立的观点。

贝尔仅从两个假设出发就推导出了这个不等式。第一个假设是，独立于观测者的现实客观存在。这个假设翻译到具体实验情境中就是，粒子在接受测量前就拥有像自旋这样的确定属性。第二个假设是，保留定域性。不存在任何传播速度比光还快的物理作用，因此，在某个地方发生的事件不可能瞬时影响到其他地方的事件。阿斯佩的实验结果意味着，必须放弃这两个假设中的至少一个，但究竟要放弃哪一个？贝尔本人准备放弃定域性。"大家都会喜欢现实主义世界观，也都喜欢在世界确实客观存在（哪怕未被观测）的前提下讨论问题。"他说。[52]

1990 年 10 月，贝尔因脑出血去世，享年 62 岁。他确信，"当前的量子理论只是权宜之计"，最终会被更好的理论替代。[53] 不过，他也承认，实验表明"爱因斯坦的世界观站不住脚"。[54] 贝尔定理敲响了爱因斯坦世界观和定域性现实的丧钟。

第 15 章

量子恶魔

"我思考量子问题的时间百倍于思考广义相对论的时间。"爱因斯坦曾经承认。[1] 玻尔在尝试理解量子力学对原子世界的阐述时放弃了客观现实的存在。在爱因斯坦看来，这一点就确定无疑地表明了，这个理论至多只是反映了部分事实。玻尔坚持认为，在实验（测量行为）结果之外，不存在任何量子实在。"这个观点在逻辑上的确可能，不存在矛盾，"爱因斯坦妥协说，"但这严重违背了我的科学直觉，所以我不会放弃对更完备概念的追寻。"[2] 他仍旧"相信可能得到一种能够表征事件本身，而不只是事件发生概率的现实模型"。[3] 然而，爱因斯坦到最后都没能驳倒玻尔的哥本哈根诠释。"谈起相对论，他超然物外；谈起量子理论，他充满热情，"在普林斯顿结识爱因斯坦的亚伯拉罕·佩斯回忆说，[4] "量子就是他的恶魔。"

*

"我认为，称没有人理解量子力学，应该是一种稳妥的说法。"

爱因斯坦去世 10 年后的 1965 年，诺贝尔奖得主、美国著名物理学家理查德·费曼如是说。[5] 随着哥本哈根诠释作为正统量子理论的地位越发牢固，一如罗马颁布的教令，大多数物理学家都赞成费曼的观点。"如果可以避免，就不要一直问自己'怎么会是这样？'"费曼警告说，[6]"没人知道为什么会是这样。"爱因斯坦从不觉得事实会是这样，但如果他看到了贝尔定理以及否定了定域性现实的那些实验，又会怎么想？

爱因斯坦物理学的核心是他这个坚定不移的信念：现实独立于观测存在，现实"就在那儿"。"月亮是否只有在你看它的时候才存在？"为了突出抛弃客观现实的荒谬，他这样问亚伯拉罕·佩斯。[7] 爱因斯坦设想的现实符合定域性，而且受到因果律的限制，而发现这种因果律正是物理学家的职责所在。"如果抛弃这个假设：宇宙各处的事物都是独立、真实的存在，"爱因斯坦在 1948 年对马克斯·玻恩说，"那么，我完全看不到物理学要描述的到底是什么。"[8] 爱因斯坦信奉现实主义、因果律和定域性。如果一定要他牺牲其中一个，那么他会怎么抉择呢？

"上帝不会掷骰子。"爱因斯坦经常这么说，而且这句话确实令人印象深刻。[9] 和今天的所有广告文案撰稿人一样，爱因斯坦知道一句令人难忘的广告语有多么重要。不过，这只是他谴责哥本根诠释的时髦之语，并不是他科学观的基石。即便是像玻恩这样与他相识近半个世纪的人都未必总是清楚这一点，最终是泡利向玻恩解释了爱因斯坦反驳量子力学的真正核心所在。

1954 年，泡利在普林斯顿待了两个月，爱因斯坦给了他一份玻恩撰写的涉及决定论的论文草稿。泡利读完后，写信告诉前任老板玻尔，"爱因斯坦并不认为'决定论'的概念像大家通常认为的那样基本。"[10] 这也是多年以来，爱因斯坦向他"强调过许多次"的东西。[11]"爱因斯坦的出发点是'现实性'，而非'决定性'，"泡利解释说，"这意味着，他的哲学观念与众不同。"[12] 泡利笔下的"现实性"是说，爱因斯坦假设像电子这样的粒子，在接受测量之前本来就有相关属性。泡利指责玻恩"先是自己树立了并不真实的爱因斯坦形象，然后又大张旗鼓地把他打倒了"。[13] 令人意外的是，与爱因斯坦交好这么久的玻恩，竟然从来没有全面地认识到，真正让爱因斯坦烦恼的并不是掷不掷骰子，而是哥本哈根诠释"放弃了现实独立于观测存在的立场"。[14]

可能令玻恩产生误解的一个原因是，爱因斯坦第一次说出上帝"不会掷骰子"这句话是在 1926 年 12 月，当时他想向玻恩表达的是，自己对量子力学中概率性和偶然性的地位以及这个理论否定了因果律和决定论感到不安。[15] 不过，泡利认识到，爱因斯坦之所以如此强烈地反对量子力学，远不只是因为这个理论以概率性语言呈现。"在我看来，尤为重要的是，把决定论概念引入同爱因斯坦的争论之中，绝对是一个错误的方向。"泡利警告玻恩说。[16]

1950 年，爱因斯坦在论及量子力学时写道："问题的核心与因果性的关系并不大，真正关键的是现实主义问题。"[17] 多年以来，他一直期望"在不放弃现实主义图景的前提下，解决量子之谜"。[18] 在这位发现了相对论的物理学家看来，现实必须符合定域性，没有任何留给超光速物理作用的空间。贝尔不等式不成立意味着，如果爱因斯坦想要量子世界独立于观测者存在，他就必须放弃定域性。

贝尔定理并不能确定量子力学是否完备，它只能让我们在量子力学与所有定域性隐变量理论之间做出合理取舍。如果量子力学正确（爱因斯坦认为这个理论的确正确，毕竟它通过了那个时代所有的实验检验），那么贝尔定理意味着任何能够复制量子力学成果的隐变量理论都必须是非定域性的。如果玻尔活到了看到阿兰·阿斯佩实验结果的那一天，那么他必然会和其他人一样认为这个结果支持哥本哈根诠释。爱因斯坦也很有可能会接受贝尔不等式检验结果的有效性，不会尝试通过这些实验仍未填补的某一漏洞拯救定域性现实。不过，爱因斯坦可能会接受另一条出路，哪怕有些人认为这条路违背了相对论内核，那就是无信号定理。

已经确定，不可能利用非定域性和量子纠缠瞬时将有用信息从某个地点传递到另一个地点，因为对纠缠粒子对中任一成员的任何测量都会产生完全随机的结果。在这样一种测量操作之后，实验人员能掌握的，只是同行在远处测量另一个粒子所得结果的概率。现实或许是非定域性的——允许物理作用以超光速在相距甚远的两个纠缠粒子之间传播，但这种非定域性是温和的，"幽灵般的超距作用"或许存在，但"幽灵般的超距信息传递"绝不可能。

阿斯佩等检验贝尔不等式的团队排除了定域性与客观现实两者之一，但并未否定非定域性现实。2006 年，成员来自奥地利维也纳大学和波兰格但斯克大学的一个研究小组率先检验了非定域性和现实主义。这个实验的灵感来自英国物理学家安东尼·莱格特爵士的工作。1973 年，当时还未受封的莱格特产生了一个修改贝尔定理的想法，具体方式是假设纠缠粒子对之间有瞬时作用传递。2003 年，也就是莱格特凭借液氦量子特性方面的工作获得诺贝尔物理学奖的那一年，他发表了一个将非定域性隐变量理论同量子力学对立起来的新不等式。

这个奥地利–波兰研究小组的领导者是马库斯·阿斯佩尔梅耶和安东·蔡林格。他们测量了此前未经检测的纠缠光子对相关性，并且发现结果正如量子力学预测的那样，违背了莱格特不等式。2007 年 4 月，这一研究结果发表在《自然》期刊上后，阿兰·阿斯佩指出："一个人总结出的（哲学）结论，与其说是逻辑问题，不如说是品味问题。"[19] 莱格特不等式不成立，只是意味着现实主义与某种特定的非定域性不相容，它并没有排除所有可能的非定域模型。

爱因斯坦从未提出过隐变量理论，不过，他似乎在 1935 年 EPR 论文的结尾含蓄地提倡了隐变量方法："虽然我们由此证明了波函数并未完备描述物理实在，但我们对这样一种完备描述的存在持开放态度。无论如何，我们认为这样一种理论可能存在。"[20] 后来，1949 年许多同行为纪念爱因斯坦的 70 岁生日而撰写了论文，作为对他们的回复，爱因斯坦写道："实际上，我无比肯定，当代量子理论的统计学本质只能归因于该理论对物理系统的非完备描述。"[21]

引入隐变量以使得量子力学"完备"似乎与爱因斯坦认为这个理论"不完备"的观点相符，但到了 20 世纪 50 年代初，他本人不再支持任何此类尝试。到了 1954 年，他更是坚持认为："不改变整个理论框架的基本概念，只是在当前的量子理论中增添点东西，不可能让这个理论摆脱统计学性质。"[22] 他确信，要想取得突破，需要的是一些更为根本的内容，而不是在亚量子层面上简单地用回经典物理学概念。如果量子力学确实不完备，只是阐释了部分真相，就一定有一个完备理论等待我们发掘。

爱因斯坦相信，他找了 25 年的统一场论就是这个完备理论。统一场论是广义相对论与电磁理论联姻产生的高深理论，它会是囊括量子力学的完备理论。"上帝分开之物，不需要任何人把它们重新结合起来。"泡利刻薄地评论爱因斯坦的统一场论之梦。[23] 虽然当时大多数物理学家都嘲笑爱因斯坦不切实际，但随着弱相互作用力（放射性现象的源头）和强相互作用力（保持原子核的稳定）的发现将物理学家必须研究的力的数目增加到了 4 种，对这种统一场论的追寻又成了物理学的圣杯。

当涉及量子力学时，以沃纳·海森堡为代表的那些物理学家就会控诉爱因斯坦耗费整个职业生涯探寻"物理过程按照固定规律独立于我们在时空中流转的客观世界"一无所获后仍旧"固执己见"。[24] 量子力学假设，在原子尺度上，"所谓的客观时空世界都不存在"，因而海森堡暗示，爱因斯坦无法接受这个理论也并没有什么好奇怪的。[25] 玻恩则认为，爱因斯坦"再也不能接受那些与自己坚持的哲学信念相抵触的物理学新观点"。[26] 在承认自己的这位老朋友曾经也是"为征服量子现象荒漠而奋斗的先驱"的同时，玻恩也哀叹说，"他始终对量子力学持冷漠和怀疑态度"，这只能是一场"悲剧"，因为爱因斯坦"在孤独中摸索前行，而我们则想念领袖和旗手"。[27]

随着爱因斯坦的影响力一日不复一日，玻尔的能量则与日俱增。以海森堡和泡利为代表的"传教士"在各自的圈子里不断传播哥本哈根诠释，这个理论逐渐成了量子力学的同义词。20 世纪 60 年代，还是个学生的约翰·克劳泽常常被告知，爱因斯坦和薛定谔"已经年迈"，他们对量子世界的观点不可信。[28] "来自各个知名学术机构的无数知名物理学家都对我重复了类似的闲言碎语。"在 1972 年率先检验了贝尔不等式之后，克劳泽这样回忆说。与之形成鲜明对比的是，人们认为玻尔拥有几乎超自然的推理能力和物理直觉。部分物理学家甚至表示，当其他人还需要通过计算思考问题时，玻尔早就意识到了一切。[29]克劳泽回忆说，他在学生时代"以开放态度探索了哥本哈根诠释以外的量子力学奇迹和特征"，但"实际上，这种探索不被接受，因为各种与宗教教条类似的观念和社会压力叠加在一起，形成了一种反对这类思考的类宗教运动"。[30]不过，还是有一些持怀疑态度的人准备挑战哥本哈根诠释的正统地位，其中之一就是休·埃弗里特三世。

爱因斯坦在 1955 年 4 月去世时，埃弗里特 24 岁，正在普林斯顿大学攻读硕士学位。两年后，他凭借一篇以《论量子力学基础》为题的论文拿到了博士学位。他在这篇论文中向大家展示了，可以将量子实验的每一种可能结果都看作存在于真实世界之中。根据埃弗里特的观点，就薛定谔的盒中之猫实验来说，这意味着在盒子打开的那一刹那宇宙发生了分裂，在形成的其中一个子宇宙中猫死了，而在另一个中猫还活着。

埃弗里特称他的诠释为"量子力学的相对状态形式"，并且证明从他的假设"所有量子实验结果都存在"出发，可以推导出与哥本哈根诠释一样的量子力学预言。

1957 年 7 月，埃弗里特发表了他这个版本的量子力学，论文还附有他导师、普林斯顿杰出物理学家约翰·惠勒的注释。这是埃弗里特发表的第一篇论文，在随后的 10 多年内一直没有引起人们的重视。由于观点受到了冷遇，埃弗里特在彻底失去希望后离开了学术界，转而为美国国防部工作，负责将博弈理论应用于战略战争规划。

"毫无疑问，存在一个看不见的世界，"美国电影导演伍迪·艾伦曾说，"问题在于它离市中心有多远，营业到几点？"[31]和艾伦不同，大多数物理学家对是否要接受无穷多同时存在的平行现实世界犹豫不决——平行世界多到每一个实验的每一种你能想到的结果

都会在其中实现。因此，人们后来把埃弗里特的量子力学诠释称为
"多世界诠释"。只可惜，埃弗里特本人在 1982 年因为心脏病离世，
享年 51 岁，因而没有活着看到量子宇宙学家们在努力解释宇宙诞
生之谜时对他这个理论的重视。多世界诠释让他们规避了一个哥本
哈根诠释无法回答的问题：什么样的观测行为可能会导致描述整个
宇宙的波函数坍缩？

　　哥本哈根诠释要求有一个观测者在宇宙之外观测宇宙，但既
然这样的观测者并不存在（这里不考虑上帝），宇宙就应该从未存
在，只是永远处于许多可能性的叠加态之中。这就是由来已久的测
量问题。薛定谔的方程将量子实在描述为诸多可能结果的叠加，并
且给其中每一种可能都附上了一个概率范围，但这个方程并没有涵
盖测量操作。也就是说，量子力学的数学形式中不存在观测者。这
个理论没有解释任何有关波函数坍缩的问题（所谓波函数坍缩，就
是量子系统在接受观测或测量的那一瞬间，状态突然发生非连续变
化，原来的某种可能变成了现实）。在埃弗里特的多世界诠释中，
波函数的坍缩就不关观测或测量什么事了，因为每一种量子事件的
可能结果都在一系列平行宇宙中真实共存。

*

　　"事实证明，证明这个诠释要比只是解出那些方程困难得
多。" 1927 年索尔维会议召开 50 年后，保罗·狄拉克如是说。[32] 美
国物理学家、诺贝尔奖得主默里·盖尔曼认为，部分原因在于，"尼
尔斯·玻尔给一整代物理学家洗了脑，让他们相信这个问题已经解
决了"。[33] 1999 年 7 月，在剑桥大学举办的一次量子物理学会议期

间举行了一次投票，结果显示了新一代物理学家对这个棘手量子力学诠释问题的答案。[34] 在参与投票的 90 名物理学家中，只有 4 个选择了哥本哈根诠释，却有 30 个支持埃弗里特多世界诠释的现代版本。[35] 更值得注意的是，有 50 人选择了"以上皆非，仍未有确定答案"。

那些仍然悬而未决的概念困难（比如测量问题以及量子世界与日常经典世界的确切边界问题），让越来越多的物理学家走上了寻找比量子力学更深刻的理论之路。"一个以'可能'为答案的理论，"荷兰诺贝尔奖得主、理论物理学家赫拉德·特霍夫特说，"应该被视为不准确的。"[36] 他相信宇宙是决定性的，并且在寻找一种更为基本的理论，这个理论将能解释量子力学所有怪异的反直觉特征。其他物理学家，比如研究纠缠现象的顶尖实验物理学家尼古拉斯·吉辛则认为："毫无疑问，现在量子理论尚不完备。"[37]

其他诠释理论的出现，以及量子力学完备性深陷怀疑之中的现状，让我们不得不重新审视长期以来对爱因斯坦与玻尔持久之争结果的裁定。"爱因斯坦是否真的像玻尔支持者坚称的那样，无论从何种重要意义上说，都'错'得很深？"英国数学家、物理学家罗杰·彭罗斯爵士这样问道，并且回答说，"我不这么认为。我个人会坚定地站在爱因斯坦一边，支持他对亚微观现实世界的信念，以及他对当前版本量子力学在本质上并不完备的论断。"[38]

虽然爱因斯坦从未在与玻尔的交锋中给予后者致命一击，但他持久的挑战发人深省。正是他的努力鼓励了像玻姆、贝尔和埃弗里特这样的物理学家，在几乎所有人都接受哥本哈根诠释且其他量子力学诠释理论寥寥无几之时，探索并重新评估了玻尔的这个理论。爱因斯坦与玻尔关于现实本质之争，正是贝尔定理背后的灵感所在。而对贝尔不等式的检验，或直接或间接地催生了包括量子密码学、量子信息理论和量子计算在内的诸多新科研领域。这些新领域中最引人瞩目的，当属利用纠缠现象的量子传输了。虽然这听上去像是科幻小说的讨论范畴，但在 1997 年，确实有不止一组（两组）物理学家团队用这个方法成功地传输了一个粒子。从物质实在角度上说，实验人员传输的不是粒子本身，而是把它的量子态转移到了位于其他地方的另一个粒子上，从而在效果上实现了将最初那个粒子从一个地方转移到另一个地方的目的。

因为对哥本哈根诠释的批评和杀死量子恶魔的尝试，爱因斯坦在生命的最后 30 年中一直处于被边缘化的状态。如今，物理学家证明了他至少部分正确。爱因斯坦–玻尔之争与量子力学的数学内容产生的方程及数字几乎没有任何关系。他们争论的是，量子力学的内涵是什么？这个理论阐释了关于现实本质的哪些内容？正是因为对这类问题的答案存在分歧，所以他们才会站在对立面。爱因斯坦从未提出过自己的量子力学诠释，因为他并不准备为了适应物理学理论而改变自己的哲学观。相反，爱因斯坦正是通过自己的现实主义哲学观（认为现实必然独立于观测者存在）评估量子力学，并且发现这个理论尚有缺陷。

1900 年 12 月，经典物理学囊括了世间万物，几乎一切都能在这个理论中找到解释。接着，马克斯·普朗克偶然间发现了量子，于是，物理学家们直到现在都仍在努力解决量子领域的问题。爱因斯坦说，长达 50 年的“有意识沉思”，也没有让他朝着彻底理解量子世界的目标迈进哪怕一步。[39] 他对量子本质的追索直到生命最后一刻也没有停歇，或许德国剧作家、哲学家戈特霍尔德·莱辛的这句话能给他带去些许慰藉：“对真理的渴望比对真理的笃信更可贵。”[40]

1858 年	4 月 23 日：马克斯·普朗克在德国基尔出生。
1871 年	8 月 30 日：欧内斯特·卢瑟福在新西兰斯普林格罗夫出生。
1879 年	3 月 14 日：阿尔伯特·爱因斯坦在德国乌尔姆出生。
1882 年	12 月 11 日：马克斯·玻恩在德国西里西亚省弗罗茨瓦夫出生。
1885 年	10 月 7 日：尼尔斯·玻尔在丹麦哥本哈根出生。
1887 年	8 月 12 日：埃尔温·薛定谔在奥地利维也纳出生。
1892 年	8 月 15 日：路易·德布罗意在法国迪耶普出生。
1893 年	2 月：威廉·维恩发现黑体辐射位移定律。
1895 年	11 月：威廉·伦琴发现X射线。
1896 年	3 月：亨利·贝可勒尔发现铀化合物释放出了一种此前未知的辐射，他称之为"铀射线"。
	6 月：维恩发表与可查实验数据吻合的黑体辐射位移定律。
1897 年	4 月：J. J. 汤姆孙宣布发现电子。
1900 年	4 月 25 日：沃尔夫冈·泡利在奥地利维也纳出生。
	7 月：爱因斯坦毕业于苏黎世联邦理工学院。

9 月：维恩位移定律被确认在黑体光谱的远红外区域失效。

10 月：普朗克在德国物理学会于柏林召开的一次会议上公布其黑体辐射定律。

12 月 14 日：普朗克在德国物理学会的一次演讲中展示了黑体辐射定律的推导过程。几乎没有人注意到其中引入了能量子。大家认为，这顶多只能算是理论物理学家的花招，以后就会消除。

1901 年　12 月 5 日：沃纳·海森堡在德国维尔茨堡出生。

1902 年　6 月：爱因斯坦以"三等技术专家"的身份开始在瑞士伯尔尼专利局工作。

8 月 8 日：保罗·狄拉克在英国布里斯托尔出生。

1905 年　6 月：爱因斯坦以光量子假说和光电效应为主题的论文在《物理年鉴》上发表。

7 月：爱因斯坦解释布朗运动的论文在《物理年鉴》上发表。

9 月：爱因斯坦的论文《论运动物体的电动力学》在《物理年鉴》上发表。这篇论文概述了狭义相对论的主要内容。

1906 年　1 月：在两次申请博士学位失败后，爱因斯坦终于凭借一篇题为《测定分子大小的新方法》的论文在苏黎世大学拿到了博士学位。

4 月：爱因斯坦晋升为伯尔尼专利局"二等技术专家"。

9 月：路德维希·玻尔兹曼在意大利的里雅斯特附近度假时自杀。

12 月：爱因斯坦阐述比热容量子理论的论文在《物理年鉴》上发表。

1907 年　5 月：卢瑟福拿到了曼彻斯特大学教授职位，并且就任该校物理学系主任。

| 1908 年 | 2 月：爱因斯坦成为伯尔尼大学编外讲师。 |

1909 年　　5 月：苏黎世大学聘爱因斯坦为理论物理学特聘教授，任期从第二年 10 月开始。

9 月：爱因斯坦在那年于奥地利萨尔茨堡召开的德国自然科学联合会的一次会议上做了一次主题讲座。他在讲座中称："理论物理学下一阶段的发展会给我们带来一种全新的光理论，这个理论将会以某种形式融合光的发射理论和波动理论。"

12 月：玻尔在哥本哈根大学拿到了硕士学位。

1911 年　　1 月：布拉格德国大学任命爱因斯坦为全职教授，任期从 1911 年 4 月开始。

3 月：卢瑟福在英国曼彻斯特的一次会议上宣布发现原子核。

5 月：玻尔凭借一篇以金属电子理论为主题的论文在哥本哈根大学拿到了博士学位。

9 月：玻尔前往剑桥大学，在 J. J. 汤姆孙手下开始博士后工作。

10 月 30 日—11 月 4 日：第一次索尔维会议在布鲁塞尔召开。受邀人员包括爱因斯坦、普朗克、玛丽·居里和卢瑟福。

1912 年　　1 月：苏黎世联邦理工学院聘爱因斯坦为理论物理学教授。

3 月：玻尔从剑桥大学转去了曼彻斯特大学的卢瑟福实验室。

9 月：哥本哈根大学聘玻尔为编外讲师、物理学教授助理。

1913 年　　2 月：玻尔第一次听说巴耳末氢原子谱线公式，这是他提出原子量子模型的关键线索。

7 月：玻尔氢原子量子理论论文三部曲中的第一篇在《哲学杂志》上发表。普朗克和瓦尔特·能斯特前往苏黎世延揽爱因斯坦去柏林就职，后者答应了。

9 月：玻尔在英国科学促进会于伯明翰举办的一次会议上提出了关于量子原子模型的新理论。

1914 年 　4 月：弗兰克－赫兹实验证实了玻尔的量子跃迁和原子能级概念。弗兰克和赫兹用电子轰击汞蒸气，并且测量这个过程产生的辐射的频率，结果和不同能级间的能量变化对应。爱因斯坦抵达柏林，接受普鲁士科学院和柏林大学的教授职位。

8 月：第一次世界大战爆发。

10 月：玻尔回到曼彻斯特大学工作。普朗克和伦琴在《93人宣言》中签名，该宣言声称，德国对这场战争没有任何责任，没有侵犯比利时的中立地位，因而没有犯下任何罪行。

1915 年 　11 月：爱因斯坦完成广义相对论。

1916 年 　1 月：阿诺尔德·索末菲提出了一个解释氢原子谱线中精细结构的理论。他在这个理论中引入了第二个量子数，从而以椭圆轨道代替了玻尔的圆形轨道。

5 月：哥本哈根大学聘玻尔为理论物理学教授。

7 月：爱因斯坦的工作重点重回量子理论，并且发现了原子中光子的自发辐射和受激发射现象。索末菲在玻尔最初的量子原子模型中引入了磁量子数。

1918 年 　9 月：泡利离开维也纳，前往慕尼黑大学，在阿诺尔德·索末菲手下学习。

11 月：第一次世界大战结束。

1919 年 　11 月：普朗克获得 1918 年诺贝尔物理学奖。英国皇家学会和皇家天文学会于伦敦召开的一次联合会议上正式宣布，两支英国远征队在 5 月日食期间通过测量证实了爱因斯坦关于光会因引力场而发生偏折的预言。一夜之间，爱因斯坦成了全球闻名的人物。

1920 年

3 月：索末菲在玻尔量子原子模型中引入第四个量子数。

4 月：玻尔造访柏林，并且第一次与普朗克和爱因斯坦会面。

8 月：一场反对相对论的公开集会在柏林爱乐音乐厅展开。气愤的爱因斯坦在一篇报纸文章中回应了批评他的人。爱因斯坦首次前往哥本哈根，造访玻尔。

10 月：海森堡进入慕尼黑大学研修物理学，并且遇到了同届学生沃尔夫冈·泡利。

1921 年

3 月：玻尔筹建且担任所长的哥本哈根理论物理学研究所正式成立。

4 月：玻恩从法兰克福来到哥廷根担任理论物理学研究所教授、所长。他决心将研究所打造成可以同索末菲在慕尼黑领导的研究所媲美的世界知名物理学科研机构。

10 月：泡利在慕尼黑大学拿到了博士学位，之后就前往哥廷根担任玻恩的助手。

1922 年

4 月：相较哥廷根这座地处偏僻、规模不大的大学城，泡利更喜欢大城市生活，便前往汉堡大学担任教授助理。

6 月：玻尔在哥廷根做了一系列以原子理论和元素周期表为主题的著名讲座。在这次"玻尔节"上，海森堡和泡利第一次见到了这个丹麦人，他俩给玻尔留下了很深的印象。

10 月：海森堡在哥廷根玻恩手下开始了为期 6 个月的访问学习。泡利前往哥本哈根，担任玻尔的助手，直到 1923 年 9 月。

11 月：爱因斯坦获得 1921 年诺贝尔物理学奖，玻尔获得

1922 年诺贝尔物理学奖。

1923 年

5 月：阿瑟·康普顿关于电子散射 X 射线光子发现的全面报告发表。这就是我们现在熟知的康普顿效应。学界认为，康普顿效应无可辩驳地证实了爱因斯坦在 1905 年提出的光量子假说。

7 月：爱因斯坦第二次前往哥本哈根造访玻尔。海森堡在口头测试的实验物理学部分表现糟糕，最后只是勉强拿到了慕尼黑大学的博士学位。

9 月：德布罗意拓展了波粒二象性的引用范围，认为其同样适用于一切物质，从而将电子和波联系在了一起。

10 月：海森堡在哥廷根担任玻恩的助手。泡利在哥本哈根待了一年后回到汉堡。

1924 年

2 月：玻尔、亨德里克·克拉默斯和约翰·斯莱特提出，在原子过程中，能量只是在统计学上守恒，以此反击爱因斯坦的光量子假说。1925 年 4—5 月的相关实验证否了这个所谓的 BKS 理论。

3 月：海森堡第一次前往哥本哈根造访玻尔。

9 月：海森堡离开哥廷根，前往玻尔研究所工作，直到 1925 年 5 月。

11 月：德布罗意成功完成博士论文答辩，这篇论文的主要内容就是将波粒二象性拓展至所有物质。答辩前，德布罗意的导师寄了一份论文给爱因斯坦，后者支持其中的观点。

1925 年

1 月：泡利发现不相容原理。

6 月：饱受重度花粉症困扰的海森堡前往北海黑尔戈兰岛疗养。在此期间，他向矩阵力学迈出了至关重要的第一步——矩阵力学是海森堡版本的量子力学理论，受到普遍支持。

9月：海森堡在《德国物理学刊》上发表了第一篇具有开创性意义的矩阵力学论文《动力学和力学关系的量子理论再阐释》。

10月：萨穆埃尔·古德斯密特和乔治·乌伦贝克提出量子自旋的概念。

11月：泡利将矩阵力学应用于氢原子。这个名副其实的杰作在1926年3月正式发表。

12月：在阿尔卑斯滑雪胜地阿罗萨与前任情人秘密幽会时，薛定谔构建了他最知名的成就：波动方程。

1926年

1月：回到苏黎世后，薛定谔将波动方程应用于氢原子，发现这能推导出玻尔–索末菲氢原子模型中的一系列能级。

2月：海森堡、玻恩和帕斯夸尔·约尔当三人在《德国物理学刊》上发表了详细解释矩阵力学数学框架的论文。这篇论文的提交时间是1925年11月。

3月：薛定谔于当年1月提交的第一篇阐释波动力学的论文在《物理年鉴》上正式发表。他很快又一连发表了5篇论文。薛定谔等人证明了波动力学和矩阵力学在数学上等价。它们是量子力学这种理论的两种不同形式。

4月：海森堡做了一场时长两个小时的讲座，听众中有爱因斯坦和普朗克。讲座结束后，爱因斯坦邀请这个年轻人到自己公寓中。据海森堡后来回忆，他俩探讨了"（海森堡）最近这项工作的哲学背景"。

5月：海森堡担任玻尔助手、哥本哈根大学讲师。在玻尔重流感康复期间，海森堡开始运用波动力学解释氦原子谱线问题。

6 月：狄拉克以一篇题为《量子力学》的论文在剑桥大学拿到了博士学位。

7 月：玻恩提出波函数的概率性诠释。薛定谔在慕尼黑做了一场讲座，海森堡在问答环节中抱怨波动力学的缺点。

9 月：狄拉克前往哥本哈根学习。在此期间，他建立了变换理论，从而证明薛定谔的波动力学和海森堡的矩阵力学都只是一种更为一般的量子力学形式的特殊情形。

10 月：薛定谔造访哥本哈根。薛定谔、玻尔和海森堡没能在波动力学或矩阵力学的物理诠释问题上达成任何形式的共识。

1927 年

1 月：克林顿·戴维森和莱斯特·革末成功观测到了电子衍射现象，从而获得了证明波粒二象性同样适用于一般物质的决定性证据。

2 月：在数月尝试之后，玻尔和海森堡仍没有在建立量子力学自洽诠释一事上取得任何进展，两人因此烦躁起来。玻尔前往挪威滑雪度假，为期一个月。海森堡在玻尔离开的这段时间里发现了不确定性原理。

5 月：虽然海森堡和玻尔仍对不确定性原理的诠释问题存在分歧，但相关论文在本月发表。

9 月：纪念伏特的物理学大会在意大利科莫召开。玻尔在此次大会上提出了互补性原理以及日后被称为"哥本哈根诠释"的核心内容。出席这次大会的物理学家还包括玻恩、海森堡和泡利，但没有薛定谔和爱因斯坦。

10 月：在布鲁塞尔召开的第五次索尔维会议上，爱因斯坦与玻尔关于量子力学基础和现实本质的争论正式拉开帷幕。薛定谔接替普朗克成为柏林大学理论物理学教授。康普顿凭借发现"康普顿效应"获得诺贝尔奖。年仅 25 岁的海森堡成为莱比锡大学教授。

11 月：J. J. 汤姆孙的儿子、电子发现者乔治·汤姆孙报告称，使用一种与戴维森和革末不同的方法成功观测到了电子衍射现象。

1928 年　1 月：泡利成为苏黎世联邦理工学院理论物理学教授。

2 月：海森堡到任莱比锡大学理论物理学教授，发表就职讲座。

1929 年　10 月：德布罗意因发现电子波动性而获得诺贝尔物理学奖。

1930 年　10 月：在布鲁塞尔召开的第六次索尔维会议上，爱因斯坦与玻尔展开了第二回合较量。玻尔成功驳斥了爱因斯坦为挑战哥本哈根诠释自洽性而提出的"盒中之钟"思想实验。

1931 年　12 月：丹麦科学和文学院选定玻尔为"荣誉居所"的下一任主人——"荣誉居所"是嘉士伯啤酒创办人建造的一栋宅邸。

1932 年　约翰·冯·诺伊曼的著作《量子力学的数学基础》以德语形式出版，其中包括了他著名的"不可能性证明"——没有任何隐变量理论可以推导出量子力学预言。狄拉克当选剑桥大学卢卡斯数学教授，这是一个艾萨克·牛顿也曾担任过的职位。

1933 年　1 月：纳粹掌握德国大权。幸运的是，爱因斯坦此时身在美国，担任加州理工学院访问教授。

3 月：爱因斯坦公开宣布，他不会返回德国。他抵达比利时后，立刻辞去了普鲁士科学院的职务，并断绝了同德国官方机构之间的一切联系。

4 月：纳粹颁布旨在攻击政敌、社会主义者、共产主义者和犹太人的《恢复职业公务员法》。该法令第 3 条就是臭名昭著的"雅利安人条款"："非雅利安血统的公务员不得上岗、立刻离职。"截至 1936 年，超过 1 600 名学者被驱逐，其中 1/3 的人是科学家，其中有 20 位已经或将会获得诺贝尔奖。

5 月：在柏林，20 000 册图书被焚毁，类似的焚烧"非德国人"作品活动遍及德国全境。薛定谔虽然未像玻恩等许多同行一样受纳粹法规影响，但他选择离开德国，前往牛津。海森堡则选择留在德国。卢瑟福任主席的学术援助委员会在英国成立，以帮助科学家、艺术家、作家难民。

9 月：由于越发担心自己的安全，爱因斯坦离开比利时，前往英国。保罗·埃伦费斯特自杀。

10 月：爱因斯坦按原访问计划抵达新泽西州普林斯顿。原本只是打算在普林斯顿高等研究院待几个月的爱因斯坦此后再也没有返回欧洲。

11 月：海森堡拿到了推迟颁布的 1932 年诺贝尔奖，同时，狄拉克和薛定谔分享了 1933 年诺贝尔物理学奖。

1935 年　5 月：爱因斯坦、波多尔斯基和罗森（EPR）撰写的论文《量子力学对物理实在的描述是否可视作完备？》在《物理学评论》上发表。

10 月：玻尔对 EPR 论文的回应在《物理学评论》上发表。

1936 年　3 月：薛定谔和玻尔在伦敦会面。玻尔称，薛定谔和爱因斯坦想要给量子力学致命一击，这简直"骇人听闻"，并且是"高度背叛"。

10 月：玻恩在剑桥大学待了将近三年并且在印度班加罗尔待了几个月后，开始担任爱丁堡大学自然哲学教授，直到1953 年退休。

1937 年

2 月：玻尔抵达普林斯顿，开始为期一周的访问，这是他环球之旅的一站。自EPR论文发表后，爱因斯坦与玻尔首次面对面地讨论量子力学诠释问题，但在这次讨论中，两人有很多话都没有说出来。

7 月：海森堡因教授诸如爱因斯坦相对论这样的"犹太物理学"而在一份纳粹党卫军期刊中被贴上了"白种犹太人"的标签。

10 月：卢瑟福在接受绞窄性疝手术后于剑桥大学去世，享年 66 岁。

1939 年

1 月：玻尔抵达普林斯顿高等研究院，他将作为访问教授在此地待上一整个学期。爱因斯坦没有和他展开任何讨论，并且在接下去的 4 个月中，他俩只在招待会上见了一面。

8 月：爱因斯坦写信给罗斯福总统，强调了制造原子弹的可能，以及德国人秘密研制这类武器的危险。

9 月：第二次世界大战爆发。

10 月：薛定谔在格拉茨大学和根特大学短暂任职后，来到都柏林，并在都柏林高等研究院担任高级教授，直到1956年返回维也纳。

1940 年

3 月：爱因斯坦第二次写信给罗斯福总统，强调原子弹问题。

8 月：泡利离开饱受战争创伤的欧洲，加入爱因斯坦所在的普林斯顿高等研究院，直到 1946 年才回到苏黎世联邦理工学院。

1941 年　　10 月：海森堡前往哥本哈根，造访玻尔。丹麦在 1940 年 4 月被德国军队占领。

1943 年　　9 月：玻尔带着家人逃亡瑞典。

12 月：玻尔在前往新墨西哥洛斯阿拉莫斯加入原子弹研制之前，造访普林斯顿，同爱因斯坦和泡利共进晚餐。这是自这个丹麦人 1939 年 1 月来访之后，玻尔与爱因斯坦的第一次会面。

1945 年　　5 月：德国投降。海森堡被盟军逮捕。

8 月：两枚原子弹先后在广岛、长崎投放。玻尔回到哥本哈根。

11 月：泡利因发现不相容原理获得诺贝尔奖。

1946 年　　7 月：海森堡就任哥廷根威廉皇帝理论物理学研究所所长，该机构后来改名为马克斯·普朗克研究所。

1947 年　　10 月：普朗克在哥廷根去世，享年 89 岁。

1948 年　　2 月：玻尔以访问教授的身份抵达普林斯顿高等研究院，并在此工作到 6 月。相比前几次访问，他与爱因斯坦的关系热络不少——虽然他俩仍未在量子力学诠释问题上达成共识。在普林斯顿期间，为庆祝爱因斯坦在 1949 年 3 月的 70 岁生日，玻尔撰写了一篇解释他与爱因斯坦在 1927 年、1930 年索尔维会议上争论量子力学诠释问题的论文，并收录在纪念论文集中。

1950 年　　2 月：玻尔抵达普林斯顿高等研究院，一直工作到 5 月。

1951 年　　2 月：戴维·玻姆出版著作《量子理论》，其中阐述了一个新颖、简化版的 EPR 思想实验。

1952 年　1 月：玻姆发表了两篇论文。论文中，他做到了冯·诺伊曼认为不可能的事：提出了一种隐变量量子力学诠释。

1954 年　9 月：玻尔抵达普林斯顿高等研究院，一直工作到 12 月。

10 月：因海森堡获 1932 年诺贝尔物理学奖但自己遭到忽视而闷闷不乐的玻恩，终于凭借"他在量子力学领域的基础性工作，尤其是波函数的统计学诠释"获得诺贝尔奖。

1955 年　4 月：爱因斯坦在普林斯顿去世，享年 76 岁。简单的葬礼之后，他的骨灰被撒在了一个未公开的地点。

1957 年　7 月：休·埃弗里特三世提出量子力学的"相对状态"形式，即人们后来熟知的多世界诠释。

1958 年　12 月：泡利在苏黎世去世，享年 58 岁。

1961 年　1 月：薛定谔在维也纳去世，享年 73 岁。

1962 年　11 月：玻尔在哥本哈根去世，享年 77 岁。

1964 年　11 月：约翰·贝尔在一份几乎没有受众的期刊上发表了他的发现：任何预测与量子力学一致的隐变量理论都必然是非定域性的。论文中的"贝尔不等式"推导出了纠缠粒子对量子自旋相关度的限制范围。任何定域性隐变量理论都必须满足贝尔不等式。

1966 年　7 月：贝尔确定无疑地证明了，冯·诺伊曼在他 1932 年出版的作品《量子力学的数学基础》中排除隐变量理论可能性的相关证明是错误的。贝尔在 1964 年年末把他的这篇论文提交给了期刊《现代物理学评论》，但一连串不走运的意外事故大幅拖延了该论文的正式发表。

1970 年　1 月：玻恩在哥廷根去世，享年 87 岁。

1972 年 | 4 月：加州大学伯克利分校的约翰·克劳泽和斯图尔特·弗里德曼率先检验了贝尔不等式，并报告称该不等式不成立。这就意味着，任何定域性隐变量理论都无法产生与量子力学相同的预言。不过，这个实验的准确性尚存疑。

1976 年 | 2 月：海森堡在慕尼黑去世，享年 75 岁。

1982 年 | 在准备多年之后，巴黎第十一大学光学技术应用研究所的阿兰·阿斯佩及其合作者们用当时技术条件限制下最严格的实验检验了贝尔不等式。他们的实验结果证明了，贝尔不等式不成立。虽然实验仍旧存在某些没有填补的漏洞，但包括贝尔本人在内的大多数物理学家都接受了这个结果。

1984 年 | 10 月：狄拉克在美国佛罗里达州塔拉哈西去世，享年 82 岁。

1987 年 | 3 月：德布罗意在法国去世，享年 94 岁。

1997 年 | 12 月：安东·蔡林格在因斯布鲁克大学领导的一支团队报告称，他们成功地将一个电子的量子态从一个地方转移到了另一个地方，也就是从效果上实现了瞬间传送电子。这个过程的一大关键部分就是量子纠缠现象。弗朗切斯科·德马蒂尼在罗马大学领导的一个研究小组同样成功实现量子传输。

2003 年 | 10 月：安东尼·莱格特以非定域现实为基础推导出了一个类贝尔不等式，即莱格特不等式。

2007 年 | 4 月：马库斯·阿斯佩尔梅耶和安东·蔡林格领导的一支奥地利-波兰团队宣布，他们在测量了此前未经检测的纠缠光子对相关性之后，得到的结果证明了莱格特不等式不成立。这个实验只是排除了部分或许可行的非定域性隐变量理论。

20？？年 | 量子引力理论？万物理论？超越量子的理论？

斜体表示该术语在本术语表中亦有条目。

- ○　**X射线**：威廉·伦琴在 1895 年发现的一种*辐射*，伦琴也因此拿到了
  1901 年诺贝尔物理学奖。后来，X射线被认证为*波长极短的电磁波*，
  以极快速度运动的*电子*与靶相撞时会释放X射线。

- ○　**α粒子**：由两个*质子*和两个*中子*结合而成的一种亚原子粒子。*α衰变*
  过程会释放α粒子，这种粒子其实就是氦原子的*原子核*。

- ○　**α衰变**：一种放射性衰变过程。在这种过程中，*原子*的*原子核*会释放
  出*α粒子*。

- ○　**β粒子**：放射性元素原子核中*质子*与*中子*相互转换时喷出的一种快速
  运动的*电子*。β粒子的速度比*α粒子*快，穿透性也更强，但可以被一
  张薄金属板截停。

- ○　**γ射线**：*波长极短的电磁辐射*。在放射性物质释放的三种辐射中，γ
  射线穿透性最强。

- ○　**巴耳末系**：氢原子光谱中的一系列发射线和吸收线，成因是*电子*在

第二*能级*和更高能级间的跃迁。

○ **贝尔不等式**：约翰·贝尔在 1964 年推导出的一个数学条件，给出了任何定域性*隐变量*理论都必须满足的纠缠粒子对量子自旋相关度范围。

○ **贝尔定理**：约翰·贝尔在 1964 年发现的一项数学证明。它证明了任何预言与量子力学一致的*隐变量*理论都必须是非定域性的。参见*非定域性*条目。

○ **波包**：诸多不同波的*叠加*。这些波只在有限的一小块区域内共存，在空间中的其他所有地点都互相抵消，这样就能表征粒子。

○ **波动力学**：*量子力学*的一个版本，由埃尔温·薛定谔在 1926 年建立。

○ **波函数（ψ）**：与系统或粒子波动性相关的一种数学函数。波函数表征了量子力学中我们可以知晓的有关物理系统或粒子状态的一切。举例来说，通过氢原子的波函数，就可能计算出在*原子核*周围特定的某个点找到*电子*的概率。参见*概率性诠释*和*薛定谔方程*。

○ **波函数坍缩**：根据哥本哈根诠释，在接受观测或测量之前，像电子这样的微观物理学物体不存在于任何地方。在两次测量之间，它只以*波函数*的抽象可能性形式存在。只有在观测或测量这个粒子后，一种"可能"状态才会变为"现实"状态，并且其他所有可能状态的概率都变为零。由测量行为引起的这种波函数的瞬时突然变化，叫作"波函数坍缩"。

○ **波粒二象性**：*电子和光子、物质和辐射*，都可以表现出波动性或粒子性，究竟表现出哪种性质，取决于具体实验。

○ **波长（λ）**：波的两个连续波峰或波谷间的距离。*电磁辐射*的波长决定了它在*电磁谱*中的位置。

○ **不确定性原理**：沃纳·海森堡在 1927 年发现的一个原理，即不可能以超过某种限制（这个限制与*普朗克常数h*有关）的精确度同时测量得到某些*可观测量*对，比如：位置和*动量*、能量和时间。

○　**不相容原理**：所有电子的量子态都不可能相同，也就是说，没有任何电子的 4 个*量子数*会完全一样。

○　**布朗运动**：罗伯特·布朗在 1827 年率先观测到的一种现象：悬浮在液体中的花粉颗粒会做无规则运动。1905 年，爱因斯坦解释了这个现象：布朗运动的成因是液体分子对花粉颗粒的随机撞击。

○　**德布罗意波长**：粒子的*波长*λ与*动量*p之间存在关系$\lambda = h/p$，其中，h是*普朗克常数*。

○　**电磁波**：由电荷振动产生。电磁波的波长和频率会发生变化，但所有电磁波在真空中的传播速度都一样，接近每秒 30 万千米。这个速度就是光速，因此，这也从实验上证实了光就是一种电磁波。

○　**电磁辐射**：各种*电磁波*携带的能量不同，这种能量就叫作电磁辐射。像无线电波这样的低频波释放的电磁辐射少于γ射线这样的高频波。电磁波和电磁辐射这两个词常常交替使用。参见*电磁波*。

○　**电磁谱**：*电磁波*的整个范围，包括：无线电波、*红外辐射*、可见光、*紫外辐射*、*X射线*和γ射线。

○　**电磁学**：在 19 世纪下半叶之前，人们把电和磁看作两种不同现象，分别由各自的一套方程描述。詹姆斯·克拉克·麦克斯韦根据迈克尔·法拉第等人的实验工作，成功建立了一个将电和磁统一起来的理论，用一个由 4 个方程构成的方程组描述这两种现象。

○　**电子**：一种带负电的基本粒子。与*质子*和*中子*不同，电子没有更为基本的组成部分。

○　**电子伏（eV）**：原子物理学、核物理学、粒子物理学中的常用能量单位，大约是 1 焦耳的千亿亿分之一（$1\,\mathrm{eV} = 1.6 \times 10^{-19}\,\mathrm{J}$）。

○ **叠加**：由两种或两种以上状态构成的一种*量子态*。这样一种状态有一定概率最终展示出构成它的状态的性质。参见*薛定谔的猫*。

○ **定域性**：一种要求，即因和果必须在同一个地点发生，不存在任何超距作用。如果事件A是另一个地点事件B的起因，那么两者之间必须有充足时间，以便让信号以光速从A处传输到B处。任何符合定域性的理论都叫作定域理论。参见*非定域性*。

○ **动力学变量**：表征粒子状态（比如位置、*动量*、*势能*、*动能*）的量。

○ **动量**（p）：物体的一种物理性质，等于物体的质量乘它的*速度*。

○ **动能**：和物体运动有关的*能量*。静止不动的物体、行星或粒子没有动能。

○ **对应原理**：尼尔斯·玻尔提出的一种指导性原理，即当*普朗克常数*的影响可以忽略不计时，量子物理学的定律和方程可以还原为*经典物理学*中的对应部分。

○ **放射性**：不稳定*原子核*通过释放*α射线*、*β射线*或*γ射线*的方式自发分解以获取更稳定的构型，这个过程就叫作放射性或放射性衰变。

○ **非定域性**：允许物理作用以超光速在两个系统或粒子间瞬时传播，于是，某个地点发生的事件能即刻对远处的另一事件产生影响。任何符合非定域性的理论都叫作非定域理论。参见*定域性*。

○ **辐射**：能量或粒子的释放，如*电磁辐射*、热辐射、*放射性*。

○ **复数**：形如$a + bi$的数，其中a和b都是我们在一般算术中熟悉的寻常实数，而i则是-1的平方根，于是就有$(\sqrt{-1})2 = -1$，而b则被称为复数的"虚部"。

○ **概率性诠释**：马克斯·玻恩提出的一种诠释，即只能通过*波函数*计算在特定地点找到粒子的概率。按照哥本哈根诠释的观点，对于那些旨在测量某个*可观测量*的实验，*量子力学*只能推导得出各种测量结果的相对概率，无法预测给定条件下具体能得到何种结果。概率性诠释正是这种观点的一部分。

○　**干涉**：波的特征现象，两道波发生相互作用时就会出现干涉。当两道波的波峰或波谷相遇时，就会合并形成一道波峰更高或波谷更低的新波。这就是相长干涉。不过，如果一道波的波谷遇到了另一道波的波峰，它们就会互相抵消，这个过程叫作相消干涉。

○　**哥本哈根诠释**：一种*量子力学诠释*，因主要构建人尼尔斯·玻尔扎根于哥本哈根而得名。玻尔和其他哥本哈根诠释支持者（比如沃纳·海森堡）始终在这个诠释的某些方面存在观点分歧。不过，他们都一致同意哥本哈根诠释的核心原则：玻尔的对应原理、海森堡的*不确定性原理*、玻恩对*波函数*的*概率性诠释*、玻尔的*互补性原理*，以及*波函数坍缩*。这个理论认为，除了测量或观测行为展示给我们的之外，不存在任何量子实在。因此，举例来说，称电子独立于某个真实观测而存在，是毫无意义的。玻尔和他的支持者们坚持认为量子力学是一种完备理论，而爱因斯坦反对这种论断。

○　**共轭变量**：一对通过*不确定性原理*互相联系的*动力学变量*，比如位置和*动量*、*能量和时间*，也称共轭对。

○　**光**：人类的眼睛只能探测到一小部分*电磁波*。这些*电磁谱*内可见电磁波的*波长*范围是400~700 nm。白光由红、橙、黄、绿、蓝、靛和紫光构成。白光通过棱镜时，这些不同的光就会拆分出来，形成一条叫作连续谱或连续光谱的彩虹色带。

○　**光电效应**：当将超过特定最小频率（*波长*）的*电磁辐射*打在给定金属表面上时，后者发射*电子*的一种现象。

○　**光量子**：爱因斯坦在1905年首次描述光粒子时使用的名字，后来光粒子被重新命名为*光子*。

○   **光谱学**：与分析和研究吸收光谱和发射光谱有关的物理学领域。

○   **光子**：光的量子，由能量 $E = h\nu$ 和动量 $p = h/\lambda$ 表征，其中，ν 和 λ 分别是辐射的*频率*和*波长*。1926 年，美国化学家吉尔伯特·刘易斯引入了这个名字。参见*光量子*。

○   **广义相对论**：爱因斯坦的引力理论，引力在这个理论中被解释为时空的扭曲。

○   **黑体**：一种假想中的理想物体，能够吸收并释放它接触到的所有*电磁辐射*。实验室中，一只壁上开有一个小孔的受热盒子可以近似看作黑体。

○   **黑体辐射**：*黑体*释放的*电磁辐射*。

○   **黑体辐射的光谱能量分布**：在任一给定温度下，黑体辐射的光谱能量分布就是*黑体*在各个*波长*（或*频率*）释放的*电磁辐射*强度，也可以简称为黑体光谱。

○   **红外辐射**：*波长*比肉眼可见的红光更长的*电磁辐射*。

○   **互补性**：尼尔斯·玻尔提出的一种原理，即光和物质的波动性和粒子性是互补但互斥的两个方面。光和物质的这两重性质就类似同一枚硬币的两面，它能向你展现其中的任一种性质，但不可能同时展现两种性质。例如，我们可以设计实验来测量光的波动性或粒子性，但不能同时测量这两种性质。

○   **基态**：*原子*可以拥有的最低能量状态。其他所有原子能量状态都叫激发态。氢原子的最低能量状态对应它唯一的那个电子处于最低能级的状态。如果该电子处于其他任何能级，氢原子就处于激发态。

○   **碱金属元素**：*元素周期表*中的第一列元素，诸如锂、钠、钾等，它们都有类似的化学性质。

○   **焦耳**：*经典物理学*中的*能量*单位。一个功率为 100 瓦的电灯每秒能将 100 焦耳的电能转换为光和热。

○　**角动量**：转动物体拥有的一种属性，类似于沿直线运动物体的*动量*。
　　物体的角动量取决于它的质量、大小和转动速度。环绕另一个物体
　　运动的物体同样具有角动量，此时的角动量取决于它的质量、轨道
　　半径和速度。在原子领域中，角动量是*量子化*的，它只能以整数倍
　　于*普朗克常数*/2π 的数值变化。

○　**经典力学**：起源于牛顿三大运动定律的物理学之名，也叫作牛顿力
　　学。在这个物理学体系中，粒子的属性（比如位置和*动量*）在原则
　　上可以同时测得，而且准确度不受任何限制。

○　**经典物理学**：除量子物理学之外的一切物理学都可以划归经典物理
　　学，比如*电磁学*和*热力学*。虽然物理学家把爱因斯坦的广义*相对论*
　　视作 20 世纪的 "现代" 物理学，但它其实是一种 "经典" 理论。

○　**精细结构**：原子*能级*或谱线分裂成数个不同结构的现象。

○　**纠缠**：两个或两个以上粒子无论相隔多远都会始终存在联系的一种
　　量子现象。

○　**矩阵**：数（或者像变量这样的其他元素）的阵列。矩阵有自己的一
　　套运算规则，在表达物理系统信息方面非常有用。一个 $n \times n$ 矩阵有
　　n 列、n 行。

○　**矩阵力学**：*量子力学*的一个版本。海森堡在 1925 年发现了矩阵力
　　学，之后又同马克斯·玻恩和帕斯夸尔·约尔当一同发展了这个
　　理论。

○　**决定论**：在*经典力学*中，如果宇宙中所有粒子在某一时刻的位置和
　　动量已知，这些粒子间的所有作用力也已知，那么从原理上说，宇
　　宙的所有后续状态都能确定下来。而在*量子力学*中，不可能同时确
　　定任何粒子在任何时刻的位置和动量。因此，量子力学引出了非决

定论宇宙观。在这样一种体系下，宇宙的未来从原理上讲不能确定，
粒子的未来状态当然也不能确定。

○ **康普顿效应**：美国物理学家阿瑟·霍利·康普顿在 1923 年发现的*原子中电子散射光子*的现象。

○ **可观测量**：系统或物体在原则上可被测量的所有*动力学变量*。*电子*的位置、*动量*和*动能*都是可观测量。

○ **可交换性**：如果两个变量 A 和 B 满足 $A \times B = B \times A$，那么我们称它们是可交换的。例如，如果 A 和 B 分别是数字 5 和 4，因为 $5 \times 4 = 4 \times 5$，所以我们就称 A 和 B 可交换。因为数字相乘的先后顺序不会对结果造成任何影响，所以数的乘法是可交换的。如果 A 和 B 是*矩阵*，那么 $A \times B$ 并不必然等于 $B \times A$，于是，我们就称 A 和 B 不可交换。

○ **量子**：马克斯·普朗克在 1900 年引入的一个术语。为了推导出能够得出*黑体辐射*分布的方程，普朗克建立了一个模型。在这个模型中，他用"量子"来描述振荡器可以吸收或释放的不可再分能量包。量子的*能量*（E）各不相同，由公式 $E = hv$ 决定，其中 h 是*普朗克常数*，v 是*辐射*的*频率*。"量子"，或者更准确地说是"*量子化*"，可以应用于微观物理系统或物体的任何非连续（或只能以离散单位变化的）物理性质。

○ **量子化**：任何只能拥有某些离散值的物理量都是量子化的。*原子*只能拥有某些离散能级以及相应的离散能量值，因此，原子就是量子化的。电子自旋也是量子化的，因为它要么是 +1/2（向上），要么是 –1/2（向下）。

○ **量子力学**：*原子*和*亚原子*领域的物理学理论。1900—1925 年，出现了一种*经典力学*与量子理念的特殊混合理论，量子力学的出现取代了这种过渡性量子理论。海森堡的*矩阵力学*和薛定谔的*波动力学*虽

然在形式上毫无相似之处，但它们是等价的量子力学数学表达。

○　**量子数**：确定*量子化*物理量（比如*能量*、*量子自旋*、*角动量*）所需的数。例如，氢原子的量子化能级由一组从 $n = 1$（代表*基态*）开始的数表征，其中的 n 就是主量子数。

○　**量子跃迁**：也叫量子跳跃，*原子*或分子内，*电子*因吸收或释放*光子*而在两个*能级*间转变的现象。

○　**量子自旋**：粒子的一种基本性质，在*经典物理学*中没有对应部分。任何将"自旋"*电子*比作转动陀螺的所谓生动比喻，都只是失败的尝试，因为这没有抓住*量子*概念的本质。粒子的量子自旋不能用经典角度下的转动来解释，因为量子自旋只能拥有某些值，即整数或整数的一半与*普朗克常数* h 除以 2π（$\hbar$）的乘积。相对于测量方向来说，我们称量子自旋要么向上（顺时针），要么向下（逆时针）。

○　**麦克斯韦方程组**：詹姆斯·克拉克·麦克斯韦在 1864 年推导出的一组方程，共 4 个。该方程组以单一实体的形式（*电磁学*）统一并描述了电和磁这两种不同现象。

○　**纳米（nm）**：1 纳米等于十亿分之一米。

○　**能级**：一组*原子*能够拥有的离散内部能量状态，对应于原子本身的各种量子能量态。

○　**能量**：可以各种形式存在的物理量，比如*动能*、*势能*、化学能、热能和辐射能。

○　**能量守恒原理**：表明*能量*既不能被凭空创造，也不能凭空消失，只能从某个物体转移到另一个物体（或从某种形式变成另一种形式）。例如，当苹果从树上掉下来时，它的*势能*变成了*动能*。

○　**频率（ν）**：振动系统或摆动系统在一秒内完成的振动或摆动周期数。波的频率是一秒内通过一个固定点的完整*波长*数。频率的测量单位是赫兹（Hz），1 Hz等于1秒内的振动/摆动周期数或通过固定点的波长数。

○ **普朗克常数（ h ）**：一个基本自然常数，也是量子物理学的核心常数，值等于 6.626×10^{-34} 焦秒。因为普朗克常数不为零，所以它与原子领域中小份化、量子化、能量及其他物理量都有关。

○ **谱线**：黑色背景上的彩色光谱线图样叫作发射光谱。彩色背景上的黑色光谱线图样叫作吸收光谱。每种元素都有专属于自己的特定吸收谱线和发射谱线，它们的成因是元素*原子*内*电子*在不同*能级*间跃迁时吸收或发射光子。

○ **热力学**：通常认为是研究热转化为其他形式*能量*或由其他形式转化而来的物理学。

○ **热力学第二定律**：热量不会自发地从温度较低的物体流向温度较高的物体。或者等效地说（这个定律其实有多种表达形式），封闭系统的*熵*不可能减少。

○ **热力学第一定律**：孤立系统的内部*能量*是一个恒量。或者等效地说，能量既不能凭空产生，也不能凭空消失，即*能量守恒原理*。

○ **塞曼效应**：*原子*置于磁场中时出现的*谱线*分裂现象。

○ **散射**：某粒子令另一个粒子的运动路径发生偏折。

○ **熵**：19世纪，鲁道夫·克劳修斯将熵定义为物体或系统吸收/释放的热量除以此时的温度。熵是系统无序度的量度，熵越高，系统越无序。自然界中不存在任何会导致孤立系统熵减少的过程。

○ **势能**：物体或系统因其位置或状态而拥有的*能量*。例如，物体的高度就决定了它拥有的重力势能。

○ **守恒律**：称某些物理量（比如*动量*或*能量*）在所有物理过程中都保持守恒的定律。

○　**受激发射**：入射*光子*没有被处于激发态的*原子*吸收，而是"刺激"后者释放出相同*频率*的第二个光子的现象。

○　**思想实验**：为了检验物理理论或概念的自洽性或相关限制而构想出的一种理想化的虚拟实验。

○　**斯塔克效应**：*原子*置于电场中时出现的*谱线*分裂现象。

○　**速度**：物体在给定方向上的运动速率。

○　**同位素**：同种元素的不同形式。同位素的*原子核内质子*数量相同，也就是说，同位素的*原子序数*相同，但各同位素原子核内的中子数量不同。例如，氢有三种同位素，它们原子核的中子数分别是 0，1，2。它们的化学性质类似，但质量不同。

○　**维恩分布定律**：威廉·维恩在 1896 年发现的一个公式。它描述的*黑体辐射*分布与当时取得的实验数据相符。

○　**维恩位移定律**：威廉·维恩在 1893 年发现的一个定律，即随着*黑体*的温度上升，其*辐射*最大强度处的*波长*会不断变短。

○　**物质波**：当粒子表现出波动性时，表征粒子的波就叫作物质波，或德布罗意波。参见*德布罗意波长*。

○　**狭义相对论**：爱因斯坦在 1905 年提出的时空理论。在这个理论中，光速对所有观测者都保持一致，无论他们运动得有多快。之所以称为"狭义"，是因为这个理论没有描述加速运动的物体，也没有阐述引力。

○　**现实主义**：认为现实独立于观测者存在的哲学世界观。在现实主义者看来，无论是否有人看月亮，它都在那儿。

○　**谐振子**：振动或摆动*频率*与*振幅*没有关系的振动系统或摆动系统。

○　**薛定谔的猫**：埃尔温·薛定谔设计的一个思想实验。根据量子力学规则，这个实验中的猫在被观测之前处于生与死的叠加态。

○　**薛定谔方程**：*波动力学*的基本方程，通过编码波函数的时变方式约束了粒子行为或物理系统的演化。其表达式为：

$$-\frac{\hbar^2}{2m}\nabla^2\psi + V\psi = i\hbar\frac{\partial\psi}{\partial t}$$

其中，m 是粒子质量，∇^2 是一种叫作"哈密顿算子平方"的数学实体——表征波函数 ψ 在不同地点间的变化方式，而 V 则代表作用在粒子上的力，i 是 –1 的平方根，$\partial\psi/\partial t$ 描述了波函数 ψ 的时变方式，$\hbar$ 就是普朗克常数 h 除以 2π（发音为"h-bar"）。这个方程还有另一种与时间无关的形式，被称为不含时薛定谔方程。

○ **衍射**：波在通过清晰边沿或小孔时的扩散现象，比如水波通过墙缝进入港口。

○ **以太**：一种假想中的不可见媒介。当时的物理学界认为，以太充斥在整个宇宙空间中，光和其他所有*电磁波*都在以太中穿行。

○ **因果性**：每一种起因都会产生相应的结果。

○ **隐变量**：看不见但真实存在的物理量。有一种关于*量子力学诠释*的观点认为：量子力学尚不完备，并且存在包含更多量子世界信息的更深层现实。这些量子力学无法体现的信息就以隐变量形式存在。这种观点认为，只要找出这些隐变量就能准确预言测量结果，而不只是得到特定实验结果的概率。秉持这种观念的物理学家相信，隐变量理论能够恢复独立于观测存在的客观现实——那正是*哥本哈根诠释*所否定的。

○ **元素周期表**：根据各个元素的*原子序数*将它们按行和列排列，就形成了元素周期表。这张表反映了各元素化学性质的周期性变化。

○ **原子**：元素的最小组成部分，由带正电的*原子核*以及束缚在其周围的带负电*电子*构成。因为原子整体呈电中性，所以原子核内带正电的*质子*数目必然等于电子数目。

○　**原子核**：*原子*中心带正电的质量体。最初认为原子核仅由*质子*构成，但后来发现原子核中还可以有*中子*。原子核几乎占据了原子的所有质量，却只占体积的很小一部分。1911 年，欧内斯特·卢瑟福及其合作者在曼彻斯特大学发现了原子核。

○　**原子序数（Z）**：*原子核*中*质子*的数目。每一种元素都有专属于自己的原子序数。氢原子核中只有一个质子，也只有一个电子围绕原子核运动，因而氢元素的原子序数为 1。原子内有 92 个质子和 92 个电子的铀元素，原子序数为 92。

○　**云室**：C. T. R. 威尔逊在 1911 年前后发明的一种设备。借助云室，可以通过观测粒子在饱和蒸汽室内的运动轨迹探测到粒子。

○　**振幅**：*波*或*振荡*的最大位移，等于波（或振荡）峰到波谷距离的一半。在*量子力学*中，过程的振幅是一个与该过程发生概率相关的数字。

○　**质子**：*原子核*中的一种粒子，带正电，与*电子*所带电荷数相等但电性相反。质子质量大约是电子的 2 000 倍。

○　**中子**：一种不带电荷的粒子，质量与*质子*接近。

○　**周期**：一个*波长*通过一个固定点所需的时间，同时也是完成一次振动或摆动所需的时间。周期反比于波、振动或摆动的*频率*。

○　**紫外辐射**：波长比人眼可见的紫光更短的*电磁辐射*。

○　**紫外灾难**：按照*经典物理学*，高频黑体辐射应该有无穷多能量。这就是经典理论预言的所谓紫外灾难，但实际上并没有发生。

○　**自发辐射**：*原子*从激发态向更低能量状态转变时自发辐射出*光子*的现象。

○　**自由度**：如果某个系统需要 n 个坐标才能确定它的每种状态，那么我们称该系统拥有 n 个自由度。每个自由度都代表了一种物体独立移动的方式，或系统独立变化的方式。日常世界中的物体拥有 3 个自由度，对应它可以移动的 3 个方向：上下、前后和左右。

引言 思维的碰撞

1 Pais (1982), p. 443.
2 Mehra (1975), quoted p. xvii.
3 Mehra (1975), quoted p. xvii.
4 Excluding the three professors (de Donder, Henriot and Piccard) from the Free University of Brussels invited as guests, Herzen representing the Solvay family, and Verschaffelt there in his capacity as the scientific secretary, then seventeen out of the 24 participants had already or would in due course receive a Nobel Prize. They were: Lorentz, 1902; Curie, 1903 (physics) and 1911 (chemistry); W.L. Bragg, 1915; Planck, 1918; Einstein, 1921; Bohr, 1922; Compton, 1927; Wilson, 1927; Richardson, 1928; de Broglie, 1929; Langmuir, 1932 (chemistry); Heisenberg, 1932; Dirac, 1933; Schrödinger, 1933; Pauli, 1945; Debye, 1936 (chemistry); and Born 1954. The seven who did not were Ehrenfest, Fowler, Brillouin, Knudsen, Kramers, Guye and Langevin.
5 Fine (1986), quoted p. 1. Letter from Einstein to D. Lipkin, 5 July 1952.
6 Snow (1969), p. 94.
7 Fölsing (1997), quoted p. 457.
8 Pais (1994), quoted p. 31.
9 Pais (1994), quoted p. 31.
10 Jungk (1960), quoted p. 20.
11 Gell-Mann (1981), p. 169.
12 Hiebert (1990), quoted p. 245.
13 Mahon (2003), quoted p. 149.
14 Mahon (2003), quoted p. 149.

第 1 章 普朗克：不情愿的革命者

1 Planck (1949), pp. 33–4.

2   Hermann (1971), quoted p. 23. Letter from Planck to Robert Williams Wood, 7 October 1931.

3   Mendelssohn (1973), p. 118.

4   Heilbron (2000), quoted p. 5.

5   Mendelssohn (1973), p. 118.

6   Hermann (1971), quoted p. 23. Letter from Planck to Robert Williams Wood, 7 October 1931.

7   Heilbron (2000), quoted p. 3.

8   In the seventeenth century it was well known that passing a beam of sunlight through a prism resulted in the production of a spectrum of colours. It was believed that this rainbow of colours was the result of some sort of transformation of light as a result of passing through the prism. Newton disagreed that somehow the prism adds colour and conducted two experiments. In the first he passed a beam of white light through a prism to produce the spectrum of colours and allowed a single colour to pass through a slit in a board and strike a second prism. Newton argued that if the colour had been the result of some change that light had undergone by passing through the first prism, passing it through a second would produce another change. Alas he found that, no matter which colour was selected as he repeated the experiment, passing it through a second prism left the original colour unchanged. In his second experiment Newton succeeded in mixing light of different colours to create white light.

9   Herschel made his serendipitous discovery on 11 September 1800, but it was published the following year. The spectrum of light can be viewed horizontally and vertically, depending on the arrangement apparatus. The prefix 'infra' came from the Latin word meaning 'below', when the light spectrum was viewed as a vertical strip with violet at the top and red at the bottom.

10 The wavelengths of red light and its various shades lie between 610 and 700 nanometres (nm), where a nanometre is a billionth of a metre. Red light of 700nm has a frequency of 430 trillion oscillations per second. At the opposite end of the visible spectrum, violet light ranges over 450nm to 400nm with the shorter wavelength having a frequency of 750 trillion oscillations per second.

11 Kragh (1999), quoted p. 121.

12 Teichmann et al. (2002), quoted p. 341.

13 Kangro (1970), quoted p. 7.

14 Cline (1987), quoted p. 34.

15 In 1900, London had a population of approximately 7,488,000, Paris of 2,714,000, and Berlin of 1,889,000.

16 Large (2001), quoted p. 12.

17 Planck (1949), p. 15.

18 Planck (1949), p. 16.

19 Planck (1949), p. 15.

20 Planck (1949), p. 16.

21 Planck (1949), p. 16.

22 Heat is not a form of energy as is commonly assumed, but a process that transfers energy from A to B due a temperature difference.

23 Planck (1949), p. 14.
24 Planck (1949), p. 13.
25 Lord Kelvin had also formulated a version of the second law: it is impossible for an engine to convert heat into work with 100 per cent efficiency. It was equivalent to Clausius. Both were saying the same thing but in two different languages.
26 Planck (1949), p. 20.
27 Planck (1949), p. 19.
28 Heilbron (2000), quoted p. 10.
29 Heilbron (2000), quoted p. 10.
30 Planck (1949), p. 20.
31 Planck (1949), p. 21.
32 Jungnickel and McCormmach (1986), quoted p. 52, Vol. 2.
33 Otto Lummer and Ernst Pringsheim christened Wien's discovery 'the displacement law' (*Verschiebungsgesetz*) only in 1899.
34 Given the inverse relationship between frequency and wavelength, as the temperature increases so does the frequency of the radiation of maximum intensity.
35 When the wavelength is measured in micrometres and the temperature in degrees Kelvin, then the constant is 2900.
36 In 1898 the Berlin Physical Society (Berliner Physikalische Gesellschaft), founded in 1845, changed its name to the German Physical Society (Deutsche Physikalische Gesellschaft zu Berlin).
37 The infrared part of the spectrum can be subdivided into roughly four wavelength bands: the near infrared, near the visible spectrum (0.0007–0.003mm), the intermediate infrared (0.003–0.006mm), the far infrared (0.006–0.015mm) and the deep infrared (0.015–1mm).
38 Kangro (1976), quoted p. 168.
39 Planck (1949), pp. 34–5.
40 Jungnickel and McCormmach (1986), Vol. 2, quoted p. 257.
41 Mehra and Rechenberg (1982), Vol. 1, Pt. 1, quoted p. 41.
42 Jungnickel and McCormmach (1986), Vol. 2, quoted p. 258.
43 Kangro (1976), quoted p. 187.
44 Planck (1900a), p. 79.
45 Planck (1900a), p. 81.
46 Planck (1949), pp. 40–1.
47 Planck (1949), p. 41.
48 Planck (1949), p. 41.
49 Planck (1993), p. 106.
50 Mehra and Rechenberg (1982), Vol. 1, p. 50, footnote 64.
51 Hermann (1971), quoted p. 23. Letter from Planck to Robert Williams Wood, 7 October 1931.
52 Hermann (1971), quoted p. 23. Letter from Planck to Robert Williams Wood, 7 October 1931.
53 Hermann (1971), quoted p. 24. Letter from Planck to Robert Williams Wood, 7 October 1931.

54 Hermann (1971), quoted p. 23. Letter from Planck to Robert Williams Wood, 7 October 1931.

55 Heilbron (2000), quoted p. 14.

56 Planck (1949), p. 32.

57 Hermann (1971), quoted p. 16.

58 Planck (1900b), p. 84.

59 The numbers have been rounded up.

60 Planck (1900b), p. 82.

61 Born (1948), p. 170.

62 Planck was also pleased because he had devised a way of measuring length, time and mass using a new set of units that would be valid and easily reproducible anywhere in the universe. It was a matter of convention and convenience that had led to the introduction of various measuring systems at different places and times in human history, the latest being the measurement of length in metres, time in seconds, and mass in kilograms. Using h and two other constants, the speed of light c and Newton's gravitational constant G, Planck calculated values of length, mass and time that were unique and could serve as the basis of a universal scale of measurement. Given the smallness of the values of h and G, it could not be used for practical everyday purposes, but it would be the scale of choice to communicate with an extraterrestrial culture.

63 Heilbron (2000), quoted p. 38.

64 Planck (1949), pp. 44–5.

65 James Franck, Archive for the History of Quantum Physics (AHQP) interview, 7 September 1962.

66 James Franck, AHQP interview, 7 September 1962.

第 2 章 爱因斯坦：专利局的苦力

1 Hentschel and Grasshoff (2005), quoted p. 131.

2 Collected Papers of Albert Einstein (CPAE), Vol. 5, p. 20. Letter from Einstein to Conrad Habicht, 30 June–22 September 1905.

3 Fölsing (1997), quoted p. 101.

4 Hentschel and Grasshoff (2005), quoted p. 38.

5 Einstein (1949a), p. 45.

6 CPAE, Vol. 5, p. 20. Letter from Einstein to Conrad Habicht, 18 or 25 May 1905.

7 CPAE, Vol. 5, p. 20. Letter from Einstein to Conrad Habicht, 18 or 25 May 1905.

8 Brian (1996), quoted p. 61.

9 CPAE, Vol. 9, Doc. 366.

10 CPAE, Vol. 9, Doc. 366.

11 Calaprice (2005), quoted p. 18.

12 CPAE, Vol. 1, xx, M. Einstein.

13 Einstein (1949a), p. 5.

14 Einstein (1949a), p. 5.

15 Einstein (1949a), p. 5.

16 Einstein (1949a), p. 8.

17　Oktoberfest started in 1810 as a fair to celebrate the marriage between the Bavarian Crown Prince Ludwig (the future King Ludwig I) and Princess Thérèse on 17 October. The event was so popular that it has been repeated annually ever since. It begins not in October, but September. It lasts sixteen days and ends on the first Sunday in October.

18　CPAE, Vol. 1, p. 158.

19　Fölsing (1997), quoted p. 35.

20　With 6 being the highest mark, Einstein received the following marks: algebra 6, geometry 6, history 6, descriptive geometry 5, physics 5–6, Italian 5, chemistry 5, natural history 5, German 4–5, geography 4, artistic drawing 4, technical drawing 4, and French 3.

21　CPAE, Vol. 1, pp. 15–16.

22　Einstein (1949a), p. 17.

23　Einstein (1949a), p. 15.

24　Fölsing (1997), quoted pp. 52–3.

25　Overbye (2001), quoted p. 19.

26　CPAE, Vol. 1, p. 123. Letter from Einstein to Mileva Maric, 16 February 1898.

27　Cropper (2001), quoted p. 205.

28　Einstein (1949a), p. 17.

29　CPAE, Vol. 1, p. 162. Letter from Einstein to Mileva Maric, 4 April 1901.

30　CPAE, Vol. 1, pp. 164–5. Letter from Hermann Einstein to Wilhelm Ostwald, 13 April 1901.

31　CPAE, Vol. 1, pp. 164–5. Letter from Hermann Einstein to Wilhelm Ostwald, 13 April 1901.

32　CPAE, Vol. 1, p. 165. Letter from Einstein to Marcel Grossmann, 14 April 1901.

33　CPAE, Vol. 1, p. 177. Letter from Einstein to Jost Winteler, 8 July 1901.

34　The advert appeared in the *Bundesblatt* (Federal Gazette) of 11 December 1901. CPAE, Vol. 1, p. 88.

35　CPAE, Vol. 1, p. 189. Letter from Einstein to Mileva Maric, 28 December 1901.

36　Berchtold V, Duke of Zähringen, founded the city in 1191. According to legend, Berchtold went hunting nearby and named the city Bärn after his first kill, a bear (Bär in German).

37　CPAE, Vol. 1, p. 191. Letter from Einstein to Mileva Maric, 4 February 1902.

38　Pais (1982), quoted pp. 46–7.

39　Einstein (1993), p. 7.

40　CPAE, Vol. 5, p. 28.

41　Hentschel and Grasshoff (2005), quoted p. 37.

42　Fölsing (1997), quoted p. 103.

43　Fölsing (1997), quoted p. 103.

44　Highfield and Carter (1994), quoted p. 210.

45　See CPAE, Vol. 5, p. 7. Letter from Einstein to Michele Besso, 22 January 1903.

46　CPAE, Vol. 5, p. 20. Letter from Einstein to Conrad Habicht, 30 June–22 September 1905.

47　Hentschel and Grasshoff (2005), quoted p. 23.

48　CPAE, Vol. 1, p. 193. Letter from Einstein to Mileva Maric, 17 February 1902.

49　Fölsing (1997), quoted p. 101.

50　Fölsing (1997), quoted p. 104.

51　Fölsing (1997), quoted p. 102.

52　Born (1978), p. 167.

53　Einstein (1949a), p. 15.

54　Einstein (1949a), p. 17.

55　CPAE, Vol. 2, p. 97.

56　Einstein (1905a), p. 178.

57　Einstein (1905a), p. 183.

58　Einstein also used his quantum of light hypothesis to explain Stoke's law of photoluminescence and the ionisation of gases by ultraviolet light.

59　Mulligan (1999), quoted p. 349.

60　Susskind (1995), quoted p. 116.

61　Pais (1982), quoted p. 357.

62　During his Nobel Lecture, entitled 'The Electron and the light-quanta from the experimental point of view', Millikan also said: 'After ten years of testing and changing and learning and sometimes blundering, all efforts being directed from the first toward the accurate experimental measurement of the energies of emission of photoelectrons, now as a function of the temperature, now of wavelength, now of material, this work resulted, contrary to my own expectations, in the first direct experimental proof in 1914 of the exact validity, within narrow limits of experimental errors, of the Einstein equation, and the first direct photoelectric determination of Planck's constant h.'

63　CPAE, Vol. 5, pp. 25–6. Letter from Max Laue to Einstein, 2 June 1906.

64　CPAE, Vol. 5, pp. 337–8. Proposal for Einstein's Membership in the Prussian Academy of Sciences, dated 12 June 1913 and signed by Max Planck, Walther Nernst, Heinrich Rubens and Emil Warburg.

65　Park (1997), quoted p. 208. Written in English, *Opticks* was first published in 1704.

66　Park (1997), quoted p. 208.

67　Park (1997), quoted p. 211.

68　Robinson (2006), quoted p. 103.

69　Robinson (2006), quoted p. 122.

70　Robinson (2006), quoted p. 96.

71　In German: 'War es ein Gott der diese Zeichen schrieb?'

72　Baierlein (2001), p. 133.

73　Einstein (1905a), p. 178.

74　Einstein (1905a), p. 193.

75　CPAE, Vol. 5, p. 26. Letter from Max Laue to Einstein, 2 June 1906.

76　In 1906 Einstein published *On the Theory of Brownian Motion* in which he presented his theory in a more elegant and extended form.

77　CPAE, Vol. 5, p. 63. Letter from Jakob Laub to Einstein, 1 March 1908.

78　CPAE, Vol. 5, p. 120. Letter from Einstein to Jakob Laub, 19 May 1909.

79　CPAE, Vol. 5, p. 120. Letter from Einstein to Jakob Laub, 19 May 1909.

80　CPAE, Vol. 5, p. 120. Letter from Einstein to Jakob Laub, 19 May 1909.

81 CPAE, Vol. 5, p. 120. Letter from Einstein to Jakob Laub, 19 May 1909.

82 CPAE, Vol. 2, p. 563.

83 CPAE, Vol. 5, p. 140. Letter from Einstein to Michele Besso, 17 November 1909.

84 Jammer (1966), quoted p. 57.

85 CPAE, Vol. 5, p. 187. Letter from Einstein to Michele Besso, 13 May 1911.

86 CPAE, Vol. 5, p. 190. Letter and invitation to the Solvay Congress from Ernst Solvay to Einstein, 9 June 1911.

87 CPAE, Vol. 5, p. 192. Letter from Einstein to Walter Nernst, 20 June 1911.

88 Pais (1982), quoted p. 399.

89 CPAE, Vol. 5, p. 241. Letter from Einstein to Michele Besso, 26 December 1911.

90 Brian (2005), quoted p. 128.

91 CPAE, Vol. 5, p. 220. Letter from Einstein to Heinrich Zangger, 7 November 1911.

第 3 章 玻尔：金子般的丹麦人

1 Niels Bohr Collected Works (BCW), Vol. 1, p. 559. Letter from Bohr to Harald Bohr, 19 June 1912.

2 Pais (1991), quoted p. 47. Since 1946 it has housed Copenhagen University's museum of medical history.

3 Pais (1991), quoted p. 46.

4 Pais (1991), quoted p. 99.

5 Pais (1991), quoted p. 48.

6 A second university in Aarhus was founded only in 1928.

7 Pais (1991), quoted p. 44.

8 Pais (1991), quoted p. 108.

9 Moore (1966), quoted p. 28.

10 Rozental (1967), p. 15.

11 Pais (1989a), quoted p. 61.

12 Niels Bohr, AHQP interview, 2 November 1962.

13 Niels Bohr, AHQP interview, 2 November 1962.

14 Heilbron and Kuhn (1969), quoted p. 223. Letter from Bohr to Margrethe Nørland, 26 September 1911.

15 BCW, Vol. 1, p. 523. Letter from Bohr to Ellen Bohr, 2 October 1911.

16 Weinberg (2003), quoted p. 10.

17 Aston (1940), p. 9.

18 Pais (1991), quoted p. 120.

19 BCW, Vol. 1, p. 527. Letter from Bohr to Harald Bohr, 23 October 1911.

20 BCW, Vol. 1, p. 527. Letter from Bohr to Harald Bohr, 23 October 1911.

21 There is no definitive historical evidence, but it is possible that Bohr attended a lecture given by Rutherford in Cambridge about his atomic model in October.

22 Bohr (1963b), p. 31.

23 Bohr (1963c), p. 83. The official report of the first Solvay Council was published in French in 1912 and in German in 1913. Bohr read the report as soon as it became available.

24 Kay (1963), p. 131.

25 Keller (1983), quoted p. 55.

26   Nitske (1971), quoted p. 5.

27   Nitske (1971), p. 5.

28   Kragh (1999), p. 30.

29   Wilson (1983), quoted p. 127.

30   Often in textbooks and scientific histories, the French scientist Paul Villard is credited with the discovery of gamma rays in 1900. In fact Villard discovered that radium emitted gamma rays, but it was Rutherford who reported them in his first paper on uranium radiation, published in January 1899, but finished on 1 September 1898. Wilson (1983), pp. 126–8 outlines the facts and makes a convincing case for Rutherford.

31   Eve (1939), quoted p. 55.

32   Andrade (1964), quoted p. 50.

33   More accurate measurements gave a half-life of 56 seconds.

34   Howorth (1958), quoted p. 83.

35   Wilson (1983), quoted p. 225.

36   Wilson (1983), quoted p. 225.

37   Wilson (1983), quoted p. 286.

38   Wilson (1983), quoted p. 287.

39   Pais (1986), quoted p. 188.

40   Cropper (2001), quoted p. 317.

41   Wilson (1983), quoted p. 291.

42   Marsden (1948), p. 54.

43   Rhodes (1986), quoted p. 49.

44   Thomson began working on a detailed mathematical version of this model only after he came across a similar idea proposed by Kelvin in 1902.

45   Badash (1969), quoted p. 235.

46   From quoted remarks by Geiger, Wilson (1983), p. 296.

47   Rowland (1938), quoted p. 56.

48   Cropper (2001), quoted p. 317.

49   Wilson (1983), quoted p. 573.

50   Wilson (1983), quoted p. 301. Letter from William Henry Bragg to Ernest Rutherford, 7 March 1911. Received on 11 March.

51   Eve (1939), quoted p. 200. Letter from Hantaro Nagaoka to Ernest Rutherford, 22 February 1911.

52   Nagaoka had been inspired by James Clerk Maxwell's famous analysis of the stability of Saturn's rings, which had puzzled astronomers for more than 200 years. In 1855, in a bid to attract the best physicists to attack the problem, it was chosen as the topic for Cambridge University's prestigious biennial competition, the Adams Prize. Maxwell submitted the only entry to be received by the closing date in December 1857. Rather than diminish the significance of the prize and Maxwell's achievement, it only served to enhance his growing reputation by once again demonstrating the difficulty of the problem. No one else had even succeeded in completing a paper worth entering. Although when seen through telescopes they appeared to be solid, Maxwell showed conclusively that the rings would be unstable if they were either solid or liquid. In an astonishing display of mathematical virtuosity, he demonstrated that the stability of

Saturn's rings was due to them being composed of an enormous number of particles revolving around the planet in concentric circles. Sir George Airy, the Astronomer Royal, declared that Maxwell's solution was 'one of the most remarkable applications of Mathematics to Physics that I have ever seen'. Maxwell was duly rewarded with the Adams Prize.

53 Rutherford (1906), p. 260.
54 Rutherford (1911a), reprinted in Boorse and Motz (1966), p. 709.
55 In their paper, published in April 1913, Geiger and Marsden argued that their data was 'strong evidence of the correctness of the underlying assumptions that an atom contains a strong charge at the centre of dimensions, small compared with the diameter of the atom'.
56 Marsden (1948), p. 55.
57 Niels Bohr, AHQP interview, 7 November 1962.
58 Niels Bohr, AHQP interview, 2 November 1962.
59 Niels Bohr, AHQP interview, 7 November 1962.
60 Rosenfeld and Rüdinger (1967), quoted p. 46.
61 Pais (1991), quoted p. 125.
62 Andrade (1964), quoted p. 210.
63 Andrade (1964), p. 209, note 3.
64 Rosenfeld and Rüdinger (1967), quoted p. 46.
65 Bohr (1963b), p. 32.
66 Niels Bohr, AHQP interview, 2 November 1962.
67 Howorth (1958), quoted p. 184.
68 Soddy (1913), p. 400. He also suggested 'isotopic elements' as an alternative.
69 Radiothorium, radioactinium, ionium and uranium-X were later identified as only four of the 25 isotopes of thorium.
70 Niels Bohr, AHQP interview, 2 November 1962.
71 Bohr (1963b), p. 33.
72 Bohr (1963b), p. 33.
73 Bohr (1963b), p. 33.
74 Niels Bohr, AHQP interview, 2 November 1962.
75 Niels Bohr, AHQP interview, 31 October 1962.
76 Niels Bohr, AHQP interview, 31 October 1962.
77 Boorse and Motz (1966), quoted p. 855.
78 Georg von Hevesy, AHQP interview, 25 May 1962.
79 Pais (1991), quoted p. 125.
80 Pais (1991), quoted p. 125.
81 Bohr (1963b), p. 33.
82 Blaedel (1985), quoted p. 48.
83 BCW, Vol. 1, p. 555. Letter from Bohr to Harald Bohr, 12 June 1912.
84 BCW, Vol. 1, p. 555. Letter from Bohr to Harald Bohr, 12 June 1912.
85 BCW, Vol. 1, p. 561. Letter from Bohr to Harald Bohr, 17 July 1912.

第 4 章　卢瑟福—玻尔－索末菲：量子原子

1 Margrethe Bohr, Aage Bohr and Léon Rosenfeld, AHQP interview, 30 January 1963.

2　Margrethe Bohr, Aage Bohr and Léon Rosenfeld, AHQP interview, 30 January 1963.

3　Margrethe Bohr, AHQP interview, 23 January 1963.

4　Rozental (1998), p. 34.

5　Bohr decided to delay publication of the paper until experiments being conducted in Manchester on the velocity of alpha particles became available. The paper, 'On the Theory of the Decrease of Velocity of Moving Electrified Particles on Passing through Matter', was published in 1913 in the *Philosophical Magazine*.

6　See Chapter 3, note 6.

7　Nielson (1963), p. 22.

8　Rosenfeld and Rüdinger (1967), quoted p. 51.

9　BCW, Vol. 2, p. 577. Letter from Bohr to Ernest Rutherford, 6 July 1912.

10　Niels Bohr, AHQP interview, 7 November 1962.

11　BCW, Vol. 2, p. 136.

12　BCW, Vol. 2, p. 136.

13　Niels Bohr, AHQP interview, 1 November 1962.

14　Niels Bohr, AHQP interview, 31 October 1962.

15　BCW, Vol. 2, p. 577. Letter from Bohr to Ernest Rutherford, 4 November 1912.

16　BCW, Vol. 2, p. 578. Letter from Ernest Rutherford to Bohr, 11 November 1912.

17　Pi (π) is the numerical value of the ratio of the circumference of a circle to its diameter.

18　One electron volt (eV) was equivalent to 1.6×10^{-19} joules of energy. A 100-watt light bulb converts 100 joules of electrical energy into heat in one second.

19　BCW, Vol. 2, p. 597. Letter from Bohr to Ernest Rutherford, 31 January 1913.

20　Niels Bohr, AHQP interview, 31 October 1962.

21　In Balmer's day and well into the twentieth century, wavelength was measured in a unit named in honour of Anders Ångström. 1 Ångström = 10^{-8}cm, one hundred-millionth of a centimetre. It is equal to one-tenth of a nanometre in modern units.

22　See Bohr (1963d), with introduction by Léon Rosenfeld.

23　In 1890 the Swedish physicist Johannes Rydberg developed a more general formula than Balmer's. It contained a number, later called Rydberg's constant, which Bohr was able to calculate from his model. He was able rewrite Rydberg's constant in terms of Planck's constant, the electron's mass and the electron's charge. He was able to derive a value for Rydberg's constant that was almost an identical match for the experimentally determined value. Bohr told Rutherford that he believed it to be an 'enormous and unexpected development'. (See BCW, Vol. 2, p. 111.)

24　Heilbron (2007), quoted p. 29.

25　Gillott and Kumar (1995), quoted p. 60. Lectures delivered by Nobel Prize-winners are available at www.nobelprize.org.

26　BCW, Vol. 2, p. 582. Letter from Bohr to Ernest Rutherford, 6 March 1913.

27　Eve (1939), quoted p. 221.

28　Eve (1939), quoted p. 221.

29　BCW, Vol. 2, p. 583. Letter from Ernest Rutherford to Bohr, 20 March 1913.

30　BCW, Vol. 2, p. 584. Letter from Ernest Rutherford to Bohr, 20 March 1913.

31　BCW, Vol. 2, pp. 585–6. Letter from Bohr to Ernest Rutherford, 26 March 1913.

32　Eve (1939), p. 218.

33 Wilson (1983), quoted p. 333.

34 Rosenfeld and Rüdinger (1967), quoted p. 54.

35 Wilson (1983), quoted p. 333.

36 Blaedel (1988), quoted p. 119.

37 Eve (1939), quoted p. 223.

38 Cropper (1970), quoted p. 46.

39 Jammer (1966), quoted p. 86.

40 Mehra and Rechenberg (1982), Vol. 1, quoted p. 236.

41 Mehra and Rechenberg (1982), Vol. 1, quoted p. 236.

42 BCW, Vol. 1, p. 567. Letter from Harald Bohr to Bohr, autumn 1913.

43 Eve (1939), quoted p. 226.

44 Moseley was also able to resolve some anomalies that had arisen in the placing of three pairs of elements in the periodic table. According to atomic weight, argon (39.94) should be listed after potassium (39.10) in the periodic table. This would conflict with their chemical properties, as potassium was grouped with the inert gases and argon with the alkali metals. To avoid such chemical nonsense, the elements were placed with the atomic weights in reverse order. However, using their respective atomic numbers they are placed in the correct order. Atomic number also allowed the correct positioning of two other pairs of elements: tellurium–iodine and cobalt–nickel.

45 Pais (1991), quoted p. 164.

46 BCW, Vol. 2, p. 594. Letter from Ernest Rutherford to Bohr, 20 May 1914.

47 Pais (1991), quoted p. 164.

48 CPAE, Vol. 5, p. 50. Letter from Einstein to Arnold Sommerfeld, 14 January 1908.

49 It was discovered later that Sommerfeld's k could not be equal to zero. So k was set equal to l+1 where l is the orbital angular momentum number. l = 0, 1, 2 ... n−1 where n is the principal quantum number.

50 There are actually two types of Stark effect. *Linear Stark effect* is one in which splitting is proportional to the electric field and occurs in excited states of hydrogen. All other atoms exhibit the *quadratic Stark effect*, where the splitting of the lines is proportional to the square of the electric field.

51 BCW, Vol. 2, p. 589. Letter from Ernest Rutherford to Bohr, 11 December 1913.

52 BCW, Vol. 2, p. 603. Letter from Arnold Sommerfeld to Bohr, 4 September 1913.

53 In modern notation m is written m_l. For a given l there are 2l+1 values of m_l that range from −l to +l. If l=1, then there are three values of m_l: −1,0,+1.

54 Pais (1994), quoted p. 34. Letter from Arnold Sommerfeld to Bohr, 25 April 1921.

55 Pais (1991), quoted p. 170.

56 In 1965, when Bohr would have been 80, it was renamed the Niels Bohr Institute.

第 5 章 当爱因斯坦遇上玻尔

1 Frank (1947), quoted p. 98.

2 CPAE, Vol. 5, p. 175. Letter from Einstein to Hendrik Lorentz, 27 January 1911.

3 CPAE, Vol. 5, p. 175. Letter from Einstein to Hendrik Lorentz, 27 January 1911.

4 CPAE, Vol. 5, p. 187. Letter from Einstein to Michele Besso, 13 May 1911.

5 Pais (1982), quoted p. 170.

6 Pais (1982), quoted p. 170.

7 CPAE, Vol. 5, p. 349. Letter from Einstein to Hendrik Lorentz, 14 August 1913.

8 Fölsing (1997), quoted p. 335.

9 CPAE, Vol. 8, p. 23. Letter from Einstein to Otto Stern, after 4 June 1914.

10 CPAE, Vol. 8, p. 10. Letter from Einstein to Paul Ehrenfest, before 10 April 1914.

11 CPAE, Vol. 5, p. 365. Letter from Einstein to Elsa Löwenthal, before 2 December 1913.

12 CPAE, Vol. 8, pp. 32–3. Memorandum from Einstein to Mileva Einstein-Maric, 18 July 1914.

13 CPAE, Vol. 8, p. 41. Letter from Einstein to Paul Ehrenfest, 19 August 1914.

14 Fromkin (2004), quoted pp. 49–50.

15 Russia, France, Britain and Serbia were joined by Japan (1914), Italy (1915), Portugal and Romania (1916), the USA and Greece (1917). The British dominions also fought with the allies. Germany and Austria-Hungary were supported by Turkey (1914) and Bulgaria (1915).

16 CPAE, Vol. 8, p. 41. Letter from Einstein to Paul Ehrenfest, 19 August 1914.

17 CPAE, Vol. 8, p. 41. Letter from Einstein to Paul Ehrenfest, 19 August 1914.

18 Heilbron (2000), quoted p. 72.

19 Fölsing (1997), quoted p. 345.

20 Fölsing (1997), quoted p. 345.

21 Gilbert (1994), quoted p. 34.

22 Fölsing (1997), quoted p. 346.

23 Fölsing (1997), quoted p. 346.

24 Large (2001), quoted p. 138.

25 CPAE, Vol. 8, p. 77. Letter from Einstein to Romain Rolland, 22 March 1915.

26 CPAE, Vol. 8, p. 422. Letter from Einstein to Hendrik Lorentz, 18 December 1917.

27 CPAE, Vol. 8, p. 422. Letter from Einstein to Hendrik Lorentz, 18 December 1917.

28 CPAE, Vol. 5, p. 324. Letter from Einstein to Arnold Sommerfeld, 29 October 1912.

29 CPAE, Vol. 8, p. 151. Letter from Einstein to Heinrich Zangger, 26 November 1915.

30 CPAE, Vol. 8, p. 22. Letter from Einstein to Paul Ehrenfest, 25 May 1914.

31 CPAE, Vol. 8, p. 243. Letter from Einstein to Michele Besso, 11 August 1916.

32 CPAE, Vol. 8, p. 243. Letter from Einstein to Michele Besso, 11 August 1916.

33 CPAE, Vol. 8, p. 246. Letter from Einstein to Michele Besso, 6 September 1916.

34 CPAE, Vol. 6, p. 232.

35 CPAE, Vol. 8, p. 613. Letter from Einstein to Michele Besso, 29 July 1918.

36 Born (2005), p. 22. Letter from Einstein to Max Born, 27 January 1920.

37 Analogy courtesy of Jim Baggott (2004).

38 Born (2005), p. 80. Letter from Einstein to Max Born, 29 April 1924.

39 Large (2001), quoted p. 134.

40 CPAE, Vol. 8, p. 300. Letter from Einstein to Heinrich Zangger, after 10 March 1917.

41 CPAE, Vol. 8, p. 88. Letter from Einstein to Heinrich Zangger, 10 April 1915.

42 In a weak gravitational field, general relativity predicts the same bending as Newton's theory.

43 Pais (1994), quoted p. 147.

44 Brian (1996), quoted p. 101.

45 In the wake of the huge interest in his work, the first English translation of *Relativity* appeared in 1920.

46 CPAE, Vol. 8, p. 412, Letter from Einstein to Heinrich Zangger, 6 December 1917.

47 Pais (1982), quoted p. 309.

48 Brian (1996), quoted p. 103.

49 Calaprice (2005), quoted p. 5. Letter from Einstein to Heinrich Zangger, 3 January 1920.

50 Fölsing (1997), quoted p. 421.

51 Fölsing (1997), quoted p. 455. Letter from Einstein to Marcel Grossmann, 12 September 1920.

52 Pais (1982), quoted p. 314. Letter from Einstein to Paul Ehrenfest, 4 December 1919.

53 Everett (1979), quoted p. 153.

54 Elon (2003), quoted pp. 359–60.

55 Moore (1966), quoted p. 103.

56 Pais (1991), quoted p. 228. Postcard from Einstein to Planck, 23 October 1919.

57 CPAE, Vol. 5, p. 20. Letter from Einstein to Conrad Habicht, sometime between 30 June and 22 September 1905.

58 CPAE, Vol. 5, pp. 20–1. Letter from Einstein to Conrad Habicht, sometime between 30 June and 22 September 1905.

59 CPAE, Vol. 5, p. 21. Letter from Einstein to Conrad Habicht, sometime between 30 June and 22 September 1905.

60 Einstein (1949a), p. 47.

61 Moore (1966), quoted p. 104.

62 Moore (1966), quoted p. 106.

63 Pais (1991) quoted p. 232.

64 CPAE, Vol. 6, p. 232.

65 Fölsing (1997), quoted p. 477. Letter from Einstein to Bohr, 2 May 1920.

66 Fölsing (1997), quoted p. 477. Letter from Einstein to Paul Ehrenfest, 4 May 1920.

67 Fölsing (1997), quoted p. 477. Letter from Bohr to Einstein, 24 June 1920.

68 Pais (1994), quoted p. 40. Letter from Einstein to Hendrik Lorentz, 4 August 1920.

69 *Arbeitsgemeinschaft deutscher Naturforscher zur Erhaltung reiner Wissenschaft.*

70 Born (2005), p. 34. Letter from Einstein to the Borns, 9 September 1920.

71 Born (2005), p. 34. Letter from Einstein to the Borns, 9 September 1920.

72 Pais (1982), quoted p. 316. Letter from Einstein to K. Haenisch, 8 September 1920.

73 Fölsing (1997), quoted p. 512. Letter from Einstein to Paul Ehrenfest, 15 March 1922.

74 BCW, Vol. 3, pp. 691–2. Letter from Bohr to Arnold Sommerfeld, 30 April 1922.

75 What Bohr was calling electron shells were really a set of electron orbits. The primary orbits were numbered from 1 to 7, with 1 being nearest to the nucleus. Secondary orbits were designated by the letters s, p, d, f (from the terms 'sharp', 'principal', 'diffuse' and fundamental', used by spectroscopists to describe the lines in atomic spectra). The orbit nearest to the nucleus is just a single orbit and is labelled 1s, the next is a pair of orbits labelled 2s and 2p, the next a trio of orbits 3s, 3p and 3d, and so on. Orbits can hold increasing numbers of electrons the further from the nucleus they

are. The s can hold 2 electrons, the p ones 6, the d ones 10, and the f ones 14.

76 Brian (1996), quoted p. 138.

77 Einstein (1993), p. 57. Letter from Einstein to Maurice Solovine, 16 July 1922.

78 See Fölsing (1997), p. 520. Letter from Einstein to Marie Curie, 11 July 1922.

79 Einstein (1949a), pp. 45–7.

80 French and Kennedy (1985), quoted p. 60.

81 Mehra and Rechenberg (1982), Vol. 1, Pt. 1, p. 358. Letter from Bohr to James Franck, 15 July 1922.

82 Moore (1966), quoted p. 116.

83 Moore (1966), quoted p. 116.

84 BCW, Vol. 4, p. 685. Letter from Bohr to Einstein, 11 November 1922.

85 Pais (1982), quoted p. 317.

86 BCW, Vol. 4, p. 686. Letter from Einstein to Bohr, 11 January 1923.

87 Pais (1991), quoted p. 308.

88 Pais (1991), quoted p. 215.

89 Bohr's banquet speech is available at www.nobelprize.org.

90 Bohr (1922), p. 7.

91 Bohr (1922), p. 42.

92 Robertson (1979), p. 69.

93 Weber (1981), p. 64.

94 Bohr (1922), p. 14.

95 Stuewer (1975), quoted p. 241.

96 Stuewer (1975), quoted p. 241.

97 See Stuewer (1975).

98 Visible light does undergo the 'Compton effect'. But the difference in wavelengths for the primary and scattered visible light is so much smaller than for X-rays that the effect is not detectable by the eye, although it can be measured in the lab.

99 Compton (1924), p. 70.

100 Compton (1924), p. 70.

101 Compton (1961). A short paper by Compton recounting the experimental evidence and the theoretical considerations that led to the discovery of the 'Compton effect'.

102 The American chemist Gilbert Lewis proposed the name *photon* in 1926 for atoms of light.

103 Fölsing (1997), quoted p. 541.

104 Pais (1991), quoted p. 234.

105 Compton (1924), p. 70.

106 Pais (1982), quoted p. 414.

第 6 章　德布罗意：二象性贵族

1 Ponte (1981), quoted p. 56.

2 Unlike Duc, Prince was not a French title. With the death of his brother, the French title took precedence and Louis became a Duc.

3 Pais (1994), quoted p. 48. Letter from Einstein to Hendrik Lorentz, 16 December 1924.

4 Abragam (1988), quoted p. 26.

5　Abragam (1988), quoted pp. 26–7.
6　Abragam (1988), quoted p. 27.
7　Abragam (1988), quoted p. 27.
8　Ponte (1981), quoted p. 55.
9　See Abragam (1988), p. 38.
10　*Corps du Génie* in French.
11　Ponte (1981), quoted pp. 55–6.
12　Pais (1991), quoted p. 240.
13　Abragam (1988), quoted p. 30.
14　Abragam (1988), quoted p. 30.
15　Abragam (1988), quoted p. 30.
16　Abragam (1988), quoted p. 30.
17　Abragam (1988), quoted p. 30.
18　Wheaton (2007), quoted p. 58.
19　Wheaton (2007, quoted pp. 54–5.
20　Elsasser (1978), p. 66.
21　Gehrenbeck (1978), quoted p. 325.
22　CPAE, Vol. 5, p. 299. Letter from Einstein to Heinrich Zangger, 12 May 1912.
23　Weinberg (1993), p. 51.

第 7 章　泡利与两位自旋博士

1　Meyenn and Schucking (2001), quoted p. 44.
2　Born (2005), p. 223.
3　Born (2005), p. 223.
4　Paul Ewald, AHQP interview, 8 May 1962.
5　Enz (2002), quoted p. 15.
6　Enz (2002), quoted p. 9.
7　Pais (2000), quoted p. 213.
8　Mehra and Rechenberg (1982), Vol. 1, Pt. 2, quoted p. 378.
9　Enz (2002), quoted p. 49.
10　Cropper (2001), quoted p. 257.
11　Cropper (2001), quoted p. 257.
12　Cropper (2001), quoted p. 257.
13　Mehra and Rechenberg (1982), Vol. 1, Pt. 2, p. 384.
14　Pauli (1946b), p. 27.
15　Mehra and Rechenberg (1982), Vol. 1, Pt. 1, quoted p. 281.
16　CPAE, Vol. 8, p. 467. Letter from Einstein to Hedwig Born, 8 February 1918.
17　Greenspan (2005), quoted p. 108.
18　Born (2005), p. 56. Letter from Born to Einstein, 21 October 1921.
19　Pauli (1946a), p. 213.
20　Pauli (1946a), p. 213.
21　Lorentz assumed that oscillating electrons inside atoms of the incandescent sodium gas emitted the light that Zeeman had analysed. Lorentz showed that a spectral line would split into two closely spaced lines (a doublet) or three lines (a triplet)

depending on whether the emitted light was viewed in the direction parallel or perpendicular to that of the magnetic field. Lorentz calculated the difference in the wavelengths of the two adjacent lines and obtained a value in agreement with Zeeman's experimental results.

22 Pais (1991), quoted p. 199.

23 Pais (2000), quoted p. 221.

24 Pauli (1946a), p. 213.

25 In 1916, 28-year-old German physicist Walther Kossel, whose father had been awarded the Nobel Prize for chemistry, was the first to establish an important connection between the quantum atom and the periodic table. He noticed that the difference between the atomic numbers 2, 10, 18 of the first three noble gases, helium, neon, argon, was 8, and argued that the electrons in such atoms orbited in 'closed shells'. The first contained only 2 electrons, the second and third, 8 each. Bohr acknowledged the work of Kossel. But neither Kossel nor others went as far as the Dane in elucidating the distribution of electrons throughout the periodic table, the culmination of which was the correct labelling of hafnium as not a rare earth element.

26 BCW, Vol. 4, p. 740. Postcard from Arnold Sommerfeld to Bohr, 7 March 1921.

27 BCW, Vol. 4, p. 740. Letter from Arnold Sommerfeld to Bohr, 25 April 1921.

28 Pais (1991), quoted p. 205.

29 If n=3, then k=1, 2, 3.

If k=1, then m=0 and the energy state is (3,1,0).

If k=2, then m=−1, 0, 1 and the energy states are (3,2,−1), (3,2,0), and (3,2,1).

If k=3, then m=−2, −1, 0, 1, 2 and the energy states are (3,3,−2), (3,3,−1), (3,3,0), (3,3,1) and (3,3,2). The total number of energy states in the third shell n=3 is 9 and the maximum number of electrons 18. For n=4, the energy states are (4,1,0), (4,2,−1), (4,2,0), (4,2,1), (4,3,−2), (4,3,−1), (4,3,0), (4,3,1), (4,3,2), (4,4,−3), (4,4,−2), (4,4,−1), (4,4,0), (4,4,1), (4,4,2), (4,4,3).

The number of electron energy states for a given n was simply equal to n^2. For the first four shells, n=1, 2, 3 and 4, the number of energy states are 1, 4, 9, 16.

30 The first edition of *Atombau und Spektrallinien* was published in 1919.

31 Pais (2000), quoted p. 223.

32 Recall that in his model of the quantum atom, Bohr introduced the quantum into the atom through the quantisation of angular momentum ($L = nh/2\pi = mvr$). An electron moving in a circular orbit possesses angular momentum. Labelled L in calculations, the angular momentum of the electron is nothing more than the value obtained by multiplying its mass by its velocity by the radius of its orbit (in symbols, L=mvr). Only those electron orbits were permitted that had an angular momentum equal to $nh/2\pi$, where n was 1, 2, 3 and so on. All others orbits were forbidden.

33 Calaprice (2005), quoted p. 77.

34 Pais (1989b), quoted p. 310.

35 Goudsmit (1976), p. 246.

36 Samuel Goudsmit, AHQP interview, 5 December 1963.

37 Pais (1989b), quoted p. 310.

38 Pais (2000), quoted p. 222.
39 Actually, the two values are $+\frac{1}{2}(h/2\pi)$ and $-\frac{1}{2}(h/2\pi)$ or equivalently $+h/4\pi$ and $-h/4\pi$.
40 Mehra and Rechenberg (1982), Vol. 1, Pt. 2, quoted p. 702.
41 Pais (1989b), quoted p. 311.
42 George Uhlenbeck, AHQP interview, 31 March 1962.
43 Uhlenbeck (1976), p. 253.
44 BCW, Vol. 5, p. 229. Letter from Bohr to Ralph Kronig, 26 March 1926.
45 Pais (2000), quoted p. 304.
46 Robertson (1979), quoted p. 100.
47 Mehra and Rechenberg (1982), Vol. 1, Pt. 2, quoted p. 691.
48 Mehra and Rechenberg (1982), Vol. 1, Pt. 2, quoted p. 692.
49 Ralph Kronig, AHQP interview, 11 December 1962.
50 Ralph Kronig, AHQP interview, 11 December 1962.
51 Pais (2000), quoted p. 305.
52 Pais (2000), quoted p. 305.
53 Pais (2000), quoted p. 305.
54 Pais (2000), quoted p. 305.
55 Uhlenbeck (1976), p. 250.
56 Pais (2000), quoted p. 305.
57 Pais (2000), quoted p. 305.
58 Pais (2000), quoted p. 230.
59 Enz (2002), quoted p. 115.
60 Enz (2002), quoted p. 117.
61 Goudsmit (1976), p. 248.
62 Jammer (1966), p. 196.
63 Mehra and Rechenberg (1982), Vol. 2, Pt. 2, quoted p. 208. Letter from Pauli to Ralph Kronig, 21 May 1925.
64 Mehra and Rechenberg (1982), Vol. 1, Pt. 2, quoted p. 719.

第 8 章 海森堡：量子魔法师

1 Mehra and Rechenberg (1982), Vol. 2, quoted p. 6.
2 Heisenberg (1971), p. 16.
3 Heisenberg (1971), p. 16.
4 Heisenberg (1971), p. 16.
5 Heisenberg (1971), p. 16.
6 Werner Heisenberg, AHQP interview, 30 November 1962.
7 Heisenberg (1971), p. 24.
8 Heisenberg (1971), p. 24.
9 Werner Heisenberg, AHQP interview, 30 November 1962.
10 Heisenberg (1971), p. 26.
11 Heisenberg (1971), p. 26.
12 Heisenberg (1971), p. 26.
13 Heisenberg (1971), p. 38.

14　Heisenberg (1971), p. 38.
15　Werner Heisenberg, AHQP interview, 30 November 1962.
16　Heisenberg (1971), p. 42.
17　Born (1978), p. 212.
18　Born (2005), p. 73. Letter from Born to Einstein, 7 April 1923.
19　Born (1978), p. 212.
20　Cassidy (1992), quoted p. 168.
21　Mehra and Rechenberg (1982), Vol. 2, quoted pp. 140–1. Letter from Heisenberg to Pauli, 26 March 1924.
22　Mehra and Rechenberg (1982), Vol. 2, quoted p. 133. Letter from Pauli to Bohr, 11 February 1924.
23　Mehra and Rechenberg (1982), Vol. 2, quoted p. 135. Letter from Pauli to Bohr, 11 February 1924.
24　Mehra and Rechenberg (1982), Vol. 2, quoted p. 142.
25　Mehra and Rechenberg (1982), Vol. 2, quoted p. 127. Letter from Born to Bohr, 16 April 1924.
26　Mehra and Rechenberg (1982), Vol. 2, quoted p. 3.
27　Mehra and Rechenberg (1982), Vol. 2, quoted p. 150.
28　Frank Hoyt, AHQP interview, 28 April 1964.
29　Mehra and Rechenberg (1982), Vol. 2, quoted p. 209. Letter from Heisenberg to Bohr, 21 April 1925.
30　Heisenberg (1971), p. 8.
31　Pais (1991), quoted p. 270.
32　Mehra and Rechenberg (1982), Vol. 2, quoted p. 196. Letter from Pauli to Bohr, 12 December 1924.
33　Cassidy (1992), quoted p. 198.
34　Pais (1991), quoted p. 275.
35　Heisenberg (1971), p. 60.
36　Heisenberg (1971), p. 60.
37　Heisenberg (1971), p. 61.
38　Heisenberg (1971), p. 61.
39　Heisenberg (1971), p. 61.
40

$$A=\begin{pmatrix} a & b \\ c & d \end{pmatrix} \quad B=\begin{pmatrix} e & f \\ g & h \end{pmatrix} \quad A\times B=\begin{pmatrix} (a\times e)+(b\times g) & (a\times f)+(b\times h) \\ (c\times e)+(d\times g) & (c\times f)+(d\times h) \end{pmatrix}$$

$$\text{If } A=\begin{pmatrix} 1 & 2 \\ 3 & 4 \end{pmatrix} \text{ If } B=\begin{pmatrix} 5 & 6 \\ 7 & 8 \end{pmatrix} \text{ then } A\times B=\begin{pmatrix} (1\times5)+(2\times7) & (1\times6)+(2\times8) \\ (3\times5)+(4\times7) & (3\times6)+(4\times8) \end{pmatrix}=\begin{pmatrix} 5+14 & 6+16 \\ 15+28 & 18+32 \end{pmatrix}=\begin{pmatrix} 19 & 22 \\ 43 & 50 \end{pmatrix}$$

$$\text{If } B=\begin{pmatrix} 5 & 6 \\ 7 & 8 \end{pmatrix} \text{ If } A=\begin{pmatrix} 1 & 2 \\ 3 & 4 \end{pmatrix} \text{ then } B\times A=\begin{pmatrix} (5\times1)+(6\times3) & (5\times2)+(6\times4) \\ (7\times1)+(8\times3) & (7\times2)+(8\times4) \end{pmatrix}=\begin{pmatrix} 5+18 & 10+24 \\ 7+24 & 14+32 \end{pmatrix}=\begin{pmatrix} 23 & 34 \\ 31 & 46 \end{pmatrix}$$

$$\text{Therefore } (A\times B)-(B\times A)=\begin{pmatrix} 19 & 22 \\ 43 & 50 \end{pmatrix}-\begin{pmatrix} 23 & 34 \\ 31 & 46 \end{pmatrix}=\begin{pmatrix} -4 & -12 \\ 12 & 4 \end{pmatrix}$$

41　Enz (2002), quoted p. 131. Letter from Heisenberg to Pauli, 21 June 1925.
42　Cassidy (1992), quoted p. 197. Letter from Heisenberg to Pauli, 9 July 1925.

43 Mehra and Rechenberg (1982), quoted p. 291.

44 Enz (2002), quoted p. 133.

45 Cassidy (1992), quoted p. 204.

46 Heisenberg (1925), p. 276.

47 Born (2005), p. 82. Letter from Born to Einstein, 15 July 1925. Born may have discovered that Heisenberg's multiplication rule was exactly the same as that for matrix multiplication by the time he wrote to Einstein. Born recalled on one occasion that Heisenberg gave him the paper on 11 or 12 July. However, on another occasion he believed the date of his identifying the strange multiplication with matrix multiplication was 10 July.

48 Born (2005), p. 82. Letter from Born to Einstein, 15 July 1925.

49 Cropper (2001), quoted p. 269.

50 Born (1978), p. 218.

51 Schweber (1994), quoted p. 7.

52 Born (2005), p. 80. Letter from Born to Einstein, 15 July 1925.

53 In 1925 and 1926, Heisenberg, Born and Jordan never used the term 'matrix mechanics'. They always spoke about the 'new mechanics' or 'quantum mechanics'. Others initially referred to 'Heisenberg's mechanics' or 'Göttingen mechanics' before some mathematicians started referring to it as '*Matrizenphysik*', 'matrix physics'. By 1927 it was routinely referred to as 'matrix mechanics', a name that Heisenberg always disliked.

54 Born (1978), p. 190.

55 Born (1978), p. 218.

56 Mehra and Rechenberg (1982), Vol. 3, quoted p. 59. Letter from Born to Bohr, 18 December 1926.

57 Greenspan (2005), quoted p. 127.

58 Pais (1986), quoted p. 255. Letter from Einstein to Paul Ehrenfest, 20 September 1925.

59 Pais (1986), quoted p. 255.

60 Pais (2000), quoted p. 224.

61 Born (1978), p. 226.

62 Born (1978), p. 226.

63 Kursunoglu and Wigner (1987), quoted p. 3.

64 Paul Dirac, AHQP interview, 7 May 1963.

65 Kragh (2002) quoted p. 241.

66 Dirac (1977), p. 116.

67 Dirac (1977), p. 116.

68 Born (2005), p. 86. Letter from Einstein to Mrs Born, 7 March 1926.

69 Bernstein (1991), quoted p. 160.

第 9 章 薛定谔：一场始于情欲的迟到爆发

1 Moore (1989), quoted p. 191.

2 Born (1978), p. 270.

3 Moore (1989), quoted p. 23.

4   Moore (1989), quoted pp. 58–9.
5   Moore (1989), quoted p. 91.
6   Moore (1989), quoted p. 91.
7   Mehra and Rechenberg (1987) Vol. 5, Pt. 1, quoted p. 182.
8   Moore (1989), quoted p. 145.
9   Mehra and Rechenberg (1987), Vol. 5, Pt. 2, quoted p. 412.
10   Bloch (1976), p. 23. Although there is some doubt when exactly Schrödinger deliv-ered his talk at the colloquium, 23 November is the most probable date that fits the known facts better than any alternative.
11   Bloch (1976), p. 23.
12   Bloch (1976), p. 23.
13   Abragam (1988), p. 31.
14   Bloch (1976), pp. 23–4.
15   The equation was rediscovered in 1927 by Oskar Klein and Walter Gordon and became known as the Klein-Gordon equation. It applies only to spin zero particles.
16   Moore (1989), quoted p. 196.
17   Moore (1989), quoted p. 191.
18   The title of Schrödinger's paper signalled that in his theory the quantisation of an atom's energy levels was based on the allowed values, or *eigenvalues*, of electron wavelengths. In German, *eigen* means 'proper' or 'characteristic'. The German word *eigenwert* was only half-heartedly translated into English as *eigenvalue*.
19   Cassidy (1992), quoted p. 214.
20   Moore (1989), quoted p. 209. Letter from Planck to Schrödinger, 2 April 1926.
21   Moore (1989), quoted p. 209. Letter from Einstein to Schrödinger, 16 April 1926.
22   Przibram (1967), p. 6.
23   Moore (1989), quoted p. 209. Letter from Einstein to Schrödinger, 26 April 1926.
24   Cassidy (1992), quoted p. 213.
25   Pais (2000), quoted p. 306.
26   Moore (1989), quoted p. 210.
27   Mehra and Rechenberg (1987), Vol. 5, Pt. 1, quoted p. 1. Letter from Pauli to Pascual Jordan, 12 April 1926.
28   Cassidy (1992), quoted p. 213.
29   Cassidy (1992), quoted p. 213. Letter from Heisenberg to Pascual Jordan, 19 July 1926.
30   Cassidy (1992), quoted p. 213.
31   Cassidy (1992), quoted p. 213. Letter from Born to Schrödinger, 16 May 1927.
32   Mehra and Rechenberg (1987), Vol. 5, Pt. 2, quoted p. 639. Letter from Schrödinger to Wilhelm Wien, 22 February 1926.
33   Mehra and Rechenberg (1987), Vol. 5, Pt. 2, quoted p. 639. Letter from Schrödinger to Wilhelm Wien, 22 February 1926.
34   Pauli, Dirac and the American Carl Eckhart all independently showed that Schrödinger was correct.
35   Mehra and Rechenberg (1987), Vol. 5 Pt. 2, quoted p. 639. Letter from Schrödinger to Wilhelm Wien, 22 February 1926.

36　Moore (1989), quoted p. 211.

37　Moore (1989), quoted p. 211.

38　Cassidy (1992), quoted p. 215. Letter from Heisenberg to Pauli, 8 June 1926.

39　Cassidy (1992), quoted p. 213. Letter from Heisenberg to Pascual Jordan, 8 April 1926.

40　Heisenberg's paper was received by the *Zeitschrift für Physik* on 24 July and was published on 26 October 1926.

41　Pais (2000), quoted p. 41. Letter from Born to Einstein, 30 November 1926. Not included in Born (2005).

42　Bloch (1976), p. 320. In the original German:

Gar Manches rechnet Erwin schon
Mit seiner Wellenfunktion.
Nur wissen möcht' man gerne wohl
Was man sich dabei vorstell'n soll.

43　Strictly speaking it should be the square of the 'modulus' of the wave function. Modulus is the technical term for taking the absolute value of a number regardless of whether it is positive or negative. For example, if $x=-3$, then the modulus of x is 3. Written as: $|x| = |-3| = 3$. For a complex number $z=x+iy$, the modulus of z is given by $|z| = \sqrt{x^2+y^2}$.

44　The square of a complex number is calculated as follows: $z=4+3i$, z^2 is in fact not $z \times z$, but $z \times z^*$ where z^* is called the complex conjugate. If $z=4+3i$, then $z^*=4-3i$. Hence, $z^2=z \times z^*=(4+3i) \times (4-3i)=16-12i+12i-9i^2=16-9(\sqrt{-1})^2=16-9(-1)=16+9=25$. If $z=4+3i$, then the modulus of z is 5.

45　Born (1978), p. 229.

46　Born (1978), p. 229.

47　Born (1978), p. 230.

48　Born (1978), p. 231.

49　Born (2005), p. 81. Letter from Born to Einstein, 15 July 1925.

50　Born (2005), p. 81. Letter from Born to Einstein, 15 July 1925.

51　Pais (2000), quoted p. 41.

52　Pais (1986), quoted p. 256.

53　Pais (2000), quoted p. 42.

54　The second paper was published in the *Zeitschrift für Physik* on 14 September.

55　Pais (1986), quoted p. 257.

56　Pais (1986), quoted p. 257.

57　Once again, technically speaking it is the absolute or modulus square of the wave function. Also, technically, rather than the 'probability', the absolute square of the wave function gives the 'probability density'.

58　Pais (1986), quoted p. 257.

59　Pais (1986), quoted p. 257.

60　Pais (2000), quoted p. 39.

61　Mehra and Rechenberg (1987), Vol. 5, Pt. 2, quoted p. 827. Letter from Schrödinger to Wien, 25 August 1926.

62　Mehra and Rechenberg (1987), Vol. 5, Pt. 2, quoted p. 828. Letter from Schrödinger to Born, 2 November 1926.

63　Heitler (1961), quoted p. 223.

64　Moore (1989), quoted p. 222.

65　Moore (1989), quoted p. 222.

66　Heisenberg (1971), p. 73.

67　Cassidy (1992), quoted p. 222. Letter from Heisenberg to Pascual Jordan, 28 July 1926.

68　Cassidy (1992), quoted p. 222. Letter from Heisenberg to Pascual Jordan, 28 July 1926.

69　Mehra and Rechenberg (1987), Vol. 5, Pt. 2, quoted p. 625. Letter from Bohr to Schrödinger, 11 September 1926.

70　Heisenberg (1971), p. 73.

71　Heisenberg (1971), p. 73.

72　See Heisenberg (1971), pp. 73–5 for the complete reconstruction of this particular exchange between Schrödinger and Bohr.

73　Heisenberg (1971), p. 76.

74　Moore (1989), p. 228. Letter from Schrödinger to Wilhelm Wien, 21 October 1926.

75　Mehra and Rechenberg (1987), Vol. 5, Pt. 2, quoted p. 826. Letter from Schrödinger to Wilhelm Wien, 21 October 1926.

76　Born (2005), p. 88. Letter from Einstein to Born, 4 December 1926.

第 10 章　海森堡与玻尔：哥本哈根的不确定性

1　Heisenberg (1971), p. 62.

2　Heisenberg (1971), p. 62.

3　Heisenberg (1971), p. 62.

4　Heisenberg (1971), p. 62.

5　Heisenberg (1971), p. 63.

6　Heisenberg (1971), p. 63.

7　Heisenberg (1971), p. 63.

8　Werner Heisenberg, AHQP interview, 30 November 1962.

9　Heisenberg (1971), p. 63.

10　Heisenberg (1971), p. 63.

11　Heisenberg (1971), p. 64.

12　Heisenberg (1971), p. 64.

13　Heisenberg (1971), p. 64.

14　Heisenberg (1971), p. 65.

15　Cassidy (1992), quoted p. 218.

16　Pais (1991), quoted p. 296. Letter from Bohr to Rutherford, 15 May 1926.

17　Heisenberg (1971), p. 76.

18　Cassidy (1992), quoted p. 219.

19　Pais (1991), quoted p. 297.

20　Robertson (1979), quoted p. 111.

21　Pais (1991), quoted p. 300.

22 Heisenberg (1967), p. 104.
23 Mehra and Rechenberg (2000), Vol. 6, Pt. 1, quoted p. 235. Letter from Einstein to Paul Ehrenfest, 28 August 1926.
24 Werner Heisenberg, AHQP interview, 25 February 1963.
25 Werner Heisenberg, AHQP interview, 25 February 1963.
26 Werner Heisenberg, AHQP interview, 25 February 1963.
27 Heisenberg (1971), p. 77.
28 Heisenberg (1971), p. 77.
29 Heisenberg (1971), p. 77.
30 Heisenberg (1971), p. 77.
31 In another of his later writings, Heisenberg expressed the crucial switch in the question to answer: 'Instead of asking: How can one in the known mathematical scheme express a given experimental situation? The other question was put: Is it true, perhaps, that only such experimental situations can arise in nature as can be expressed in the mathematical formalism?' Heisenberg (1989), p. 30.
32 Heisenberg (1971), p. 78.
33 Heisenberg (1971), p. 78.
34 Heisenberg (1971), p. 79.
35 Momentum is preferred over velocity because it appears in fundamental equations of both classical and quantum mechanics. Both physical variables are intimately connected by the fact that momentum is just mass times velocity – even for a fast-moving electron with corrections imposed by the special theory of relativity.
36 As pointed out by Max Jammer (1974), Heisenberg used *Ungenauigkeit* (inexactness, imprecision) or *Genauigkeit* (precision, degree of precision). These two terms appear more than 30 times in his paper, whereas *Unbestimmtheit* (indeterminacy) appears only twice and *Unsicherheit* (uncertainty) three times.
37 Heisenberg in his published paper actually put it as $\Delta p \Delta q \sim h$, or Δp times Δq is approximately Planck's constant.
38 There were occasions over the years when Heisenberg seemed to suggest that it was our knowledge of the atomic world that was indeterminate: 'The uncertainty principle refers to the degree of indeterminateness in the possible present knowledge of the simultaneous values of the various quantities with which quantum theory deals …', rather than an intrinsic feature of nature. See Heisenberg (1949), p. 20.
39 Heisenberg (1927), p. 68. An English translation can be found in Wheeler and Zurek (1983), pp. 62–84. All page references refer to this reprint.
40 Heisenberg (1927), p. 68.
41 Heisenberg (1927), p. 68.
42 Heisenberg (1989), p. 30.
43 Heisenberg (1927), p. 62.
44 Heisenberg (1989), p. 31.
45 Heisenberg (1927), p. 63.
46 Heisenberg (1927), p. 64.
47 Heisenberg (1927), p. 65.
48 Heisenberg (1989), p. 36.

49　Mehra and Rechenberg (2000), Vol. 6, Pt. 1, quoted p. 146. Letter from Pauli to Heisenberg, 19 October 1926.

50　Mehra and Rechenberg (2000), Vol. 6, Pt. 1, quoted p. 147. Letter from Pauli to Heisenberg, 19 October 1926.

51　Mehra and Rechenberg (2000), Vol. 6, Pt. 1, quoted p. 146. Letter from Pauli to Heisenberg, 19 October 1926.

52　Mehra and Rechenberg (2000), Vol. 6, Pt. 1, quoted p. 93.

53　Pais (1991), quoted p. 304. Letter from Heisenberg to Bohr, 10 March 1927.

54　Pais (1991), quoted p. 304.

55　Cassidy (1992), quoted p. 241. Letter from Heisenberg to Pauli, 4 April 1927.

56　Werner Heisenberg, AHQP interview, 25 February 1963.

57　Werner Heisenberg, AHQP interview, 25 February 1963.

58　Werner Heisenberg, AHQP interview, 25 February 1963.

59　Heisenberg (1927), p. 82.

60　The original German title was: 'Über den anschaulichen Inhalt der quanten-theoretischen Kinematik und Mechanik', *Zeitschrift für Physik*, 43, 172–98 (1927). See Wheeler and Zurek (1983), pp. 62–84.

61　Mehra and Rechenberg (2000), Vol. 6, Pt. 1, quoted p. 182. Letter from Heisenberg to Pauli, 4 April 1927.

62　Bohr (1949), p. 210.

63　There was a subtle difference between wave-particle complementarity and that involving any pair of physical observables like position and momentum. According to Bohr, the complementary wave and particle aspects of an electron or light are mutually exclusive. It is one or the other. However, only if either position or momentum of an electron, for example, is measured with pinpoint certainty are position and momentum mutually exclusive. Otherwise, the precision with which both can be measured and therefore known is given by the position-momentum uncertainty relation.

64　BCW, Vol. 6, p. 147.

65　BCW, Vol. 3, p. 458.

66　Werner Heisenberg, AHQP interview, 25 February 1963.

67　Werner Heisenberg, AHQP interview, 25 February 1963.

68　Bohr (1949), p. 210.

69　Bohr (1928), p. 53.

70　BCW, Vol. 6, p. 91.

71　Mehra and Rechenberg (2000), Vol. 6, Pt. 1, quoted p. 187. Letter from Bohr to Einstein, 13 April 1927.

72　Mehra and Rechenberg (2000), Vol. 6, Pt. 1, quoted p. 187. Letter from Bohr to Einstein, 13 April 1927.

73　BCW, Vol. 6, p. 418. Letter from Bohr to Einstein, 13 April 1927.

74　Mackinnon (1982), quoted p. 258. Letter from Heisenberg to Pauli, 31 May 1927.

75　Cassidy (1992), quoted p. 243. Letter from Heisenberg to Pauli, 16 May 1927. Heisenberg uses the symbol ≈ that means 'approximately'.

76　Mehra and Rechenberg (2000), Vol. 6, Pt. 1, quoted p. 183. Letter from Heisenberg to Pauli, 16 May 1927.
77　Heisenberg (1927), p. 83.
78　Mehra and Rechenberg (2000), Vol. 6, Pt. 1, quoted p. 184. Letter from Heisenberg to Pauli, 3 June 1927.
79　Heisenberg (1971), p. 79.
80　Pais (1991), quoted p. 309. Letter from Heisenberg to Bohr, 18 June 1927.
81　Pais (1991), quoted p. 309. Letter from Heisenberg to Bohr, 21 August 1927.
82　Cassidy (1992), quoted p. 218. Letter from Heisenberg to his parents, 29 April 1926.
83　Pais (2000), quoted p. 136.
84　Pais (1991), quoted p. 309. Letter from Heisenberg to Pauli, 16 May 1927.
85　Heisenberg (1989), p. 30.
86　Heisenberg (1989), p. 30.
87　Heisenberg (1927), p. 83.
88　Heisenberg (1927), p. 83.
89　Heisenberg (1927), p. 83.
90　Heisenberg (1927), p. 83.

第 11 章　索尔维 1927

1　Mehra (1975), quoted p. xxiv.
2　CPAE, Vol. 5, p. 222. Letter from Einstein to Heinrich Zangger, 15 November 1911.
3　Mehra (1975), quoted p. xxiv. Lorentz's Report to the Administrative Council, Solvay Institute, 3 April 1926.
4　Mehra (1975), quoted p. xxiv.
5　Mehra (1975), quoted p. xxiii. Letter from Ernest Rutherford to B.B. Boltwood, 28 February 1921.
6　Mehra (1975), quoted p. xxii.
7　The statute of the League of Nations was drawn up in April 1919.
8　In 1936 Hitler violated the Locarno treaties when he sent German troops into the demilitarised Rhineland.
9　William H. Bragg resigned from the committee in May 1927 citing other commitments, and though invited did not attend. Edmond Van Aubel, though still on the committee, refused to attend because the Germans had been invited.
10　Mehra and Rechenberg (2000), Vol. 6, Pt. 1, quoted p. 232.
11　Mehra and Rechenberg (2000), Vol. 6, Pt. 1, quoted p. 241. Letter from Einstein to Hendrik Lorentz, 17 June 1927.
12　Mehra and Rechenberg (2000), Vol. 6, Pt. 1, quoted p. 241. Letter from Einstein to Hendrik Lorentz, 17 June 1927.
13　Bohr (1949), p. 212.
14　Bacciagaluppi and Valentini (2006), quoted p. 408.
15　Bacciagaluppi and Valentini (2006), quoted p. 408.
16　Bacciagaluppi and Valentini (2006), quoted p. 432.
17　Bacciagaluppi and Valentini (2006), quoted p. 437.
18　Mehra (1975), quoted p. xvii.

19　Bacciagaluppi and Valentini (2006), quoted p. 448.
20　Bacciagaluppi and Valentini (2006), quoted p. 448.
21　Bacciagaluppi and Valentini (2006), quoted p. 470.
22　Bacciagaluppi and Valentini (2006), quoted p. 472.
23　Bacciagaluppi and Valentini (2006), quoted p. 473.
24　Pais (1991), quoted p. 426. 'Could one not keep determinism by making it an object of belief? Must one necessarily elevate indeterminism to a principle?' (Bacciagaluppi and Valentini (2006), p. 477.)
25　Bohr (1963c), p. 91.
26　Bohr was partly to blame for the confusion, since on occasions he referred to his contribution during the general discussion as a 'report'. He did so, for example, in his lecture 'The Solvay Meetings and the Development of Quantum Physics', reprinted in Bohr (1963c).
27　Bohr (1963c), p. 91.
28　Mehra and Rechenberg (2000), Vol. 6, Pt. 1, quoted p. 240.
29　Bohr (1928), p. 53.
30　Bohr (1928), p. 54.
31　Petersen (1985), quoted p. 305.
32　Bohr (1987), p. 1.
33　Einstein (1993), p. 121. Letter from Einstein to Maurice Solovine, 1 January 1951.
34　Einstein (1949a), p. 81.
35　Heisenberg (1989), p. 174.
36　Bacciagaluppi and Valentini (2006), quoted p. 486. The translation is based on notes in the Einstein archives. The published French translation reads: 'I have to apologize for not having gone deeply into quantum mechanics. I should nevertheless want to make some general remarks.'
37　Bohr (1949), p. 213.
38　Bacciagaluppi and Valentini (2006), quoted p. 487.
39　Bacciagaluppi and Valentini (2006), quoted p. 487.
40　See Chapter 9, note 43.
41　Bacciagaluppi and Valentini (2006), quoted p. 487.
42　Bacciagaluppi and Valentini (2006), quoted p. 489.
43　Bacciagaluppi and Valentini (2006), quoted p. 489.
44　Bohr (1949).
45　Bohr (1949), p. 217.
46　Bohr (1949), p. 218.
47　Bohr (1949), p. 218.
48　Bohr (1949), p. 218.
49　Bohr (1949), p. 218.
50　Bohr (1949), p. 222.
51　De Broglie (1962), p. 150.
52　Heisenberg (1971), p. 80.
53　Heisenberg (1967), p. 107.
54　Heisenberg (1967), p. 107.

55　Heisenberg (1967), p. 107.

56　Heisenberg (1983), p. 117.

57　Heisenberg (1983), p. 117.

58　Heisenberg (1971), p. 80.

59　Bohr (1949), p. 213.

60　Mehra and Rechenberg (2000), Vol. 6, Pt. 1, pp. 251–3. Letter from Paul Ehrenfest to Samuel Goudsmit, George Uhlenbeck and Gerhard Diecke, 3 November 1927.

61　Bohr (1949), p. 218.

62　Bohr (1949), p. 218.

63　Bohr (1949), p. 206.

64　Brian (1996), p. 164.

65　Cassidy (1992), quoted p. 253. Letter from Einstein to Arnold Sommerfeld, 9 November 1927.

66　Marage and Wallenborn (1999), quoted p. 165.

67　Cassidy (1992), quoted p. 254.

68　Werner Heisenberg, AHQP interview, 27 February 1963.

69　Gamov (1966), p. 51.

70　Calaprice (2005), p. 89.

71　Fölsing (1997), quoted p. 601. Letter from Einstein to Michele Besso, 5 January 1929.

72　Brian (1996), quoted p. 168.

73　Mehra and Rechenberg (2000), Vol. 6, Pt. 1, quoted p. 256.

74　Mehra and Rechenberg (2000), Vol. 6, Pt. 1, quoted p. 266. Letter from Schrödinger to Bohr, 5 May 1928.

75　Mehra and Rechenberg (2000), Vol. 6, Pt. 1, quoted pp. 266–7. Letter from Bohr to Schrödinger, 23 May 1928.

76　Przibram (1967), p. 31. Letter from Einstein to Schrödinger, 31 May 1928.

77　Fölsing (1997), quoted p. 602. Letter from Einstein to Paul Ehrenfest, 28 August 1928.

78　Brian (1996), quoted p. 169.

79　Pais (2000), quoted p. 215. Letter from Pauli to Hermann Weyl, 11 July 1929.

80　Pais (1982), quoted p. 31.

第 12 章　忘记相对论的爱因斯坦

1　Rosenfeld (1968), p. 232.

2　Pais (2000), quoted p. 225.

3　Rosenfeld (1968), p. 232.

4　Rosenfeld (1968), p. 232.

5　Rosenfeld, AHQP interview.

6　Clark (1973) quoted p. 198.

7　'The Fabric of the Universe', The Times, 7 November 1919.

8　Thorne (1994), p. 100.

9　Alternatively, since the uncontrollable transfer of momentum to the light box when the pointer and scale is illuminated causes the box to move about unpredictably, the clock inside is now moving in a gravitational field. The rate at which it ticks (the flow of time) changes unpredictably, leading to an uncertainty in the precise time when the shutter is opened and the photon escapes. Once again, the chain of uncertainties obeys the limits set by Heisenberg's uncertainty principle.

10 Pais (1982), quoted p. 449.
11 Pais (1982), quoted p. 515. Einstein had pointed out to the Swedish Academy that the achievements of Heisenberg and Schrödinger were so significant that it would not be appropriate to divide a Nobel Prize between them. However, 'who should get the prize first is hard to answer', he admitted, before suggesting Schrödinger. He had first nominated Heisenberg and Schrödinger in 1928 when he suggested that de Broglie and Davisson be given precedence. The other options he put forward involved one prize to be shared by de Broglie and Schrödinger and another by Born, Heisenberg and Jordan. The 1928 prize was deferred until 1929, when it was awarded to the British physicist Owen Richardson. As Einstein suggested, Louis de Broglie was the first of the new generation of quantum theorists to be honoured when he was awarded the 1929 prize.
12 Fölsing (1997), quoted p. 630.
13 Brian (1996), quoted p. 200.
14 Calaprice (2005), p. 323.
15 Brian (1996), quoted p. 201.
16 Brian (1996), quoted p. 201.
17 Brian (1996), quoted p. 201.
18 Henig (1998), p. 64.
19 Brian (1996), quoted p. 199.
20 Fölsing (1997), quoted p. 629.
21 Brian (1996), quoted p. 199. Letter from Sigmund Freud to Arnold Zweig, 7 December 1930.
22 Brian (1996), quoted p. 204.
23 Levenson (2003), quoted p. 410.
24 Brian (1996), quoted p. 237.
25 Fölsing (1997), quoted p. 659. Letter from Einstein to Margarete Lenbach, 27 February 1933.
26 Clark (1973), quoted p. 431.
27 Fölsing (1997), quoted p. 661 and Brian (1996), p. 244.
28 Fölsing (1997), quoted p. 662. Letter from Planck to Einstein, 19 March 1933.
29 Fölsing (1997), quoted p. 662. Letter from Planck to Einstein, 31 March 1933.
30 Friedländer (1997), quoted p. 27.
31 Physics: Albert Einstein (1921), James Franck (1925), Gustav Hertz (1925), Erwin Schrödinger (1933), Viktor Hess (1936), Otto Stern (1943), Felix Bloch (1952), Max Born (1954), Eugene Wigner (1963), Hans Bethe (1967), and Dennis Gabor (1971). Chemistry: Fritz Haber (1918), Pieter Debye (1936), Georg von Hevesy (1943), and Gerhard Hertzberg (1971). Medicine: Otto Meyerhof (1922), Otto Loewi (1936), Boris Chain (1945), Hans Krebs (1953), and Max Delbrück (1969).
32 Heilbron (2000), quoted p. 210.

33　Heilbron (2000), quoted p. 210.

34　Beyerchen (1977), quoted p. 43. This section does not appear in the account published in Heilbron (2000), pp. 210–11, which ends with: 'So saying, he hit himself hard on the knee, spoke faster and faster, and flew into such a rage that I could only remain silent and withdraw.'

35　Forman (1973), quoted p. 163.

36　Holton (2005), quoted pp. 32–3.

37　Greenspan (2005), quoted p. 175.

38　Born (1971), p. 251.

39　Greenspan (2005), quoted p. 177.

40　Born (2005), p. 114. Letter from Born to Einstein, 2 June 1933.

41　Born (2005), p. 114. Letter from Born to Einstein, 2 June 1933.

42　Born (2005), p. 111. Letter from Einstein to Born, 30 May 1933.

43　Cornwell (2003), quoted p. 134.

44　Jungk (1960), quoted p. 44.

45　Clark (1973), quoted p. 472.

46　Pais (1982), quoted p. 452. Letter from Abraham Flexner to Einstein, 13 October 1933.

47　Fölsing (1997), quoted p. 682.

48　Fölsing (1997), quoted p. 682. Letter from Einstein to the Board of Trustees of the Institute for Advanced Study, November 1933.

49　Fölsing (1997), quoted pp. 682–3. Letter from Einstein to the Board of Trustees of the Institute for Advanced Study, November 1933.

50　Moore (1989), quoted p. 280.

51　Cassidy (1992), quoted p. 325. Letter from Heisenberg to Bohr, 27 November 1933.

52　Greenspan (2005), quoted p. 191. Letter from Heisenberg to Born, 25 November 1933.

53　Born (2005), p. 200. Letter from Born to Einstein, 8 November 1953.

54　Mehra (1975), quoted p. xxvii. Letter from Einstein to Queen Elizabeth of Belgium, 20 November 1933.

第 13 章　量子实在

1　Smith and Weiner (1980), p. 190. Letter from Robert Oppenheimer to Frank Oppenheimer, 11 January 1935.

2　Smith and Weiner (1980), p. 190. Letter from Robert Oppenheimer to Frank Oppenheimer, 11 January 1935.

3　Born (2005), quoted p. 128.

4　Bernstein (1991), quoted p. 49.

5　James Chadwick was awarded the Nobel Prize for Physics in 1935 and Enrico Fermi in 1938.

6　Brian (1996), quoted p. 251.

7　Einstein (1950), p. 238.

8　Moore (1989), quoted p. 305, Letter from Einstein to Schrödinger, 8 August 1935.

9　Jammer (1985), quoted p. 142.

10 Reprinted in Wheeler and Zurek (1983), pp. 138–41.

11 *New York Times*, 7 May 1935, p. 21.

12 Einstein et al. (1935), p. 138. References to paper reprinted in Wheeler and Zurek (1983).

13 Einstein et al. (1935), p. 138. Italics in the original.

14 Einstein et al. (1935), p. 138. Italics in the original.

15 EPR resisted the temptation to use the two-particle experiment to challenge Heisenberg's uncertainty principle. It is possible to measure the exact momentum of particle A directly and determine the momentum of particle B. While it is not possible to know the position of A, because of the measurement already performed on it, it is possible to determine the position of B directly, since no previous measurement has been directly performed on it. Therefore it may be argued that the momentum and position of particle B can be determined simultaneously, thereby circumventing the uncertainty principle.

16 Einstein et al. (1935), p. 141. Italics in the original.

17 Einstein et al. (1935), p. 141.

18 BCW, Vol. 7, p. 251. Letter from Pauli to Heisenberg, 15 June 1935.

19 BCW, Vol. 7, p. 251. Letter from Pauli to Heisenberg, 15 June 1935.

20 Fölsing (1997), quoted p. 697.

21 Rosenfeld (1967), p. 128.

22 Rosenfeld (1967), p. 128.

23 Rosenfeld (1967), p. 128.

24 Rosenfeld (1967), p. 128.

25 Rosenfeld (1967), p. 129. Also in Wheeler and Zurek (1983), quoted p. 142.

26 See Bohr (1935a).

27 See Bohr (1935b).

28 Bohr (1935b), p. 145.

29 Bohr (1935b), p. 148.

30 Heisenberg (1971), p. 104.

31 Heisenberg (1971), p. 104.

32 Heisenberg (1971), p. 104.

33 Heisenberg (1971), p. 105.

34 Bohr (1949), p. 234.

35 Bohr (1935b), p. 148.

36 Bohr (1935b), p. 148. Italics in the original.

37 Bohr (1935b), p. 148.

38 Fölsing (1997), quoted p. 699. Letter from Einstein to Cornelius Lanczos, 21 March 1942.

39 Born (2005), p. 155. Letter from Einstein to Born, 3 March 1947.

40 Petersen (1985), quoted p. 305.

41 Jammer (1974), quoted p. 161.

42 Niels Bohr, AHQP interview, 17 November 1962.

43 Moore (1989), quoted p. 304. Letter from Schrödinger to Einstein, 7 June 1935.

44 Moore (1989), quoted p. 304. Letter from Schrödinger to Einstein, 7 June 1935.

45 Schrödinger (1935), p. 161.
46 Schrödinger (1935), p. 161.
47 Fine (1986), quoted p. 68. Letter from Einstein to Schrödinger, 17 June 1935.
48 Murdoch (1987), quoted p. 173. Letter from Einstein to Schrödinger, 19 June 1935.
49 Moore (1989), quoted p. 304. Letter from Einstein to Schrödinger, 19 June 1935.
50 Fine (1986), quoted p. 78. Letter from Einstein to Schrödinger, 8 August 1935.
51 Fine (1986), quoted p. 78. Letter from Einstein to Schrödinger, 8 August 1935.
52 Schrödinger (1935), p. 157.
53 Mehra and Rechenberg (2001) Vol. 6, Pt. 2, quoted p. 743. Letter from Einstein to Schrödinger, 4 September 1935.
54 Fine (1986), quoted pp. 84–5. Letter from Einstein to Schrödinger, 22 December 1950.
55 Fine (1986), quoted pp. 84–5. Letter from Einstein to Schrödinger, 22 December 1950.
56 Moore (1989), quoted p. 314. Letter from Schrödinger to Einstein, 23 March 1936.
57 Fölsing (1997), quoted p. 688.
58 Fölsing (1997), quoted p. 688.
59 Born (2005), p. 125. Letter from Einstein to Born, undated.
60 Born (2005), p. 127.
61 Fölsing (1997), quoted p. 704.
62 Brian (1996), quoted p. 305.
63 Brian (1996), quoted p. 305.
64 Petersen (1985), quoted p. 305.
65 Einstein (1993), p. 119. Letter from Einstein to Maurice Solovine, 1 January 1951.
66 Fine (1986), quoted p. 95. Letter from Einstein to M. Laserna, 8 January 1955.
67 Einstein (1934), p. 112.
68 Einstein (1993), p. 119. Letter from Einstein to Maurice Solovine, 1 January 1951.
69 Heisenberg (1989), p. 117.
70 Heisenberg (1989), p. 117.
71 Heisenberg (1989), p. 116.
72 Einstein (1950), p. 88.
73 Heisenberg (1989), p. 44.
74 Przibram (1967), p. 31. Letter from Einstein to Schrödinger, 31 May 1928.
75 Fölsing (1997), quoted p. 704.
76 Fölsing (1997), quoted p. 705.
77 Mehra (1975), quoted p. xxvii. Letter from Einstein to Queen Elizabeth of Belgium, 9 January 1939.
78 Pais (1994), quoted p. 218. Letter from Einstein to Roosevelt, 7 March 1940.
79 Clark (1973), quoted p. 29.
80 Heilbron (2000), quoted p. 195.
81 Heilbron (2000), quoted p. 195.
82 Fölsing (1997), quoted p. 729. Letter from Einstein to Marga Planck, October 1947.
83 Pais (1967), p. 224.
84 Pais (1967), p. 225.

85　Heisenberg (1983), p. 121.

86　Holton (2005), quoted p. 32.

87　Einstein (1993), p. 85. Letter from Einstein to Solovine, 10 April 1938.

88　Brian (1996), quoted p. 400.

89　Nathan and Norden (1960), pp. 629–30. Letter from Einstein to Bohr, 2 March 1955.

90　Pais (1982), quoted p. 477. Letter from Helen Dukas to Abraham Pais, 30 April 1955.

91　Overbye (2001), quoted p. 1.

92　Clark (1973), quoted p. 502.

93　Bohr (1955), p. 6.

94　Pais (1994), quoted p. 41.

第 14 章　贝尔定理敲响了谁的丧钟

1　Born (2005), p. 146. Letter from Einstein to Born, 7 September 1944.

2　Stapp (1977), p. 191.

3　Petersen (1985), quoted p. 305.

4　Przibam (1967), p. 39. Letter from Einstein to Schrödinger, 22 December 1950.

5　Goodchild (1980), quoted p. 162.

6　Bohm (1951), pp. 612–13.

7　Bohm (1951), p. 622.

8　Bohm (1951), p. 611.

9　Bohm (1952a), p. 382.

10　Bohm (1952a), p. 369.

11　Bell (1987), p. 160.

12　Bell (1987), p. 160.

13　The German title of von Neumann's book was *Mathematische Grundlagen der Quantenmechanik*.

14　Von Neumann (1955), p. 325.

15　Maxwell (1860), p. 19.

16　Maxwell (1860), p. 19.

17　Von Neumann (1955), pp. 327–8.

18　Bernstein (1991), quoted p. 12.

19　Bernstein (1991), quoted p. 15.

20　Bernstein (1991), quoted p. 64.

21　Bell (1987), quoted p. 159.

22　Bell (1987), quoted p. 159.

23　Bell (1987), quoted p. 159.

24　Bernstein (1991), quoted p. 65.

25　Bell (1987), p. 160.

26　Bell (1987), p. 167.

27　Beller (1999), quoted p. 213.

28　Born (2005), p. 189. Letter from Einstein to Born, 12 May 1952.

29　Bernstein (1991), quoted p. 66.

30　Bernstein (1991), quoted p. 72.
31　Bernstein (1991), quoted p. 72.
32　Bernstein (1991), quoted p. 73.
33　Born (2005), p. 153. Letter from Einstein to Born, 3 March 1947.
34　Bohm's modification of EPR appeared in chapter 22 of his book *Quantum Theory*. It involved a molecule with a spin of zero that disintegrates into two atoms, one with spin-up (+½) and the other with spin-down (−½), whose combined spin remains zero. Since its inception it has become standard practice to replace the atoms with a pair of electrons.
35　The mutually perpendicular axes x, y, and z are chosen only for convenience and because they are most familiar. Any set of three axes serves just as well for measuring the components of quantum spin.
36　Bell (1987), p. 139.
37　Bell (1987), p. 143.
38　Bell (1987), p. 143.
39　Also known as 'Bell's inequalities'.
40　Bell (1964). Reprinted in Bell (1987) and Wheeler and Zurek (1983).
41　Bell (1966), p. 447. Reprinted in Bell (1987) and Wheeler and Zurek (1983).
42　Bell (1966), p. 447.
43　Born (2005), p. 218. Letter from Pauli to Born, 31 March 1954.
44　Born (2005), p. 218. Letter from Pauli to Born, 31 March 1954.
45　Bell (1964), p. 199.
46　Clauser (2002), p. 71.
47　Clauser (2002), p. 70.
48　Redhead (1987), p. 108, table 1.
49　Aczel (2003), quoted p. 186.
50　Aczel (2003), quoted p. 186.
51　Aspect et al. (1982), p. 94.
52　Davies and Brown (1986), p. 50.
53　Davies and Brown (1986), p. 51.
54　Davies and Brown (1986), p. 47.

第 15 章　量子恶魔

1　Pais (1982), quoted p. 9.
2　Einstein (1950), p. 91.
3　Pais (1982), quoted p. 460.
4　Pais (1982), p. 9.
5　Feynman (1965), p. 129.
6　Feynman (1965), p. 129.
7　Bernstein (1991), p. 42.
8　Born (2005), p. 162. Comment on manuscript from Einstein to Born, 18 March 1948.
9　Heisenberg (1983), p. 117. One example of Einstein using his famous phrase.
10　Born (2005), p. 216. Letter from Pauli to Born, 31 March 1954.

11   Born (2005), p. 216. Letter from Pauli to Born, 31 March 1954.
12   Born (2005), p. 216. Letter from Pauli to Born, 31 March 1954.
13   Born (2005), p. 216. Letter from Pauli to Born, 31 March 1954.
14   Stachel (2002), quoted p. 390. Letter from Einstein to Georg Jaffe, 19 January 1954.
15   Born (2005), p. 88. Letter from Einstein to Born, 4 December 1926.
16   Born (2005), p. 219. Letter from Pauli to Born, 31 March 1954.
17   Isaacson (2007), quoted p. 460. Letter from Einstein to Jerome Rothstein, 22 May 1950.
18   Rosenthal-Schneider (1980), quoted p. 70. Postcard from Einstein to Ilse Rosenthal, 31 March 1944.
19   Aspect (2007), p. 867.
20   Einstein et al. (1935), p. 141.
21   Einstein (1949b), p. 666.
22   Fine (1986), quoted p. 57. Letter from Einstein to Aron Kupperman, 10 November 1954.
23   Isaacson (2007), quoted p. 466.
24   Heisenberg (1971), p. 81.
25   Heisenberg (1971), p. 80.
26   Born (2005), p. 69.
27   Born (1949), pp. 163–4.
28   Clauser (2002), p. 72.
29   Blaedel (1988), p. 11.
30   Clauser (2002), p. 61.
31   Wolf (1988), quoted p. 17.
32   Pais (2000), quoted p. 55.
33   Gell-Mann (1979), p. 29.
34   Tegmark and Wheeler (2001), p. 61.
35   Among the 30 there were those who supported the 'consistent histories' approach that has its origins in the many worlds interpretation. It is based on the idea that out of all possible means by which an observed experimental result may have been caused, only a few make sense under the rules of quantum mechanics.
36   Buchanan (2007), quoted p. 37.
37   Buchanan (2007), quoted p. 38.
38   Stachel (1998), p. xiii.
39   French (1979), quoted p. 133.
40   Pais (1994) quoted p. 57.

The Collected Papers of Albert Einstein (CPAE), published by Princeton University Press:

Volume 1 – The Early Years: 1879–1902. Edited by John Stachel (1987)

Volume 2 – The Swiss Years: Writings, 1900–1909. Edited by John Stachel (1989)

Volume 3 – The Swiss Years: Writings, 1909–1911. Edited by Martin J. Klein, A.J. Kox, Jürgen Renn and Robert Schulmann (1993)

Volume 4 – The Swiss Years: Writings, 1912–1914. Edited by Martin J. Klein, A.J. Kox, Jürgen Renn and Robert Schulmann (1996)

Volume 5 – The Swiss Years: Correspondence, 1902–1914. Edited by Martin J. Klein, A.J. Kox and Robert Schulmann (1994)

Volume 6 – The Berlin Years: Writings, 1914–1917. Edited by Martin J. Klein, A.J. Kox and Robert Schulmann (1997)

Volume 7 – The Berlin Years: Writings, 1918–1921. Edited by Michel Janssen, Robert Schulmann, Jozsef Illy, Christop Lehner and Diana Kormos Buchwald (2002)

Volume 8 – The Berlin Years: Correspondence, 1914–1918. Edited by Robert Schulmann, A.J. Kox, Michel Janssen and Jozsef Illy (1998)

Volume 9 – The Berlin Years: Correspondence, January 1919–April 1920. Edited by Diana Kormos Buchwald and Robert Schulman (2004)

CPAE note: Volumes 1 to 5 translated by Anna Beck, Volumes 6 and 7 by Alfred Engel, and Volumes 8 and 9 by Ann Hentschel. Publication dates are for the English translations.

Niels Bohr Collected Works (BCW), published by North-Holland, Amsterdam:

Volume 1 – Early work, 1905–1911. Edited by J. Rud Nielsen, general editor

Léon Rosenfeld (1972)

Volume 2 – Work on atomic physics, 1912–1917. Edited by Ulrich Hoyer, general editor Léon Rosenfeld (1981)

Volume 3 – The correspondence principle, 1918–1923. Edited by J. Rud Nielsen, general editor Léon Rosenfeld (1976)

Volume 4 – The periodic system, 1920–1923. Edited by J. Rud Nielsen (1977)

Volume 5 – The emergence of quantum mechanics, mainly 1924–1926. Edited by Klaus Stolzenburg, general editor Erik Rüdinger (1984)

Volume 6 – Foundations of quantum physics I, 1926–1932. Edited by Jørgen Kalckar, general editor Erik Rüdinger (1985)

Volume 7 – Foundations of quantum physics II, 1933–1958. Edited by Jørgen Kalckar, general editors Finn Aaserud and Erik Rüdinger (1996)

––––––––

Abragam, A. (1988), 'Louis Victor Pierre Raymond de Broglie', Biographical Memoirs of Fellows of the Royal Society, 34, 22–41 (London: Royal Society)

Aczel, Amir D. (2003), Entanglement (Chichester: John Wiley)

Albert, David Z. (1992), Quantum Mechanics and Experience (Cambridge, MA: Harvard University Press)

Andrade, E.N. da C. (1964), Rutherford and the Nature of the Atom (Garden City, NY: Doubleday Anchor)

Ashton, Francis W. (1940), 'J.J. Thomson', The Times, London, 4 September

Aspect, Alain, Philippe Grangier, and Gérard Roger (1981), 'Experimental tests of realistic local theories via Bell's theorem', Physical Review Letters, 47, 460–463

Aspect, Alain, Philippe Grangier, and Gérard Roger (1982), 'Experimental realization of Einstein-Podolsky-Rosen-Bohm Gedankenexperiment: A new violation of Bell's inequalities', Physical Review Letters, 49, 91–94

Aspect, Alain (2007), 'To be or not to be local', Nature, 446, 866

Bacciagaluppi, Guido and Anthony Valentini (2006), Quantum Theory at the Crossroads: Reconsidering the 1927 Solvay Conference, arXiv:quant-ph/0609184v1, 24 September. To be published by Cambridge University Press in December 2008

Badash, Lawrence (1969), Rutherford and Boltwood (New Haven, CT: Yale University Press)

Badash, Lawrence (1987), 'Ernest Rutherford and Theoretical Physics', in Kargon and Achinstein (1987)

Baggott, Jim (2004), Beyond Measure (Oxford: Oxford University Press)

Baierlein, Ralph (2001), Newton to Einstein: The Trail of Light (Cambridge:

Cambridge University Press)

Ballentine, L.E. (1972), 'Einstein's Interpretation of Quantum Mechanics', *American Journal of Physics*, **40**, 1763–1771

Barkan, Diana Kormos (1993), 'The Witches' Sabbath: The First International Solvay Congress in Physics', in Beller et al. (1993)

Bell, John S. (1964), 'On The Einstein Podolsky Rosen Paradox', *Physics*, **1**, 3, 195–200. Reprinted in Bell (1987) and Wheeler and Zurek (1983)

Bell, John S. (1966), 'On the Problem of Hidden Variables in Quantum Mechanics', *Review of Modern Physics*, **38**, 3, 447–452. Reprinted in Bell (1987) and Wheeler and Zurek (1983)

Bell, John S. (1982), 'On the Impossible Pilot Wave', *Foundations of Physics*, **12**, 989–999. Reprinted in Bell (1987)

Bell, John S. (1987), *Speakable and Unspeakable in Quantum Mechanics* (Cambridge: Cambridge University Press)

Beller, Mara (1999), *Quantum Dialogue: The Making of a Revolution* (Chicago: University of Chicago Press)

Beller, Mara, Jürgen Renn, and Robert S. Cohen (eds) (1993), *Einstein in Context*. Special issue of *Science in Context*, **6**, no. 1 (Cambridge: Cambridge University Press)

Bernstein, Jeremy (1991), *Quantum Profiles* (Princeton, NJ: Princeton University Press)

Bertlmann, R.A. and A. Zeilinger (eds) (2002), *Quantum [Un]speakables: From Bell to Quantum Information* (Berlin: Springer)

Beyerchen, Alan D. (1977), *Scientists under Hitler: Politics and the Physics Community in the Third Reich* (New Haven, CT: Yale University Press)

Blaedel, Niels (1985), *Harmony and Unity: The Life of Niels Bohr* (Madison, WI: Science Tech Inc.)

Bloch, Felix (1976), 'Reminiscences of Heisenberg and the Early Days of Quantum Mechanics', *Physics Today*, **29**, December, 23–7

Bohm, David (1951), *Quantum Theory* (Englewood Cliffs, NJ: Prentice-Hall)

Bohm, David (1952a), 'A Suggested Interpretation of the Quantum Theory in Terms of "Hidden" Variables I', reprinted in Wheeler and Zurek (1983), 369–382

Bohm, David (1952b), 'A Suggested Interpretation of the Quantum Theory in Terms of "Hidden" Variables II', reprinted in Wheeler and Zurek (1983), 383–396

Bohm, David (1957), *Causality and Chance in Modern Physics* (London: Routledge)

Bohr, Niels (1922), 'The structure of the atom', Nobel lecture delivered on 11 December. Reprinted in *Nobel Lectures* (1965), 7–43

Bohr, Niels (1928), 'The Quantum Postulate and the Recent Development of Atomic Theory', in Bohr (1987)

Bohr, Niels (1935a), 'Quantum Mechanics and Physical Reality', *Nature*, **136**, 65. Reprinted in Wheeler and Zurek (1983), 144

Bohr, Niels (1935b), 'Can Quantum-Mechanical Description of Physical Reality Be Considered Complete?', *Physical Review*, **48**, 696–702. Reprinted in Wheeler and Zurek (1983), 145–151

Bohr, Niels (1949), 'Discussion with Einstein on Epistemological Problems in Atomic Physics', in Schilpp (1969)　·

Bohr, Niels (1955), 'Albert Einstein: 1879–1955', *Scientific American*, **192**, June, 31–33

Bohr, Niels (1963a), *Essays 1958–1962 on Atomic Physics and Human Knowledge* (New York: John Wiley)

Bohr, Niels (1963b), 'The Rutherford Memorial Lecture 1958: Reminiscences of the Founder of Nuclear Science and of Some Developments Based on his Work', in Bohr (1963a)

Bohr, Niels (1963c), 'The Solvay Meetings and the Development of Quantum Physics', in Bohr (1963a)

Bohr, Niels (1963d), *On the Constitution of Atoms and Molecules: Papers of 1913 reprinted from the* Philosophical Magazine *with an Introduction by L. Rosenfeld* (Copenhagen: Munksgaard Ltd; New York: W.A. Benjamin)

Bohr, Niels (1987), *The Philosophical Writings of Niels Bohr: Volume 1 – Atomic Theory and the Description of Nature* (Woodbridge, CT: Ox Bow Press)

Boorse, Henry A. and Lloyd Motz (eds) (1966), *The World of the Atom*, 2 vols (New York: Basic Books)

Born, Max (1948), 'Max Planck', *Obituary Notices of Fellows of the Royal Society*, **6**, 161–88 (London: Royal Society)

Born, Max (1949), 'Einstein's Statistical Theories', in Schilpp (1969)

Born, Max (1954), 'The statistical interpretation of quantum mechanics', Nobel lecture delivered on 11 December. Reprinted in *Nobel Lectures* (1964), 256–267

Born, Max (1970), *Physics in My Generation* (London: Longman)

Born, Max (1978), *My Life: Recollections of a Nobel Laureate* (London: Taylor and Francis)

Born, Max (2005), *The Born–Einstein Letters 1916–1955: Friendship, Politics and Physics in Uncertain Times* (New York: Macmillan)

Brandstätter, Christian (ed.) (2005), *Vienna 1900 and the Heroes of Modernism* (London: Thames and Hudson)

Brian, Denis (1996), *Einstein: A Life* (New York: John Wiley)

Broglie, Louis de (1929), 'The wave nature of the electron', Nobel lecture delivered on 12 December. Reprinted in *Nobel Lectures* (1965), 244–256

Broglie, Louis de (1962), *New Perspectives in Physics* (New York: Basic Books)

Brooks, Michael (2007), 'Reality Check', *New Scientist*, 23 June, 30–33

Buchanan, Mark (2007), 'Quantum Untanglement', *New Scientist*, 3 November, 36–39

Burrow, J.W. (2000), *The Crisis of Reason: European Thought, 1848–1914* (New Haven, CT: Yale University Press)

Cahan, David (1985), 'The Institutional Revolution in German Physics, 1865–1914', *Historical Studies in the Physical Sciences*, 15, 1–65

Cahan, David (1989), *An Institute for an Empire: The Physikalisch-Technische Reichsanstalt 1871–1918* (Cambridge: Cambridge University Press)

Cahan, David (2000), 'The Young Einstein's Physics Education: H.F. Weber, Hermann von Helmholtz and the Zurich Polytechnic Physics Institute', in Howard and Stachel (2000)

Calaprice, Alice (ed.) (2005), *The New Quotable Einstein* (Princeton, NJ: Princeton University Press)

Cassidy, David C. (1992), *Uncertainty: The Life and Science of Werner Heisenberg* (New York: W.H. Freeman and Company)

Cercignani, Carlo (1998), *Ludwig Boltzmann: The Man Who Trusted Atoms* (Oxford: Oxford University Press)

Clark, Christopher (2006), *Iron Kingdom: The Rise and Downfall of Prussia, 1600–1947* (London: Allen Lane)

Clark, Roland W. (1973), *Einstein: The Life and Times* (London: Hodder and Stoughton)

Clauser, John F. (2002), 'The Early History of Bell's Theorem', in Bertlmann and Zeilinger (2002)

Cline, Barbara Lovett (1987), *Men Who Made a New Physics* (Chicago: University of Chicago Press)

Compton, Arthur H. (1924), 'The Scattering of X-Rays', *Journal of the Franklin Institute*, 198, 57–72

Compton, Arthur H. (1961), 'The Scattering of X-Rays as Particles', reprinted in Phillips (1985)

Cornwell, John (2003), *Hitler's Scientists: Science, War and the Devil's Pact* (London: Viking)

Cropper, William H. (2001), *Great Physicists: The Life and Times of Leading Physicists from Galileo to Hawking* (Oxford: Oxford University Press)

Cropper, William H. (1970), *The Quantum Physicists* (New York: Oxford University Press)

Cushing, James T. (1994), *Quantum Mechanics: Historical Contingency and the Copenhagen Hegemony* (Chicago: University of Chicago Press)

Cushing, James T. (1998), *Philosophical Concepts in Physics: The Historical Relation Between Philosophy and Scientific Theories* (Cambridge: Cambridge University Press)

Cushing, James T. and Ernan McMullin (eds) (1989), *Philosophical Consequences of Quantum Theory: Reflections on Bell's Theorem* (Notre Dame, IN: University of Notre Dame Press)

Davies, Paul C.W. and Julian Brown (1986), *The Ghost in the Atom* (Cambridge: Cambridge University Press)

De Hass-Lorentz, G.L. (ed.) (1957), *H.A. Lorentz: Impressions of his Life and Work* (Amsterdam: North-Holland Publishing Company)

Dirac, P.A.M. (1927), 'The physical interpretation of quantum dynamics', *Proceedings of the Royal Society* A, **113**, 621–641

Dirac, P.A.M. (1933), 'Theory of electrons and positrons', Nobel lecture delivered on 12 December. Reprinted in *Nobel Lectures* (1965), 320–325

Dirac, P.A.M (1977), 'Recollections of an exciting era', in Weiner (1977)

Dresden, M. (1987), *H.A. Kramers* (New York: Springer)

Einstein, Albert (1905a), 'On a Heuristic Point of View Concerning the Production and Transformation of Light', reprinted in Stachel (1998)

Einstein, Albert (1905b), 'On the Electrodynamics of Moving Bodies', reprinted in Einstein (1952)

Einstein, Albert (1934), *Essays in Science* (New York: Philosophical Library)

Einstein, Albert, Boris Podolsky, and Nathan Rosen (1935), 'Can Quantum-Mechanical Description of Physical Reality Be Considered Complete?', Physical Review, **47**, 777–780. Reprinted in Wheeler and Zurek (1983), pp. 138–41.

Einstein, Albert (1949a), 'Autobiographical Notes', in Schilpp (1969)

Einstein, Albert (1949b), 'Reply to Criticism', in Schilpp (1969)

Einstein, Albert (1950), *Out of My Later Years* (New York: Philosophical Library)

Einstein, Albert (1952), *The Principle of Relativity: A Collection of original papers on the special and general theory of relativity* (New York: Dover Publications)

Einstein, Albert (1954), *Ideas and Opinions* (New York: Crown)

Einstein, Albert (1993), *Letters to Solovine, with an introduction by Maurice Solovine* (New York: Citadel Press)

Elitzur, A., S. Dolev, and N. Kolenda (eds) (2005), *Quo Vadis Quantum Mechanics?* (Berlin: Springer)

Elon, Amos (2002), *The Pity of it All: A Portrait of Jews in Germany 1743–1933* (London: Allen Lane)

Elsasser, Walter (1978), *Memoirs of a Physicist* (New York: Science History Publications)

Emsley, John (2001), *Nature's Building Blocks: An A–Z Guide to the Elements* (Oxford: Oxford University Press)

Enz, Charles P. (2002), *No Time to be Brief: A scientific biography of Wolfgang Pauli* (Oxford: Oxford University Press)

Evans, James and Alan S. Thorndike (eds) (2007), *Quantum Mechanics at the Crossroads* (Berlin: Springer-Verlag)

Evans, Richard J. (2003), *The Coming of the Third Reich* (London: Allen Lane)

Eve, Arthur S. (1939), *Rutherford: Being the Life and Letters of the Rt. Hon. Lord Rutherford, O.M.* (Cambridge: Cambridge University Press)

Everdell, William R. (1997), *The First Moderns* (Chicago: University of Chicago Press)

Everett, Susanne (1979), *Lost Berlin* (New York: Gallery Books)

Feynman, Richard P. (1965), *The Character of Physical Law* (London: BBC Publications)

Fine, Arthur (1986), *The Shaky Game: Einstein, Realism and the Quantum Theory* (Chicago: University of Chicago Press)

Forman, Paul (1971), 'Weimar Culture, Causality, and Quantum Theory, 1918–1927: Adaptation by German Physicists and Mathematicians to a Hostile Intellectual Environment', *Historical Studies in the Physical Sciences*, **3**, 1–115

Forman, Paul (1973), 'Scientific internationalism and the Weimar physicists: The ideology and its manipulation in Germany after World War I', *Isis*, **64**, 151–178

Forman, Paul, John L. Heilbron, and Spencer Weart (1975), 'Physics circa 1900: Personnel, Funding, and Productivity of the Academic Establishments', *Historical Studies in the Physical Sciences*, **5**, 1–185

Fölsing, Albrecht (1997), *Albert Einstein: A Biography* (London: Viking)

Frank, Philipp (1947), *Einstein: His Life and Times* (New York: DaCapo Press)

Franklin, Allan (1997), 'Are There Really Electrons? Experiment and Reality', *Physics Today*, October, 26–33

French, A. P. (ed.) (1979), *Einstein: A Centenary Volume* (London: Heinemann)

French, A. P. and P.J. Kennedy (eds) (1985), *Niels Bohr: A Centenary* (Cambridge, MA: Harvard University Press)

Friedländer, Saul (1997), *Nazi Germany and The Jews: Volume 1 – The Years of Persecution 1933–39* (London: Weidenfeld and Nicolson)

Frisch, Otto (1980), *What Little I Remember* (Cambridge: Cambridge University Press)

Fromkin, David (2004), *Europe's Last Summer: Why the World Went to War in 1914* (London: William Heinemann)

Fulbrook, Mary (2004), *A Concise History of Germany*, 2nd edn (Cambridge: Cambridge University Press)

Gamov, George (1966), *Thirty Years That Shocked Physics* (New York: Dover Publications)

Gay, Ruth (1992), *The Jews of Germany: A Historical Portrait* (New Haven, CT: Yale University Press)

Gehrenbeck, Richard K. (1978), 'Electron Diffraction: Fifty Years Ago', reprinted in Weart and Phillips (1985)

Gell-Mann, Murray (1979), 'What are the Building Blocks of Matter?', in Huff and Prewett (1979)

Gell-Mann, Murray (1981), 'Questions for the Future', in Mulvey (1981)

Gell-Mann, Murray (1994), *The Quark and the Jaguar* (London: Little Brown)

Geiger, Hans and Ernest Marsden (1913), 'The Laws of Deflection of α-Particles through Large Angles', *Philosophical Magazine*, Series 6, **25**, 604–623

German Bundestag (1989), *Questions on German History: Ideas, forces, decisions from 1800 to the present*, 3rd edition, updated (Bonn: German Bundestag Publications Section)

Gilbert, Martin (1994), *The First World War* (New York: Henry Holt and Co.)

Gilbert, Martin (2006), *Kristallnacht: Prelude to Destruction* (London: HarperCollins)

Gillispie, Charles C. (ed.-in-chief) (1970–1980), *Dictionary of Scientific Biography*, 16 vols (New York: Scribner's)

Gillott, John and Manjit Kumar (1995), *Science and the Retreat from Reason* (London: Merlin Press)

Goodchild, Peter (1980), *J. Robert Oppenheimer: Shatterer of Worlds* (London: BBC)

Goodman, Peter (ed.) (1981), *Fifty Years of Electron Diffraction* (Dordrecht, Holland: D. Reidel)

Goudsmit, Samuel A. (1976), 'It might as well be spin', *Physics Today*, June, reprinted in Weart and Phillips (1985)

Greenspan, Nancy Thorndike (2005), *The End of The Certain World: The Life and Science of Max Born* (Chichester: John Wiley)

Greenstein, George and Arthur G. Zajonc (2006), *The Quantum Challenge: Modern Research on the Foundations of Quantum Mechanics*, 2nd edition (Sudbury, MA: Jones and Bartlett Publishers)

Gribbin, John (1998), *Q is for Quantum: Particle Physics from A to Z* (London: Weidenfeld and Nicolson)

Gröblacher, Simon et al. (2007) 'An experimental test of non-local realism', *Nature*, **446**, 871–875

Grunberger, Richard (1974), *A Social History of the Third Reich* (London: Penguin Books)

Haar, Dirk ter (1967), *The Old Quantum Theory* (Oxford: Pergamon)

Harman, Peter M. (1982), *Energy, Force and Matter: The Conceptual Development of Nineteenth Century Physics* (Cambridge: Cambridge University Press)

Harman, Peter M. and Simon Mitton (eds) (2002), *Cambridge Scientific Minds* (Cambridge: Cambridge University Press)

Heilbron, John L. (1977), 'Lectures on the History of Atomic Physics 1900–1922', in Weiner (1977)

Heilbron, John L. (2000), *The Dilemmas of An Upright Man: Max Planck and the Fortunes of German Science* (Cambridge, MA: Harvard University Press)

Heilbron, John L. (2007), 'Max Planck's compromises on the way to and from the Absolute', in Evans and Thorndike (2007)

Heilbron, John L. and Thomas S. Kuhn (1969), 'The Genesis of the Bohr Atom', *Historical Studies in the Physical Sciences*, **1**, 211–90

Heisenberg, Werner (1925), 'On a Quantum-Theoretical Reinterpretation of Kinematics and Mechanical Relations', reprinted and translated in Van der Waerden (1967)

Heisenberg, Werner (1927), 'The Physical Content of Quantum Kinematics and Mechanics', reprinted and translated in Wheeler and Zurek (1983)

Heisenberg, Werner (1933), 'The development of quantum mechanics', Nobel lecture delivered on 11 December. Reprinted in *Nobel Lectures* (1965), 290–301

Heisenberg, Werner (1949), *The Physical Principles of Quantum Theory* (New York: Dover Publications)

Heisenberg, Werner (1967), 'The Quantum Theory and its Interpretation', in Rozental (1967)

Heisenberg, Werner (1971), *Physics and Beyond: Encounters and Conversations* (London: George Allen and Unwin)

Heisenberg, Werner (1983), *Encounters with Einstein: And Other Essays on People, Places, and Particles* (Princeton, NJ: Princeton University Press)

Heisenberg, Werner (1989), *Physics and Philosophy* (London: Penguin Books)

Heitler, Walter (1961), 'Erwin Schrödinger', *Biographical Memoirs of Fellows of the Royal Society*, **7**, 221–228

Henig, Ruth (1998), *The Weimar Republic 1919–1933* (London: Routledge)

Hentschel, Anna M. and Gerd Grasshoff (2005), *Albert Einstein: 'Those Happy Bernese Years'* (Bern: Staempfli Publishers)

Hentschel, Klaus (ed.) (1996), *Physics and National Socialism: An Anthology of Primary Sources* (Basel: Birkhäuser)

Hermann, Armin (1971), *The Genesis of Quantum Theory* (Cambridge, MA: MIT Press)

Hiebert, Erwin N. (1990), 'The Transformation of Physics', in Teich and Porter (1990)

Highfield, Roger and Paul Carter (1993), *The Private Lives of Albert Einstein* (London: Faber and Faber)

Holton, Gerald (2005), *Victory and Vexation in Science: Einstein, Bohr, Heisenberg and Others* (Cambridge, MA: Harvard University Press)

Honner, John (1987), *The Description of Nature: Niels Bohr and the Philosophy of Quantum Physics* (Oxford: Clarendon Press)

Howard, Don and John Stachel (eds)(2000), *Einstein: The Formative Years 1879–1909* (Boston, MA: Birkhäuser)

Howorth, Muriel (1958), *The Life of Frederick Soddy* (London: New World)

Huff, Douglas and Omer Prewett (eds) (1979), *The Nature of the Physical Universe* (New York: John Wiley)

Isaacson, Walter (2007), *Einstein: His Life and Universe* (London: Simon and Schuster)

Isham, Chris J. (1995), *Lectures on Quantum Theory* (London: Imperial College Press)

Jammer, Max (1966), *The Conceptual Development of Quantum Mechanics* (New York: McGraw-Hill)

Jammer, Max (1974), *The Philosophy of Quantum Mechanics: The Interpretations of Quantum Mechanics in Historical Perspective* (New York: Wiley-Interscience)

Jammer, Max (1985), 'The EPR problem and its historical development', in Lahti and Mittelstaedt (1985)

Jordan, Pascual (1927), 'Philosophical Foundations of Quantum Theory', *Nature*, **119**, 566

Jungk, Robert (1960), *Brighter Than A Thousand Suns: A Personal History of The Atomic Scientists* (London: Penguin)

Jungnickel, Christa and Russell McCormmach (1986), *Intellectual Mastery of Nature: Theoretical physics from Ohm to Einstein*, 2 vols (Chicago: University of Chicago Press)

Kangro, Hans (1970), 'Max Planck', *Dictionary of Scientific Biography*, 7–17 (New York: Scribner)

Kangro, Hans (1976), *Early History of Planck's Radiation Law* (London: Taylor and Francis)

Kargon, Robert and Peter Achinstein (eds) (1987), *Kelvin's Baltimore Lectures and Modern Theoretical Physics: Historical and Philosophical Perspectives* (Cambridge, MA: MIT Press)

Kay, William A. (1963), 'Recollections of Rutherford: Being the Personal Reminiscences of Lord Rutherford's Laboratory Assistant Here Published for the First Time', *The Natural Philosopher*, 1, 127–155

Keller, Alex (1983), *The Infancy of Atomic Physics: Hercules in his Cradle* (Oxford: Clarendon Press)

Kelvin, Lord (1901), 'Nineteenth Clouds Over the Dynamical Theory of Heat and Light', *Philosophical Magazine*, 2, 1–40

Klein, Martin J. (1962), 'Max Planck and the Beginnings of Quantum Theory', *Archive for History of Exact Sciences*, 1, 459–479

Klein, Martin J. (1965), 'Einstein, Specific Heats, and the Early Quantum Theory', *Science*, 148, 173–180

Klein, Martin J. (1966), 'Thermodynamics and Quanta in Planck's Work', *Physics Today*, November

Klein, Martin J. (1967), 'Thermodynamics in Einstein's Thought', *Science*, 157, 509–516

Klein, Martin J. (1970), 'The First Phase of the Einstein-Bohr Dialogue', *Historical Studies in the Physical Sciences*, 2, 1–39

Klein, Martin J. (1985), *Paul Ehrenfest: the making of a theoretical physicist*, Vol. 1 (Amsterdam: North-Holland)

Knight, David (1986), *The Age of Science* (Oxford: Blackwell)

Kragh, Helge (1990), *Dirac: A Scientific Biography* (Cambridge: Cambridge University Press)

Kragh, Helge (1999), *Quantum Generations: A History of Physics in the Twentieth Century* (Princeton, NJ: Princeton University Press)

Kragh, Helge (2002), 'Paul Dirac: A Quantum Genius', in Harman and Mitton (2002)

Kuhn, Thomas S. (1987), *Blackbody Theory and the Quantum Discontinuity, 1894–1912, with new afterword* (Chicago: University of Chicago Press)

Kursunoglu, Behram N. and Eugene P. Wigner (eds) (1987), *Reminiscences about a Great Physicist: Paul Adrien Maurice Dirac* (Cambridge: Cambridge University Press)

Lahti, P. and P. Mittelstaedt (eds) (1985), *Symposium on the Foundations of Modern Physics* (Singapore: World Scientific)

Laidler, Keith J. (2002), *Energy and the Unexpected* (Oxford: Oxford University Press)

Large, David Clay (2001), *Berlin: A Modern History* (London: Allen Lane)

Levenson, Thomas (2003), *Einstein in Berlin* (New York: Bantam Dell)

Levi, Hilde (1985), *George de Hevesy: Life and Work* (Bristol: Adam Hilger Ltd)

Lindley, David (2001), *Boltzmann's Atom: The Great Debate That Launched a Revolution in Physics* (New York: The Free Press)

MacKinnon, Edward M. (1982), *Scientific Explanation and Atomic Physics* (Chicago: University of Chicago Press)

Magris, Claudio (2001), *Danube* (London: The Harvill Press)

Mahon, Basil (2003), *The Man Who Changed Everything: The Life of James Clerk Maxwell* (Chichester: John Wiley)

Marage, Pierre and Grégoire Wallenborn (eds) (1999), *The Solvay Councils and the Birth of Modern Physics* (Basel: Birkhäuser)

Marsden, Ernest (1948), 'Rutherford Memorial Lecture', in Rutherford (1954)

Maxwell, James Clerk (1860), 'Illustrations of the Dynamical Theory of Gases', *Philosophical Magazine*, **19**, 19–32. Reprinted in Niven (1952)

Mehra, Jagdish (1975), *The Solvay Conferences on Physics: Aspects of the Development of Physics since 1911* (Dordrecht, Holland: D. Reidel)

Mehra, Jagdish and Helmut Rechenberg (1982), *The Historical Development of Quantum Theory*, Vol. 1, Parts 1 and 2: *The Quantum Theory of Planck, Einstein, Bohr, and Sommerfeld: Its Foundations and the Rise of Its Difficulties 1900–1925* (Berlin: Springer)

Mehra, Jagdish and Helmut Rechenberg (1982), *The Historical Development of Quantum Theory*, Vol. 2: *The Discovery of Quantum Mechanics* (Berlin: Springer)

Mehra, Jagdish and Helmut Rechenberg (1982), *The Historical Development of Quantum Theory*, Vol. 3: *The Formulation of Matrix Mechanics and Its Modifications 1925–1926* (Berlin: Springer)

Mehra, Jagdish and Helmut Rechenberg (1982), *The Historical Development of Quantum Theory*, Vol. 4: *The Fundamental Equations of Quantum Mechanics 1925–1926* and *The Reception of the New Quantum Mechanics 1925–1926* (Berlin: Springer)

Mehra, Jagdish and Helmut Rechenberg (1987), *The Historical Development of Quantum Theory*, Vol. 5, Parts 1 and 2: *Erwin Schrödinger and the Rise of Wave Mechanics* (Berlin: Springer)

Mehra, Jagdish and Helmut Rechenberg (2000), *The Historical Development of Quantum Theory*, Vol. 6, Part 1: *The Completion of Quantum Mechanics 1926–1941* (Berlin: Springer)

Mehra, Jagdish and Helmut Rechenberg (2001), *The Historical Development of Quantum Theory*, Vol. 6, Part 2: *The Completion of Quantum Mechanics 1926–1941* (Berlin: Springer)

Mendelssohn, Kurt (1973), *The World of Walther Nernst: The Rise and Fall of German Science* (London: Macmillan)

Metzger, Rainer (2007), *Berlin in the Twenties: Art and Culture 1918–1933* (London: Thames and Hudson)

Meyenn, Karl von and Engelbert Schucking (2001), 'Wolfgang Pauli', *Physics Today*, February, 43–48

Millikan, Robert A. (1915), 'New tests of Einstein's photoelectric equation', *Physical Review*, 6, 55

Moore, Ruth (1966), *Niels Bohr: The Man, His Science, and The World They Changed* (New York: Alfred A. Knopf)

Moore, Walter (1989), *Schrödinger: Life and Thought* (Cambridge: Cambridge University Press)

Mulligan, Joseph F. (1994), 'Max Planck and the "black year" of German Physics', *American Journal of Physics*, 62, 12, 1089–1097

Mulligan, Joseph F. (1999), 'Heinrich Hertz and Philipp Lenard: Two Distinguished Physicists, Two Disparate Men', *Physics in Perspective*, 1, 345–366

Mulvey, J. H. (ed.) (1981), *The Nature of Matter* (Oxford: Oxford University Press)

Murdoch, Dugald (1987), *Niels Bohr's Philosophy of Physics* (Cambridge: Cambridge University Press)

Nathan, Otto and Heinz Norden (eds) (1960), *Einstein on Peace* (New York: Simon and Schuster)

Neumann, John von (1955), *Mathematical Foundations of Quantum Mechanics* (Princeton, NJ: Princeton University Press)

Nielsen, J. Rud (1963), 'Memories of Niels Bohr', *Physics Today*, October

Nitske, W. Robert (1971), *The Life of Wilhelm Conrad Röntgen: Discoverer of the X-Ray* (Tucson, AZ: University of Arizona Press)

Niven, W. D. (ed.) (1952), *The Scientific Papers of James Clerk Maxwell*, 2 vols (New York: Dover Publications)

Nobel Lectures (1964), *Physics 1942–1962* (Amsterdam: Elsevier)

Nobel Lectures (1965), *Physics 1922–1941* (Amsterdam: Elsevier)

Nobel Lectures (1967), *Physics 1901–1921* (Amsterdam: Elsevier)

Norris, Christopher (2000), *Quantum Theory and the Flight from Reason: Philosophical Responses to Quantum Mechanics* (London: Routledge)

Nye, Mary Jo (1996), *Before Big Science: The Pursuit of Modern Chemistry and Physics 1800–1940* (Cambridge, MA: Harvard University Press)

Offer, Avner (1991), *The First World War: An Agrarian Interpretation* (Oxford: Oxford University Press)

Omnès, Roland (1999), *Quantum Philosophy: Understanding and Interpreting Contemporary Science* (Princeton, NJ: Princeton University Press)

Overbye, Dennis (2001), *Einstein in Love* (London: Bloomsbury)

Ozment, Steven (2005), *A Mighty Fortress: A New History of the German People, 100 BC to the 21st Century* (London: Granta Books)

Pais, Abraham (1967), 'Reminiscences of the Post-War Years', in Rozental (1967)

Pais, Abraham (1982), *'Subtle is the Lord …': The Science and the Life of Albert Einstein* (Oxford: Oxford University Press)

Pais, Abraham (1986), *Inward Bound: Of Matter and Forces in the Physical World* (Oxford: Clarendon Press)

Pais, Abraham (1989a), 'Physics in the Making in Bohr's Copenhagen', in Sarlemijn and Sparnaay (1989)

Pais, Abraham (1989b), 'George Uhlenbeck and the Discovery of Electron Spin', *Physics Today*, December. Reprinted in Phillips (1992)

Pais, Abraham (1991), *Niels Bohr's Times, in Physics, Philosophy, and Polity* (Oxford: Clarendon Press)

Pais, Abraham (1994), *Einstein Lived Here* (Oxford: Clarendon Press)

Pais, Abraham (2000), *The Genius of Science: A portrait gallery of twentieth-century physicists* (New York: Oxford University Press)

Pais, Abraham (2006), *J. Robert Oppenheimer: A Life* (Oxford: Oxford University Press)

Park, David (1997), *The Fire Within The Eye: A Historical Essay on the Nature and Meaning of Light* (Princeton, NJ: Princeton University Press)

Pauli, Wolfgang (1946a), 'Remarks on the History of the Exclusion Principle', *Science*, **103**, 213–215

Pauli, Wolfang (1946b), 'Exclusion principle and quantum mechanics', Nobel lecture delivered on 13 December. Reprinted in *Nobel Lectures* (1964), 27–43

Penrose, Roger (1990), *The Emperor's New Mind* (London: Vintage)

Penrose, Roger (1995), *Shadows of the Mind* (London: Vintage)

Penrose, Roger (1997), *The large, the small and the human mind* (Cambridge: Cambridge University Press)

Petersen, Aage (1985), 'The Philosophy of Niels Bohr', in French and Kennedy (1985)

Petruccioli, Sandro (1993), *Atoms, Metaphors and Paradoxes: Niels Bohr and the construction of a new physics* (Cambridge: Cambridge University Press)

Phillips, Melba Newell (ed.) (1985), *Physics History from AAPT Journals* (College Park, MD: American Association of Physics Teachers)

Phillips, Melba (ed.) (1992), *The Life and Times of Modern Physics: History of Physics II* (New York: American Institute of Physics)

Planck, Max (1900a), 'On An Improvement of Wien's Equation for the Spectrum', reprinted in Haar (1967)

Planck, Max (1900b), 'On the Theory of the Energy Distribution Law of the Normal Spectrum', reprinted in Haar (1967)

Planck, Max (1949), *Scientific Autobiography and Other Papers* (New York: Philosophical Library)

Planck, Max (1993), *A Survey of Physical Theory* (New York: Dover Publications)

Ponte, M.J.H. (1981), 'Louis de Broglie', in Goodman (1981)

Powers, Jonathan (1985), *Philosophy and the New Physics* (London: Methuen)

Przibram, Karl (ed.) (1967), *Letters on Wave Mechanics*, translation and introduction by Martin Klein (New York: Philosophical Library)

Purrington, Robert D. (1997), *Physics in the Nineteenth Century* (New Brunswick, NJ: Rutgers University Press)

Redhead, Michael (1987), *Incompleteness, Nonlocality and Realism* (Oxford: Clarendon Press)

Rhodes, Richard (1986), *The Making of the Atomic Bomb* (New York: Simon and Schuster)

Robertson, Peter (1979), *The Early Years: The Niels Bohr Institute 1921–1930* (Copenhagen: Akademisk Forlag)

Robinson, Andrew (2006), *The Last Man Who Knew Everything* (New York: Pi Press)

Rosenkranz, Ze'ev (2002), *The Einstein Scrapbook* (Baltimore, MD: Johns Hopkins University Press)

Rowland, John (1938), *Understanding the Atom* (London: Gollancz)

Rosenfeld, Léon (1967), 'Niels Bohr in the Thirties. Consolidation and extension of the Conception of Complementarity', in Rozental (1967)

Rosenfeld, Léon (1968), 'Some Concluding Remarks and Reminiscences', in Solvay Institute (1968)

Rosenfeld, Léon and Erik Rüdinger (1967), 'The Decisive Years: 1911–1918', in
    Rozental (1967)
Rosenthal-Schneider, Ilse (1980), *Reality and Scientific Truth: Discussions with
    Einstein, von Laue, and Planck*, edited by Thomas Braun (Detroit, MI:
    Wayne State University Press)
Rozental, Stefan (ed.) (1967), *Niels Bohr: His Life and Work as seen by his
    Friends and Colleagues* (Amsterdam: North-Holland)
Rozental, Stefan (1998), *Niels Bohr: Memoirs of a Working Relationship*
    (Copenhagen: Christian Ejlers)
Ruhla, Charles (1992), *The Physics of Chance: From Blaise Pascal to Niels Bohr*
    (Oxford: Oxford University Press)
Rutherford, Ernest (1906), *Radioactive Transformations* (London: Constable)
Rutherford, Ernest (1911a), 'The Scattering of Alpha and Beta Particles by
    Matter and the Structure of the Atom', *Philosophical Magazine*, **21**, 669–688.
    Reprinted in Boorse and Motz (1966), Vol. 1
Rutherford, Ernest (1911b), 'Conference on the Theory of Radiation', *Nature*,
    88, 82–83
Rutherford, Ernest (1954), *Rutherford By Those Who Knew Him. Being the
    Collection of the First Five Rutherford Lectures of the Physical Society*
    (London: The Physical Society)
Rutherford, Ernest and Hans Geiger (1908a), 'An Electrical Method for
    Counting the Number of Alpha Particles from Radioactive Substances', *The
    Proceedings of the Royal Society* A, **81**, 141–161
Rutherford, Ernest and Hans Geiger (1908b), 'The Charge and Nature of the
    Alpha Particle', *The Proceedings of the Royal Society* A, **81**, 162–173

Sarlemijn, A. and M.J. Sparnaay (eds) (1989), *Physics in the Making*
    (Amsterdam: Elsevier)
Schilpp, Paul A. (ed.) (1969), *Albert Einstein: Philosopher-Scientist* (New York:
    MJF Books). Collection first published in 1949 as Vol. VII in the series *The
    Library of Living Philosophers* by Open Court, La Salle, IL
Schrödinger, Erwin (1933), 'The fundamental idea of wave mechanics', Nobel
    lecture delivered on 12 December. Reprinted in *Nobel Lectures* (1965),
    305–316
Schrödinger, Erwin (1935), 'The Present Situation in Quantum Mechanics',
    reprinted and translated in Wheeler and Zurek (1983), 152–167
Schweber, Silvan S. (1994), *QED and the Men Who Made It: Dyson, Feynman,
    Schwinger, and Tomonaga* (Princeton, NJ: Princeton University Press)
Segrè, Emilio (1980), *From X-Rays to Quarks: Modern Physicists and Their
    Discoveries* (New York: W.H. Freeman and Company)

Segrè, Emilio (1984), *From Falling Bodies to Radio Waves* (New York: W.H. Freeman and Company)

Sime, Ruth Lewin (1996), *Lise Meitner: A Life in Physics* (Berkeley, CA: University of California Press)

Smith, Alice Kimball and Charles Weiner (eds) (1980), *Robert Oppenheimer: Letters and Recollections* (Cambridge, MA: Harvard University Press)

Snow, C. P. (1969), *Variety of Men: Statesmen, Scientists, Writers* (London: Penguin)

Snow, C. P. (1981), *The Physicists* (London: Macmillan)

Soddy, Frederick (1913), 'Intra-Atomic Charge', *Nature*, **92**, 399–400

Solvay Institute (1968), *Fundamental Problems in Elementary Particle Physics: proceedings of the 14th Solvay Council held in Brussels in 1967* (New York: Wiley Interscience)

Stachel, John (ed.) (1998), *Einstein's Miraculous Year: Five Papers That Changed the Face of Physics* (Princeton, NJ: Princeton University Press)

Stachel, John (2002), *Einstein from 'B to Z'* (Boston, MA: Birkhäuser)

Stapp, Henry P. (1977), 'Are superluminal connections necessary?', *Il Nuovo Cimento*, **40B**, 191–205

Stürmer, Michael (1999), *The German Century* (London: Weidenfeld and Nicolson)

Stürmer, Michael (2000), *The German Empire* (London: Weidenfeld and Nicolson)

Stuewer, Roger H. (1975), *The Compton Effect: Turning Point in Physics* (New York: Science History Publications)

Susskind, Charles (1995), *Heinrich Hertz: A Short Life* (San Francisco: San Francisco Press)

Tegmark, Max and John Wheeler (2001), '100 Years of Quantum Mysteries', *Scientific American*, February, 54–61

Teich, Mikulas and Roy Porter (eds) (1990), *Fin de Siècle and its Legacy* (Cambridge: Cambridge University Press)

Teichmann, Jürgen, Michael Eckert, and Stefan Wolff (2002), 'Physicists and Physics in Munich', *Physics in Perspective*, **4**, 333–359

Thomson, George P. (1964), *J.J. Thomson and the Cavendish Laboratory in his day* (London: Nelson)

Thorne, Kip S. (1994), *Black Holes and Time Warps: Einstein's Outrageous Legacy* (London: Picador)

Trigg, Roger (1989), *Reality at Risk: A Defence of Realism in Philosophy and the Sciences* (Hemel Hempstead: Harvester Wheatsheaf)

Treiman, Sam (1999), *The Odd Quantum* (Princeton, NJ: Princeton University Press)

Tuchman, Barbara W. (1966), *The Proud Tower: A Portrait of the World Before the War 1890–1914* (New York: Macmillan)

Uhlenbeck, George E. (1976), 'Personal reminiscences', *Physics Today*, June. Reprinted in Weart and Phillips (1985)

Van der Waerden, B.L. (1967), *Sources of Quantum Mechanics* (New York: Dover Publications)

Weart, Spencer R. and Melba Phillips (eds) (1985), *History of Physics: Readings from Physics Today* (New York: American Institute of Physics)

Weber, Robert L. (1981), *Pioneers of Science: Nobel Prize Winners in Physics* (London: The Scientific Book Club)

Wehler, Hans-Ulrich (1985), *The German Empire* (Leamington Spa: Berg Publishers)

Weinberg, Steven (1993), *Dreams of a Final Theory: The Search for the Fundamental Laws of Nature* (London: Hutchinson)

Weinberg, Steven (2003), *The Discovery of Subatomic Particles* (Cambridge: Cambridge University Press)

Weiner, Charles (ed.) (1977), *History of Twentieth Century Physics* (New York: Academic)

Wheaton, Bruce R. (2007), 'Atomic Waves in Private Practice', in Evans and Thorndike (2007)

Wheeler, John A. (1994), *At Home in the Universe* (Woodbury, NY: AIP Press)

Wheeler, John A. and Wojciech H. Zurek (eds) (1983), *Quantum Theory and Measurement* (Princeton, NJ: Princeton University Press)

Whitaker, Andrew (2002), 'John Bell in Belfast: Early Years and Education', in Bertlmann and Zeilinger (2002)

Wilson, David (1983), *Rutherford: Simple Genius* (London: Hodder and Stoughton)

Wolf, Fred Alan (1988), *Parallel Universes: The Search for Other Worlds* (London: The Bodley Head)

致谢

那张 1927 年 10 月众物理学家齐聚布鲁塞尔参加第五次索尔维会议的照片在我家墙上挂了许多年。从它面前走过时，我偶尔会想到，这张照片应该会是讲述量子历史的绝好出发点。等到我最后写出了本书的大纲时，能把它交给帕特里克·沃尔什实在是太幸运了。他的热忱对这个项目的落地起到了很大作用。之后，我又很幸运地碰上了很有才干的科学编辑、出版人彼得·塔拉克加入 Conville&Walsh 公司，并且担任我的代理人。我由衷地感谢彼得，在我写作本书的数年间，他不仅很好地履行了代理人的职责，还成了我的朋友。彼得妥善处理了我因健康状况长期欠佳导致的各种困难。除了彼得，还有杰克·史密斯-博赞基特，他是本书外语出版商的联络人，我要向他以及 Conville&Walsh 团队的其他所有人表示感谢，尤其是克莱尔·康维尔和休·阿姆斯特朗，感谢他俩坚定不移的帮助和支持。我很高兴能在此感谢迈克尔·卡莱尔，也特别感谢埃玛·帕里，感谢他们代表我在美国所做的工作。

那些在注释和参考文献中提到的学者更是对我助益良多。本书的内容离不开他们的研究。我尤其要感谢丹尼斯·布赖恩、戴维·C.卡西迪、阿尔布雷希特·弗辛、约翰·L.海尔布伦、马丁·J.克莱因、贾格迪什·梅赫拉、沃尔特·穆尔、丹尼斯·奥弗比、亚伯拉罕·佩斯、赫尔穆特·雷兴贝格和约翰·施塔赫尔。我还要感谢圭多·巴恰加卢皮和安东尼·瓦伦蒂尼，正是因为他俩的帮忙，我才能在第五次索尔维会议文集和相关评论的第一个英译版正式出版前就看到其中的内容。

潘多拉·凯-克雷兹曼、拉维·巴利、史蒂文·波姆、乔·坎布里奇、鲍勃·考米坎、约翰·吉洛特和伊夫·凯都看过本书初稿。感谢他们每一个人尖锐的批评和诚恳的建议。米特兹·安杰尔也曾是本书的编辑，她对本书更早时候的草稿提出了诸多洞见，那都是无价之宝。克里斯托弗·波特是最早看好本书的人之一，我对此深表感激。本书在 Icon Books 的出版人西蒙·弗林为本书的最终出版付出了不懈的努力。他做了许多职责范围以外的工作，我表示感谢。邓肯·希思是一位眼尖到令你吃惊的审稿编辑，与他合作的每一位作者都很幸运。我还要感谢 Icon Books 的安德鲁·弗洛和纳杰马·芬利，感谢他们对本书的热情与相关工作。另外还要感谢尼古拉斯·哈利迪，是他绘制了辅助说明文本的精美图表。也向 Faber&Faber 的尼尔·普赖斯表示感谢。

没有以下这些人士多年来的一贯支持，就没有你眼前的这本书，他们是：拉姆贝·拉姆、戈米特·考尔、罗德尼·凯-克雷兹曼、莱奥诺拉·凯-克雷兹曼、拉金德尔·库马尔、桑托什·摩根、伊夫·凯、约翰·吉洛特和拉维·巴利。

最后，我还要由衷地感谢妻子潘多拉和儿子雷文德尔、贾斯文德尔。任何话语都不足以表达我对你们三人的感谢。

曼吉特·库马尔
2008 年 8 月于伦敦

C. T. R. 威尔逊（C.T.R. Wilson）

E. 赫尔岑（E. Herzen）

E. 亨里厄特（E. Henriot）

G. 霍斯特莱（G. Hostelet）

J. E. 费斯哈费尔特（J.E. Verschaffelt）

T. 德唐德（T. de Donder）

阿布纳·西蒙尼（Abner Shimony）

阿尔伯特·迈克耳孙（Albert Michelson）

阿尔布雷希特·弗辛（Albrecht Fölsing）

阿尔弗雷德·克莱纳（Alfred Kleiner）

阿尔弗雷德·朗德（Alfred Landé）

阿尔诺·彭齐亚斯（Arno Penzias）

阿兰·阿斯佩（Alain Aspect）

阿诺尔德·索末菲（Arnold Sommerfeld）

阿瑟·霍利·康普顿（Arthur Holly Compton）

阿瑟·凯莱（Arthur Cayley）

阿瑟·伊夫（Arthur Eve）

埃德蒙·斯托纳(Edmund Stoner)

埃尔莎·洛温塔尔（Elsa Löwenthal）

埃尔温（Erwin）

埃尔温·鲁道夫·约瑟夫·亚历山大·薛定谔（Erwin Rudolf Josef Alexander Schrödinger）

埃利·嘉当（Elie Cartan）

埃伦（Ellon）

埃玛·帕里（Emma Parry）

埃米尔·沃伯格(Emil Warburg)

艾萨克·牛顿（Isaac Newton）

安德烈-马里·安培（André Marie Ampère）

安德鲁·弗洛（Andrew Furlow）

安德斯·昂斯特伦（Anders Ångström）

安东·布鲁克纳（Anton Bruckner）

安东·蔡林格（Anton Zeilinger）

安东尼·莱格特爵士（Sir Anthony Leggett）

安东尼·瓦伦蒂尼（Anthony Valentini）

安东尼厄斯·约翰内斯·范登布鲁克（Antonius Johannes van den Broek）

安娜玛丽·贝特尔（Annemarie Bertel）

奥古斯丁·菲涅耳（Augustin Fresnel）

奥古斯特·海森堡（August Heisenberg）

奥古斯特·孔德（Auguste Comte）

奥古斯特·孔特（August Kundt）

奥古斯特·皮卡德（Auguste Piccard）

奥斯卡·克莱因（Oscar Klein）

奥托·卢默（Otto Lummer）

巴纳希·霍夫曼（Banesh Hoffmann）

保利娜（Pauline）

保罗·阿德里安·莫里斯·狄拉克（Paul Adrien Maurice Dirac）

保罗·埃伦费斯特（Paul Ehrenfest）

保罗·朗之万（Paul Langevin）

鲍勃·考米坎（Bob Cormican）

鲍里斯·波多尔斯基（Boris Podolsky）

本杰明·库普里（Benjamin Couprie）

比尔·汉密尔顿（Bill Hamilton）

彼得·德拜（Pieter Debye）

彼得·塞曼（Pieter Zeeman）

彼得·塔拉克（Peter Tallack）

俾斯麦（Bismarck）

伯兰特·罗素（Bertrand Russell）

布莱希特（Brecht）

查尔斯（Charles）

查尔斯·加尔顿·达尔文（Charles Galton Darwin）

查尔斯-欧仁·居伊（Charles-Eugène Guye）

大卫·本-古里安（David Ben-Gurion）

戴维·C.卡西迪（David C. Cassidy）

戴维·玻姆（David Bohm）

戴维·希尔伯特（David Hilbert）

丹尼斯·奥弗比（Dennis Overbye）

丹尼斯·布赖恩（Denis Brian）

德根哈特（Degenhart）

邓肯·希思（Duncan Heath）

迪尔克·科斯特（Dirk Coster）

恩里科·费米（Enrico Fermi）

恩斯特·鲁斯卡（Ernst Ruska）

恩斯特·马赫（Ernst Mach）

恩斯特·普林斯海姆（Ernst Pringsheim）

菲利普·莱纳德（Philipp Lenard）

费迪南德·库尔鲍姆（Ferdinand Kurlbaum）

费利克斯·布洛赫（Felix Bloch）

弗朗茨·斐迪南（Franz Ferdinand）

弗朗切斯科·德马蒂尼（Francesco DeMartini）

弗朗索瓦·阿拉戈（François Arago）

弗朗西斯科·格里马尔迪神父（Father Francesco Grimaldi）

弗雷德里克·林德曼（Frederick Lindemann）

弗里德里克·索迪（Frederick Soddy）

弗里德里希·哈泽内尔（Friedrich Hasenohrl）

弗里德里希·帕邢（Friedrich Paschen）

弗洛伦斯（Florence）

戈米特·考尔（Gurmit Kaur）

戈特霍尔德·莱辛（Gotthold Lessing）

格奥尔格·冯·海韦西（Georg von Hevesy）

格哈德·施密特（Gerhard Schmidt）

古列尔莫·马可尼（Guglielmo Marconi）

古斯塔夫·玻恩（Gustav Born）

古斯塔夫·赫兹（Gustav Hertz）

古斯塔夫·基尔霍夫（Gustav Kirchhoff）

圭多·巴恰加卢皮（Guido Bacciagaluppi）

哈拉尔（Harald）

哈拉尔·赫夫丁（Harald Høffding）

哈伊姆·魏茨曼（Chaim Weizmann）

海克·卡默林–翁内斯（Heike Kamerlingh-Onnes）

海因里希·仓格尔（Heinrich Zangger）

海因里希·赫兹（Heinrich Hertz）

海因里希·鲁本斯（Heinrich Rubens）

海因里希·韦伯（Heinrich Weber）

汉斯（Hans）

汉斯·阿尔伯特（Hans Albert）

汉斯·盖格尔（Hans Geiger）

汉斯·汉森（Hans Hansen）

汉斯·克里斯蒂安·奥斯特（Hans Chritian Oersted）

赫尔·哈勒尔（Herr Haller）

赫尔曼·冯·亥姆霍兹（Herman von Helmholtz）

赫尔曼·闵可夫斯基（Hermann Minkowski）

赫尔曼·外尔（Hermann Weyl）

赫尔穆特·雷兴贝格（Helmut Rechenberg）

赫拉德·特霍夫特（Gerard 't Hooft）

亨德里克·克拉默斯（Hendrik Kramers）

亨德里克·洛伦兹（Hendrik Lorentz）

亨利·贝可勒尔（Henri Becquerel）

亨利·莫塞莱（Henry Moseley）

亨利·庞加莱（Henri Poincaré）

亨利·斯塔普（Henry Stapp）

贾格迪什·梅赫拉（Jagdish Mehra）

贾斯文德尔（Jasvinder）

杰克·史密斯–博赞基特（Jake Smith-Bosanquet）

卡尔·威廉·奥森（Carl Wilhelm Oseen）

康拉德·哈比希特（Conrad Habicht）

克莱尔·康维尔（Claire Conville）

克劳斯·富克斯（Klaus Fuchs）

克里斯蒂安·玻尔（Christian Bohr）

克里斯蒂安·惠更斯（Christiaan Huygens）

克里斯蒂安·克里斯蒂安森（Christian Christiansen）

克里斯托弗·波特（Christopher Potter）

克林顿·戴维森（Clinton Davisson）

拉尔夫·福勒（Ralph Fowler）

拉尔夫·克罗尼格（Ralph Kronig）

拉金德尔·库马尔（Rajinder Kumar）

拉姆贝·拉姆（Lahmber Ram）

拉维·巴利（Ravi Bali）

史蒂文·波姆（Steven Böhm）

莱昂·布里卢安（Léon Brillouin）

莱昂·罗森菲尔德（Léon Rosenfeld）

莱奥诺拉·凯-克雷兹曼（Leonora Kay-Kreizman）

雷斯特·革末（Lester Germer）

雷文德尔（Ravinder）

理查德·霍尔特（Richard Holt）

丽瑟尔（Lieserl）

卢埃林·托马斯（Llewellyn Thomas）

鲁道夫·克劳修斯（Rudolf Clausius）

路德维希·玻尔兹曼（Ludwig Boltzmann）

路易·维克多·皮埃尔·雷蒙德·德布罗意（Louis Victor Pierre Raymond de Broglie）

罗伯特·B. 戈尔德施密特（Robert B. Goldschmidt）

罗伯特·奥本海默（Robert Oppenheimer）

罗伯特·玻义耳（Robert Boyle）

罗伯特·布朗（Robert Brown）

罗伯特·密立根（Robert Millikan）

罗伯特·伍德罗·威尔逊（Robert Woodrow Wilson）

罗德尼·凯-克雷兹曼（Rodney Kay-Kreizman）

罗杰·彭罗斯爵士（Sir Roger Penrose）

罗斯柴尔德男爵（Baron Rothschild）

洛蒂（Lottie）

洛兰·史密斯（Lorrain Smith）

马丁·J.克莱因（Martin J. Klein）

马丁·克努森（Martin Knudsen）

马克斯·玻恩（Max Born）

马克斯·冯·劳厄（Max von Laue）

马克斯·卡尔·恩斯特·路德维希·普朗克（Max Karl Ernst Ludwig Planck）

马克斯·克诺尔（Max Knoll）

马克斯·塔尔穆德（Max Talmud）

马库斯·阿斯佩尔梅耶（Markus Aspelmeyer）

马塞尔·格罗斯曼（Marcel Grossmann）

马塞尔–路易·布里卢安（Marcel-Louis Brillouin）

马娅（Maja）

玛戈（Margot）

玛格丽特·诺兰（Margrethe Nørland）

玛丽·居里（Marie Curie）

玛丽·罗斯（Mary Ross）

玛莎·卢瑟福（Martha Rutherford）

迈克尔·法拉第（Michael Faraday）

迈克尔·霍恩（Michael Horne）

迈克尔·卡莱尔（Michael Carlisle）

米列娃·马里奇（Mileva Maric）

米特兹·安杰尔（Mitzi Angel）

米歇尔·贝索（Michele Besso）

莫里斯·德布罗意（Maurice de Broglie）

莫里斯·索洛文（Maurice Solovine）

默里·盖尔曼（Murray Gell-Mann）

纳杰马·芬利（Najma Finlay）

内森·罗森（Nathan Rosen）

尼尔·普赖斯（Neal Price）

尼尔斯·亨里克·戴维·玻尔（Niels Henrik David Bohr）

尼古拉斯·贝克（Nicholas Baker）

尼古拉斯·哈利迪（Nicholas Halliday）

尼古拉斯·吉辛（Nicolas Gisin）

欧内斯特·卢瑟福（Ernest Rutherford）

欧内斯特·马斯登（Ernest Marsden）

欧内斯特·索尔维（Ernest Solvay）

欧内斯特·沃尔顿（Ernest Walton）

欧文·朗缪尔（Irving Langmuir）

欧文·理查德森（Owen Richardson）

帕斯夸尔·约尔当（Pascual Jordan）

帕特里克·沃尔什（Patrick Walsh）

潘多拉（Pandora）

潘多拉·凯－克雷兹曼（Pandora Kay-Kreizman）

皮埃尔（Pierre）

皮埃尔·杜隆（Pierre Dulong）

普鲁斯特（Proust）

乔·坎布里奇（Jo Cambridge）

乔治·伽莫夫（George Gamov）

乔治·戈登（George Gordon）

乔治·佩吉特·汤姆孙（George Paget Thomson）

乔治·乌伦贝克（George Uhlenbeck）

让·皮兰（Jean Perrin）

瑞利勋爵（Lord Rayleigh）

萨穆埃尔·古德斯密特（Samuel Goudsmit）

桑托什·摩根（Santosh Morgan）

史蒂文·温伯格（Steven Weinberg）

斯宾诺莎（Spinoza）

斯图尔特·弗里德曼（Stuart Freedman）

塔季扬娜（Tatiana）

托马斯·杨（Thomas Young）

瓦尔特·埃尔绍泽（Walter Elsasser）

瓦尔特·博特（Walther Bothe）

瓦尔特·拉特瑙（Walther Rathenau）

瓦尔特·能斯特（Walther Nernst）

瓦伦丁·巴格曼（Valentin Bargmann）

瓦西里（Vassily）

威廉·L. 布拉格（William L. Bragg）

威廉·奥斯特瓦尔德（Wilhelm Ostwald）

威廉·赫歇尔（William Herschel）

威廉·亨利·布拉格（William Henry Bragg）

威廉·伦琴（Wilhelm Röntgen）

威廉·汤姆森（Vilhelm Thomsen）

威廉·维恩（Wilhelm Wien）

维尔纳·冯·西门子（Werner von Siemens）

维克多·弗朗索瓦（Victor François）

沃尔夫冈·泡利（Wolfgang Pauli）

沃尔特·穆尔（Walter Moore）

西格蒙德·弗洛伊德（Sigmund Freud）

西蒙·弗林（Simon Flynn）

夏尔·莫甘（Charles Mauguin）

萧伯纳（George Bernard Shaw）

休·阿姆斯特朗（Sue Armstrong）

休·埃弗里特三世（Hugh Everett Ⅲ）

雅各布（Jacob）

雅各布·劳布（Jacob Laub）

亚伯拉罕·弗莱克斯纳（Abraham Flexner）

亚伯拉罕·派斯（Abraham Pais）

亚历克西·珀蒂（Alexis Petit）

亚历山德罗·伏特（Alessandro Volta）

燕妮（Jenny）

伊尔莎（Ilse）

伊夫·凯（Eve Kay）

约翰·吉洛特（John Gillott）

约翰·L.海尔布伦（John L. Heilbron）

约翰·巴耳末（Johann Balmer）

约翰·道尔顿（John Dalton）

约翰·冯·诺伊曼（John von Neumann）

约翰·惠勒（John Wheeler）

约翰·考克饶夫（John Cockcroft）

约翰·克劳泽（John Clauser）

约翰·里特尔（Johann Ritter）

约翰·尼科尔森（John Nicholson）

约翰·施塔赫尔（John Stachel）

约翰·斯莱特（John Slater）

约翰·斯图尔特·贝尔（John Stewart Bell）

约翰尼斯·斯塔克（Johannes Stark）

约瑟夫·斯特藩（Josef Stefan）

约瑟夫·约翰·汤姆孙爵士（Sir Joseph John Thomson）

约斯特·温特勒（Jost Winteler）

詹姆斯·查德威克（James Chadwick）

詹姆斯·弗兰克（James Franck）

詹姆斯·金斯（James Jeans）

詹姆斯·克拉克·麦克斯韦（James Clerk Maxwell）

詹姆斯·卢瑟福（James Rutherford）

长冈半太郎（Hantaro Nagaoka）

左拉（Zola）

中信出版·鹦鹉螺相关图书

《量子迷宫：费曼、惠勒和量子物理学史话》

ISBN：9787508698892

作者：[美]保罗·哈尔彭

译者：齐师傍

2020 年 6 月出版

《理查德·费曼传》

ISBN：9787521707083

作者：[美]劳伦斯·M. 克劳斯

译者：张彧彧/陈亚坤/孔垂鹏

2019 年 8 月出版

《量子空间：通往万物理论的新途径》

ISBN: 9787521710540

作者：[英] 吉姆·巴戈特

译者：齐师傍

2019 年 10 月出版

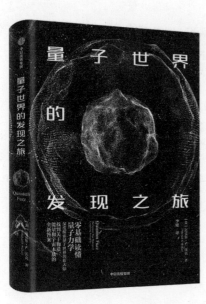

《量子世界的发现之旅》

ISBN: 9787508696393

作者：[美] 迈克尔·S.沃克

译者：李婕

2019 年 1 月出版

《极简量子力学》

ISBN：9787521703207

作者：张天蓉

2019 年 7 月出版

《魔鬼物理学 2：迷人又有趣的量子力学》

ISBN：9787508684758

作者：[美] 詹姆斯·卡卡里奥斯

译者：孔垂鹏/张彧彧

2018 年 3 月出版